冻结法凿井系列丛书

深厚冲积层冻结法凿井设计理论与精细化施工技术

Design Theory and Fine Construction Technology of Mine Freezing Shaft Sinking in Deep and Thick Alluvium

李功洲　著

科学出版社

北　京

内 容 简 介

本书分析了深厚冲积层冻结法凿井技术现状与存在的技术问题；系统阐述了600～1000m深厚冲积层冻结壁平均温度精准计算方法、冻结壁厚度设计计算体系和以外圈为主冻结孔圈的多圈孔冻结方案设计技术；详细论述了冻结壁形成特性时间与工况双动态控制理论与技术；系统论述了深厚冲积层设计应用C80～C100混凝土内外层井壁结构水平荷载标准值、混凝土强度设计值等参数取值方法；介绍了深厚冲积层冻结井筒专用C80～C100高性能混凝土制备技术、深井冻结壁及内外层井壁温度检测技术；论述了冻结壁温度场、井壁温度场与混凝土性能的相互耦合规律和调控技术；分析和总结了600～1000m深厚冲积层冻结法凿井精准设计理论与精细化施工关键技术体系和创新性成果。

本书可供从事矿山建设冻结法凿井的科研、设计、施工、监理、建设单位的工程技术和管理人员，以及高等院校的师生参考。

图书在版编目（CIP）数据

深厚冲积层冻结法凿井设计理论与精细化施工技术 / 李功洲著. -- 北京：科学出版社, 2024. 12. -- ISBN 978-7-03-080065-7

Ⅰ. TD265.3

中国国家版本馆 CIP 数据核字第 2024QM7709 号

责任编辑：吴凡洁　崔元春 / 责任校对：王萌萌
责任印制：师艳茹 / 封面设计：有道文化

科 学 出 版 社 出版
北京东黄城根北街 16 号
邮政编码：100717
http://www.sciencep.com

涿州市殷润文化传播有限公司印刷
科学出版社发行　各地新华书店经销
*
2024 年 12 月第 一 版　开本：787×1092　1/16
2024 年 12 月第一次印刷　印张：20 1/2
字数：485 000
定价：200.00 元
（如有印装质量问题，我社负责调换）

前言

随着浅部煤炭资源的开发殆尽，为保障国民经济发展和国家能源供给安全，急需开发利用被深厚冲积层或富水松软岩层覆盖的深部煤炭资源。开发这些煤炭资源需要采用冻结法凿井，而立井深厚冲积层冻结法凿井理论和技术是建井工程界的世界级难题。我国自 1955 年在开滦林西风井井筒首次成功应用冻结法凿井以来，冻结法现已发展成为我国立井穿过深厚冲积层、富水松软岩层最主要的特殊凿井法。纵观我国近 70 年的冻结法凿井发展历程，经历了引进消化、探索改进、完善提高、创新攀高，特别是近 30 年来，经过广大科技工作者的共同努力，我国在立井深厚冲积层冻结法凿井理论与技术的研究和应用上已居国际领先水平，形成了中国特有的深厚冲积层冻结法凿井理论和技术体系。我国先后攻克了近 400m、400～600m 深厚冲积层冻结法凿井关键理论和技术难题，取得一系列成果，典型的成果如下：1998 年获得国家科学技术进步奖二等奖的"陈四楼矿主、副井深井冻结凿井技术"项目，标志着我国攻克了 400m 深厚冲积层冻结法凿井关键理论和技术难题；2009 年获得国家科学技术进步奖二等奖的"600m 特厚表土层冻结法凿井关键技术"项目，标志着我国攻克了 400～600m 深厚冲积层冻结法凿井关键理论和技术。

近年来，多个矿井建设的井筒需要穿过超过 600m 的深厚冲积层。从现有技术发展和装备看，冻结法是目前井筒穿过大于 600m 深厚冲积层可采用的唯一凿井方法，必须要攻克大于 600m 深厚冲积层冻结法凿井关键理论和技术难题。一方面，随着冲积层厚度的增大，冻结壁及井壁所承受的地压大幅增加，要求冻结壁厚度和强度相应提高，井壁厚度和强度也要大幅提高；为了适应深井冻结段井壁施工和井壁受力与防水要求，浇筑井壁的混凝土强度及性能也随之发生了巨大的变化。另一方面，过往的冻结设计理论和施工技术应用于大于 600m 深厚冲积层，设计与实施效果偏差大，不仅会造成深井冻结制冷量的浪费或不足，还会直接影响冻结工程质量和安全，也难以准确验证冻结设计理论和施工技术的科学性与合理性。因此，开展大于 600m 深厚冲积层冻结法凿井精准设计理论与精细化施工技术研究具有重要的理论和工程实践意义。

10 多年来，针对大于 600m 深厚冲积层冻结法凿井存在的理论与技术难题，作者主持开展了"600～1000m 深厚冲积层冻结法凿井设计理论与精细化施工关键技术""赵固矿区千米深厚冲积层冻结法凿井关键技术开发"项目科技攻关。作者与多位同行一起，基于大量工程实践和理论研究，发明了大于 600m 深厚冲积层冻结方案设计方法，构建了深井冻结壁厚度和平均温度精准设计计算体系，解决了冻结壁厚度与平均温度耦合精准设计难题，为精准冻结设计理论体系的建立提供了理论基础；提出了基于主冻结孔圈、辅助冻结孔圈、防片冻结孔圈的多圈孔冻结分类方法，研发了以外孔圈作为主冻结孔圈的深井冻结方案设计技术，解决了精准实现冻结壁厚度和平均温度的关键技术难题；开发了深厚冲积层冻结法凿井井壁专用的 C80～C120 高强高性能混凝土制备技术，研发了深厚冲积层冻结壁温度场与高强混凝土井壁温度场耦合设计及检测技术，提出了高承载能力井壁设计关键参数的安全取值方法，解决了深井冻结段高承载能力井壁设计理论和应用技术难题；发明了冻结壁形成过程有关参数的动态分析方法，开发了冻结时间和冻结工况双动态条件下冻结壁形成特性分析与调控技术，为精准调控和精细化冻结提供科学分析和施工方法；建立的冻结壁位移实测和掘进段高耦合调控机制、冻结壁形成预报和调控机制为井筒掘砌与制冷冻结施工有效协同，为实现安全、经济、快速施工提供了重要保障。相关成果在赵固二矿西风井大于 700m 深厚冲积层冻结法凿井过程中成功实施，实现了精准设计、精准实现、精准调控和精细化施工，为 600～1000m 深厚冲积层冻结法凿井精准设计理论和精细化施工技术体系的建立与应用提供了典范。相关理论和技术形成了国家标准和技术体系，推动了深井冻结法凿井技术进步，实现了深厚冲积层冻结法凿井理论和技术的又一次重大突破。"600～1000m 深厚冲积层冻结法凿井设计理论与精细化施工关键技术"项目成果于 2022 年获中国煤炭工业协会科学技术奖一等奖。

本书旨在总结和阐述 600～1000m 深厚冲积层冻结法凿井设计理论与精细化施工关键技术，系统介绍通过科技攻关和工程实践形成的精准设计、精准实现、精准调控、精细化施工理论和技术成果，可供从事冻结法凿井的科研、设计、教学和施工等单位的广大技术和管理人员参考与交流。第 1 章分析了深厚冲积层冻结法凿井技术现状与存在的技术难题；第 2 章系统阐述了 600～1000m 深厚冲积层冻结壁平均温度精准计算方法、冻结壁厚度设计计算体系；第 3 章系统阐述了以外圈为主冻结孔圈的多圈孔冻结方案设计技术；第 4 章详细论述了深厚冲积层冻结壁形成特性基本规律、冻结壁形成特性的影响因子及参数取值方法、多圈孔冻结壁形成特性综合分析方法、冻结时间与冻结工况双动态冻结壁形成特性控制理论与技术；第 5 章介绍了基于工程项目当地主材制备深厚冲积层冻结井筒专用的 C60～C100 高性能混凝土技术，系统论述了深厚冲积层内外层井壁荷载标准值取值方法、冻结井壁设计应用 C80～C100 混凝土结构强度设计值等 8 项参数取值方法；第 6 章介绍了深井冻结壁及内外层井壁温度检测技术，并基于实测数据论述了冻结壁温度场、井壁温度场与混凝土性能的相互耦合规律和调控技术；第 7 章介绍了深厚冲积层冻结法凿井挖溏心技术及冻结段爆破技术；第 8 章总结了 600～1000m 深厚冲积层冻结法凿井设计理论与精细化施工关键技术的创新成果；第 9 章介绍了冻结设计理论和施工技术成果在赵固二矿西风井井筒深厚冲积层冻结法凿井工程中的应用实施情况。

项目科技攻关历时 10 余年，其间涉及相关的国家、行业标准有些进行了修订，作者对这些修订的标准进行了识别，与本项目相关的技术内容和技术要求无实质性变化，因此在本书中，涉及引用的标准仍用项目科技攻关期间遵循的标准，请阅读和引用时加以注意。

本书与作者之前撰写的《深厚冲积层冻结法凿井理论与技术》专著是一脉相承的，而且是与时俱进的新成果。书中引用和介绍了大量工程应用实例、实测数据，有些是前辈或同行的工作成果，在书中多有说明；大多数是作者身体力行的科研成果，也是和同行通力合作的劳动结晶。在此感谢我曾经工作过的中国电子工程设计院股份有限公司、中国煤炭科工集团天地科技股份有限公司、国投矿业投资有限公司的各级领导和同事对我的关怀、帮助和支持；衷心感谢共同参与科技攻关和工程实践的科研院校，以及建设、设计、施工、监理单位的同志，特别感谢一起参与科技攻关和创新的盛天宝、魏世义、刘民东、刘兴彦、曾凡伟、高伟、常建新、陈章庆、张道海、陈红蕾、高春勇、王植阳、张家勋、陈道翀、曾凡毅、王恒、乔钰辉、李方政、任安圣、李小伟、张双全、翟延忠、张英、刘亮平、贾成刚、赵玉明、彭飞、刘庆佳、曾鹏、陈迎周等领导和专家。

在此还要感谢我夫人刘素荣女士几十年来对我工作的大力支持和鼓励，让我能全身心地投入到自己所热爱的事业中，能有更多的科技成果奉献给社会。

深厚冲积层冻结法凿井设计理论和精细化施工技术是冻结法凿井领域需要长期研究的课题，希望本书能为同行的科学研究和工程实践提供参考与借鉴。由于作者水平有限，若有不妥之处，敬请读者指正。

李功洲

2023 年 10 月于北京

目录

第1章
绪　　论

1.1　冻结法凿井的基本原理

冻结法凿井是应用人工制冷技术暂时冻结地下水以加固井筒周围不稳定冲积层、富水松软岩层的特殊施工方法。其基本原理是首先在拟开凿的或正在开凿的井筒周围施工一定数量的钻孔，孔内安装带有底锥的冻结器，用以循环低温冷冻液(盐水)进行热交换，吸收冻结器周围地层的热量，使之降温与冻结，形成以各个冻结器为中心的冻结圆柱；随着冻结时间的延续，冻结圆柱不断扩大从而连接成不透水且能抵抗地压的冻土帷幕(简称冻结壁)，并在冻结壁的保护下进行井筒掘砌工作，直至安全通过冻结段(图 1-1)。

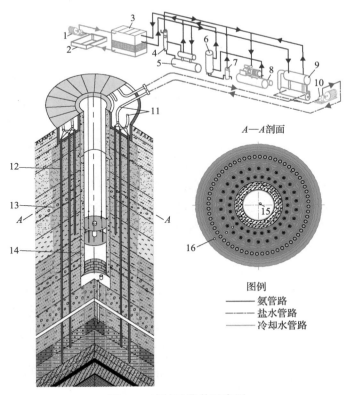

*A—A*剖面

图例
—— 氨管路
—·— 盐水管路
—— 冷却水管路

图 1-1　冻结法凿井示意图

1-清水泵；2-水池；3-蒸发式冷凝器；4-空气分离器；5-热虹吸氨贮液器；6-氨油分离器；7-集油器；8-螺杆氨压缩机；9-氨虹吸蒸发器；10-盐水泵；11-集、配液圈；12-冻结管；13-冻结壁；14-井壁；15-水位观测孔；16-测温孔

1.2　深井冻结法凿井技术主要进展

冻结法凿井技术自 1955 年在我国开滦林西风井首次成功应用以来,逐步发展成为我国立井穿过深厚冲积层、双深厚地层、富水松软基岩凿井最主要的特殊凿井法,冻结深度不断刷新。截至 2022 年,我国冻结立井数量达 1200 余个,冻结总深度超过 33 万 m。立井井筒冻结法凿井穿过以深厚冲积层为主的最大冻结深度达 958m,穿过同时含有深厚冲积层和富水基岩的双深厚地层的最大冻结深度达 800m;穿过以富水松软岩层为主的最大冻结深度达 990m。斜井井筒冻结法凿井穿过以富水松软岩层为主的最大冻结深度达 220m,穿过富水连续砂性土层的最大冻结深度达 96m。

纵观我国近 70 年的冻结法凿井发展历程,经历了引进消化、探索改进、完善提高、创新攀高,形成了中国特有的冻结法凿井理论和技术体系[1]。特别是近年来,我国在立井深厚冲积层、斜井深厚富水松软岩层冻结法凿井理论与技术的研究和应用上,达到了国际领先水平,形成了中国特有的深厚冲积层冻结法凿井理论和技术体系。在冻结壁设计理论与应用,高承载能力井壁结构设计与应用,多圈孔冻结壁形成特性理论与应用技术,冻结段安全、快速施工机制等诸多方面取得了新的进展[2-4]。

1.2.1　冻结壁设计理论与应用

1. 深厚冲积层立井冻结

冻结壁设计理论是冻结法凿井基础理论之一,一直是该领域工程技术人员研究的热点和难点[5-10]。历史上曾出现多种理论混用、实施效果不一、经验教训深刻的情况,甚至一部施工组织设计、多种计算理论同时并用的案例不胜枚举。许多科技工作者正是基于对过往冻结壁设计和应用的经验教训的充分总结和研究,提出了理论与经验相结合的冻结壁设计理论体系。

陈文豹等通过对陈四楼矿主、副井深井冻结法凿井科技攻关,建立了单圈孔冻结"四位一体"的冻结壁设计计算体系。其要点是:按多姆克公式计算砂性土控制层位的冻结壁厚度;按维亚洛夫-扎列茨基段高计算公式计算黏性土层控制层位的掘进段高;按单圈孔成冰公式计算冻结壁有效厚度(简称"冻结壁厚度")的平均温度;按国内冻结法凿井基础理论研究和打钻、冻结、掘砌技术水平优选设计参数[11,12]。

李功洲等[13,14]通过程村、泉店、赵固一矿、赵固二矿等数十个 400~600m 深厚冲积层冻结法凿井实践,创建了多圈孔冻结"四位一体"冻结壁设计计算体系,创新和发展了深厚冲积层冻结壁设计理论体系,有效解决了 400~600m 深厚冲积层冻结壁设计难题。主要创新在于提出按多姆克公式计算砂性土控制层位的冻结壁厚度,同时按维亚洛夫-扎列茨基厚度计算公式计算黏性土层控制层位的冻结壁厚度,并按维亚洛夫-扎列茨基段高计算公式计算掘进段高,并解决了两个经典公式计算应用于更深厚冲积层、多圈冻结孔边界条件下关键参数的计算和取值难题,创新了深厚冲积层冻结壁及掘进段高计算方法;提出了多圈孔冻结的冻结壁有效平均温度(简称"冻结壁平均温度")计算公式;提出在多圈孔冻结条件下，冻结壁平均温度的砂性土层冻土计算强度、黏性土层冻土计算强度安全取值方法；同时结合多圈孔冻结壁形成特性和打钻、冻结、掘砌技术水平优选设计参数，解答了长期存在于行业内的冻结壁厚度经典计算公式不能用于深厚冲积层设计计算的疑惑。实践表明：研究形成的多圈孔冻结"四位一体"冻结壁设计计算体系，用于 400～600m 冲积层冻结壁设计时，可使冻结壁设计厚度和掘进段高控制在更为合理的范围内，结合多圈孔冻结孔布置技术、冻结壁形成特性分析和调控技术，可便于调控冻结壁形成和扩展，且更加合理。有效解决了 400～600m 冲积层冻结壁设计计算难题，并为以冲积层为主的冻结段安全快速施工创造了有利条件，使中国深厚冲积层冻结法凿井技术达到国际领先水平。近年来，李功洲等针对大于 600m 深厚冲积层冻结壁设计理论和技术难题，发明了深厚冲积层冻结方案设计方法，构建了 600～1000m 深厚冲积层以外孔圈为主冻结孔圈的冻结壁平均温度、冻结壁厚度精准设计理论和技术体系[15-17]。

2. 富水松软岩层立井冻结

随着西部地区煤炭资源的开发，冻结法广泛应用于西部富水松软岩层凿井，并创造了我国冻结深度最深纪录。西部富水松软岩层深立井冻结壁厚度计算是关键技术，简单套用深厚冲积层冻结壁设计理论显然不科学，而仅以封水冻结设计方法存在较大施工风险且不安全，为此许多学者进行了有益探索。周晓敏等[18]在高水压下基岩冻结壁设计研究中，将基岩冻结壁看作无限长的弹性厚壁筒，将冻结壁和冻结壁外围基岩按两种弹性体处理，并将冻结壁和基岩之间的受力假设为水压和土压，按第三强度理论推导得出相应公式(称为包神公式)，因假设水压、地压与实际偏差较大且计算参数较多，工程实际应用困难。刘为民和李功洲[19]提出以多姆克公式作为基岩冻结壁计算公式及公式中相关参数确定方法，认为基岩地压应采用秦氏公式计算确定，基岩冻结强度应以试验资料为宜，没有冻结试验强度资料时可按岩石抗压强度乘以冻结岩层强度提高系数计算，冻结岩层强度提高系数可通过试验或经验积累获得。该计算方法在新庄 908m 深井冻结中应用，冻结岩层强度提高系数取 1.08，基岩冻结的强度安全系数取 1.38，并结合爆破施工情形综合确定了基岩冻结壁厚度，施工顺利，说明采用多姆克公式计算冻结壁厚度是切实可行的，但要明确其中地压与基岩冻结抗压强度的选取方法。该方法为深厚含水基岩的冻结壁设计计算开拓了综合分析的新思路，值得进一步实践和完善。

3. 富水松软地层斜井冻结

斜井开拓具有井筒装备简单、投资少、容易满足大型矿井提升需要和生产维护费用低等优点，是我国西北部地区最适宜、首选和主要的开拓方式。斜井井筒穿过较厚的富水松软岩层、含水砂性土层等复杂地层时，需采用冻结法。斜井冻结壁若"照搬"立井冻结的理论和经验，就会导致施工成本高，工期长，不安全。陈章庆等[20]和刘文民等[21]提出考虑不均匀压力系数的浅埋段斜井井筒冻结壁厚度计算方法，提出深厚含水砂层、富水松软岩层深部斜井顶板、底板、两帮冻结壁厚度计算方法(表 1-1)，并在常家梁煤矿、马泰壕煤矿等 10 余个深长斜井冻结法凿井工程中设计应用。

表 1-1 斜井顶板、底板、两帮冻结壁厚度计算方法

适用地层	斜井井筒部位	冻结壁厚度(E)计算公式		备注
富水松软岩层深部	顶板	$f=0.8\sim1$	$E_{顶}=(1\sim1.2)h_q$	$h_q=\dfrac{a_1}{f}=\dfrac{a_1}{\tan\varphi'_{顶}}$ $a'=h\tan\left(45°-\dfrac{\varphi'_{帮}}{2}\right)$ $E_{顶}$ 为顶板冻结壁厚度，m；$E_{底}$ 为底板冻结壁厚度，m；$E_{帮}$ 为两帮冻结壁厚度，m；h_q 为压力拱高度，m；a' 为两帮不稳定范围，m；f 为普氏系数；a_1 为压力拱之半，m；$\varphi'_{顶}$、$\varphi'_{帮}$ 为顶板、两帮围岩似内摩擦角，(°)
		$f=1\sim1.5$	$E_{顶}=(1.2\sim2)h_q$	
		$f=1.5\sim4$	$E_{顶}=(2\sim6)h_q$	
	底板	$E_{底}\geqslant0.8E_{顶}$		
	两帮	$f<1$	$E_{帮}>a'$	
		$f=1\sim1.2$	$E_{帮}=(1\sim1.5)a'$	
		$f=1.2\sim1.5$	$E_{帮}=1.5a'$	
		$f=1.5\sim2$	$E_{帮}=(1.5\sim2)a'$	
		$f>2$	$E_{帮}=2a'$	
深厚含水砂层	两帮	$E_{帮}=\sqrt{\dfrac{\lambda\gamma Hl^2}{2([\sigma]-\gamma H)}}$		$[\sigma]$ 为冻土许用抗压强度，即冻土计算强度，MPa；λ 为侧压系数；γ 为土层容重，MN/m³；H 为井筒埋深，m；l 为井筒掘进高度，m
	顶板	$E_{顶}\geqslant(1.5\sim2)E_{帮}$		
	底板	$E_{底}\geqslant0.8E_{顶}$		

1.2.2 高承载能力井壁结构设计与应用

1. 井壁结构型式

每当井筒穿过的冲积层厚度或冻结深度出现大的飞跃时，井筒冻结段采用何种结构和强度的井壁，就成为研究的难点和热点。工程实践表明，钢筋混凝土塑料夹层复合井壁具有很强的"生命力"，能较好地适应冻结段井壁受力和防水要求，成为深厚冲积层冻结段井壁的主要结构型式。

西部富水松软岩层冻结井筒适宜的井壁结构仍应是双层井壁结构。有研究单位试验应用新型单层井壁结构型式，但鉴于井下施工作业的严苛复杂条件，复杂施工工艺实施困难，试验应用技术经济综合效果有待进一步总结提高。

斜井冻结法凿井井壁结构还处于不断创新和完善过程中，适宜的结构是双层井壁支护，内、外层井壁之间需采用注浆等防水措施。内层井壁应选择钢筋混凝土支护。井筒穿过冲积层、松软岩层及基岩破碎带地层时，外层井壁宜采用钢筋混凝土支护或型钢支架加钢筋网喷射混凝土支护；井筒进入较稳定的基岩地层时可采用型钢支架加钢筋网喷射混凝土支护；围岩稳定时也可采用钢筋网喷射混凝土支护。

2. 高强高性能混凝土井壁材料与设计理论

"十二五"国家科技支撑计划课题"深厚冲积层冻结千米深井高性能混凝土研究与应用"研发出深厚冲积层冻结法凿井井壁专用的 C80～C120 高强高性能混凝土制备技术，可以实现将 600～1000m 深厚冲积层冻结段井壁最大厚度控制在 2.5m 以内，技术进步意义深远，使冻结法凿井在 600～1000m 深厚冲积层中应用成为可能，克服了冻结法凿井技术因井壁厚度过大应用于深厚冲积层的瓶颈，为冻结法凿井应用于更深冲积层提供了技术支撑。

现在缺少大于 C80 高强混凝土井壁设计规范或规程。需要研究解决深井冻结井壁设计应用 C80～C120 高强高性能混凝土条件下井壁设计荷载的合理选择、混凝土材料物理力学参数设计取值、承载能力设计计算及设计方法等技术难题。曾凡伟等根据国内深井冻结压力实测研究，提出大于 500m 深厚冲积层冻结法凿井井壁设计中外层井壁水平荷载——冻结压力标准值取值计算公式，并提出现浇混凝土强度增长性能的建议[22]。井壁其他设计荷载可按现行规定取值。混凝土轴心抗压强度设计取值直接影响高强混凝土的应用效益：轴心抗压强度设计取值过低就无法发挥高强高性能混凝土的潜力，取值过高会影响设计结构的安全。李功洲等通过综合研究国内外混凝土设计规范、国内有关学者研究成果和为此开展的验证试验等[23-26]，提出 C80～C100 轴心抗压强度、轴心抗拉强度设计值和标准值、弹性模量取值建议（表 1-2），并建议泊松比按 0.2 取值，如果要进行井壁变形设计和科学研究时需通过试验确定弹性模量和泊松比参数。进行井壁承载能力计算时，与 C80～C100 高强高性能混凝土有关的参数还有适宜的井壁全截面配筋率与钢筋类型，以及井壁斜截面抗剪承载力计算的混凝土强度影响系数 β_c、井壁正截面偏心受压承载力和钢筋配置计算有关系数（α_1、β_1、ξ_b）。为提高钢筋在钢筋混凝土结构中的承载能力，以及使其与混凝土高强性能更好地匹配，研究提出井壁设计应用 C80～C100 混凝土时，宜采用高强度等级钢筋，并提高最小配筋率限值，采用强度等级 400MPa、500MPa、600MPa 井壁全截面钢筋最小配筋率分别为 0.75%、0.70%、0.65%。研究提出 C80～C100 混凝土的 β_c、α_1、β_1、ξ_b 等参数取值见表 1-2。研究成果为制定冻结

表 1-2　井壁设计应用 C80～C100 混凝土物理力学参数设计取值

指标		混凝土强度等级				
		C80	C85	C90	C95	C100
轴心抗压强度标准值 f_{ck} /MPa		50.2	53.5	56.7	59.9	63.1
轴心抗压强度设计值 f_c /MPa		35.9	38.2	40.5	42.8	45.1
轴心抗拉强度标准值 f_{tk} /MPa		3.11	3.18	3.22	3.28	3.30
轴心抗拉强度设计值 f_t /MPa		2.22	2.27	2.30	2.34	2.36
混凝土弹性模量 E_c /GPa		38.0	38.3	38.7	39.0	39.3
混凝土的弹性模量拉压强度比值 f_t / f_c		1/16.17	1/16.83	1/117.61	18.29	1/19.11
斜截面承载力计算的混凝土强度影响系数 β_c		0.800	0.778	0.755	0.735	0.716
矩形应力图的受压区高度取值与中和轴高度的比值 β_1		0.74	0.73	0.72	0.71	0.70
矩形应力图的应力取值与混凝土、轴心抗压强度设计值的比值 α_1		0.94	0.93	0.92	0.91	0.90
相对界限受压区高度 ξ_b	400 级钢筋	0.463	0.453	0.444	0.435	0.426
	500 级钢筋	0.429	0.420	0.411	0.403	0.394
	600 级钢筋	0.396	0.386	0.380	0.371	0.363

法凿井井壁设计应用 C80～C100 混凝土技术规程和形成技术体系提供了依据。

1.2.3 多圈孔冻结壁形成特性理论与应用技术

1. 多圈孔布置新理念

大于 400m 的深厚冲积层冻结趋于采用多圈孔冻结。以往多圈冻结孔布置主要根据冲积层厚度及冻结壁设计厚度按两圈、三圈(内圈、中圈、外圈)、四圈(防片、内圈、中圈、外圈)考虑,有时某圈冻结孔会插花布置成两圈。李功洲等[27]认为深厚冲积层仅按圈数的变化来定义和表达多圈孔布孔方式未能充分体现与发挥各圈冻结孔的功能及效果。建议按冻结孔在形成整体冻结壁承载地压和封水贡献角度分类布置,并发挥各冻结孔圈相互协作的优势。为此提出将冻结孔分为主冻结孔、辅助冻结孔、防片帮冻结孔三类,而不必限制其圈数,这样有利于冻结孔间冷量协调供给,提高制冷效率,并给出三类孔的定义及其对应的主冻结孔圈、辅助冻结孔圈、防片帮冻结孔圈的定义。另外还提出了三类冻结孔圈的布置原则。

2. 多圈孔冻结壁形成特性综合分析方法

如何及时准确掌握多圈孔冻结壁形成特性,判断是否达到预期设计效果是冻结法凿井现场实施必须解决的关键技术问题。对于深厚冲积层冻结法凿井开展冻结壁形成特性分析尤为重要,不仅要实时掌握冻结壁发展状况,还要能预测未掘进井筒的冻结状态;并且通过制冷系统调控实现所需的工况条件,又是深厚冲积层冻结法凿井必须解决的难题。

李功洲等[28-31]针对 400～500m、500～600m、>600m 冲积层多圈孔冻结壁形成特性进行了大量的工程实测和试验研究,开发了冻结壁形成特性综合分析方法,发明了冻结壁形成过程中参数的动态分析方法,系统提出了单圈孔冻土扩展速度,单圈孔冻结壁扩展规律,各孔圈之间冻土交汇成整体冻结壁的内、外侧冻土扩展规律的基本关系式,以及等效冻结时间新概念,能够对冻结方案设计效果预测和冻结壁形成特性的工程预报进行定量计算,为深井冻结工程动态掌握冻结壁形成特性、科学调控和精准施工提供了技术支撑。

1.2.4 冻结段安全、快速施工机制

1. 冻结壁径向位移实测与掘进段高调控机制

20 世纪陈四楼矿主井、副井深井冻结科技攻关过程中,进行冻结壁设计时就提出冻结壁设计既要满足强度条件要求,又要满足变形条件要求,并提出在施工过程中应建立冻结壁径向位移实测与掘进段高调控机制,防止冻结壁径向位移偏大而导致冻结管断裂。通过实测研究,系统掌握深厚黏土层冻结壁位移特性,提出冻结壁位移变化三阶段规律,以及为了确保冻结段安全施工,应把掘进循环时间控制在冻结壁径向位移的第二阶段后期或第三阶段初期,要把冻结壁径向位移量控制在 50mm 以内,从而首次建立冻结壁径向位移实测与掘进段高调控机制,并在陈四楼矿主井、副井成功实施,有效实现了冻结壁稳

定、防止冻结管断裂[32]。提出的冻结壁径向位移控制阈值，被现行国家施工规范采纳。

近年来，在 400～500m、500～600m、>600m 冲积层冻结段掘进过程中，继续推行冻结壁径向位移实测与掘进段高调控机制，可有效防止冻结管断裂。例如，在赵固二矿西风井大于 700m 冲积层的深井冻结施工中结合井帮稳定性实测分析，控制爆破掘进的座底炮深度一般为 2.5～2.8m，在深部松散土层中限制座底炮深度在 2m 以内，井深 540m 以下模板高度改为 3m，井深 660m 以下模板高度改为 2.5m，有效防止了冻结壁径向位移偏大而导致的冻结管断裂，确保了冻结段安全快速施工[33]。

2. 冻结壁形成特性的预测预报机制

采用多圈孔冻结壁形成特性综合分析方法，对未施工段的冻结壁形成特性精准预报，为正确判断冻结壁强度、稳定性和制定供冷量调控措施提供科学依据。该成果已成功对赵固一矿、赵固二矿等矿井 30 多个深冻结井多圈孔冻结壁形成特性进行预测预报和施工指导，也在西部富水松软岩层深井冻结井筒、深长斜井井筒施工中应用。在赵固二矿西风井大于 700m 深厚冲积层冻结过程中，通过动态预报、科学精准调控，实施的冻结壁厚度与设计的冻结壁厚度偏差小于 2%，实施的冻结壁平均温度与设计的冻结壁平均温度偏差小于 ±1.0℃，实施的井帮温度与设计的井帮温度偏差小于 ±2℃，经过冻结壁厚度、平均温度及井帮温度的精准设计与实施，实现了安全快速施工，技术经济和社会效果显著[34]。

1.2.5　深井冻结精准设计理论与精细化施工技术的研发

冻结法作为冻结加固冲积层、富水松软岩层的特殊施工方法已广为应用，且在市政、交通等多个领域推广，取得显著的成就。但过往"粗放式"的制冷冻结施工不仅会造成制冷量的浪费，还会直接影响施工安全，亟须研究科学、经济、合理的精细化冻结理论和技术，并形成技术体系。为此，需要研发冻结壁科学合理的设计技术；开发能形成设计所需的冻结壁厚度和平均温度的布孔方案与冻结工艺；需要及时准确监控和掌握冻结壁发展状况，研发能形成冻结壁特征参数的调控技术，以及掘砌施工和制冷冻结施工的时空协同等理论和技术。

10 多年来，作者和多位同行，通过技术攻关，基于理论和大量工程实践研究，构建了深井冻结壁厚度和平均温度精准设计计算体系，为精细化冻结理论体系的建立提供了理论基础；开发了基于主冻结孔圈、辅助冻结孔圈、防片帮冻结孔圈的分类方法和以外孔圈作为主孔圈的冻结方案设计技术，解决了精准实现冻结壁厚度和平均温度的关键技术难题；开发了深厚冲积层冻结法凿井井壁应用 C80～C120 高强高性能混凝土制备技术，提出了深厚冲积层冻结壁与高强混凝土井壁温度场监测和耦合设计及调控方法；开发了冻结壁形成特性预测预报理论和动态调控技术，为精细化冻结提供科学分析和精准调控手段；冻结壁位移实测和掘进段高调控机制、冻结壁形成预报和调控机制为井筒掘砌和制冷冻结施工有效协同，以及安全、经济、快速施工提供了重要保障。赵固二矿西风井深井冻结精准设计、精准实现、精准调控和精细化施工为精细化冻结理论和技术体系的建立与应用提供了典范。相关理论和技术已形成国家标准及技术体系，推动了深井冻结法凿井技术进步，实现了深厚冲积层冻结法凿井理论和技术的又一次重大突破。

1.2.6　深井冻结理论与技术研究展望

我国在冻结法凿井理论和技术研究与应用方面取得丰硕的成就，形成了中国特有的深井冻结法凿井理论和技术体系，领先国际水平。冻结法凿井理论与技术是一项工程实践性很强的工程科学。理论研究、模型试验、数值模拟等研究成果都要在工程实践中验证和完善，且工程实践验证还需要一定的数量积累。基于现场实测和工程实践凝练出的理论和技术具有现实性、实用性、可操作性特色，凝聚了工程技术人员的经验、技能、感悟和智慧，但也要充分认识到经验和实测本身的局限性，要对经验成果边界条件的变化有充分认识，要根据客观条件的变化及时补充和扩展或修正和完善工程科学理论和技术，工程技术人员要树立科学分析、系统分析的理念，建立和完善冻结工程科学体系。

1) 深井冻结壁设计理论方面

基于不同的边界条件和本构关系，国内外学者提出数十种冻结壁厚度计算公式，这些计算公式工程化应用的难点在于公式中相关参数的确定。要实现计算参数的准确确定，一是需要有确定这些参数的试验方法(标准)，二是试验得到的参数值如何在公式中应用，这些问题不解决，相应的公式是无法在实际工程中使用的。现已建立的深厚冲积层冻结壁设计计算体系，较好地解决了近 400m、400～600m、>600m 冲积层冻结壁设计理论难题，能满足当前 400～1000m 深厚冲积层所覆盖煤炭资源开发的需要，但仍需跟踪该设计理论体系应用于更深厚冲积层的情况和效果。

西部矿区基岩冻结壁设计计算方法需要在工程实践中进一步总结凝练，对地压、冻结岩层计算强度、安全系数等参数的确定需要凝聚同行智慧且达成共识。斜井冻结壁设计相关理论和计算方法已被国家能源标准采纳，但需要同行在工程实践中进一步地总结完善和推广。

2) 深井井壁结构设计与应用方面

冻结法凿井内外层井壁专用 C80～C120 高强高性能混凝土的研究开发，为 600～1000m 深厚冲积层冻结法凿井井壁厚度控制在 2.5m 以内提供了技术支撑。相关技术已形成国家标准《立井冻结法凿井井壁应用 C80～C100 混凝土技术规程》(GB/T 39963—2021)[35]，但在井壁现有规程规范的基础上建立冻结井筒应用 C100～C120 混凝土的技术规程是当务之急，另外，深厚冲积层(>600m)冻结段内外层井壁设计荷载、荷载分算准则仍需进一步研究和应用总结。使用高强混凝土材料，增加井壁混凝土钢筋配筋率是提高深井冻结井筒井壁承载能力切实可行的技术途径。

西部矿区深井基岩、深长斜井冻结段井壁结构设计荷载取值也需要同行共同努力研讨确定。

3) 深井冻结精准设计理论与精细化施工技术方面

冻结精准设计和精细化施工对控制工程成本、保障工程安全均具有重要意义。冻结壁厚度与平均温度精准设计技术、冻结孔圈分类布置技术、冻结壁形成特性分析技术、冻结壁位移实测调控机制、冻结壁形成预报和调控机制等关键理论与技术进步为精细化冻结提供了技术支撑，因此进一步总结和推广应用形成技术系统具有现实意义。

1.3　精准设计理论与精细化施工关键技术难题

随着煤炭资源的开发，井筒深度迅速增加，井筒穿过的冲积层越来越厚。我国广大科技工作者经过努力先后攻克了<400m、400～600m 深厚冲积层冻结法凿井关键理论和技术难题，取得一系列成果，典型的成果如下：1998 年获得国家科学技术进步奖二等奖的"陈四楼矿主、副井深井冻结凿井技术"项目，标志着我国攻克了 400m 深厚冲积层冻结法凿井关键理论和技术难题；2009 年获得国家科学技术进步奖二等奖的"600m 特厚表土层冻结法凿井关键技术"项目，标志着我国攻克了 400～600m 深厚冲积层冻结法凿井关键理论和技术。

随着煤炭资源的开发，近年来，多个矿井建设的井筒要穿过超过 600m 的冲积层，从现有技术发展和装备来看，冻结法是目前井筒穿过>600m 深厚冲积层唯一的凿井方法，必须要攻克>600m 深厚冲积层冻结法凿井关键理论和技术难题。一方面，随着冲积层厚度的增大，冻结壁及井筒所承受的地压大幅增加，要求冻结壁厚度和强度相应提高，井壁厚度和强度也大幅提高；为了适应深井冻结段井壁施工和井壁受力与防水要求，浇筑井壁的混凝土强度及性能也随之发生了巨大的变化。另一方面，过往的冻结设计理论和施工技术应用于>600m 深厚冲积层，设计和实施效果偏差大，不仅会造成深井冻结制冷量的浪费或不足，还会直接影响冻结工程质量和安全，也难以准确验证冻结设计理论和施工技术的科学性与合理性。因此，开展>600m 深厚冲积层冻结法凿井的精准设计理论与精细化施工关键技术研究具有重要的理论和工程实践意义。

深厚冲积层冻结法凿井的精准设计理论与精细化施工关键技术主要难题有以下几个方面。难题之一是如何精准设计冻结壁强度，包括精准设计冻结壁厚度、冻结壁平均温度，以及冻结壁厚度、冻结壁平均温度耦合设计。为此需要攻克冻结壁平均温度精准设计方法。难题之二是如何设计和实施冻结方案，从而能够精准实现设计的冻结壁厚度、冻结壁平均温度。难题之三是如何确定高承载能力井壁设计关键参数的安全取值，如何制备出适宜深井冻结井下浇筑的 C80～C120 高强高性能混凝土井壁。难题之四是如何实现 C80～C120 高强高性能混凝土浇筑过程与深井冻结壁温度场的科学耦合。难题之五是如何实现冻结过程中有效调节和精准控制冻结壁形成特性。难题之六是如何实现>600m 深厚冲积层冻结法凿井安全、经济、快速和精细化施工。这些难题成为>600m 深厚冲积层冻结法凿井必须要攻克的。

1.4　精准设计理论与精细化施工

10 余年来，针对>600m 深厚冲积层冻结法凿井存在的理论与技术难题，作者主持开展了"600～1000m 深厚冲积层冻结法凿井设计理论与精细化施工关键技术"项目科技攻关，攻关技术思路见图 1-2。

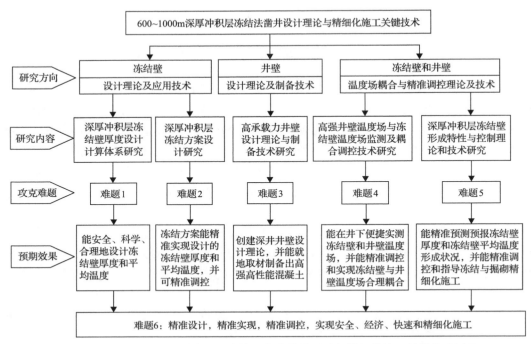

图 1-2　600～1000m 深厚冲积层冻结法凿井设计理论与精细化施工关键技术思路

中国煤炭科工集团北京中煤矿山工程有限公司、中国电子工程设计院股份有限公司、河南国龙矿业建设有限公司、焦作煤业(集团)有限责任公司、北京煤科联应用技术研究所、中国建筑材料科学研究总院有限公司、中赟国际工程有限公司、中煤科工集团武汉设计研究院有限公司、华北科技学院等单位组成的科研团队，通过工程调研及案例分析、理论研究、数值模拟、工程实测、工程应用，从以下 5 个方面进行研究，建立和形成了深厚冲积层冻结法凿井精准设计、精准实现、精准调控、精细化施工(简称"四精")理论和技术：①深厚冲积层冻结壁厚度设计计算体系研究；②深厚冲积层冻结方案设计研究；③高承载力井壁设计理论与制备技术研究；④高强井壁温度场与冻结壁温度场监测及耦合调控技术研究；⑤深厚冲积层冻结壁形成特性与控制理论和技术研究。实现了以下 5 个方面的预期效果和目标：①能安全、科学、合理地设计冻结壁厚度和平均温度；②冻结方案能精准实现设计的冻结壁厚度和平均温度，并可精准调控；③创建深井井壁设计理论，并能就地取材制备出高强高性能混凝土；④能在井下便捷实测冻结壁和井壁温度场，并能精准调控和实现冻结壁与井壁温度场合理耦合；⑤能精准预测预报冻结壁厚度和冻结壁平均温度形成状况，并能精准调控和指导冻结与掘砌精细化施工。最终实现深厚冲积层冻结法凿井的精准设计、精准实现、精准调控，实现安全、经济、快速和精细化施工。相关成果在赵固二矿西风井全面应用，部分成果还在赵固一矿西风井、西部矿区新庄副井深井冻结、常家梁斜井冻结法凿井中应用。

1. 构建了 600～1000m 深厚冲积层冻结壁设计计算技术体系

冻结法凿井是井筒穿过>600m 深厚冲积层的主要凿井方法。冻结壁设计计算方法是深厚冲积层冻结法凿井必须要攻克的难题之一。冻结壁设计包括冻结壁厚度计算，以及冻结壁平均温度的确定。许多学者曾提出深厚冲积层冻结壁厚度计算公式，但因公式中涉及的相关参数难以确定，无法在工程中设计应用。

通过科技攻关，科研团队发明了"深厚冲积层冻结方案设计方法"（CN110439567A），构建了 600～1000m 深厚冲积层冻结壁厚度设计计算体系，提出不同土性土层冻结壁厚度的计算公式及其中安全系数、冻土计算强度、掘进段高的取值方法；提出基于多圈孔冻结的冻结壁平均温度计算公式及其中特征参数 T_s 的确定方法，为精准计算和确定冻结壁厚度的关键参数提供了依据。体系综合考虑了深厚冲积层多圈孔冻结壁温度场特征、冻结与掘砌的有机协同，首次实现砂性土层与黏性土层冻结壁厚度计算和确定的统一，在工程实践中得到精准的验证，设计计算体系安全、科学、合理。

2. 研发出能精准实现冻结壁强度的多圈孔冻结方案设计技术

冻结方案设计包括冻结孔布置、冻结工艺设计。冻结孔布置方式不仅决定了能否按期形成设计所需的冻结壁厚度和平均温度，还会影响冻结法凿井的速度、安全和施工成本。不合适的布置方式甚至会成为冻结法凿井的安全隐患，因此冻结孔布置方式及其冻结壁形成特性一直是冻结法凿井理论和技术研究的热点与难点。

通过科技攻关，科研团队研发了具有自主知识产权的深厚冲积层多圈孔冻结方案设计技术，提出多圈孔冻结按主冻结孔、辅助冻结孔、防片帮冻结孔三类功能分类设计方法和冻结方案设计原则，提出多圈孔各孔圈圈径、冻结孔深度、孔间距确定方法和冻结井帮温度设计目标值，抛弃冻结井筒基本冻实井心的技术路线，形成以外孔圈为主冻结孔圈设计技术体系，为冻结壁安全稳定及冻结过程的精准调控提供基础条件。

3. 基于当地主材，制备出深厚冲积层冻结法凿井井筒内外层井壁专用的机制砂 C80～C100 混凝土，并建立了冻结法凿井井壁应用 C80～C100 混凝土技术体系

深井冻结需要设计应用高承载能力的井壁结构，而井下现浇高强混凝土是提高井壁承载能力较为可行的方法。设计应用强度等级大于 C80 混凝土井壁缺少相应规程和规范，以及对混凝土轴心抗压强度设计值、轴心抗拉强度设计值、弹性模量等物理力学参数的取值规定，研究这些参数及其在井壁结构设计中科学合理取值具有现实意义。通过综合研究国内外混凝土结构设计规范、国内有关学者研究成果，并开展了相关验证试验等，为制定冻结法凿井井壁设计应用 C80～C100 混凝土技术规程和形成技术体系提供了依据。

通过科技攻关，科研团队结合工程具体情况，基于当地主材，制备出深厚冲积层冻结法凿井井筒内外层井壁专用的机制砂 C80～C100 混凝土；首次提出冻结井筒井壁应用 C80～C100 混凝土轴心抗压和抗拉强度设计值、弹性模量、混凝土强度影响系数等八大参数取值方法，提出大于 500m 冲积层冻结井筒井壁冻结压力等荷载取值方法，并且被

《立井冻结法凿井井壁应用 C80～C100 混凝土技术规程》(GB/T 39963—2021)采纳,形成了 C80～C100 混凝土井壁设计和应用技术体系,解决了强度等级大于 C80 混凝土井壁设计应用难题。

4. 开发出深井井下冻结壁、内外层井壁温度检测系统,掌握了 C80～C100 高强混凝土井壁温度场与冻结壁温度场相互耦合特性

深厚冲积层冻结法凿井的冻结壁厚度大、平均温度低,不利于井壁现浇混凝土强度增长;而深井冻结又需要设计应用高强混凝土,传统的高强混凝土水泥用量大,混凝土水化热高、温升高,井下现浇混凝土水化过程中的温度升高会对冻结壁造成损伤,需要掌握深厚冲积层冻结壁温度场与混凝土井壁温度场变化耦合规律。

通过科技攻关,科研团队开发出深井井下冻结壁、内外层井壁温度检测系统,掌握了 C80～C100 高强混凝土井壁温度场和壁后冻土融化、回冻规律及冻结壁与内外层井壁温度场相互耦合特性,得出壁间注浆等工序的合理时机。通过高强混凝土制备技术与冻结调控技术综合实施,实现了 C80～C100 混凝土井壁较低的温升(30～50℃)、较少的冻土融化(0～200mm),避免了外层井壁开裂现象。

5. 构建了深厚冲积层多圈孔冻结法凿井动态控制与精细化施工技术体系

冻结壁形成特性的精准预测预报与调控技术是深井冻结法凿井的重大技术难题之一。只有实现对冻结过程的精准控制和精细化调控,才能验证冻结壁设计理论、冻结方案设计的科学性和合理性,才能为井筒冻结段掘砌施工提供科学合理的施工指导。因此,冻结过程的精准控制和精细化调控是工程科技人员一直想解决但至今仍未攻克的难题,深井冻结精准控制和精细化施工要求更为迫切。

通过科技攻关,科研团队针对深厚冲积层冻结过程更为复杂的调控情形,为实现冻结壁形成特性的精准预测预报与调控,科学指导冻结与掘砌施工,发明了"冻结壁形成过程中的参数的动态分析方法"(CN102996132A)等专利,研发了冻结壁形成特性综合分析方法,开发了多圈孔冻结壁形成动态控制理论与技术,掌握了多圈孔冻结壁形成特性的基本规律和影响因子;提出了单孔冻土扩展速度、单圈孔冻结壁扩展速度、各孔圈之间冻土交汇成整体时的冻结壁内侧与外侧扩展速度等基本关系式,实现了冻结壁交圈时间、相邻孔圈冻土交汇时间、冻土扩至井帮时间、内外侧冻土扩展速度和范围、冻结壁平均温度等冻结壁形成特性参数的定量化计算,达到了精准预测预报;提出了等效冻结时间概念,细化了盐水运动状态因子,并将其发展为动态综合分析方法,精准地指导了冻结和掘砌施工。

6. 开发出深厚冲积层井筒冻结段掘砌快速施工关键配套技术

要实现深厚冲积层冻结安全快速施工,除了要攻克冻结壁设计、井壁设计与制备、冻结过程精准调控等理论和技术外,还要解决根据冻结壁位移变化规律合理确定掘进段高与掘砌时间、调控冻结壁参数,还要针对地层可爆性特征确定冻土光面爆破合理的爆破参数等。

　　工程实施过程中，建立和推广了冻结壁形成特性实测、工程预报与冻结调控和深厚黏性土层冻结壁径向位移实测分析与掘进段高调控双机制。实施冻结壁径向位移实测分析与掘进段高调控机制，不仅保证了冻结壁安全稳定，还进一步提高了冻结调控和掘砌时间的精准配合，为掘砌施工提供了安全、便于施工的井帮温度条件，提高了深冻结井掘砌速度。

　　通过科技攻关，科研团队构建了深厚冲积层冻结法凿井挖溏心技术体系，开发了深厚冲积层冻结工程爆破快速掘进技术，为科学合理实现冻结法凿井安全、经济、快速施工提供了技术支撑。

第 2 章

600～1000m 深厚冲积层冻结壁厚度设计计算体系

2.1 概　　述

冻结法凿井的难度随冲积层厚度增大而急剧增大，而冻结壁强度设计计算是深厚冲积层冻结法凿井必须要攻克的难题之一。冻结壁强度设计合理与否直接影响冻结法凿井施工是否安全和是否经济合理。冻结壁强度取决于冻结壁厚度、冻结壁平均温度。因此，科学合理地设计深厚冲积层冻结壁厚度是冻结法凿井关键理论和技术之一，也是从事冻结法凿井的科技工作者关注和研究的热点。

冻结壁厚度计算研究除了采用模拟试验、数值计算外，德国学者多姆克把冻结壁看成弹塑性体，提出无限长厚壁筒弹塑性冻结壁厚度计算公式(简称"多姆克公式")[36]；苏联学者维亚洛夫、扎列茨基提出了按照变形条件计算的有限段高的冻结壁厚度计算公式，并提出有限段高塑性厚壁筒冻结壁厚度计算公式(简称"维亚洛夫-扎列茨基公式")[5]；陈湘生[6]提出了以冻结壁(冻结管)变形极限为准则的各变量分离的深井冻结壁时空设计理论及公式；杨维好等[7,8]分别假设冻结壁为均质理想弹塑性材料和塑性材料且遵从莫尔-库仑(Mohr-Coulomb)屈服准则，考虑其与周围土间的相互作用和初始地应力场，基于平面应变轴对称卸载模型，推导出解析解，并据此建立深厚冲积层冻结壁厚度计算公式，当冻土和未冻土的物理力学参数准确时，理论分析可以提高深厚冲积层冻结壁厚度计算的准确性；胡向东[9]采用卸载状态下冻结壁与周围土体共同作用的力学模型，提出考虑冻结壁卸载过程及其与周围土体共同作用的黏弹性冻结壁计算模型；王彬等[10]提出基于抛物线形温度场的冻结壁黏弹性分析，论述了卸载条件下冻结壁外荷载、应力场、位移随空帮时间变化规律；钟桂荣等[37]基于黏弹性理论和牛顿-科茨(Newton-Cotes)数值积分法，推导了非均质冻结壁应力场和位移半解析表达式；荣传新[38]提出冻结壁稳定性分析的黏弹塑性模型。还有许多学者基于物理模型试验、数值模拟提出冻结壁厚度设计方法[39-46]。综上所述，基于应力特性、荷载作用形式、几何维数、均质性、强度理论等的不同，国内外学者就研究提出数十种形式的计算方法，其中包括我国多年冻结法凿井中广为应用的 5 个经典的冻结壁厚度计算公式。

上述研究均为深厚冲积层冻结壁设计提供了非常有益的帮助，但目前研究仍然以无限长厚壁筒模型为主，而实践表明，深厚冲积层黏性土层冻结壁的安全稳定受掘进段高影响很大，即有限段高模型揭示的冻结壁厚度计算对深厚冲积层冻结壁设计更为重要。

但应该指出，许多工程存在着计算公式中相关参数科学取值及参数应用的问题及设计计算指标与冻结工艺、掘砌工艺脱节的问题，从而失去对设计方法的验证意义和对施工的指导意义。在部分深厚冲积层冻结壁计算中普遍存在着掘进段高等计算方法的错误。

正如维亚洛夫等学者所指出的确定冻结壁最佳尺寸问题是一个十分复杂的综合性课题，要求得它的完整解，必须计算温度场，考虑冻土的流变性质、平均压力的影响、冻结壁与围土的联合(协同)工作及冻结壁的几何尺寸；完整提法的课题解十分复杂，以致在实际应用中还是会遇到许多无法克服的困难；更精确的计算不仅需要复杂的理论推导，而且确定物理力学指标需要进行复杂而艰巨的工作；简化计算所追求的目标，不仅是使计算本身方便，而且要简化物理力学指标的确定方法[5]。这些观点至今对我们正确、合理、科学选择冻结壁厚度计算方法也具有重要指导意义。

有些学者将无限长弹塑性厚壁筒模型细化，考虑井壁或围岩与冻结壁共同作用，将冻结壁分为弹性和塑性应力区；还有些学者考虑最初的冻结壁三向受压，以及挖掘造成的冻结壁内侧径向卸载，所分析的应力、应变及冻结壁与井壁或围岩的相互作用变得复杂，但其本质仍然是无限长厚壁筒、弹塑性模型，仍然假设冻结壁为稳定、均质材料，所得计算公式和影响因素、参数比多姆克公式复杂得多，且在分析计算冻结壁受力、变形及推导解析表达式过程中仍需对相关特性、参数加以限定和重新定义，而这些限定和定义的客观性与物理含义有待深入研究，许多参数需要大量的工程、地质资料统计分析和冻土物理力学试验分析，对此人们尚缺少系统的认识和掌握，更缺少实践验证，因此这些"精确"的计算往往受参数波动的影响，致使结果相当波动、离散。应该指出，对冻结壁及其受力、变形进行细化分析，求其"精确"解，对于深入认识冻结壁特性是非常有益的，有些工程案例中冻结壁厚度计算的"精确"解与经典的多姆克公式和维亚洛夫-扎列茨基公式计算结果较接近，说明细化分析的处理方法基本可行；目前的细化分析仍然以无限长厚壁筒、弹塑性模型为基础，冻结壁和与其相互作用的井壁、围岩的应力仍然处于弹塑性、塑性和黏性状态，材料性质和本构关系也未发生实质性的变化，仍然是在经典理论和方法的范畴内，因此细化分析并非突破性的全新理念和分析方法，细化分析的结果并不能替代经典的冻结壁厚度计算公式；由于许多物理特性和参数的限定和定义，目前还无法对其进行确切认识和掌握，致使工程应用中某些参数具有不确定性，影响计算结果的稳定性，造成细化分析的计算公式较难在工程应用中推广。目前有些工程案例中细化分析冻结壁的计算结果接近经典的多姆克公式和维亚洛夫-扎列茨基公式分析结果，进一步验证了经典的多姆克公式和维亚洛夫-扎列茨基公式仍然是工程实际中较为可靠和实用的分析手段与计算方法。也有些学者曾提出在中深部(200～400m)广泛应用的多姆克公式无法应用于更深(>400m)冲积层的冻结壁设计，现在看来，这一观点是不正确的，主要原因在于当时对低温冻土物理力学指标的应用取值和采用多圈孔冻结的温度场特征的认识不到位。

有别于上述理论分析建立的冻结壁厚度计算公式，有限元法的发展使国内外学者利用计算机技术细化冻结壁的材质特性、荷载变化、温度变化、本构关系、蠕变特性及掘砌等边界条件变化，能够模拟特殊形式的冻结壁及其非均匀受力、非均匀性材质、冻结壁与围岩或井壁相互作用等复杂状态，对冻结壁受力和变形进行了非常有益的分析与探讨，并取得了良好的成果，提高了人们对复杂情况下冻结壁特性的认识。应用有限元法分析冻结壁受力和变形需要大量的相关参数,而工程实际的地质特性参数、冻土物理力学参数非常复杂,目前尚无法系统掌握,虽然有限元分析的冻结壁受力特性对复杂工程具有定性、类比分析的指导意义,但使用其计算的立井冻结壁厚度、安全掘进段高等结果并不稳定,可控性差;目前有限元法还较难客观分析冻结壁应力状态,仍然需要结合经典的冻结壁厚度计算公式的分析结果,单独作为定量分析和工程设计的效果还有待提高,还需大量且复杂的工程资料、地质资料的统计分析和系统的试验研究。

虽然目前冻土抗压强度试验研究和应用较系统,但缺少对上述计算方法中涉及的冻结壁内摩擦系数 ϕ_j、内聚力 c_j、弹性模量 E_f、泊松比 μ_f、未冻土的弹性模量 E_u 和泊松比 μ_u,以及蠕变特性参数的系统研究和应用技术。李功洲等基于冻土抗压强度试验研究与应用技术体系、多圈孔冻结壁温度场理论,提出 400~600m 深厚冲积层冻结壁厚度计算方法——"四位一体"的冻结壁设计计算体系,其要点如下:按多姆克公式计算砂性土层控制层位的冻结壁厚度;按维亚洛夫-扎列茨基公式计算黏性土层控制层位的冻结壁厚度及掘进段高;按多圈孔成冰公式计算冻结壁厚度的平均温度;按综合分析方法确定砂性冻土计算强度;按国内打钻、制冷冻结、掘砌、冻土试验等技术水平优选设计参数的"四位一体"冻结壁设计计算体系,其已在数十个<600m 深厚冲积层冻结井筒中成功设计应用。

近年来,又有一批冻结井筒穿过 600m、700m 冲积层,将来冻结井筒还要穿过 800~1000m 冲积层,从某些 600m 冲积层冻结法凿井的冻结壁设计方案看,其普遍存在着掘进段高计算方法的错误。为此进一步研究冻土影响参数少的多姆克公式及维亚洛夫-扎列茨基有限段高塑性计算公式等在大于 600m 冲积层冻结工程中的实际应用技术具有重要的理论和现实意义。

2.2 冻结壁厚度主要计算公式

冻结壁由固体颗粒、冰、液态水和气体四相物质组成,其内部各点的温度和力学性质互不相同,因此是非均质的厚壁筒。但是,求解非均质厚壁筒问题的精确解是很困难的,因此在实际计算时不得不采用近似方法,以冻结壁的平均温度换算平均强度,将冻结壁简化为均质的厚壁筒来计算。

冻结壁的计算厚度主要取决于地压、冻土的强度和性质,以及施工情况(如掘进半径、段高、暴露时间等),此外也与所采用的计算方法有密切关系。采用不同的计算模型和不同的强度理论,会得出不同的壁厚计算公式:按冻结壁应力特性划分,有弹性、黏弹性、弹塑性、塑性和弹-黏塑性设计理论;按荷载作用形式划分,有加载模型和卸载模型;按几何维数划分,有平面应变模型和三维模型;按均质性划分,有均质和非均质模型;等等。例如,有将冻结壁按弹性体计算的[如拉梅(Lamé)公式]、按弹塑性体计算的(如多姆克公式)和按塑性体计算的;有将冻结壁视为无限长圆筒计算的和视为一端和两端固定的有限长圆筒计算的;有将冻结壁按第三强度理论计算的,也有按第四强度理论计算的。

确定冻结壁厚度的静力学计算方法一般应按两种极限状态进行，即强度条件和变形条件：按强度条件的计算方法是指在已知外力作用下，确定使冻结壁中的应力不超过其强度极限时所必需的壁厚；按变形条件的计算法是指在已知外力和掘进工艺条件下，确定在预定时间内冻结壁的塑性变形不超过允许值时所必需的壁厚。本书作者认为可靠的壁厚应同时满足强度条件和变形条件。但是，如何确定强度条件和变形条件计算公式及相关参数的确定方法是深厚冲积层冻结壁计算的关键。为了便于读者掌握冻结壁厚度常用的计算公式，本书系统梳理介绍国内外学者提出的冻结壁厚度主要计算公式的推导过程或基本原理。

2.2.1　按无限长弹性厚壁筒的计算公式

过去，当冻结深度不大（<100m）时，冻结壁厚度的计算一直沿用如下的拉梅公式：

$$E = R_a \left(\sqrt{\frac{[\sigma]}{[\sigma] - 2P}} - 1 \right) \tag{2-1}$$

式中，E 为冻结壁厚度；R_a 为冻结壁内半径，即井筒掘进半径；P 为作用于冻结壁的地压值；$[\sigma]$ 为冻土许用抗压强度，$[\sigma] = \sigma_c / K$，σ_c 为冻土单轴极限抗压强度，K 为安全系数。

式(2-1)是引用法国工程师拉梅关于弹性厚壁筒的解经推导而得。推导过程如下。

如图 2-1 所示，将很长的冻结壁厚壁筒简化为轴对称平面变形问题来研究，并假定壁筒材料具有不可压缩性，即泊松比 μ=0.5。设厚壁筒的内、外半径为 R_a 和 R_b，作用于冻结壁的地压值为 P，作用于冻结壁的内侧压力为 P_0，并用 σ_r、σ_θ 和 σ_z 分别表示冻结壁径向应力、切向应力和轴向应力，则弹性厚壁筒内三个主应力的计算式为（视压应力为正）

$$\sigma_r = -\frac{P_0 R_a^2 - P R_b^2}{R_b^2 - R_a^2} + \frac{(P_0 - P) R_a^2 R_b^2}{r^2 (R_b^2 - R_a^2)}$$

$$\sigma_\theta = -\frac{P_0 R_a^2 - P R_b^2}{R_b^2 - R_a^2} - \frac{(P_0 - P) R_a^2 R_b^2}{r^2 (R_b^2 - R_a^2)} \tag{2-2}$$

$$\sigma_z = \frac{1}{2}(\sigma_r + \sigma_\theta) = \frac{P R_b^2 - P_0 R_a^2}{R_b^2 - R_a^2}$$

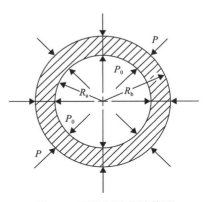

图 2-1　弹性厚壁筒计算图

当厚壁筒仅受外压力 P 作用时，式(2-2)变为

$$\sigma_r = \frac{P R_b^2}{R_b^2 - R_a^2} \left(1 - \frac{R_a^2}{r^2} \right)$$

$$\sigma_\theta = \frac{P R_b^2}{R_b^2 - R_a^2} \left(1 + \frac{R_a^2}{r^2} \right) \tag{2-3}$$

$$\sigma_z = \frac{P R_b^2}{R_b^2 - R_a^2}$$

显然，$\sigma_\theta > \sigma_z > \sigma_r$，即 σ_θ 和 σ_r 分别为最大和最小主应力，而且当 $r=R_b$ 时，得

$$\sigma_r = P$$
$$\sigma_\theta = \frac{R_b{}^2 + R_a{}^2}{R_b{}^2 - R_a{}^2}P \tag{2-4}$$
$$\sigma_z = \frac{R_b{}^2 P}{R_b{}^2 - R_a{}^2}$$

当 $r=R_a$ 时，得

$$\sigma_r = 0$$
$$\sigma_\theta = \frac{2R_b{}^2 P}{R_b{}^2 - R_a{}^2} \tag{2-5}$$
$$\sigma_z = \frac{R_b{}^2 P}{R_b{}^2 - R_a{}^2}$$

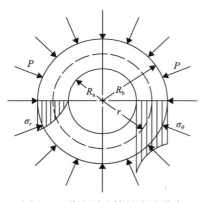

图 2-2　弹性厚壁筒的应力分布

此时厚壁筒的应力分布如图 2-2 所示，而轴向应力 σ_z 在筒的任意水平截面上都均匀分布。

按弹性厚壁筒的计算方法假定壁筒任何部分都不应产生超过弹性范围的屈服状态，其判别准则一般有第三强度理论（最大剪应力理论）或第四强度理论（最大应变能理论）。因此，将上述拉梅应力式(2-2)～式(2-5)分别代入第三或第四强度理论，即可导出冻结壁厚度的计算公式。

1）基于第三强度理论的拉梅公式

第三强度理论认为厚壁筒安全工作时的强度条件应满足如式(2-6)所示的特雷斯卡（Tresca）屈服准则：

$$\tau_{\max} = \frac{\sigma_1 - \sigma_3}{2} \leqslant \frac{[\sigma]}{2}$$
$$\sigma_1 - \sigma_3 \leqslant [\sigma] \tag{2-6}$$

即最大主应力 σ_1 与最小主应力 σ_3 的最大差值应不大于材料的许用抗压强度 $[\sigma]$。由图 2-2 可见，σ_1 与 σ_3 的最大差值出现在壁筒的内缘，于是将式(2-5)中的 σ_θ 和 σ_r 代入式(2-6)可得

$$\left(\sigma_\theta - \sigma_r\right)_{\max} = 2P\frac{R_b{}^2}{R_b{}^2 - R_a{}^2} \leqslant [\sigma] \tag{2-7}$$

而冻结壁厚度为

$$E = R_b - R_a \tag{2-8}$$

由式(2-7)可得

$$R_b{}^2([\sigma] - 2P) = R_a{}^2[\sigma]$$

$$R_b = R_a \sqrt{\frac{[\sigma]}{[\sigma] - 2P}} \tag{2-9}$$

将式(2-9)代入式(2-8)，整理后得

$$E = R_a \left(\sqrt{\frac{[\sigma]}{[\sigma] - 2P}} - 1 \right) \tag{2-10}$$

式(2-10)即式(2-1)所示的基于第三强度理论的拉梅公式，或称拉梅–特雷斯卡公式。

2) 基于第四强度理论的拉梅公式

第四强度理论认为厚壁筒安全工作时的强度条件应满足如式(2-11)所示的胡贝尔-米泽斯(Huber-Mises)屈服准则：

$$\sigma_0 = \sqrt{\sigma_r^2 + \sigma_z^2 + \sigma_\theta^2 - \sigma_r\sigma_\theta - \sigma_\theta\sigma_z - \sigma_z\sigma_r} \leqslant [\sigma] \tag{2-11}$$

计算表明，在上述应力组合中以筒壁内缘($r = R_a$)处的计算应力 σ_0 最大，如出现极限状态必先从内缘开始，于是将式(2-5)中的三个主应力依次代入式(2-11)，整理后得

$$\sqrt{3}P \frac{R_b{}^2}{R_b{}^2 - R_a{}^2} \leqslant [\sigma]$$

$$R_b = R_a \sqrt{\frac{[\sigma]}{[\sigma] - \sqrt{3}P}} \tag{2-12}$$

将式(2-12)代入式(2-8)，得

$$E = R_a \left(\sqrt{\frac{[\sigma]}{[\sigma] - \sqrt{3}P}} - 1 \right) \tag{2-13}$$

式(2-13)即为基于第四强度理论的拉梅公式或称拉梅–胡贝尔公式。

按弹性厚壁筒导出的拉梅公式(2-10)和式(2-13)，均以保证冻结壁全部断面材料处于弹性变形为前提，甚至内边缘也不允许产生塑性变形，因而不能充分利用材料强度储备，使计算出的冻结壁厚度偏大。这不但很不经济，而且当冲积层加深、地压值增大时，将限制公式的使用。例如，当 $P \geqslant \dfrac{[\sigma]}{2}$ 或 $P \geqslant \dfrac{[\sigma]}{\sqrt{3}}$ 时，E 将为无穷大或为虚数，因此它们被限制在 $P \leqslant 0.5[\sigma]$ 或 $P \leqslant 0.58[\sigma]$ 范围内。所以拉梅公式一般只适用于冲积层厚度 < 100m 的浅冲积层，而不适用于深井冻结壁的设计。

2.2.2　按无限长弹塑性厚壁筒的计算公式

对于 > 100m 冲积层的深井冻结壁的设计，我国广泛采用如式(2-14)所示的多姆克近似公式：

$$E = R_a \left[0.29 \left(\frac{P}{\sigma_s} \right) + 2.3 \left(\frac{P}{\sigma_s} \right)^2 \right] \tag{2-14}$$

式中，E 为冻结壁厚度；R_a 冻结壁内半径（井筒掘进半径）；P 为作用于冻结壁的地压值；σ_s 为冻土抗压屈服强度。

式（2-14）是 1915 年由德国的多姆克教授首先提出来的，推导过程如下。

如图 2-3 所示，将很长的冻结壁筒简化为均布地压作用的无限长弹塑性厚壁圆筒，当作用于冻结壁的地压值 P 增大到一定程度时，整个冻结壁筒出现以半径 $r=\rho$ 为界面的两个区域：塑性区（$R_a \leqslant r \leqslant \rho$）和弹性区（$\rho < r \leqslant R_b$）。由于内侧的塑性区受到外侧弹性区的约束，整个冻结壁就没有失去承载能力。此时，弹性区的应力仍用式（2-2）求取，但塑性区已超越弹性范围，故式（2-2）已不适用。

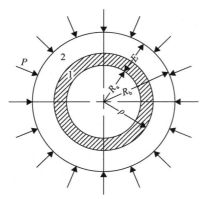

图 2-3 弹塑性厚壁筒计算图
1-塑性区；2-弹性区

塑性区的应力可由轴对称问题平衡微分方程和塑性条件联解得出。由弹塑性力学可知轴对称平面应变问题的平衡微分方程为

$$\sigma_\theta - \sigma_r - r\frac{\mathrm{d}\sigma_r}{\mathrm{d}r} = 0 \tag{2-15}$$

塑性条件可按第三或第四强度理论选取，多姆克是按第三强度理论推导的，即

$$\tau_{\max} = \frac{\sigma_\theta - \sigma_r}{2} \leqslant \frac{[\sigma]}{2}$$
$$\sigma_\theta - \sigma_r = \sigma_s \tag{2-16}$$

将式（2-16）代入式（2-15）得

$$r\frac{\mathrm{d}\sigma_r}{\mathrm{d}r} = \sigma_s$$
$$\mathrm{d}\sigma_r = \frac{\sigma_s}{r}\mathrm{d}r \tag{2-17}$$

将式（2-17）积分后得

$$\sigma_r = \sigma_s \ln r + C' \tag{2-18}$$

积分常数 C' 可由边界条件求得，即当 $r = R_a$ 时，$\sigma_r = 0$，于是

$$C' = -\sigma_s \ln R_a$$

将 C' 值代回式（2-18）得

$$\sigma_r = \sigma_s \ln r - \sigma_s \ln R_a = \sigma_s \ln \frac{r}{R_a} \qquad (2\text{-}19)$$

将式(2-19)代入式(2-16)第二式得

$$\sigma_\theta = \sigma_s \left(1 + \ln \frac{r}{R_a} \right) \qquad (2\text{-}20)$$

式(2-19)和式(2-20)即塑性区的应力计算式。在塑性区的外边缘即 $r = \rho$ 处，其径向应力为

$$\left(\sigma_r \right)_{r=\rho} = \sigma_s \ln \frac{\rho}{R_a} \qquad (2\text{-}21)$$

弹性区的应力为弹性厚壁筒同时受内、外压力时(图 2-1)的拉梅解，因此由式(2-2)得

$$\sigma_\theta - \sigma_r = \frac{P - P_0}{R_b{}^2 - R_a{}^2} \left(\frac{2R_a{}^2 R_b{}^2}{r^2} \right) \qquad (2\text{-}22)$$

从式(2-22)容易看出，$\sigma_\theta - \sigma_r$ 的差值在圆筒内缘(即 $r = R_a$ 处)最大，即

$$\left(\sigma_\theta - \sigma_r \right)_{\max} = \frac{P - P_0}{R_b{}^2 - R_a{}^2} \left(2R_b{}^2 \right) \qquad (2\text{-}23)$$

同样，根据第三强度理论，筒壁产生屈服时的塑性条件为

$$\sigma_\theta - \sigma_r = \sigma_s \qquad (2\text{-}24)$$

将式(2-23)代入式(2-24)，得到弹性厚壁筒内缘刚进入塑性状态时的内、外压力差为

$$P - P_0 = \frac{R_b{}^2 - R_a{}^2}{2R_b{}^2} \sigma_s \qquad (2\text{-}25)$$

根据应力连续条件，在弹塑性区的界面上(即 $r = \rho$ 处)，由塑性区计算出的 σ_r 和由弹性区计算出的 σ_r 应相等。这里，弹性区的内半径为 ρ，内压力为 $\left(\sigma_r \right)_{r=\rho}$，而且其内缘刚进入塑性状态，则沿用式(2-25)，将 $\left(\sigma_r \right)_{r=\rho}$ 代入 P_0，用 ρ 代替 R_a，得

$$P - \left(\sigma_r \right)_{r=\rho} = \frac{R_b{}^2 - \rho^2}{2R_b{}^2} \sigma_s \qquad (2\text{-}26)$$

将式(2-21)代入式(2-26)得

$$P - \sigma_s \ln \frac{\rho}{R_a} = \frac{R_b{}^2 - \rho^2}{2R_b{}^2} \sigma_s$$

$$\frac{P}{\sigma_s} = \ln\frac{\rho}{R_a} + \frac{1}{2}\left(1 - \frac{\rho^2}{R_b^2}\right) \tag{2-27}$$

若选择 ρ 等于 R_a 和 R_b 的几何平均值，即 $\rho = \sqrt{R_a R_b}$，那么式(2-27)变为

$$\frac{P}{\sigma_s} = \ln\frac{\sqrt{R_a R_b}}{R_a} + \frac{1}{2}\left[1 - \frac{\left(\sqrt{R_a R_b}\right)^2}{R_b^2}\right] \tag{2-28}$$

整理后得

$$P = \frac{\sigma_s}{2}\left(\ln\frac{R_b}{R_a} + 1 - \frac{R_a}{R_b}\right) \tag{2-29}$$

式(2-29)就是多姆克的基本理论公式，它是一个超越方程，要直接用于计算冻结壁厚度是很不方便的，因此从实用出发可进行如下近似简化，设

$$\begin{aligned} x &= \frac{P}{\sigma_s} \\ y &= \frac{R_b - R_a}{R_a} \end{aligned} \tag{2-30}$$

则式(2-29)变为

$$2x = \ln(1+y) + \frac{y}{1+y} \tag{2-31}$$

式(2-31)在直角坐标系中是一条平面曲线，可用一条抛物线方程来拟合(图 2-4)：

$$y = A_1 + B_1 x + C_1 x^2 \tag{2-32}$$

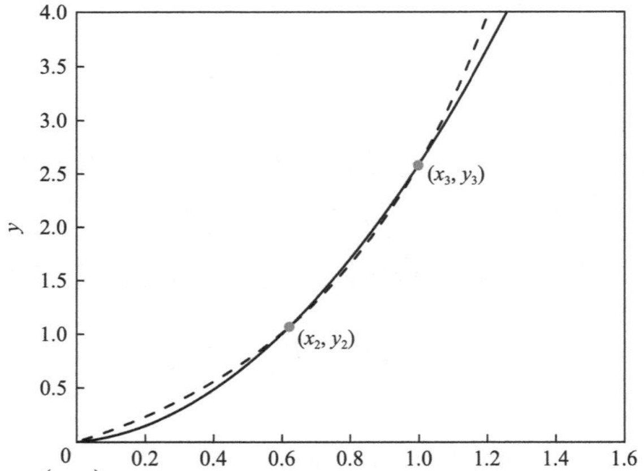

图 2-4 相关方程式曲线

实线为 $y = 0.29x + 2.3x^2$；虚线为 $2x = \ln(1+y) + \dfrac{y}{1+y}$

抛物线方程(2-32)与方程(2-31)所表示的曲线在图 2-4 中有三个公共点：(x_1, y_1)、(x_2, y_2)、(x_3, y_3)。这里，$x_1=0$、$x_2 \approx 0.62$、$x_3=1$；由方程(2-31)可求得与之相对应的 y 值：$y_1 = 0$、$y_2 \approx 1.06$、$y_3 \approx 2.59$。这样可决定抛物线方程(2-32)中的 A_1、B_1、C_1 值：

$$
\begin{aligned}
y_1 &= A_1 + B_1 x_1 + C_1 x_1^2 \\
y_2 &= A_1 + B_1 x_2 + C_1 x_2^2 \\
y_3 &= A_1 + B_1 x_3 + C_1 x_3^2
\end{aligned}
\tag{2-33}
$$

将 x、y 的上述三组具体数值代入式(2-33)，解得 $A_1=0$、$B_1=0.29$、$C_1=2.3$，即可以用式(2-34)所示的曲线来近似代替式(2-31)所示的曲线。

$$
y = 0.29x + 2.3x^2
\tag{2-34}
$$

把式(2-30)代入式(2-34)，整理后得

$$
E = R_a \left[0.29 \left(\frac{P}{\sigma_s} \right) + 2.3 \left(\frac{P}{\sigma_s} \right)^2 \right]
\tag{2-35}
$$

式(2-35)即常用的多姆克近似公式。

此外，有些国内外的学者运用多姆克的解题方法，但采用第四强度理论，也得出了与多姆克基本理论公式(2-29)形式完全相同的壁厚公式：

$$
P = \frac{\sigma_s}{\sqrt{3}} \left(\ln \frac{R_b}{R_a} + 1 - \frac{R_a}{R_b} \right)
\tag{2-36}
$$

对式(2-36)所示的超越方程进行近似计算，可得出如式(2-37)所示的冻结壁厚度计算公式：

$$
E = R_a \left[0.56 \left(\frac{P}{\sigma_s} \right) + 1.33 \left(\frac{P}{\sigma_s} \right)^2 \right]
\tag{2-37}
$$

式(2-37)可称为多姆克-第四强度理论公式。

将冻结壁视为弹塑性厚壁筒进行设计计算，能合理地利用材料的强度储备，提高冻结壁的承载能力，而且无论 P/σ_s 的值如何，冻结壁厚度 E 都是有解的，因而其比较适用于深井冻结壁的计算。此外，最大切向应力不是作用在冻结壁的内缘，而是作用在弹、塑性区交界面上(图 2-5)，即靠近冻结壁的中央部位，恰好该处的冻土强度最高，这样是较理想的。

2.2.3　按无限长塑性厚壁筒的计算公式

当冲积层很深、地压值很大时，可将冻结壁视为无限长的塑性厚壁筒，即让厚壁筒全部进入塑性状态(极限状态)，然后以一定的安全系数来保证冻结壁安全工作。

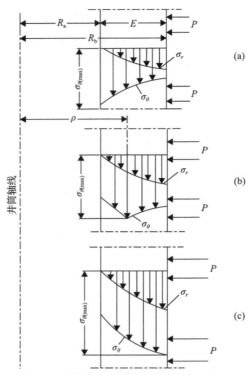

图 2-5　冻结壁在不同状态下的应力分布
(a)弹性厚壁筒；(b)弹塑性厚壁筒；(c)塑性厚壁筒

第三和第四强度理论规定的塑性条件分别如下：

$$\sigma_\theta - \sigma_r = \sigma_t$$
$$\sigma_\theta - \sigma_r = \frac{2}{\sqrt{3}}\sigma_t \tag{2-38}$$

式中，σ_t 表示考虑荷载作用时间计算的冻土极限强度。

将式(2-38)代入式(2-15)所示的平衡微分方程并积分后得

$$\sigma_{r3} = \sigma_t \ln r + C_3$$
$$\sigma_{r4} = \frac{2\sigma_t}{\sqrt{3}}\ln r + C_4 \tag{2-39}$$

利用边界条件，当 $r = R_a$ 时，$\sigma_r = 0$，解得式(2-39)的积分常数：

$$C_3 = -\sigma_t \ln R_a$$
$$C_4 = -\frac{2}{\sqrt{3}}\sigma_t \ln R_a \tag{2-40}$$

将式(2-40)代入式(2-39)得

$$\sigma_{r3} = \sigma_{t} \ln \frac{r}{R_a}$$
$$\sigma_{r4} = \frac{2}{\sqrt{3}} \sigma_{t} \ln \frac{r}{R_a}$$
$$(2\text{-}41)$$

由式(2-38)与式(2-41)联解得

$$\sigma_{\theta 3} = \sigma_{t} \left(1 + \ln \frac{r}{R_a} \right)$$
$$\sigma_{\theta 4} = \frac{2}{\sqrt{3}} \sigma_{t} \left(1 + \ln \frac{r}{R_a} \right)$$
$$(2\text{-}42)$$

利用边界条件,当 $r = R_b$ 时, $\sigma_r = P$;由式(2-41)求得按第三和第四强度理论的极限荷载为

$$P_3 = \sigma_{t} \ln \frac{R_b}{R_a}$$
$$P_4 = \frac{2}{\sqrt{3}} \sigma_{t} \ln \frac{R_b}{R_a}$$
$$(2\text{-}43)$$

由式(2-43)可导出极限状态时的壁厚公式为

$$\left. \begin{aligned} E_3 &= R_a \left(e^{P/\sigma_t} - 1 \right) \\ E_4 &= R_a \left(e^{\sqrt{3}P/(2\sigma_t)} - 1 \right) \end{aligned} \right\}$$
$$(2\text{-}44)$$

安全工作时,冻结壁厚度的计算公式如式(2-45)和式(2-46)所示。

按第三强度理论:

$$E = R_a \left(e^{P/K_j} - 1 \right) m_1$$
$$(2\text{-}45)$$

按第四强度理论:

$$E = R_a \left(e^{0.87P/K_j} - 1 \right) m_1$$
$$(2\text{-}46)$$

式中, m_1 为安全系数,一般取 $m_1 = 1.1 \sim 1.2$; K_j 为冻土计算强度,可取长时强度 σ_τ 或许用抗压强度 $[\sigma]$。

式(2-45)与苏联、波兰等国采用的苏联学者里别尔曼建议的公式形式相同,但区别在于里别尔曼建议的公式中,作用于冻结壁的地压值取 $P = \gamma H$ (γ 为土层的平均重力密度; H 为计算层位的深度)。式(2-46)为根据第四强度理论导出的壁厚公式。在式(2-46)和式(2-45)中, P 值应根据实测结果或常用地压公式计算。

由于公式中加入了安全系数 m_1 ,冻结壁实际上仍回到弹塑性状态,且又以 K_j 代替 σ_t ,故冻结壁是安全的,因此式(2-46)和式(2-45)可被用于深井冻结壁的计算。

2.2.4 按有限长厚壁筒的计算公式

由于分段掘砌，冻结壁在任何时候都不会同时暴露其全长，而主要是在未支护的有限段高内起临时支护作用。所以，段高大小及其上下端面的固定情况对冻结壁的承载能力和稳定性有很大影响。但前述那些按无限长圆筒的计算方法都忽略了这些有利因素，因而导致了更多的强度储备，使计算的壁厚偏大。为此，国外有不少学者建议，对深井冻结壁应按有限长厚壁筒计算：或者先给定段高值，求解所需的冻结壁厚度；或者先给定冻结壁厚度值，确定掘砌时应采取的段高大小。

但是，按固定端有限长圆筒计算时，会使计算复杂化，甚至无法进行精确的推导，所以不得不从工程实用性出发进行简化，以导出相应的计算公式。有两种按有限长厚壁筒计算的壁厚公式，即里别尔曼公式、维亚洛夫-扎列茨基公式。

1. 里别尔曼公式

里别尔曼于 1961 年曾建议用极限平衡理论的极限值原理来计算冻结壁厚度，他认为外压力一定时，其变形保持常量之前冻结壁是稳定的，此时冻结壁只在内侧部分区域应力达到流动极限。只有当塑性区到达外缘时，筒壁才失去稳定性。在推导公式过程中作了如下假设：①作用于冻结壁的地压值 $P = \gamma H$；②冻结壁在段高的上下端是固定不动的；③视冻土为理想塑性体，采用第三强度理论；④冻土强度与温度和荷载作用时间有关。最后，得出了如式(2-47)所示的冻结壁厚度计算公式：

$$E = \frac{\gamma H}{\sigma_t} h m_1 \tag{2-47}$$

式中，γH 为作用于冻结壁的地压值；h 为掘进段高；m_1 为安全系数，一般取 1.1～1.2；σ_t 为考虑荷载作用时间计算的冻土极限强度，一般取等于长时强度 σ_τ。

2. 维亚洛夫-扎列茨基公式

维亚洛夫和扎列茨基于 1962 年曾提出按有限长塑性厚壁筒计算的冻结壁厚度公式。假设冻土为理想塑性体，采用第四强度理论，根据冻土内摩擦角大小和段高两端固定程度的不同，建议采用式(2-48)和式(2-49)两个公式。

(1)当冻土内摩擦角很小，段高下端固定不好，井内一般未冻结时，冻结壁厚度按式(2-48)计算：

$$E = \sqrt{3} \frac{Ph}{\sigma_t} \tag{2-48}$$

(2)当冻土内摩擦角较大，段高上下端均固定，井内基本已冻结时，冻结壁厚度按式(2-49)计算：

$$E = \frac{\sqrt{3}}{2} \frac{Ph}{\sigma_t} \tag{2-49}$$

式(2-48)和式(2-49)在推导过程中引进了一些安全假定，但是工程设计中还应考虑安全系数，式(2-48)和式(2-49)表达式改为

$$E = \frac{Ph}{\sigma_t} \eta m_2 \qquad (2-50)$$

式中，m_2 为安全系数，一般取 1.5～1.75；η 为掘进段井帮上下两端的固定程度系数，当上端固定好(井壁发挥作用)而下端(掘进工作面)基本未冻结时取 $\sqrt{3}$，若上下两端均固定好时取 $\sqrt{3}/2$。

2.2.5　按变形条件的计算公式

2.2.1～2.2.4 节的各种方法都是按强度条件进行计算的，因而未能认真考虑冻土的流变性质对工程的影响。自 20 世纪 60 年代初起，国外有些学者提出了按变形条件计算的方法。其中最有影响的是苏联学者维亚洛夫和扎列茨基提出的计算公式。他们通过对冻土流变性的研究和冻结壁模拟试验，发现在蠕变大的黏性冻土中，即使在冻结壁没有破坏甚至未失去承载能力的情况下，随着时间的推移，冻结壁的塑性变形也会发展到不能容许的严重程度，如会导致冻结管断裂。

按变形条件的计算方法，从理论上比较全面地考虑冻土的流变特性和段高的影响，因而是较科学的方法，但是由于计算公式中的一些参数难以确定，故在实际应用上尚存在不少问题。维亚洛夫和扎列茨基的计算方法的出发点是，冻结壁厚度 E 或掘进段高 h 应根据冻结壁塑性变形所引起冻结管弯曲时的挠度不超过极限值的原则来确定，即

$$f \leqslant [f]$$

式中，f 为冻结管相对挠度，为冻结管径向位移 u_d 与掘进段高 h 之比，即 $f = u_d/h$；$[f]$ 为冻结管允许相对挠度，根据质量不同，$[f]=0.01～0.02$。

经联合求解极限状态下的平衡微分方程、流变方程 $\sigma_i = 3^{-\frac{1+m}{2}} A(T,t) \varepsilon_i^m$ (即冻土的蠕变规律为 $\varepsilon^m = 3^{\frac{1+m}{2}} \frac{1}{A(T,t)} \sigma_i$ [5,36]，其中 ε_i 为冻土的蠕变应变，σ_i 为冻土的蠕变应力和状态方程，最后得出如式(2-51)所示的冻结壁厚度计算公式：

$$E = R_a \left\{ \left[1 + (1-\xi_m)\frac{(1-m)P}{3^{-\frac{1+m}{2}}A(T,t)} \left(\frac{h}{R_a}\right)^{1+m} \left(\frac{R_a}{u_a}\right)^m \right]^{\frac{1}{1-m}} - 1 \right\} \qquad (2-51)$$

式中，m 为冻土强化系数；$A(T,t)$ 为取决于冻土温度 T 和荷载作用时间 t 的冻土变形模量；u_a 为冻结壁内表面允许径向变形量；ξ_m 为段高上下端约束差异系数($0 \leqslant \xi_m \leqslant 0.5$)，如井内未冻结时 $\xi_m = 0$。

从式(2-51)可见参数 $A(T,t)$、m、u_a 和 ξ_m 等都很难确定，因此该公式要达到实际应

用还须做大量工作。另外,由式(2-51)可知,允许位移值 u_a 越大所需的冻结壁厚度越小,为此应选用高挠性的优质冻结管。式(2-51)已考虑了冻土流变[参数 m、$A(T,t)$]和掘砌工艺(参数 ξ_m、h 和 u_a),一定程度上考虑了冻结壁设计的时间和空间效应。

2.2.6 其他计算公式

1. 带内压无限长厚壁筒的计算公式

基于冻土流变特性,设定蠕变规律为 $\varepsilon_i = \dfrac{1}{A(T)}\sigma_i^B t^C$,即流变方程为 $\sigma_i = A(T)^{\frac{1}{B}} t^{-\frac{C}{B}} \varepsilon_i^{\frac{1}{B}}$。

在分析了有内支护的冻结壁变形后,考虑支护结构与冻结壁的相互作用,德国克莱因(Klein)博士 1980 年提出了无限长冻结壁内侧蠕变位移计算公式:

$$u_a = \left(\frac{\sqrt{3}}{2}\right)^{B+1} R_a \left[\frac{(1-P-P_i)\dfrac{2}{B}}{1-\left(\dfrac{R_a}{R_b}\right)^{\frac{2}{B}}}\right]^B A(T)t^C \tag{2-52}$$

式中,B、C 为与应力、时间有关的无量纲蠕变参数;$A(T)$ 为与温度有关的蠕变参数。

提出了无限长冻结壁厚度的计算公式:

$$E = R_a \left\{\left[1 - \frac{(P-P_j)\dfrac{2}{B}A(T)t^C\left(\dfrac{\sqrt{3}}{2}\right)^{B+1}R_a}{u_a}\right]^{-\frac{B}{2}} - 1\right\} \tag{2-53}$$

式中,P 为作用于冻结壁的地压值;P_j 为井壁支护对冻结壁的支反力;R_a 为冻结壁内半径;u_a 为冻结壁内表面允许径向变形量。

2. 陈湘生关于深井冻结壁时空设计公式

基于冻结黏土的三轴剪切蠕变试验建立的数学模型:

$$\gamma_i = \frac{A_0}{(1+|T|)^K}\tau_i^B t^C \tag{2-54}$$

式中,γ_i 为冻结黏土的蠕变剪应变强度;τ_i 为冻结黏土的蠕变应力强度;A_0、B、K、C 为蠕变试验确定的参数。

根据无侧限压缩蠕变试验建立的数学模型:

$$\varepsilon_i = \frac{A_0}{(1+|T|)^K}\sigma_i^B t^C \tag{2-55}$$

式中，ε_i 为冻土的蠕变应变；σ_i 为冻土的蠕变应力。

比较维亚洛夫-扎列茨基按变形条件推导的冻结壁厚度计算公式的流变方程

$$\sigma_i = 3^{-\frac{1+m}{2}} A(T,t)\varepsilon_i^m = \overline{A}(T,t)\varepsilon_i^m,\ \overline{A}(T,t) = 3^{-\frac{1+m}{2}} A(T,t),\ \text{设} B = \frac{1}{m},\ \frac{1}{\overline{A}(T,t)} = \frac{A_0^{\frac{1}{B}}}{\left(1+|T|\right)^{\frac{K}{B}}} t^{\frac{C}{B}},$$

代入式 (2-51)，得

$$E = R_a \left\{ \left[\frac{\left(1 - \dfrac{1}{B}\right)(1 - \xi_m) ph}{\left(1+|T|\right)^{\frac{K}{B}}} \left(\frac{h}{u_a}\right)^{\frac{1}{B}} \frac{h}{R_a} A_0^{\frac{1}{B}} t^{\frac{C}{B}} + 1 \right]^{\frac{B}{B-1}} - 1 \right\} \tag{2-56}$$

式中，u_a 为冻结壁内表面允许径向变形量，受控于冻结管和冻结壁允许变形值。

式 (2-56) 中，假设冻土体积不变（即取泊松比 μ =0），并考虑冻结壁内表面允许径向变形量 u_a 远远小于冻结壁内半径这一事实，得出冻结壁内表面允许径向变形量 u_a 和所计算的冻结管向井筒内允许变位值 u_{ft} 近似关联公式为 $u_a = R_{ft} / R_a \cdot u_{ft}$，其中 R_{ft} 是所计算的冻结管布置半径。u_a 和 u_{ft} 既是独立的允许值，又存在直接的关联关系。在设计时，取两者中的较小值作为设计值偏于安全。

陈湘生认为：式 (2-56) 即成为与时间相关的深井冻结壁时空设计公式，称为动态设计公式。它与式 (2-51) 有本质区别。其一，将时间 t 和温度 T 分离开，使冻结壁的厚度计算与时间即蠕变特性结合起来，即与掘砌空帮时间相关——时空观或动态观核心之一。显然，式 (2-56) 可以通过缩短空帮时间，即缩短开挖和内衬时间确保冻结壁稳定。其二，过去设计冻结壁只取决于强度，或者间接反映冻土温度 T，而式 (2-56) 把冻结壁厚度直接同冻土温度联系起来，故可以通过调节冻结壁的温度，即调节循环盐水的温度确保冻结壁稳定。其三，式 (2-56) 可以通过调节空帮高度，即减少掘进段高 h 来确保冻结壁稳定。更重要的是，式 (2-56) 把过去以强度极限为准则的设计变为以冻结壁最大允许变形和冻结管最大允许变形为准则的设计，并避免了过去因只考虑冻土强度而使冻结管断裂造成的淹井事故，也间接反映了冻土强度，因为蠕变变形对应着某一时刻蠕变应力。式 (2-56) 的意义还不仅如此，因为深井冻结壁多在 250m 以下的第四系中，各种地层的冻土强度不一、蠕变特性不一，所承受地压值 P 也不同，如果仍和浅冻结壁一样只以某一最薄弱地层作为设计标志层，从上到下整个冻结壁都设计成一样厚，不但造成投资上的极大浪费，而且冻结壁太厚导致工期延长。而式 (2-56) 可以根据不同地层特性考察各参数，如冻土温度 T、掘砌时间 t、掘进段高 h 对冻结壁稳定性的敏感程度，通过改变最敏感的某一变量和冻结管材料（含 u_a 或 u_{ft}）等或组合调整这些参数来满足冻结壁强度和稳定性的要求，从而达到优化设计的目的。这是深井冻结壁时空设计的时空观或动态观的最核心要素，即深井冻结壁在空间上也是动态的，并且与时间相关。它为深井冻结信息化施工的优化提供了理论基础和实际可操作的关键理论。

陈湘生提出的以深井冻结壁（冻结管）变形极限为准则的深井冻结壁时空设计理论或

称动态设计理论，以及其深井冻结壁时空设计公式或动态设计公式，不但更新了传统的冻结壁设计观念和公式，而且对不同地层中深井冻结壁进行优化设计，达到安全、省时、省投资的目的，并且能为岩土及地下工程信息施工和信息设计提供理论基础。

3. 基于黏性土三轴蠕变试验的塑黏性计算公式

张向东等利用冻结黏土试件的三轴蠕变试验，建立了非线性蠕变方程来描述不同温度下冻结黏土的蠕变特性，探讨了塑黏区的扩展规律，推导出冻结壁厚度计算公式：

$$E = R_a \left[0.67 \left(\frac{P - P_j}{\sigma_\tau} \right) + 0.95 \left(\frac{P - P_j}{\sigma_\tau} \right)^2 \right] \tag{2-57}$$

式中，R_a 为冻结壁内半径；σ_τ 为冻土长时强度；P 为作用于冻结壁上的地压值；P_j 为井壁支护对冻结壁的支反力。

4. 基于模型试验的冻结壁计算公式

崔广心等用模拟试验的方法，研究冻结壁厚度与外载、冻结壁温度、掘进半径、掘进段高、段高暴露时间等参数的关系，获得深厚冲积层中砂层和黏土层的冻结壁厚度计算公式。

黏土层冻结壁厚度：

$$E = \frac{1.3 R_a P^{1.8} h^{0.24} t_h^{0.54}}{u_a T_p^{3.7}} \tag{2-58}$$

含水砂层冻结壁厚度：

$$E = \frac{60 R_a P^{0.76} h^{3.7} t_h^{0.34}}{u_a T_p^{3.7}} \tag{2-59}$$

式中，R_a 为冻结壁内半径，取井筒掘进半径，m；P 为作用于冻结壁的地压值，MPa；h 为掘进段高，m；t_h 为段高暴露时间，h；u_a 为冻结壁内表面允许径向变形量，mm；T_p 为冻土平均温度绝对值，℃。

王文顺用模型试验的方法，研究深厚冲积层冻结壁厚度与井筒掘进荒径、冻结壁径向位移、掘进段高、冻结壁承受的竖向压力、冻土强度、冻结壁承受的水平侧压力、冻结壁变形时间等参数的关系，获得深厚冲积层中砂层和黏土层的冻结壁厚度计算公式[44]：

砂层冻结壁厚度：

$$E = 0.17 R_a \left(\frac{u_a}{R_a} \right)^{-1.72} \left(\frac{h}{R_a} \right)^{1.24} \left(\frac{P_z}{\sigma_s} \right)^{1.03} \left(\frac{P}{P_z} \right)^{-5.52} \left(\frac{g t_\tau^2}{R_a} \right)^{0.35} \tag{2-60}$$

黏土层冻结壁厚度：

$$E = 0.08 R_a \left(\frac{u_a}{R_a} \right)^{-1.72} \left(\frac{h}{R_a} \right)^{1.24} \left(\frac{P_z}{\sigma_s} \right)^{5.17} \left(\frac{P}{P_z} \right)^{1.55} \left(\frac{g t_\tau^2}{R_a} \right)^{0.52} \tag{2-61}$$

式中，P 为作用于冻结壁的地压值；u_a 为冻结壁内表面允许径向变形量；h 为掘进段高；R_a 为冻结壁内半径；σ_s 为冻土抗压强度；g 为重力加速度；t_r 为冻结壁变形时间；P_z 为作用于冻结壁的竖向压力，$P_z = \gamma H$，γ 为岩体的平均重力密度，H 为计算层位的深度。

5. 基于不同受力和加载形式的计算方法

杨维好等[47]假设冻结壁和围岩为双层无限长均质弹性厚壁筒，考虑了开挖卸载作用及冻结壁与围岩的相互作用，基于 Tresca 强度条件和 Mises 强度条件，分别建立了新的冻结壁厚度弹性设计公式：

$$E = R_b - R_a \geq R_a \left[\sqrt{\frac{(M-2)\sigma_c}{M(\sigma_c - 2P)}} - 1 \right] \tag{2-62}$$

$$E = R_a \left[\sqrt{\frac{(M-2)\sigma_d}{M(\sigma_d - 2P)}} - 1 \right] \tag{2-63}$$

其中：

$$M = \left(\frac{E_1}{E_2} - 1 \right) \frac{1 + \mu_2}{1 - \mu_1^2} + 2 + \frac{\mu_2 - \mu_1}{1 - \mu_1^2}$$

$$\sigma_d = \frac{P_z + \sqrt{4\sigma_c^2 - 3P_z^2}}{2}$$

式中，R_a 为冻结壁内半径；R_b 为冻结壁外半径；E_1、E_2 分别为冻结壁和围岩的弹性模量；μ_1、μ_2 分别为冻结壁和围岩的泊松比；σ_c 为冻土单轴极限抗压强度；P 为作用于冻结壁的地压值。

杨维好等[8]假设冻结壁和围岩为双层无限长均质厚壁筒，冻结壁为理想弹塑性材料，围岩为线弹性材料，考虑了开挖卸载作用及冻结壁与围岩的相互作用，推导出冻结壁厚度弹塑性设计公式的超越方程(2-64)，并建议选用 Mohr-Coulomb 准则进行冻结壁厚度计算。

$$y = \begin{cases} e^{q + \frac{y}{m}}, & A_2 = 1 \\ \sqrt[n]{a + by^{n-1}}, & A_2 \neq 1 \end{cases} \tag{2-64}$$

$$y = \frac{R_b}{R_a} = 1 + E / R_a \quad (\text{或 } E = R_a(y - 1)) \tag{2-65}$$

$$n = \frac{A_2 - 1}{2} \tag{2-66}$$

$$q = -\frac{B_2 + 2P}{B_2} \tag{2-67}$$

$$m = 1 - \frac{2}{M} \tag{2-68}$$

$$a = \frac{qn}{n+1} + 1 \tag{2-69}$$

$$b = \frac{mn}{n+1} \tag{2-70}$$

$$M = \frac{G_1 - G_2}{(1-\mu_1)G_2} + 2 \tag{2-71}$$

$$G_2 = \frac{E_2}{2(1+\mu_2)} \tag{2-72}$$

$$G_1 = \frac{E_1}{2(1+\mu_1)} \tag{2-73}$$

式中，A_2、B_2 为不同屈服条件下 σ_θ、σ_r 关系式 $\sigma_\theta = A_2\sigma_r + B_2$ 中的系数，见表 2-1；E_1、μ_1、E_2、μ_2 分别为冻结壁、围岩的弹性模量和泊松比；E 为冻结壁厚度；P 为作用于冻结壁的地压值。

表 2-1 冻结壁为理想弹塑状态下不同屈服条件下 A_2 和 B_2 的表达式

屈服条件	A_2 值	B_2 值
Tresca	1	$-\sigma_c$
Mises	1	$-\dfrac{2\sqrt{3}}{3}\sigma_c$
Mohr-Coulomb	$\dfrac{1+\sin\varphi}{1-\sin\varphi}$	$-\dfrac{2c\cos\varphi}{1-\sin\varphi}$
德鲁克–普拉格 (Druker-Prager)（$\alpha I_1 + \sqrt{J_2} = k$）	$\dfrac{1+3\alpha}{1-3\alpha}$	$-\dfrac{2k}{1-3\alpha}$
广义 Tresca（$\alpha I_1 + \sqrt{J_2}\cos\theta_\sigma = k$）	$\dfrac{1+2\sqrt{3}\alpha}{1-2\sqrt{3}\alpha}$	$-\dfrac{4\sqrt{3}k}{3(1-2\sqrt{3}\alpha)}$

注：σ_c 为冻土单轴极限抗压强度；φ 为冻土的内摩擦角；c 为冻土的黏聚力；$\alpha = \dfrac{\sin\varphi}{\sqrt{3}\sqrt{3+\sin^2\varphi}}$；$k = \dfrac{\sqrt{3}c\cos\varphi}{\sqrt{3+\sin^2\varphi}}$

国内有许多学者基于对冻结壁变形、位移等的研究，还提出卸载状态下冻结壁与周围土体共同作用的冻结壁弹性[9]、弹塑性[9]、非均质黏弹性[10]、黏弹塑性[46,48,49]、非均匀受压弹性[50]等模型条件下的研究成果，对冻结壁厚度设计也具有理论性和实践指导意义。

2.3 冻结法凿井掘进段高的计算方法

冻结壁径向变形与地压大小、土层性质、冻结壁平均温度及冻土强度、掘进段高、裸帮时间等因素紧密相关，冻结壁径向变形较大将影响冻结壁的稳定性，易造成冻结管断裂。根据冻结法凿井工程经验，限制冻结段掘进段高，既可以改善冻结壁掘进段的受力状况，还可以控制掘砌循环时间，减小冻结壁径向变形。因此合理设计计算冻结井筒掘进段高是冻结壁设计计算和掘砌施工的重要工作，此外掘进段高的大小不仅影响井壁径向变形的大小、冻结壁和井壁稳定性，还直接影响工程施工速度、井壁质量，为此，要注重精准设计冻结段掘进段高。

根据工程实践，我国经过 1989 年陈四楼矿主井、副井冻结工程科技攻关首次提出冻结壁设计应符合强度条件和变形条件的要求，冻结壁设计既要提出砂性土层控制层位的冻结壁厚度，又要提出黏性土层控制层位的掘进段高。

根据冻结壁稳定性检测分析和工程实践结果，以往掘进段高计算方法主要采用表 2-2 中的里别尔曼于 1960 年按第三强度理论推导的有限长塑性厚壁筒掘进段高公式[由式(2-47)推导得到]即式(2-74)、维亚洛夫-扎列茨基于 1962 年按第四强度理论推导的有限长塑性厚壁筒掘进段高公式[由式(2-50)推导得到]即式(2-75)和按最大变形理论推导的掘进段高公式[由式(2-51)推导得到]即式(2-76)。维亚洛夫-扎列茨基公式即式(2-75)的段高两端固定程度系数与工程关系密切，属于冻结调控的重要影响因素，因此我们将维亚洛夫-扎列茨基公式即式(2-75)作为掘进段高计算的首选公式；式(2-76)较为复杂，不

表 2-2　冻结段黏性土层掘进段高计算公式及应用体会

力学模型	有限长塑性厚壁筒		
作者	里别尔曼	维亚洛夫-扎列茨基	维亚洛夫-扎列茨基
理论依据	第三强度理论	第四强度理论	最大变形理论
发表年份	1960	1962	—
公式编号	(2-74)	(2-75)	(2-76)
表达式	$h=\dfrac{E\sigma_t}{\gamma H m_1}$	$h=\dfrac{E\sigma_t}{\eta P m_2}\approx\dfrac{E[\sigma]}{\eta P}$	$h=R_a\cdot 3^{-\frac{1+m}{2}}\cdot A(\tau,t)\dfrac{\left[[f]\cdot\left(1+\dfrac{R_b}{R_a}\right)\right]^m}{(1-\xi_m)(1-m)\cdot P}\cdot\left[\left(\dfrac{R_b}{R_a}\right)^{1-m}-1\right]$
符号含义	h 为掘进段高；H 为计算层位的深度；γ 为土层的平均重力密度；P 为作用于冻结壁的地压；E 为冻结壁厚度；σ_t 为考虑荷载作用时间计算的冻土极限强度；m_1 为安全系数，一般取 1.1～1.2；m_2 为安全系数，一般取 1.5～1.75；$[\sigma]$ 为冻土许用抗压强度（一般工程上称为计算强度），$[\sigma]=\sigma_c/m_0$，σ_c 为冻土单轴极限抗压强度，m_0 为安全系数，立方形试件试验结果 m_0 取 2.2（砂性土层）～2.5（黏性土层），圆柱形试件试验结果 m_0 取 1.2（砂性土层）～1.4（黏性土层）；η 为掘进段井帮上下两端的固定程度系数，取 $\sqrt{3}$（工作面未冻结时）～$\sqrt{3}/2$（工作面冻结时）；R_a 为冻结壁内半径，即井筒掘进半径；R_b 为冻结壁外半径；ξ_m 为段高上下端约束差异系数，取 0（上端约束牢而下端约束不牢）～0.5（上下端约束牢）；m 为冻土强化系数，根据试验取 0.27（砂性土）、0.4（黏性土）；$A(\tau,t)$ 为随时间和温度变化的冻土变形模量，一般由试验确定；$[f]$ 为冻结管允许相对挠度，$[f]=\dfrac{u_d}{h}=0.01\sim0.02$，$u_d$ 为冻结管径向位移		
应用计算公式的体会和建议	①段高计算公式中式(2-74)和式(2-75)较为简单适用，影响系数基本可控，计算结果相差不大，均可用于黏性土层掘进段高计算；②从掘砌段井帮上下两端固定程度系数 η 与冻结掘砌的关系分析，式(2-75)可作为首选		①按最大变形性能理论推导的掘进段高计算公式(2-76)组成较为复杂，其中随时间和温度变化的冻土变形模量 $A(\tau,t)$ 要由试验确定，使用不便；②式(2-76)中不可控因素较多，应用过程易出现偏差

可控因素较多，且随时间和温度变化的冻土变形模量、冻土的强化系数和冻结管的径向位移需要通过试验和实测获得，推广应用的难度较大。

我们在陈四楼矿、程村矿、泉店矿、赵固一矿、赵固二矿采用式(2-75)计算深厚黏性土层掘进段高，一般比工程实际采用的掘进段高略小一些，各矿井均安全顺利地通过冻结段，加上该公式影响因素少，计算参数易确定，便于工程应用，可作为深厚黏性土层安全掘进段高计算公式。

2.4 600～1000m 深厚冲积层冻结壁设计计算体系研究

2.4.1 600～1000m 深厚冲积层冻结壁厚度设计应考虑的主要因素

过于复杂的受力、边界条件和本构关系等假设，使得分析模型越精细，不确定因素越来越多，反过来加剧了实际工程中冻结壁厚度计算结果的波动性、离散性、矛盾性等，增加了计算分析的不确定性。探求力学模型简明、主要特性清晰、计算公式简单易用、影响因素重点突出且概念清晰、参数确定相对简单和稳定、可控性强的冻结壁厚度计算方法具有重要的理论和实际指导意义。对此作者研究认为深厚冲积层冻结壁设计方法的确定应考虑以下因素。

(1)冻结壁计算荷载以均匀主动荷载为宜。

(2)冻结壁计算力学模型宜按均质考虑；砂性土层宜按弹塑性应力特征考虑；黏性土层宜考虑塑性、蠕变特征，对黏性土层变形提出限制条件；并且分别对不同深度段关键(控制)层位冻结砂层、黏土层进行冻结壁厚度设计。

(3)计算公式设计的物理力学参数容易确定，包括不同低温条件下相关参数如何取值，以及如何解决实现力学模型、荷载形式等简化情况下满足工程设计可靠取值难题。

(4)必须要考虑深厚冲积层多圈孔冻结壁温度场特征。在传统的以冻结壁平均温度确定冻结壁平均强度设计思路的基础上，应提出多圈孔冻结壁平均温度确定理论或方法。

(5)必须要在工程实践中有效和精准验证设计成果：第一步，要开发相关冻结工艺和技术，能够精准实现设计的冻结壁厚度和平均温度，这在过往的冻结壁设计计算和冻结工艺衔接上普遍存在设计计算与冻结工艺脱节的问题，如果设计的冻结壁厚度和平均温度不能同步实现，难以评价和验证设计理论与结果；第二步，开发冻结过程精准调控技术，即冻结和掘砌过程中，发现与设计存在偏差时，能实现冻结参数科学调控，达到设计预期或根据掘砌施工实际偏差(速度、段高等)修正设计结果；第三步，开发冻结壁设计和冻结实施效果评价机制。设计结果不能在实施过程中精确实现、发现偏差不能实现有效调控达到预期、发现偏差无法科学评价安全可靠性，均不能认为是科学、合理、合适的设计理论(体系)。

(6)必须要强调冻结与掘砌有机协同，不应使冻结与掘砌相互脱节。建立冻结是为冻结段掘砌施工服务的思想，要为冻结段安全快速掘砌施工和降低工程造价创造有利条件。

2.4.2　600～1000m 深厚冲积层冻结壁厚度计算方法

煤炭科学研究总院北京建井研究所等单位的研究人员提出 200～600m 深厚冲积层单圈孔、多圈孔冻结壁厚度与稳定性"四位一体"设计体系中的公式均假设冻结壁为稳定、均质、主动荷载，因此计算公式简单易用，影响因素和参数明确、可控性强，工程应用的计算结果稳定。较好地解决了近 400m、400～600m 冻结壁设计理论难题，相关研究成果能否推广应用于＞600m 深厚冲积层冻结壁厚度设计计算，或者是应用于＞600m 深厚冲积层还需要注意和完善什么样的条件，需要深入研究。

工程实践应用和研究表明，深厚冲积层冻结壁的应力仍然处在经典的弹塑性状态，并且绝大部分处在弹性应力状态，主要表现为黏弹性特征，冻结壁最低温度和平均温度尚未改变其基本的冻土物理力学特性及应力应变的本构关系，没有"质的"变化。在＞600m 深厚冲积层冻结工程中，仍可采用多姆克公式计算砂性土层控制层位的冻结壁厚度，采用维亚洛夫-扎列茨基公式计算黏性土层控制层位的冻结壁厚度，但是计算公式应用时的参数必须考虑＞600m 深厚冲积层冻结的特殊情形，为此研究提出 600～1000m 深厚冲积层冻结壁厚度设计计算及冻结方案设计体系(图 2-6)。

1. 冻结壁厚度计算公式

1)砂性土层控制层位冻结壁厚度计算

我国的冻结工程实践表明，用多姆克公式(2-35)计算砂性土层控制层位的冻结壁厚度能够较好地满足冻结设计要求。

$$E = R_a \left[0.29 \left(\frac{P}{\sigma_s} \right) + 2.3 \left(\frac{P}{\sigma_s} \right)^2 \right]$$

式中，E 为冻结壁的厚度；R_a 为冻结壁内半径，即井筒掘进半径；P 为作用于冻结壁的地压值；σ_s 为冻土抗压屈服强度，从工程安全性考虑一般设计中用冻土许用抗压强度(一般工程上称为"计算强度")。

这种经典的冻结壁厚度分析计算方法的力学模型简明，主要特性清晰，计算公式简单易用，影响因素重点突出、概念清晰，参数确定相对简单和稳定，可控性强。

应用多姆克公式的关键难点是如何确定公式中冻土抗压强度设计值的取值。

2)黏性土层控制层位冻结壁厚度计算公式

A. 多姆克公式在黏性土层中的应用研究

冻结法凿井初期主要针对流砂地层，逐渐扩展至冲积层中各种不稳定地层，不同土性冻结壁的特性是有差异的，单纯用强度指标计算冻结壁厚度时，应用特定模型的计算公式，蠕变特性显著的黏性土层冻结壁厚度计算结果必然大于砂性土层的计算结果；无论是无限长厚壁筒模型，还是有限段高模型，都是对冻结壁掘砌段的简化分析模型，力求简明地表现掘砌段冻结壁主要受力特性，从而得到工程所需的冻结壁厚度计算公式。冻结壁分析模型均无法将冻结壁的复杂程度完全准确精细地概括，仅用无限长厚壁筒模

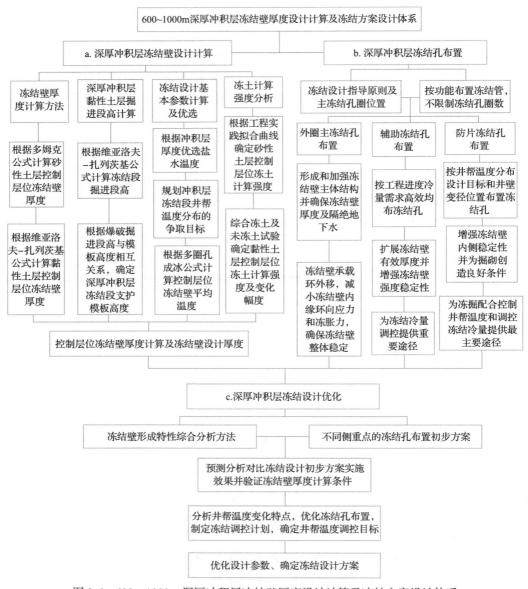

图 2-6　600～1000m 深厚冲积层冻结壁厚度设计计算及冻结方案设计体系

型表现黏性土层掘砌工作面冻结壁特性的确不够完美，根据工程实践经验，一般采用多姆克公式计算砂性土层控制层位的冻结壁厚度，而采用维亚洛夫-扎列茨基公式计算黏性土层控制层位的冻结壁厚度或掘进段高。

这并不表示多姆克公式不能用来计算黏性土层冻结壁厚度，此时要回顾多姆克公式建立时分析模型的无限长弹塑性特征，因为多姆克公式中的冻土强度原本为冻土抗压屈服强度 σ_s，只是工程设计中加入了安全系数，代入冻土许用抗压强度（一般工程上称为"计算强度"），因此计算结果有利于提高安全性，但对于黏性土层用多姆克公式直接代入计算强度所得到的冻结壁厚度偏大；对于蠕变特性显著的黏性土层冻结壁，仅仅考虑冻土强度指标是不够的，因此需要限制掘进段高和掘砌施工周期(时间)，实质上限制了冻结壁的黏弹性变形，弥补了无限长厚壁筒弹塑性模型的不足，从而满足工程的安全(系数)需要，此时用无限长弹塑性厚壁筒的多姆克公式计算黏性土层冻结壁厚度时，就要将冻土抗压屈服强度 σ_s 直接代入多姆克公式，由于黏性土层的冻土特性主要表现为黏弹性特征，常规试验条件下抗压屈服强度不明显，一般抗压试验仅提供冻土极限抗压强度，冻结壁设计计算时需将冻土单轴极限抗压强度 σ_c 代入多姆克公式，从而得到黏性土层控制层位的冻结壁厚度设计计算值；虽然利用多姆克公式可以计算黏性土层冻结壁厚度，但根据我国冻结壁计算体系，一般不用多姆克公式直接计算黏性土层冻结壁厚度，而是用维亚洛夫-扎列茨基公式计算黏性土层控制层位的冻结壁厚度。

B. 首选维亚洛夫-扎列茨基公式计算深厚黏性土层冻结壁厚度

根据黏性土层冻结壁特性和掘砌工作面冻结壁受力特性，采用有限段高模型计算黏性土层冻结壁厚度较为合理。因此冻结工程设计时基本采用维亚洛夫-扎列茨基公式(2-50)计算黏性土层控制层位的冻结壁厚度或掘进段高。

$$E = \frac{Ph}{\sigma_t} \eta m_2$$

式中，P 为作用于冻结壁的地压值；m_2 为安全系数；η 为掘进段井帮上下两端的固定程度系数，当上端固定好(井壁发挥作用)而下端(掘进工作面)基本未冻结时取 $\sqrt{3}$，若上下两端均固定好时取 $\sqrt{3}/2$；σ_t 为考虑荷载作用时间计算的冻土极限强度，一般取长时强度 σ_τ。

由于黏性土层冻结壁的黏弹性特性显著，维亚洛夫-扎列茨基公式中的强度指标是考虑荷载作用时间计算的冻土极限强度 σ_t。

2. 掘进段高计算公式

采用维亚洛夫-扎列茨基于 1962 年根据第四强度理论推导的有限长塑性厚壁筒公式推导的段高计算公式(2-75)(表 2-2)作为掘进段高计算公式：

$$h = \frac{E\sigma_t}{\eta P m_2} \approx \frac{E \cdot [\sigma]}{\eta P} \approx \frac{E\sigma_s}{\eta P} \tag{2-77}$$

3. 深厚冲积层多圈孔冻结壁厚度设计关键计算参数的确定

1)冻土抗压强度设计取值方法

应用多姆克公式、维亚洛夫-扎列茨基公式的关键难点是如何确定公式中冻土许用抗压强度取值，也即安全系数的合理取值。

多姆克公式中的冻土强度原本为冻土抗压屈服强度 σ_s，只是工程设计中考虑了安全系数，一般用冻土许用抗压强度(计算强度)代入，所以在公式使用时一般标注说明为"冻土计算强度"。基于工程实践中经过大量摸索，工程技术人员推荐了一个安全系数取值范围,《井巷工程施工手册》(第十六篇　冻结法施工)[51]中推荐安全系数 m_0 是一个取值范围(2.0~2.5)。《冻结法施工》[52]一书分析了多个冻结工程实践,冻土的计算强度采用冻土极限抗压强度除以安全系数 m_0,计算砂性土层的冻结壁厚度时, m_0 取 2.2 较为合适;计算黏性土层的冻结壁厚度或掘进段高时, m_0 取 2.5 较为合适。

维亚洛夫-扎列茨基公式中的冻土强度原本应是考虑荷载作用时间计算的冻土极限强度 σ_t,但是一般冻土物理力学试验仅提供冻土单轴极限抗压强度 σ_c,如应用维亚洛夫-扎列茨基公式时,将冻土单轴极限抗压强度 σ_c 直接代入公式,计算结果只能接近分析模型的原意,但会略微偏薄。目前冻结工程设计中均将公式中的 σ_t 和安全系数 m_2 用 σ_c 和 m_0 替代,即直接应用冻土抗压许用强度(计算强度)。

$$E = \frac{Ph}{\sigma_t}\eta m_2 \approx \frac{Ph}{\sigma_c}\eta m_0 = \frac{\eta Ph}{[\sigma]} \approx \frac{\eta Ph}{\sigma_s} \tag{2-78}$$

安全系数的概念是基于许用应力法的设计思想提出的,合理的安全系数取值能在一定程度上消除计算模型(荷载组合、应力状态、材料均质性等)与工程实际的差异造成的计算误差,也能保证工程安全,但是安全富余过大时显然是不经济的。合理的安全系数应具有安全性、科学性、经济性,现实中安全系数的取值离不开大量工程实践的检验。既然是冻土抗压强度的安全系数,安全系数的取值就必然与冻土抗压强度的试验方法有关。应指出的是,《井巷工程施工手册》(第十六篇　冻结法施工)、《冻结法施工》中关于 m_0 的建议取值是基于 1989 年以前冻土抗压强度主流试验结果而得出的,试验表明冻土抗压强度的试件尺寸、加载速度都影响试验数据值(表 2-3),采用立方体试件快速加载试验的冻土抗压强度平均值为圆柱体恒应变速率轴向加载试验冻土抗压强度平均值的1.7~1.9 倍。因此规范试验方法,按照统一的试验方法得出试验数据,通过工程实践,摸索出合理的安全系数具有重要意义。煤炭科学研究总院北京建井研究所主持编制的《人工冻土物理力学性能试验 第 1 部分:人工冻土试验取样及试样制备方法》(MT/T 593.1—2011)、《人工冻土物理力学性能试验 第 4 部分:人工冻土单轴抗压强度方法》(MT/T 593.4—2011)等 8 项人工冻土试验行业标准,为工程实践积累、合理确定安全系数奠定了基础。通过试验对比得到 50mm×50mm×50mm 立方体试件按快速加载法(30s±5s)得到的冻土抗压强度与 Φ61.8mm×150mm 圆柱体试件按恒应变速率(1%/min)轴向加载法得到的冻土抗压强度的换算系数取 1.8。

表 2-3　我国冻土抗压强度的两种试验方法对照表

年限	试件尺寸	取样地点	试验方法	备注
1989 年之前	50mm×50mm×50mm 立方体	掘进工作面	轴向快速加载,加载时间为 30s±5s	立方体试件快速加载试验的冻土抗压强度平均值为圆柱体恒应变速率轴向加载试验冻土抗压强度平均值的 1.7~1.9 倍
1989 年之后	Φ61.8mm×150mm 圆柱体	井检孔	以每分钟 1%的恒应变速率轴向加载	

根据陈四楼矿、泉店矿、程村矿、赵固一矿、赵固二矿等数十个深井冻结工程设计

和实施经验总结,立方体试件实验结果的安全系数 m_0 取 2.2(砂性土层)～2.5(黏性土层),圆柱形试件实验结果的安全系数 m_0 取 1.2(砂性土层)～1.4(黏性土层)。

冻结壁厚度公式力学模型都假设冻结壁是均质的,计算公式冻土抗压强度取值用冻结壁的平均温度相对应的冻土抗压强度试验值确定,因此科学确定冻结壁平均温度是冻结壁厚度设计理论必须要解决的另一理论和技术难题。

2) 砂性土层冻土计算强度的确定方法

实际上深厚冲积层冻结壁厚度分析计算还面临两大问题:第一是砂性土层井检孔取样无法保存真正的原状土,特别是砂性土层取样的含水率损失、误差极大,很难从井检孔试样得到准确的砂性冻土抗压强度试验值,缺少经验的分析者只会用黏性冻土的试验资料分析计算砂性土层控制层位的冻结壁厚度。第二是将黏性冻土计算强度代入多姆克公式后,深厚冲积层控制层位的冻结壁厚度计算结果偏大,超出实际工程的应用范围,因此误认为多姆克公式不能计算深厚冲积层冻结壁厚度。为此需要研究砂性土层冻土计算强度的确定方法。

为得到砂性土层冻土计算强度,作者提出采用综合分析方法选取砂性冻土计算强度,即借鉴 2000 年以前我国已建成冻结井的冻结壁平均温度与砂性土层冻土计算强度关系(表 2-4)中的典型数据,以及 2000 年以后我国部分冻结井(表 2-5)建设的多圈孔布置的冻土计算强度实际状况和冻结设计主要技术指标,拟合得出砂性土层冻土计算强度与冻结壁平均温度的经验曲线(图 2-7,图 2-8),结合拟施工的井检孔地层埋藏条件和冻结设计控制层位的深度、土性等情况进行综合分析,在拟合曲线上选取待设计井筒冻结壁控制层位的砂性冻土计算强度值。

表 2-4　2000 年之前我国已建成冻结井的冻结壁平均温度与砂性土层冻土计算强度的关系

序号	井筒名称	井筒净直径/m	冲积层厚度/m	冻结深度/m	井壁厚度/m	开钻年份	设计控制层位	冻结盐水温度/℃	冻结壁平均温度/℃	冻土计算强度/MPa	冻结壁计算厚度/m
1	邢台副井	5.5	241.2	260	0.75	1960		−20	−10.0	4.0	3.77
2	邢台主井	5.0	248.3	260	0.90	1963		−19	−10.0	4.0	3.07
3	芦岭西风井	5.0	235.2	240	0.75	1965		−20	−7.0	3.67	2.38
4	平八东风井	5.0	324.4	330/210	0.85	1968		−25	−8.0	4.0	4.05
5	姚桥主井	5.0	160.5	175	0.70	1971		−25	−7.0	3.67	3.20
6	姚桥副井	6.0	160.5	175	0.80	1971		−25	−7.0	3.67	3.80
7	林南仓主井	5.0	177.0	200	0.85	1971		−25	−7.0	4.0	3.2
8	大屯主井	5.0	152.0	170	0.80	1972		−30	−7.0	3.67	3.17
9	孔庄主井	5.0	156.6	173	0.80	1972		−29	−7.0	3.67	2.40
10	孔庄副井	6.0	156.6	173	0.90	1973		−29	−7.0	3.67	3.70
11	潘一主井	7.5	160.0	200	0.90	1972		−30	−7.0	3.67	4.5
12	潘二副井	8.0	152.0	200	0.90	1973		−30	−7.0	3.67	4.47

序号	井筒名称	井筒净直径/m	冲积层厚度/m	冻结深度/m	井壁厚度/m	开钻年份	设计控制层位	冻结盐水温度/℃	冻结壁平均温度/℃	冻土计算强度/MPa	冻结壁计算厚度/m
13	林南仓副井	6.5	177.0	210	0.95	1973		−28	−7.0	3.67	
14	兴隆庄主井	6.5	188.7	220	1.10	1973		−25	−7.0	4.4	3.11
15	兴隆庄副井	7.5	188.2	220	1.30	1975		−25	−7.0	4.4	3.59
16	潘一东风井	6.5	292.5	321	1.20	1974		−30	−7.5	5.35	5.36
17	潘一中央风井	6.5	167.9	224	0.90	1975		−30	−7.0	3.67	4.0
18	朱仙庄主井	5.5	255.9	284	1.20	1975		−30	−7.5	5.4	4.15
19	朱仙庄副井	6.5	255.9	284	1.20	1975		−30	−7.5	5.4	4.70
20	朱仙庄中央风井	5.5	253.0	297	1.10	1975		−30	−7.5	5.4	4.08
21	潘二主井	7.5	252.0	325	1.20	1975		−30	−7.5	5.4	5.10
22	潘二副井	8.0	247.0	325	1.20	1975		−30	−7.5	5.4	5.10
23	潘二西风井	6.5	284.0	327	1.20	1976		−30	−7.5	5.4	4.84
24	潘二南风井	6.5	275.4	320	1.20	1977		−30	−7.5	5.04	5.14
25	毕各庄回风井	6.5	256.1	270	1.20	1978		−25	−10.0	4.8	3.52
26	三河尖主井	5.6	214.8	245	0.90	1978		−25	−7.5	4.8	4.27
27	三河尖副井	7.2	214.8	250	1.30	1979		−25	−8.0	4.8	4.69
28	三河尖风井	6.0	222.0	250	1.00	1979		−28	−7.5	4.6	4.10
29	张双楼主井	5.5	241.0	325	1.00	1978		−25	−7.0		4.00
30	张双楼副井	6.5	241.0	245	1.20	1979		−25	−7.0		4.50
31	桃园主井	5.0	288.4	340	1.35	1983		−30	−9.0	5.74	4.50
32	桃园副井	6.5	291.4	340	1.55	1983		−30	−9.0	5.74	5.50
33	陈四楼主井	5.0	369.0	423	1.60	1989	粉砂	−32	−10.0	5.68	5.30
34	陈四楼副井	6.5	374.5	435	1.80	1989	粉砂	−32	−10.6	5.75	6.30
35	古汉山主井	5.0	210.0	277	0.95	1991	细砂		−7.5	4.60	2.90
36	古汉山副井	6.5	214.6	271	1.25	1991	细砂		−8.0	4.70	3.20
37	古汉山风井	5.0	203.7	287	0.95	1991	细砂		−7.5	4.60	2.90
38	车集主井	5.0	244.9	300	1.15	1992	粉砂	−30	−8.5	4.55	4.00
39	车集副井	6.5	242.3	290	1.30	1992	细砂	−30	−8.8	5.20	4.15
40	城郊主井	5.0	292.5	390	1.35	1997	粉砂	−30	−9.2	4.70	5.43
41	城郊副井	6.5	293.1	404	1.60	1997	粉砂	−30	−9.7	4.70	5.44

表 2-5　2000 年以来我国部分冻结井冻结壁平均温度与砂性土层冻土计算强度的关系

序号	井筒名称	井筒净直径/m	冲积层厚度/m	冻结深度/m	井壁厚度/m	开钻年份	设计控制层位	冻结盐水温度/℃	冻结壁平均温度/℃	冻土计算强度/MPa	冻结壁厚度/m
1	程村主井	4.5	429.9	485	1.60	2002	砾石	−32	−13.5	7.0	6.0
2	程村副井	5.0	429.9	485	1.80	2002	砾石	−32	−14.0	7.2	6.9
3	赵固一矿主井	5.0	518.0	575	1.80	2004	细砂	−34	−15.2	7.5	7.8
4	赵固一矿副井	6.8	519.7	575	2.05	2004	细砂	−34	−15.5	7.9	9.5
5	赵固一矿风井	5.2	526.5	575	1.70	2004	细砂	−34	−15.2	7.5	7.8
6	泉店主井	5.0	455.3	513	1.70	2005	粉砂	−32	−13.5	6.8	7.4
7	泉店副井	6.5	440.1	500	2.00	2005	粉砂	−32	−13.5	6.8	7.4
8	泉店风井	5.0	455.3	523	1.70	2005	粉砂	−32	−14.0	7.0	8.9
9	赵固二矿主井	5.0	530.5	615	1.50	2006	细砂	−32	−16.0	7.9	7.2
10	赵固二矿副井	6.9	527.5	628	2.00	2006	细砂	−32	−17.0	8.2	9.4
11	赵固二矿风井	5.2	524.5	628	1.60	2006	细砂	−32	−16.0	7.9	7.5
12	城郊西进风井	5.0	420.9	465	1.70	2007	细砂	−32	−14.5	6.8	6.9
13	方庄新主井	5.5	359.2	477	1.50	2007	粗砂砾石	−30	−10.0	6.8	5.7
14	红一矿风井	6.0	363.9	450	1.55	2009	粉土	−30	−12.0	6.5	5.7
15	红一矿副井	8.0	359.1	432	1.60	2009	细砂	−32	−12.5	6.9	7.2
16	红一矿主井	6.0	361.2	412	1.55	2009	粉土	−30	−12.0	6.0	5.8
17	顺和主井	4.5	437.0	473	1.40	2009	细砂	−32	−14.5	6.8	6.9
18	顺和副井	6.5					细砂				
19	李粮店主井	5.0	479.2	772	1.50	2009	细砂	−32	−15.0	7.4	7.0
20	李粮店副井	6.5	481.5	800	1.85	2009	粉砂细砂	−32	−15.5	7.6	9.0
21	安里主井	5.0	414.2	474.5	1.40	2009	砾石	−32	−13.4	6.98	6.3
22	安里副井	5.5	411.2	477.5	1.50	2009	砾石	−32	−13.6	7.0	6.8
23	红二矿副井	8.0	299.5	414	1.65	2013	细砂	−32	−12.0	6.3	5.2
24	赵固一矿西风井	6.0	502.5	589	1.70	2013	中砂	−32	−15.5	7.7	8.1
25	赵固二矿西风井	6.0	704.6	783	1.95	2016	粗砂	−34	−21.5	10.2	10.3

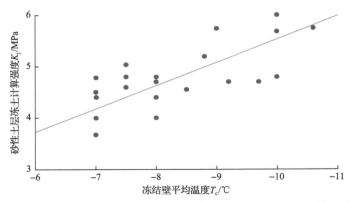

图 2-7　2000 年之前我国已建成冻结井的冻结壁平均温度与砂性冻土计算强度的拟合曲线

主要适用于单圈孔冻结及主冻结孔圈内侧增设防片孔冻结

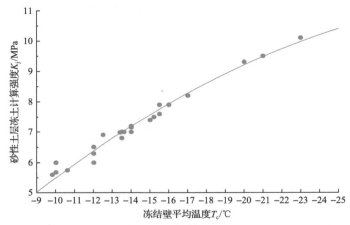

图 2-8　2000 年以来我国部分冻结井的冻结壁平均温度与砂性冻土计算强度的拟合曲线

主要应用于多圈孔冻结及主冻结孔圈内侧增设辅助孔或防片孔冻结

将由此确定的砂性土层计算强度代入多姆克公式即可得到控制层位冻结壁厚度值。实践表明此方法分析计算的砂性土层冻结壁厚度安全可靠、符合工程实际，能够满足冻结工程需要。这里按照图 2-7、图 2-8 中曲线取值即砂性土层冻土计算强度，以往的设计应用表明取值曲线上的数值及曲线以下区域的取值是安全的。

3）黏性土层控制层位与冻土抗压强度离散性的设计应用

目前冻土试验主要依靠井检孔黏性土层取样后的重塑土试样进行试验，黏性土层冻土计算强度采用 $\Phi 61.8\text{mm} \times 150\text{mm}$ 圆柱体试件按每分钟 1% 的恒应变速率轴向加载获得的冻土单轴极限抗压强度（σ_c）除以安全系数（m_0）求得。2010 年发布的《煤矿井巷工程施工规范》（GB 50511—2010）第 5.2.3 条规定，一般黏性土层 m_0 取 1.4，最新发布的《煤矿井巷工程施工标准》（GB/T 50511—2022）第 5.2.3 条仍规定黏性土层 m_0 取 1.4。鉴于检查孔取样、同步试验等的局限性，在深厚冲积层黏性土层冻土试验中面临以下几个问题：

（1）当土层结构变化较大时，重塑土冻土试验会掩盖原状土的土层结构特性，使重塑土冻土试验结果产生较大偏差。

（2）冻土试验与非冻土黏性土层物理力学性能试验的取样层位并不完全相同，仅从冻土试验结果有时很难判断非冻土试验层位的黏性土层冻结效果。

（3）深厚冲积层普遍存在黏性土层冻土抗压强度试验值较为离散的问题。

例如，赵固二矿西风井井筒检查孔试验资料表 2-6、表 2-7 反映出：表 2-6 中冻土单轴抗压强度试验值较离散，而表 2-7 中的非冻土的单轴抗压强度试验值更为离散，深度变化不大的同土性的非冻土单轴抗压强度值甚至相差数倍，这给我们合理选取冻土计算强度带来难度。

表 2-6　赵固二矿西风井黏性土层冻土单轴极限抗压强度试验结果

岩性	井检孔取样深度/m	试验温度/℃	冻土单轴极限抗压强度/MPa	岩性	井检孔取样深度/m	试验温度/℃	冻土单轴极限抗压强度/MPa
黏土	457.20～457.40	−15	9.88	黏土	558.17～558.33	−20	9.29
黏土	461.10～461.30	−15	9.4	黏土	563.15～563.31	−20	6.54
黏土	552.25～552.41	−15	7.37	黏土	564.11～564.28	−20	8.06
黏土	564.30～564.49	−15	7.5	黏土	653.51～653.66	−20	6.99
黏土	653.06～653.24	−15	7.81	黏土	654.29～654.45	−20	7.45
黏土	679.12～679.29	−15	8.01	黏土	672.51～672.67	−20	8.71
黏土	700.74～700.91	−15	7.9	黏土	680.22～680.40	−20	9.22
黏土	704.82～704.98	−15	6.73	黏土	702.31～702.48	−20	8.66
砂质黏土	353.10～353.25	−20	6.26	黏土	704.04～704.20	−20	7.31
黏土	456.71～456.91	−20	11.64	黏土	451.20～451.40	−25	11.69
黏土	462.30～462.50	−20	11.31	黏土	455.46～455.66	−25	11.12
黏土	557.91～558.08	−20	6.45				

表 2-7　赵固二矿西风井常温条件下黏性土层单轴极限抗压强度试验结果

取样深度/m	土性	冻土单轴极限抗压强度/kPa	取样深度/m	土性	冻土单轴极限抗压强度/kPa
407.01～408.41	粉质黏土	254	592.18～592.35	黏土	97
442.50～443.40	粉质黏土	152	605.74～606.13	黏土	135
477.03～479.33	黏土	239	620.19～620.50	黏土	228
488.98～494.45	粉质黏土	57	629.47～629.73	粉质黏土	113
501.78～502.40	粉质黏土	138	633.95～634.55	粉质黏土	129
505.02～505.68	粉质黏土	143	638.38～639.50	黏土	176
518.00～519.36	粉质黏土	26	655.46～656.32	黏土	152
533.43～534.09	粉质黏土	35	665.07～665.80	黏土	86
552.57～553.03	粉质黏土	206	680.01～681.58	粉质黏土	87
562.43～564.82	黏土	116	696.80～701.18	粉质黏土	67

考虑到冻土及非冻土单轴抗压强度试验值均具有很大的离散性，简单使用冻土试

回归曲线的安全性令人担心，但如果全部按冻结壁控制层位附近的冻土单轴抗压强度最低值选取冻土计算强度：第一，可能使冻结壁设计厚度偏大，造成较大的浪费；第二，会将冻结段某些层位的掘进段高或支护模板高度限制得过小，影响掘砌速度；第三，即使选取冻土强度试验最低值，仍可能无法满足未冻土试验取样层位的冻结壁稳定性要求。冻结壁设计要从安全性、先进性、经济合理性的角度综合考量，分析冻土、未冻土单轴抗压强度试验特点和深厚冲积层冻结段爆破掘进工艺特点，合理发挥掘进段高调控对冻结壁稳定性的影响作用，因此本书作者提出了深厚冲积层黏性土层控制层位冻土计算强度取值和确定冻结壁设计厚度的方法。

(1)控制层位选取：综合分析冲积层中深部黏性土层性质、单层厚度、未冻土单轴抗压强度、冻土单轴抗压强度和蠕变参数试验结果，选取3~5层控制层位。

(2)确定冻土计算强度：冻土计算强度选取应区分均值与低值，均值用来计算各层位一般状态下的冻结壁厚度，低值用来核算某层位最不利情况下的冻结壁厚度。均值应根据控制层位选择相似土性、相近深度的冻土单轴抗压强度试验数据，并剔除离散性较大的数据，通过曲线回归选取得出各层位不同平均温度下的冻土计算强度均值；低值应选取某控制层位附近深度、相似土性的冻土单轴抗压强度最小的试验数据，并根据均值回归曲线斜率修正得出该层位某平均温度下的冻土计算强度低值。

(3)选取支护模板高度，计算控制层位冻结壁厚度预选值：根据控制层位深度及井帮温度控制目标值、冻土计算强度的均值，选取支护模板高度，并确定相应的爆破掘进段高。根据选用的有限段高塑性冻结壁厚度公式和段高上下端固定程度系数，计算控制层位冻土计算强度均值对应的冻结壁厚度预选值。

(4)设计模板调控高度，确定黏性土层冻结壁设计厚度：以冻土强度均值和低值计算结果统一调整模板高度的变化。一般情况下，以均值计算的冻结壁厚度小于砂性土层冻结壁厚度计算值，以低值计算的冻结壁厚度不超过砂性土层冻结壁厚度计算值的10%。在施工中为保障冻结壁稳定性，可在未冻土抗压强度偏低值层位、冻土试验强度值较低层位开展冻结壁稳定性实测，结合实测结果调整座底炮的深度，缩小爆破掘进段高，以达到降低冻结壁厚度需求、提高冻结壁稳定性的目的，保障施工安全。调整模板高度后，冻土强度均值对应的冻结壁厚度作为底线，冻土强度低值对应的冻结壁厚度作为参考值，合理确定冻结壁设计厚度。

例如，赵固二矿西风井冻结设计的分析结果如下：冻土单轴抗压强度试验值选取范围见表 2-6，冻土计算强度试验均值与冻土试验温度回归曲线和控制层位修正曲线见图 2-9，控制层位冻土计算强度试验均值、低值和冻结壁厚度计算值（预选值）见表 2-8。支护模板高度调控计划：井深 510m 以上为 3.8m，井深 510~650m 为 3.0m，井深 650~704.6m 为 2.5m。黏性土层控制层位冻结壁设计厚度取 9.9m。严格控制座底炮的主要层位：井深 490~500m、井深 525~545m、井深 650~680m。

4)爆破掘进段高对冻结壁厚度设计的影响

在人工或机械挖掘冻结井筒时，利用有限段高塑性冻结壁公式计算冻结壁厚度中，一般将支护模板高度作为掘进段高。现有冻结工艺，>600m 冲积层冻结法凿井深部形成的冻结壁井帮温度会更低，冻结段深部掘砌过程中，冻土扩入井筒工作面较多，需要采

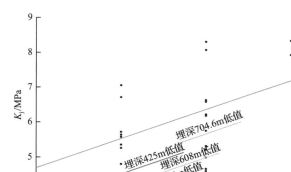

图 2-9 冻土计算强度（K_j）试验均值与冻土试验温度（T）回归曲线和控制层位修正曲线

表 2-8 赵固二矿西风井黏性土层控制层位冻结壁厚度计算结果

项目	控制层位冻结壁设计参数及冻结壁厚度计算							
地层	黏土		黏土		黏土		黏土	
埋深/m	425		535		608		704.6	
地压/MPa	5.525		6.955		7.904		9.160	
井帮温度/℃	−6		−8		−10		−12	
冻结壁平均温度/℃	−16		−17		−18		−19	
工作面冻结状态系数	1.5		1.4		1.3		1.2	
冻土计算强度/MPa	5.7	4.6	5.8	4.1	6.0	4.7	6.2	5.5
支护模板高度 h_m/m	4.0	4.0	3.0	3.0	3.0	3.0	3.0	2.5
爆破掘进段高 h_b/m	6.5	6.5	5.1	5.1	5.1	5.1	5.1	4.7
用 h_b 计算的冻结壁厚度/m	9.5	11.7	8.6	12.1	8.7	11.0	9.0	9.4
用 h_m 计算的冻结壁厚度/m	5.8	7.2	5.0	7.1	5.1	6.6	5.3	5.0
按 h_b 与 h_m 计算的冻结壁厚度偏差/%	39	38	42	41	41	40	41	47

用爆破掘进提高掘进速度。受到爆破施工工艺的影响，正常的爆破掘进需要在浇筑外层井壁之前先放座底炮，座底炮爆破深度一般为 2.3～2.7m，特别控制的座底炮深度可为 2.0m 左右，造成爆破掘进段高比支护模板高度大很多，如果仍用支护模板高度作为掘进段高代入有限段高塑性冻结壁公式，得出的冻结壁厚度明显偏薄。

根据深厚冲积层掘砌的爆破工艺，设支护模板高度为 h_m，爆破掘进段高为 h_b，较多的施工情况下 $h_b = (1.6～1.9) h_m$，应该将爆破掘进段高 h_b 作为计算段高代入维亚洛夫-扎列茨基有限段高塑性计算公式，从而计算得到正确的黏性土层冻结壁厚度。

例如，赵固二矿西风井黏性土层控制层位冻结壁厚度计算表 2-8 中列举了用爆破掘进段高 h_b 分析的冻结壁厚度结果，同时也列出了用支护模板高度 h_m 分析的冻结壁错误结果，爆破掘进段高和支护模板高度分析的结果相差 38%～47%，可见冻结壁设计中爆破掘进段高问题必须加以重视和改正。

5) 多圈孔冻结工艺对冻结壁厚度设计计算的影响

A. 研究背景简介

深厚冲积层冻结必须要采用多圈孔冻结，但如何设计出科学、合理的冻结方案、冻结工艺，对按时形成和达到设计所需的冻结壁平均温度、冻结壁厚度、井帮温度具有重要意义。以往普遍存在冻结壁设计计算与实际冻结方案脱节，难以实现预期所需的冻结壁厚度、冻结壁平均温度、井帮温度，一方面可能会造成冻结与掘砌难以有效配合，另一方面会给施工带来安全隐患，还可能造成施工成本增高或经济损失。为此，需要研究深井冻结合理的冻结孔布置方法和原则，研究掌握多圈孔冻结壁形成特性、精准确定多圈孔冻结壁平均温度计算方法及冻结壁形成控制理论与技术。冻结孔布置方法研究将在第 3 章详细论述，冻结壁形成控制理论与技术将在第 4 章详细论述。本小节主要研究多圈孔的冻结壁平均温度计算方法。

冻结壁厚度的平均温度是确定冻土强度的重要指标，国内外许多学者开展了冻结壁平均温度计算方法的研究，冻结壁温度场属于复杂的相变不稳定温度场，难以获得数值解，研究方法可概括为解析法、模型试验法、数值分析和工程实测法。

20 世纪 50 年代，以特鲁巴克为代表，根据单个冻结器的传热条件对冻结壁温度场进行分析，提出了单个冻结器形成的冻结圆柱温度分析和冻结壁平均温度计算公式。由于未考虑相邻冻结器传热的相互影响和井筒冻结工况，利用该公式所得计算结果与实际情况相差较大。

20 世纪 60 年代初期，苏联、波兰等国家采用水力相似模拟试验进行冻结壁温度场研究，但由于模拟条件与工程实际差异较大，未能获得令人信服的结论。

20 世纪 70 年代初期，以苏联学者纳索诺夫和苏普利克为代表，采用模拟试验进行冻结壁温度场的研究，提出了冻结壁的温度分布和平均温度计算公式，但由于模型的缩比较大、模拟的范围偏小、试验用盐水温度保持不变、未考虑井筒冻结和掘进实际状况等缺点，提出的冻结壁平均温度计算公式在冻结壁厚度≤3m 条件下与实际情况较为接近，冻结壁厚度＞3m 条件下误差较大。

20 世纪 70 年代中后期，出现利用工程实测和有限元分析研究冻结壁形成特性的趋势，工程实测方法的真实性和可信度高，但一次性研究费用较高，研究周期性较长；有限元分析方法可以充分利用计算机运算，研究周期较短，一次性研究费用较低，在定性分析方面效果显著，用于冻结壁温度场研究具有不少优点。

B. 研究获得的若干成果

多圈孔冻结壁温度场理论和应用研究是深井冻结的关键理论和技术，也是重大技术难题，难以获得理论解析解，模型试验、数值分析等研究方法还要依赖于工程实际参数的确定，同样很难得到精确的应用。本书作者及其科研团队立足工程实测方法系统开展了数十个双圈孔、多圈孔冻结温度场实测研究，取得一系列成果。≥600m 深厚冲积层冻结是必须要采用多圈孔冻结的，这里为了全面了解单圈孔至双圈孔、多圈孔冻结壁形成特性和冻结壁平均温度计算方法的演变，一并介绍基于实测研究取得双圈孔、多圈孔冻结壁形成规律的成果。

a. 双圈孔主要研究成果

全面掌握了主孔圈内侧增设防片孔和双圈孔冻结壁形成特性，获得了主孔圈内侧增设防片孔和双圈孔冻结壁形成的基本特征、冻结壁交圈时间、内孔圈与外孔圈之间冻土交汇时间、内侧冻土扩至井帮的时间、井帮温度变化特点等一般规律。根据双圈孔冻结壁形成特征和一般规律，研究提出双圈孔冻结壁平均温度计算公式。

（A）主孔圈内侧增设防片孔和双圈孔冻结壁形成的基本特征

（1）双圈孔冻结壁的有效厚度由内侧、外侧、中间三大部分组成，即相比单圈孔冻结壁增加中间部分，内圈孔内侧和外圈孔外侧冻结壁厚度与单圈孔内外侧的特征基本相同（图 2-10）。

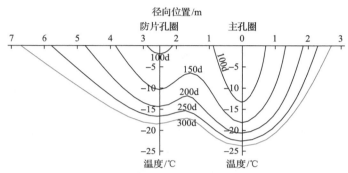

(a) 主孔圈和防片孔圈共界面冻结壁特性

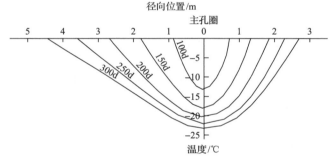

(b) 主孔圈(深部)界面冻结壁特性

图 2-10　主孔圈和防片孔圈界面冻结壁扩展基本特性图
黏土层、主孔圈间距 1.5m；防片孔圈间距 2.5m；盐水温度-33℃；冻结管径 Φ140mm

（2）冻结壁形成存在共主面、共界面和界主面三种典型特性，双圈孔之间冻土温度受两圈冻结孔影响，降温速度明显加快，冻结后期双圈孔之间冻土平均温度低于内外侧。

（3）双圈孔之间冻土温度受土层性质、冻结孔间距、孔圈间距、冻结管直径、盐水温度等因素影响，一般冻结 30～140d 冻土扩展及温度下降较快，随后扩展速度及温度逐渐趋于最低值。

（4）在主冻结孔圈的包围下，防片孔或内圈孔的冻土降温速度及扩展速度明显大于单圈孔冻结。

（B）冻结壁交圈时间

（1）内侧增设防片孔圈后，有利于浅部冻结壁提前交圈，部分井筒提前交圈时间约为单圈孔冻结时正常交圈时间的 7%。

（2）外圈为主冻结孔的双圈孔冻结的浅部冻结壁交圈时间与主孔圈内侧增设防片孔

圈基本相似，冻结壁交圈时间略有提前。

(3)双圈孔冻结的深部冻结壁较单圈孔和增设防片孔的深部冻结壁提前交圈。

(C)内、外孔圈之间冻土交汇

(1)冻结孔圈之间冻土交汇的时间取决于内外孔圈之间的距离和各孔圈冻土扩展速度。

(2)冻结孔圈交汇后，内侧冻土的扩展速度大幅增加，缩短了冻土扩至井帮的时间，并加快了井帮温度的下降速度；而冻结壁外侧的冻土扩展速度和范围与单圈孔冻结条件基本相同；内、外侧冻土扩展速度和厚度的差值加大。

(3)冻结孔间距和孔圈间距影响冻结壁交圈和交汇，当内圈孔间距较小或圈距较小时，也会出现内圈孔冻土圆柱先与主圈冻结壁相交。

(D)内侧冻土扩至井帮的时间

(1)当主孔圈与防片孔圈的冻结孔开孔间距比例为 1∶3 且冻结管直径、冻结器内盐水流动状态基本相同时，增设防片孔圈后内侧冻土扩至井帮的时间将比单圈孔冻结时缩短 30%~40%。

(2)双圈孔冻结的内侧冻土扩至井帮的时间主要取决于内孔圈至井帮的距离、土层性质、盐水的温度及其在冻结器内的流动状态、内孔圈的孔数及孔圈之间冻土交汇时间等。

(E)井帮温度变化特点

(1)防片冻结孔距井帮较近，有利于浅部井帮温度下降和井筒尽早开挖。

(2)防片冻结孔有利于将井帮温度变化控制在合理范围内，防片冻结孔冻结段井筒掘砌通过后下部井帮温度会小幅回升。

(3)冻结双圈孔与主冻结孔圈内侧增设防片孔圈有些差异，主要在于双圈孔距井帮大于防片孔，浅部井帮降温慢于防片孔布置，冲积层深部的井帮温度较低。

(F)双圈孔冻结壁厚度平均温度计算公式

基于单圈孔冻结壁厚度平均温度计算公式(2-79)、式(2-80)研究提出双圈孔冻结壁厚度平均温度计算公式(2-81)：

$$T_{0c} = T_b \left(1.135 - 0.352\sqrt{l} - 0.785\frac{1}{\sqrt[3]{E_1}} + 0.266\sqrt{\frac{l}{E_1}} \right) - 0.466 \qquad (2\text{-}79)$$

$$T_{c1} = T_{0c} + \Delta T_n \qquad (2\text{-}80)$$

$$T_{c2} = T_{c1} + r_s S \qquad (2\text{-}81)$$

式中，T_{0c} 为按冻结壁内侧、外侧 0℃边界线计算的冻结壁平均温度，℃；T_b 为盐水温度，℃；l 为计算水平的主冻结孔最大间距，m；E_1 为单、双圈孔内侧和外侧冻结壁厚度之和，m；T_{c2} 为双圈孔冻结壁厚度的平均温度，℃；T_{c1} 为单圈孔(主冻结孔圈)冻结壁厚度的平均温度，℃；Δ 为井帮冻土温度每升降 1℃对单圈孔冻结壁厚度平均温度的影响系数，一般取 0.25~0.3，多圈孔冻结的中后期，Δ 可取 0.4~0.5；T_n 为井帮冻土温度，℃；S 为双圈孔之间的圈距，应用于多圈孔时，S 为多圈孔内外圈孔之间的圈距，m；r_s 为双圈孔孔圈之间部位对冻结壁厚度平均温度的影响系数，$S = 2~1.5m$ 时，

r_s 一般取 $-1.5～-1.0℃/m$，$S=3～2m$ 时，r_s 一般取 $-1.0～-0.8℃/m$。

（G）重要规律图

（1）双圈孔同孔间距、不同孔圈距组合的冻结壁平均温度随冻结时间变化规律见图 2-11。

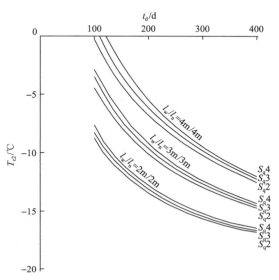

图 2-11　双圈孔同孔间距、不同孔圈距组合的冻结壁平均温度 (T_{c2}) 与冻结时间 (t_d) 的关系图

砂性土层双圈孔共界面，回路盐水温度 $-28℃$，内圈冻结管至井帮 2.3m；S_q2、S_q3、S_q4 分别表示孔圈距为 2m、3m、4m；外圈孔、内圈孔孔间距组合 l_w/l_n 分别为 2m/2m、3m/3m、4m/4m

（2）双圈孔不同孔圈距组合和冻结时间的冻结壁平均温度与孔间距的关系见图 2-12。

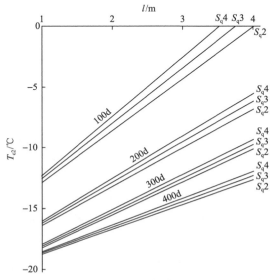

图 2-12　双圈孔不同孔圈距组合和冻结时间的冻结壁平均温度 (T_{c2}) 与孔间距 (l) 的关系图

砂性土层双圈孔共界面，回路盐水温度 $-28℃$，内圈冻结管至井帮 2.3m；S_q2、S_q3、S_q4 分别表示孔圈距为 2m、3m、4m；外圈孔、内圈孔孔间距组合 l_w/l_n 为 1m/1m

(3) 双圈孔不同冻结时间和孔间距组合的冻结壁平均温度与孔圈距的关系见图 2-13。

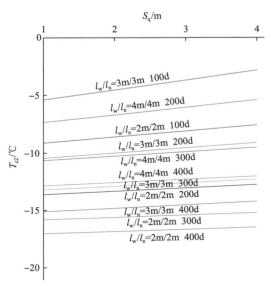

图 2-13　双圈孔不同冻结时间和孔间距组合的冻结壁平均温度 (T_{c2}) 与孔圈距 (S_q) 的关系图

砂性土层双圈孔共界面，回路盐水温度–28℃，内圈冻结管至井帮 2.3m；冻结时间分别为 100d、200d、300d、400d，外圈孔、内圈孔孔间距组合 l_w/l_n 分别为 2m/2m、3m/3m、4m/4m

(4) 双圈孔不同孔圈距和孔间距组合的冻结壁厚度随冻结时间变化规律见图 2-14。

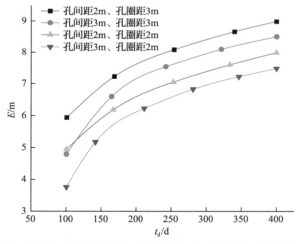

图 2-14　双圈孔不同孔圈距和孔间距组合的冻结壁厚度 (E) 与冻结时间 (t_d) 的关系图

回路盐水温度小于等于–28℃，冻结孔圈距井帮 2.3m

b. 多圈孔主要研究成果

全面掌握了多圈孔冻结壁形成特性，获得多圈孔冻结壁形成基本特征、冻结壁交圈时间、冻结孔圈之间冻土交汇、井帮温度变化特点等一般规律。根据多圈孔冻结壁形成特征和一般规律，研究提出多圈孔冻结壁平均温度计算公式，并提出计算公式中特征参数 T_s 的确定方法，实现深厚冲积层冻结壁平均温度精准计算。

（A）多圈孔冻结壁形成基本特征

多圈孔冻结壁形成基本特征与双圈孔冻结壁类同，其冻结壁厚度由外圈孔外侧厚度(E_w)、内圈孔内侧厚度(E_n)和内外孔圈之间的距离(S)（含中圈孔）三大部分组成（图 2-15）。

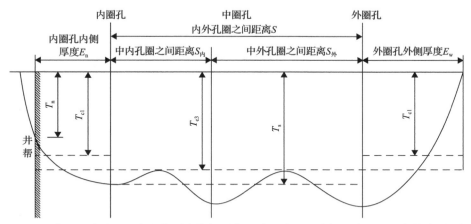

图 2-15　多圈孔冻结壁厚度由外圈孔外侧厚度(E_w)、内圈孔内侧厚度(E_n)和内外孔圈之间距离(S)三大部分组成

外圈为主冻结孔的三圈孔共界面冻结壁形成基本特性（主冻结孔内侧增设辅助孔圈、防片孔圈）见图 2-16。

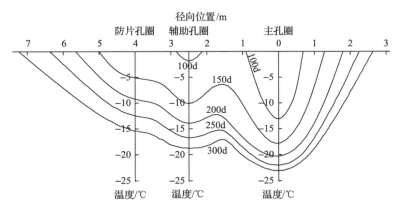

图 2-16　外圈为主冻结孔的三圈孔共界面冻结壁形成基本特性图（主冻结孔内侧增设辅助孔圈、防片孔圈）

黏土层；主孔圈间距 1.5m、辅助孔圈间距 2.5m、防片孔圈间距 3.0m；盐水温度 -33℃；冻结管径 Φ140mm

外圈为主冻结孔的三圈孔共主面、共界面冻结壁形成基本特性（主冻结孔圈内侧的中内圈均为辅助孔圈）见图 2-17。

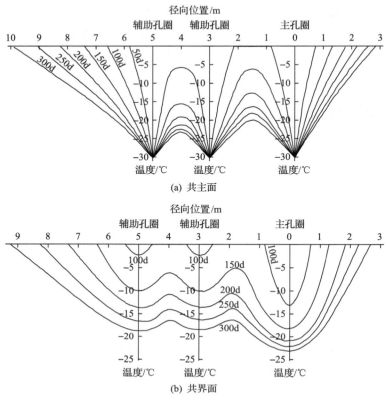

(a) 共主面

(b) 共界面

图 2-17 外圈为主冻结孔的三圈孔共主面、共界面冻结壁形成基本特性图（主冻结孔圈
内侧的中内圈均为辅助孔圈）

黏土层；（外）主孔圈间距 1.5m、中内辅助孔圈间距 2.5m；盐水温度−33℃；冻结管径 Φ140mm

中圈为主冻结孔的三圈孔共主面、共界面冻结壁形成基本特性见图 2-18。

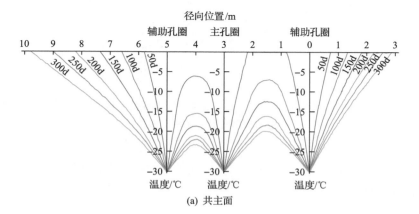

(a) 共主面

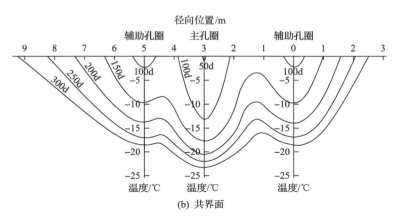

图 2-18　中圈为主冻结孔的三圈孔共主面、共界面冻结壁形成基本特性图
黏土层；中圈主孔圈间距 1.5m、内外辅助孔圈间距 2.5m；盐水温度−33℃；冻结管径Φ140mm

外圈为主冻结孔不同冻结时间的冻结壁外侧扩展范围见图 2-19。

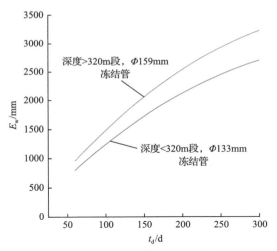

图 2-19　赵固二矿主井黏土层外圈为主冻结孔不同冻结时间(t_d)的冻结壁外侧扩展范围(E_w)
外圈孔布置圈直径Φ17.5m；冻结孔开孔间距 1.374m

(B)冻结壁交圈时间

(1)在盐水正循环条件下，深部冻结壁的交圈时间通常比浅部早。

(2)冻结井水位观测孔采取综合报导水位时，容易引起不同含水层串水现象，从而延长冻结壁的交圈时间。

(3)多圈孔冻结壁全部交圈时间一般为 60～70d。

(C)冻结孔圈之间冻土交汇

(1)各孔圈间冻土交汇时间受冻结孔布置的数量和孔圈距影响较大，一般情况下中内圈冻土比中外圈冻土先交汇。

(2)孔圈间冻土交汇后，内侧冻土扩展加快，孔圈间温度下降及冻土强度增加均较快。

(3)中内孔圈之间浅部细砂层和深部黏土层设计控制层位的冻土交汇时间控制在90～105d 和 120～135d 范围内，而中外孔圈之间浅部细砂层和深部黏土层设计控制层位的冻土交汇时间控制在 115～130d 和 130～160d 范围内，对尽早开挖和冻掘配合较为有利，当冻土交汇时间提前时应进行盐水温度和流量的调控，若冻土交汇时间滞后应加大冻结力度。

(D)井帮温度变化特点

(1)深厚冲积层将井心冻实的观点已经被否定，合理的深度见冻土及合理的井帮温度分布是冻结设计和施工的重要指标之一。

(2)井帮温度的分布变化受土层性质、冻结孔布置方式、冻结孔数量、掘砌速度、冻结调控等多种因素影响；以内圈为主冻结孔的布孔方式可在较浅埋深见冻土，但导致中深部井帮温度偏低，不利于冻掘配合，且易导致冻结管断裂，目前基本不再采用以内圈为主冻结孔的布孔方式；以外圈为主冻结孔的布孔方式有利于防片孔和辅助孔与井壁变径深度的结合，更有利于冻结调控和冻掘配合。

(3)冻结孔布置、冻结调控、冻掘配合较好的深厚冲积层井帮温度变化特点：①砂性土层，70～100m 见冻土，100～400m 温度变化范围为–7.5～–1.0℃，400～600m 温度变化范围为–13.0～–7.5℃，＞600m 温度变化范围为–14.0～–12.0℃；②黏性土层，100～130m 见冻土，100～400m 温度变化范围为–6.0～0℃，400～600m 温度变化范围为–10.0～–6.0℃，＞600m 温度变化范围为–11.0～–9.0℃。

(E)多圈孔冻结壁厚度平均温度计算公式

基于单圈孔冻结壁厚度平均温度计算公式(2-79)、式(2-80)研究提出多圈孔冻结壁厚度平均温度计算公式(2-82)。式(2-82)同样适用于双圈孔冻结壁厚度平均温度的计算。

$$T_{c3} = \frac{T_{c1}\left(E_w + E_n\right) + T_s \cdot S}{E_w + E_n + S} \tag{2-82}$$

式中，T_{c3} 为多圈孔冻结壁厚度的平均温度，℃；可参考图 2-15；T_{c1} 为按式(2-80)计算的主冻结孔圈冻结壁厚度的平均温度，℃；E_w 为外圈孔外侧的冻结壁厚度，m；E_n 为内圈孔内侧的冻结壁厚度，m；S 为内外孔圈之间的厚度，m；T_s 为外孔圈与内孔圈之间部位的冻土平均温度，℃。

(F)重要规律图表

(1)三圈孔同孔间距、不同孔圈距组合的冻结壁平均温度随冻结时间变化规律见图 2-20。

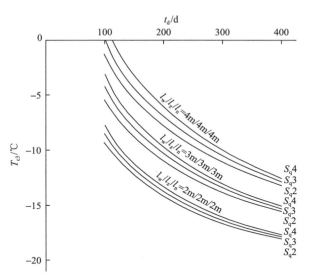

图 2-20　三圈孔同孔间距、不同孔圈距组合的冻结壁平均温度（T_{c3}）与冻结时间（t_d）的关系图

砂性土层三圈孔共界面，回路盐水温度−28℃，内圈冻结管至井帮 2.3m；S_q2、S_q3、S_q4 分别表示孔圈距为 2m、3m、4m；

外圈孔、中圈孔（辅助圈孔）、内圈孔孔间距组合 $l_w/l_z/l_n$ 分别为 2m/2m/2m、3m/3m/3m、4m/4m/4m

（2）三圈孔不同孔圈距组合和不同冻结时间的冻结壁平均温度与孔间距的关系见图 2-21。

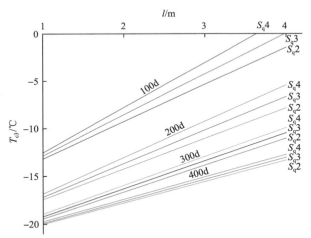

图 2-21　三圈孔不同孔圈距组合和不同冻结时间的冻结壁平均温度（T_{c3}）与孔间距（l）的关系图

砂性土层三圈孔共界面，回路盐水温度−28℃，内圈冻结管至井帮 2.3m；S_q2、S_q3、S_q4 分别表示孔圈距为 2m、3m、4m；

外圈孔、中圈孔（辅助圈孔）、内圈孔孔间距组合 $l_w : l_z : l_n$ 为 1:1:1

（3）三圈孔不同冻结时间和不同孔间距组合的冻结壁平均温度与孔圈距的关系见图 2-22。

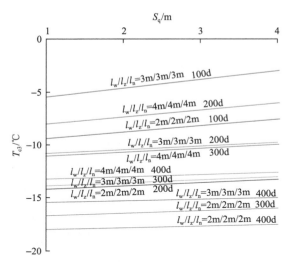

图 2-22　三圈孔不同冻结时间和不同孔间距组合的冻结壁平均温度(T_{c3})与孔圈距(S_q)的关系

砂性土层双圈孔共界面，回路盐水温度-28℃，内圈冻结管至井帮 2.3m；冻结时间分别为 100d、200d、300d、400d；外圈孔、中圈孔(辅助圈孔)、内圈孔孔间距组合 $l_w/l_z/l_n$ 分别为 2m/2m/2m、3m/3m/3m、4m/4m/4m

(4)三圈孔不同孔圈距和不同孔间距组合的冻结壁厚度随冻结时间变化规律见图 2-23。

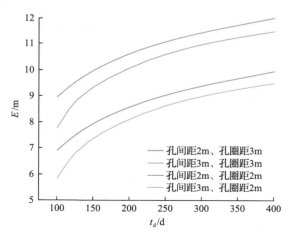

图 2-23　三圈孔不同孔圈距和不同孔间距组合的冻结壁厚度(E)与冻结时间(t_d)的关系

回路盐水温度≤-28℃，冻结孔圈距井帮 2.3m

(G)多圈孔冻结壁厚度平均温度计算公式中特征参数 T_s 的确定

多圈孔冻结壁厚度平均温度计算公式中特征参数 T_s，即外孔圈与内孔圈之间部位的冻土平均温度 T_s 不仅与多圈孔各圈冻结孔间距、相邻孔圈间距有关，还与设计层位采用多圈孔冻结时间有关。通过实测研究，作者系统、精细化地掌握了双圈孔、多圈孔冻结外圈孔与内圈孔之间部位冻结壁平均温度 T_s 的变化规律(表 2-9,表 2-10,图 2-24～图 2-28)，从而形成了多圈孔冻结壁平均温度设计精准计算方法。

表 2-9 双圈冻结孔间冻土平均温度 T_s 的变化规律

孔圈距/m	冻结时间/d	双圈冻结孔不同组合 $(l_w : l_n)$ 的孔圈之间冻结壁平均温度 T_s /℃				
		$l_w : l_n = 1:2$	$l_w : l_n = 2:3$	$l_w : l_n = 1:1$	$l_w : l_n = 3:2$	$l_w : l_n = 2:1$
2.5	80	−1.8	−3.5	−4.5	−3	0
	100	−8	−9.3	−10.5	−8.8	−6.5
	120	−13.5	−14.6	−15.8	−14.1	−12
	150	−19	−20.2	−21.5	−19.7	−17.5
	180	−22	−23.2	−24.5	−22.7	−20.5
	210	−23	−24.3	−25.7	−23.7	−21.5
3.0	80	−1.3	−3	−4.4	−2.5	0.5
	100	−7.5	−8.8	−10.1	−8.3	−6
	120	−13	−14.1	−15.4	−13.6	−11.5
	150	−18.5	−19.7	−21.1	−19.2	−17
	180	−21.5	−22.7	−24.1	−22.2	−20
	210	−22.5	−23.8	−25.3	−23.2	−21

注:表中温度变化的基本条件为盐水温度−30℃,主冻结孔开孔间距 1.5m,成孔间距≤3.0m,细砂层,冻结管径 Φ140mm。

表 2-10 多圈孔冻结内外孔圈之间冻土平均温度 T_s 的变化规律

冻结时间/d	孔圈距比 $(S_w : S_n)$	多圈孔不同冻结组合的内外孔圈之间冻土平均温度 T_s /℃				
		$l_w : l_z : l_n = 2:3:3$	$l_w : l_z : l_n = 2:3:4$	$l_w : l_z : l_n = 2:4:3$	$l_w : l_z : l_n = 3:2:2$	$l_w : l_z : l_n = 3:2:3$
80	3:3	−4.0	−1.5	−0.5	−5.0	−4.5
	3:2	−3.7	−1.3	−0.3	−4.7	−4.2
	2:1	−3.5	−1.0	−0.1	−4.5	−4.0
100	3:3	−10.0	−7.5	−6.5	−11.0	−10.5
	3:2	−9.7	−7.3	−6.3	−10.7	−10.2
	2:1	−9.5	−7.0	−6.1	−10.5	−10.0
120	3:3	−15	−13.0	−12.0	−16.5	−15.8
	3:2	−14.7	−12.8	−11.8	−16.2	−15.5
	2:1	−14.5	−12.5	−11.7	−16.0	−15.3
150	3:3	−20.0	−18.5	−17.5	−22.5	−21.5
	3:2	−19.7	−18.3	−17.3	−22.2	−21.2
	2:1	−19.4	−18.0	−17.1	−22.0	−21.0
180	3:3	−23.0	−21.5	−20.5	−25.5	−24.5
	3:2	−22.7	−21.2	−20.3	−25.2	−24.3
	2:1	−22.3	−21.0	−20.1	−25.0	−24.0
210	3:3	−24.0	−22.5	−21.5	−27.0	−26.0

冻结时间/d	孔圈距比($S_w:S_n$)	多圈孔不同冻结组合的内外孔圈之间冻土平均温度 T_s /℃				
		$l_w:l_z:l_n=$ 2:3:3	$l_w:l_z:l_n=$ 2:3:4	$l_w:l_z:l_n=$ 2:4:3	$l_w:l_z:l_n=$ 3:2:2	$l_w:l_z:l_n=$ 3:2:3
210	3:2	−23.7	−22.2	−21.3	−26.7	−25.8
	2:1	−23.2	−22.0	−21.1	−26.5	−25.5

注：①表中温度变化的基本条件为盐水温度−30℃，主冻结孔开孔间距 1.5m，成孔间距≤3.0m，细砂层，冻结管径 $\Phi140mm$，内外孔圈距(S_w+S_n)为 5m。

②当积极冻结期盐水温度在−32～−28℃变化时，冻结 120d 以后的内外孔圈间平均温度有±1.0℃的变化。一般情况下，维持冻结期的盐水温度调控至−25℃以上后，对内外孔圈间平均温度的影响为 0.5～2.0℃。

③同等条件下，黏土层比细砂层中的 T_s 值高 2.0℃左右，可参考冻结壁形成综合分析法研究得到的土层性质因子的比例关系分析各类土层的温度变化规律；冻结管径对冻结壁交圈时间和冻结 120d 内的 T_s 值的影响较为明显，$\Phi133mm$～$\Phi159mm$ 冻结管对 120d 以后的 T_s 值影响为±1.0℃；主冻结孔开孔间距及各孔圈冻结孔布置组合影响冻结冷量的供应和分布，冻结孔数量与内外孔圈距(S_w+S_n)一般成正比，内外孔圈大小对各孔圈之间的冻土交汇时间影响较大，因此对 120d 之前的 T_s 值一般有明显影响，对 120d 之后的 T_s 值的影响逐渐减弱，应根据冻结工程的冻结孔数量、孔间距、孔圈距，选择表 2-10 中基本参数组，参考图 2-26～图 2-28，按变化比例调整工程参数。

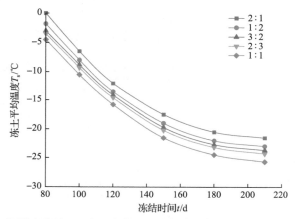

图 2-24　不同孔间距($l_w:l_n$)组合的双圈孔间冻土平均温度 T_s 的变化规律(一)

盐水温度 $T_b=-30℃$；主冻结孔开孔间距 1.5m；细砂层；冻结管径 $\Phi140mm$；内外孔圈之间的距离 $S=2.5m$

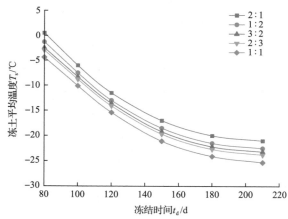

图 2-25　不同孔间距($l_w:l_n$)组合的双圈孔间冻土平均温度 T_s 的变化规律(二)

盐水温度 $T_b=-30℃$；主冻结孔开孔间距 1.5m；细砂层；冻结管径 $\Phi140mm$，内外孔圈之间的距离 $S=3.0m$

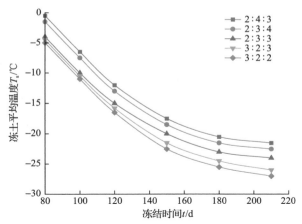

图 2-26　不同冻结孔间距组合 $(l_w：l_z：l_n)$ 的内外孔圈间冻土平均温度 T_s 的变化规律（一）

盐水温度 $T_b=-30℃$；主冻结孔开孔间距 1.5m；细砂层；冻结管径 $\Phi140mm$；孔圈距 $S_w：S_n=2.5m：2.5m$

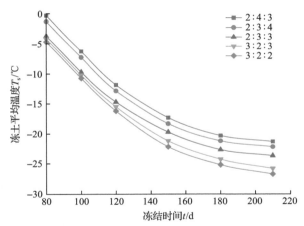

图 2-27　不同冻结孔间距组合 $(l_w：l_z：l_n)$ 的内外孔圈间冻土平均温度 T_s 的变化规律（二）

盐水温度 $T_b=-30℃$；主冻结孔开孔间距 1.5m；细砂层；冻结管径 $\Phi140mm$；孔圈距 $S_w：S_n=3.0m：2.0m$

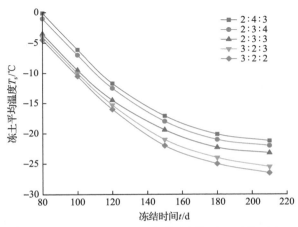

图 2-28　不同冻结孔间距组合 $(l_w：l_z：l_n)$ 的内外孔圈间冻土平均温度 T_s 的变化规律（三）

盐水温度 $T_b=-30℃$；主冻结孔开孔间距 1.5m；细砂层；冻结管径 $\Phi140mm$；孔圈距 $S_w：S_n=3.3m：1.7m$

c. 冻结壁平均温度计算公式分析

本书在前人单圈孔冻结壁温度场研究的基础上，提出双圈孔、多圈孔冻结壁厚度平均温度计算公式，完善和形成了我国单圈孔、双圈孔、多圈孔冻结壁厚度平均温度计算体系。表 2-11 汇总了国内外冻结壁厚度的平均温度计算公式。根据实践应用情况，分析认为：

（1）斯捷潘诺娃公式（2-83）是根据有限差分法分析提出的单圈孔冻结壁平均温度计算公式。该公式的不足之处是未考虑井帮温度对冻结壁厚度平均温度的影响，计算的冻结壁平均温度偏高；应用该公式时要知道冻结器外表面的温度，但在冻结过程中冻结器外表面温度是变化的，不易掌握。

（2）纳斯诺夫-苏普利克公式（2-84）是根据水力积分仪模拟试验结果提出的单圈孔冻结壁平均温度计算公式，未考虑井帮温度对冻结壁厚度平均温度的影响，计算的冻结壁平均温度偏高。

（3）单圈孔成冰公式（2-79）、式（2-80）是根据潘集冻结试验井和潘一东风井、潘二南风井、潘三东风井等的冻结壁形成特性试验和工程实测结果综合分析提出的单圈孔冻结壁厚度的平均温度计算公式；双圈孔成冰公式（2-81）是根据谢桥副井双圈孔冻结壁形成特性试验实测结果提出的双圈孔冻结壁厚度的平均温度简易计算公式；多圈孔成冰公式（2-82）是根据 400～700m 冲积层多圈孔冻结壁形成特性实测结果综合分析提出的计算公式。多圈孔冻结壁厚度的平均温度公式计算的结果已在多个 400～700m 冲积层冻结法凿井工程多圈孔冻结壁平均温度实测结果中得到验证。

d. 冻结壁设计应考虑冻结壁平均温度与冻结工艺耦合关系

上述冻结壁温度场实测和研究成果表明，冻结壁平均温度和井帮温度与冻结工艺密切相关，盐水循环方式、冻结盐水温度、各类冻结孔圈距、各类冻结孔间距及其复合作用、冻结管直径、冻结时间等不仅影响冻结壁交圈时间、各孔圈交汇时间，还会影响设计冻结壁平均温度、控制层位井帮温度的形成和实现。但是过往的设计理论和技术缺少对冻结壁平均温度和井帮温度与冻结工艺相互关系的考虑。冻结壁强度取决于土层性质、冻结壁平均温度，因此考虑冻结工艺参数与冻结壁平均温度内在联系的设计理论与应用技术研究是深厚冲积层冻结法凿井应深入研究和取得突破的关键理论与技术。

本书通过冻结壁温度场实测和研究，系统阐述了冻结壁平均温度和冻结工艺参数的关系，为冻结壁平均温度、井帮温度科学精细化设计提供了理论依据和实用技术，也为基于设计的冻结壁平均温度、井帮温度参数指导冻结孔布孔参数等冻结方案的确定提供了理论和技术手段。可以克服以往冻结壁设计与冻结工艺设计、冻结方案设计、工程实际脱节的弊端，也可以解决冻结壁设计、冻结工艺和冻结方案科学合理性难以验证的难题，还可以为解决冻结法凿井的安全性、冻掘配合、经济性难题提供理论依据和技术手段。

6）综合分析砂性土层和黏性土层的冻结壁厚度计算值，合理确定冻结壁设计厚度

冻结壁分析模型分弹性、黏弹性、弹塑性、塑性和黏弹塑性模型，加载模型和卸载模型，均质和非均质模型，无限长掘进段高和有限长掘进段高模型，平面应变模型和三

表2-11 冲积层冻结壁厚度的平均温度计算公式及应用体会

公式作者	冻结孔圈	平均温度表达式	公式编号	首次发表年份	式中符号含义	应用计算公式的体会
斯捷潘诺娃	单圈孔	$$T_{c1} = T_w\left(0.42 + 0.09\frac{l}{2R_0} - 0.2\frac{l}{E_w} + 0.37\frac{d_w}{l} + 0.01\frac{E_n}{E_w}\right)$$	(2-83)	1974	T_{c1}、T_{c2}、T_{c3} 分别为单圈孔、双圈孔、多圈孔冻结壁厚度的平均温度，℃； T_{0c} 为按冻结壁内侧、外侧0℃边界计算的冻结壁平均温度，℃； E_l 为单、双圈孔冻结壁厚度之和，m； T_n 为井帮冻土温度，℃； Δ 为井帮冻土温度每升降1℃对单圈孔冻结壁厚度平均温度的影响系数； T_b 为盐水温度，℃； T_w 为冻结管外表面冻土温度，℃； d_w 为冻结管外径，m； d_n 为冻结管内直径，m； R_0 为单圈孔冻结孔布置半径，m； l 为计算水平的冻结孔最大间距，m； E_n 为内圈孔内侧冻结壁厚度，m； E_w 为外圈孔外侧冻结壁厚度，m； S 为双圈孔冻结壁内、外圈孔之间冻结壁的厚度，m； r_s 为双圈孔之间部位对冻结壁平均温度的影响系数； T_s 为多圈孔冻结壁外圈孔之间部位的冻土平均温度，℃，T_s 取值按表2-9、图2-28确定	(1)采用有限差分方法分析结果提出的公式； (2)未考虑井帮温度对冻结壁温度的影响； (3)计算温度比实际温度高
纳斯诺夫-苏普利克	单圈孔	$$T_{c1} = T_b\left(0.32 + 0.8\frac{d_n}{l} - 0.2\frac{l}{E_l}\right)$$ $$T_{c1} = T_{0c} + \Delta T_n$$	(2-84)	1976		(1)采用水力积分仪模拟试验结果分析提出的公式； (2)未考虑井帮温度对冻结壁温度的影响； (3)计算平均温度比实测温度高
成冰	单圈孔	$$T_{0c} = T_b\left(1.135 - 0.352\sqrt{l} - 0.785\frac{1}{\sqrt[3]{E_l}} + 0.266\sqrt{\frac{l}{E_l}}\right) - 0.466$$	(2-79) (2-80)	1982		根据潘集冻结试验井的试验结果，以及潘三东风井、潘二东风井等深厚冲积层冻结壁实测资料综合分析提出的公式
成冰	双圈孔	$$T_{c2} = T_{c1} + r_s S$$	(2-81)	1987		(1)根据谢桥副井双圈孔冻结壁实测资料分析提出的简易公式； (2)陈四楼矿、程村矿369~430m冲积层冻结实测数据与式(2-81)计算结果基本吻合
成冰	多圈孔	$$T_{c3} = \frac{T_{c1}(E_w + E_n) + T_s \cdot S}{E_w + E_n + S}$$	(2-82)	2003 2014 2017		(1)根据陈四楼矿主井和副井、程村矿主井和副井369~430m冲积层冻结壁实测资料综合分析提出的公式； (2)泉店矿、赵固二矿、赵固一矿、李粮店矿等几个井400~700m冲积层冻结壁形成特性实测数据与式(2-82)计算结果基本吻合

维模型等。实践表明，如此多的分析模型都无法全面描述深厚冲积层复杂的地质条件、冻结工艺、掘砌工艺，所有的分析、计算公式都存在片面性和实用性问题，许多无限长模型的公式和诸多的不确定性影响参数对提高黏性土层冻结壁稳定性分析只能起到定性的帮助，无法提高实际工程分析的精度和准确性。我们只能根据冻结壁所表现的主要问题，有针对性地选择分析模型，利用主要的、可控的影响参数改进冻结法凿井施工工艺和冻结壁分析的合理性。因此，研究认为冻结壁分析还是要根据不同土性区别对待较为合理。

虽然深厚冲积层冻结壁安全问题较突出地表现在蠕变特性显著的黏性土层中，但冻结法应用于凿井工程的初衷和本质是为井筒掘砌工程构筑隔水的冻结帷幕，因此深厚冲积层中的含水层还需要进行冻结壁设计计算。由于多圈孔冻结时砂性土层冻结壁基本处于弹塑性状态，蠕变特性明显小于黏性土层，目前最适宜砂性土层冻结壁工程分析的公式还是多姆克计算公式(2-85)，所需的砂性土层冻土计算强度主要参考我国砂性冻土计算强度与冻结壁平均温度的拟合曲线进行选取。

$$E = R_a \left[0.29 \left(\frac{P}{K_j} \right) + 2.3 \left(\frac{P}{K_j} \right)^2 \right] \tag{2-85}$$

式中，E 为冻结壁厚度，m；R_a 为井筒掘进半径，m；P 为作用于冻结壁的地压值，MPa；K_j 为冻土计算强度，MPa。

深厚冲积层冻结法凿井工程中，深厚黏性土层稳定性和断管问题比较突出，冻结壁的稳定性受掘进段高影响很大，在众多冻结壁分析方法和公式中，应选影响参数稳定可控的有限段高冻结壁公式计算黏性土层控制层位的冻结壁厚度，因此可优先选用维亚洛夫-扎列茨基有限段高塑性计算公式(2-86)：

$$E = \frac{P \cdot h \cdot \eta}{K_j} \approx \frac{P \cdot h}{\sigma_c} \cdot \eta \cdot m_0 \tag{2-86}$$

式中，E 为冻结壁厚度，m；P 为作用于冻结壁的地压值，MPa；h 为掘进段高，m；σ_c 为冻土单轴极限抗压强度，MPa；m_0 为安全系数，圆柱形试件实验结果 m_0 取 1.4；η 为掘进段井帮上下两端的固定程度系数，当上端固定好(井壁发挥作用)而下端(掘进工作面)基本不冻结时取 $\sqrt{3}$，若上下两端均固定好时取 $\sqrt{3}/2$。

应用维亚洛夫-扎列茨基有限段高塑性计算公式时，冻土单轴极限抗压强度 σ_c 的选取要结合非冻土抗压强度等土层特点，合理利用冻土抗压强度试验的均值和低值，设计合理的支护模板调控高度，结合爆破掘进段高与支护模板高度之间的关系，确定安全合理的黏性土层冻结壁厚度。

本书作者团队根据泉店矿、城郊矿、顺和矿、安里矿、赵固一矿、赵固二矿等 20 多个深厚冲积层冻结井筒的冻结设计经验，分别用多姆克计算公式(2-85)计算砂性土层控制层位的冻结壁厚度，用维亚洛夫-扎列茨基有限段高塑性公式(2-86)计算黏性土层控制层位的冻结壁厚度，制定合理的模板高度控制计划，相互借鉴，综合平衡，最终确定的冻结壁设计厚度相对安全、经济合理。例如，赵固二矿西风井穿过 704.6m 冲积层的砂性土层冻结壁厚度计算结果为 10.3m，黏性土层冻结壁厚度计算结果为 9.9m，两类土层分析结果基本统一，冻结壁设计厚度确定为 10.3m。该案例反映出分别计算砂性土层和黏性土层冻结壁厚度，综合确定冻结壁厚度对矿井冻结设计的重要性。

2.5　600～1000m 深厚冲积层冻结壁设计计算体系理论与技术应用

赵固二矿西风井井筒净直径 6.0m，穿过冲积层厚度 704.6m，冻结深度 783m，冻结段井壁厚度 900～1950mm，井壁混凝土设计最高强度等级为 C100。根据上述研究结论进行砂性土层和黏性土层的冻结壁厚度、冻结壁平均温度、井帮温度目标控制值设计（表 2-12），设计砂性土层控制层位冻结壁平均温度–20.5～–21.5℃，设计井帮温度–13～–14℃，设计冻结壁厚度 9.2～10.3m；黏性土层控制层位设计冻结壁平均温度–18～–20℃，设计井帮温度–8～–12℃，设计冻结壁厚度 9.7～9.9m，设计爆破掘进模板段高 2.5～3.0m。工程实施过程中，通过对冻结壁形成特性综合分析和制冷过程调控，精准实施和验证了相关设计参数。工程实际控制冲积层深部黏性土层井帮温度基本在–11℃以上，深部砂性土层井帮温度在–13℃以上。结合井帮稳定性实测分析，控制爆破掘进的座底炮深度一般为 2.5～2.8m，在深部松散土层中限制座底炮深度在 2m 以内，井深 540m 以下模板段高改为 3.0m，井深 660m 以下模板段高改为 2.5m。经过冻结壁厚度、平均温度及井帮温度的精准设计与实施，特别是深厚黏性土层冻结壁厚度计算、薄弱层位分析预判、冻结壁稳定性实测及座底炮深度限制，首次使砂性土层与黏性土层冻结壁厚度计算和确定统一，为安全快速施工创造了良好的条件。冲积层深部外层井壁掘砌速度维持在 75～80m/月，冲积层段外层井壁掘砌平均速度为 87.1m/月，冻结段外层井壁掘砌平均速度为 82.1m/月。

表 2-12　赵固二矿西风井主要控制层位冻结壁厚度、平均温度及井帮温度设计值及实施情况对比

控制层位埋深/m	土层性质	设计冻结壁厚度/m	设计冻结壁平均温度/℃	设计井帮温度/℃	设计爆破掘进模板段高/m	实际揭露土层性质	实际冻结壁厚度/m	实际冻结壁平均温度/℃	实际井帮温度/℃	实际爆破掘进模板段高/m
625.55	粗砂	9.2	–20.5	–13	—	砂质黏土	10.1	–19.0	–9.0	3.0
692.6	粗砂	10.3	–21.5	–14	—	粗砂夹砾石	10.5	–21.5	–11.5	2.5
535	黏土	9.7	–18	–8	3.0	砂质黏土	9.9	–18	–7.4	4.0
608.0	黏土	9.8	–19	–10	3.0	砂质黏土	10.0	–18.9	–8.6	3.0
704.6	黏土	9.9	–20	–12	2.5	砂质黏土	10.6	–22.3[*]	–14.0[*]	2.5

*698～704.6m 段受基岩段冻结影响井帮温度和冻结壁平均温度急速下降。

2.6 冻结壁厚度设计计算体系研究

(1)深厚冲积层冻结壁的应力仍然处在经典的弹塑性状态,并且绝大部分处在弹性应力状态,主要表现为黏弹性特征。冻结壁最低温度和平均温度尚未改变其基本的冻土物理力学特性及应力应变的本构关系,没有"质的"变化。经典的冻结壁厚度计算公式在深厚冲积层冻结工程实践中的应用成果表明,在>600m 深厚冲积层冻结工程中,仍可采用多姆克公式计算砂性土层控制层位的冻结壁厚度,可采用维亚洛夫-扎列茨基公式计算黏性土层控制层位的冻结壁厚度。但是计算公式应用时的参数必须考虑>600m 深厚冲积层冻结的特殊情形,据此可建立>600m 深厚冲积层冻结壁厚度设计计算及冻结方案设计体系。

(2)应合理地确定掘进段高。深厚冲积层黏性土层采用维亚洛夫-扎列茨基有限段高塑性公式时,掘进段高参数应是模板高度与模板底部留设的座底炮高度之和(即爆破掘进段高)。黏性土层宜用控制层位附近相似土性土层冻土计算强度均值来计算各层位一般情况下的冻结壁厚度;低值用来核算相应层位最不利情况下的冻结壁厚度,工程中开展冻结壁稳定性实测,结合实测结果调整座底炮的深度,缩小爆破掘进段高,达到冻结壁厚度符合要求、提高冻结壁稳定性的目的,保障施工安全。

(3)必须要考虑深厚冲积层多圈孔冻结壁温度场特征;必须要在工程实践中有效和精准验证设计成果;必须要强调冻结与掘砌有机协同,不应使冻结与掘砌相互脱节。冻结壁温度场实测和研究成果表明,冻结壁平均温度和井帮温度与冻结工艺密切相关,盐水循环方式、冻结盐水温度、各类冻结孔圈距、各类冻结孔间距及其复合作用、冻结管直径、冻结时间等不仅会影响冻结壁交圈时间、各孔圈交汇时间,还会影响设计冻结壁平均温度、控制层位井帮温度的形成和实现。过往的设计理论和技术缺少对冻结壁平均温度和井帮温度与冻结工艺相互关系的考虑。冻结壁强度取决于土层性质、冻结壁平均温度,因此考虑冻结工艺参数与冻结壁平均温度内在联系的设计理论与应用技术研究是深厚冲积层冻结法凿井精准设计和施工的关键理论与技术。

为此,第一,要开发相关冻结工艺和技术,能够精准实现设计的冻结壁厚度和平均温度,做到设计的冻结壁厚度和平均温度同步实现,从而科学评价和验证设计理论和结果;第二,要开发冻结过程精准调控技术,即冻结和掘砌过程中,发现与设计存在偏差时,能实现冻结参数科学调控,达到设计预期或根据掘砌施工实际偏差(速度、段高等)修正设计结果;第三,要开发冻结壁设计和冻结实施效果评价机制,设计结果不能在实施过程中精确实现、发现偏差不能实现有效调控达到预期、发现偏差无法科学评价安全可靠性,均不能认为是科学、合理、合适的设计理论(体系);第四,要建立冻结是为冻结段施工服务的思想,要为冻结段安全快速掘砌施工和降低工程造价创造有利条件。

本书通过冻结壁温度场实测和研究,系统阐述了冻结壁平均温度和冻结工艺参数的关系,为冻结壁平均温度、井帮温度科学精细化设计提供了理论依据和实用技术,也为基于设计的冻结壁平均温度、井帮温度参数指导冻结孔布孔参数等冻结方案的确定提供了理论和技术手段,克服了过往冻结壁设计与冻结工艺设计、冻结方案设计、工程实际脱节的弊端，可以解决冻结壁设计、冻结工艺和冻结方案科学合理性难以验证的难题，还可以为解决冻结法凿井的安全性、冻掘配合、经济性难题提供理论依据和技术手段。

（4）基于数十个多圈孔工程实测研究，全面掌握多圈孔冻结壁形成特性、冻结壁交圈时间、冻结孔圈之间冻土交汇时间、井帮温度变化特点等一般规律，本书提出用于冻结壁厚度计算方法中冻结壁平均温度精准计算方法，突破了多圈孔冻结壁厚度设计计算关键参数确定的难题。①获得多圈孔冻结壁外侧、内侧和内外孔圈之间（含中孔圈）三大部分冻结壁形成的基本特征。②获得冻结壁交圈时间一般规律：多圈孔冻结壁全部交圈时间一般为 60～70d。③得到冻结孔圈之间冻土交汇一般规律，各孔圈间冻土交汇时间受冻结孔布置的数量和孔圈距影响较大，一般情况下中内圈冻土比中外圈冻土先交汇；孔圈间冻土交汇后，内侧冻土扩展加快，孔圈间温度下降及冻土强度增加均较快；中内孔圈之间浅部细砂层和深部黏土层设计控制层位的冻土交汇时间宜控制在 90～105d 和 120～135d，而中外孔圈之间浅部细砂层和深部黏土层设计控制层位的冻土交汇时间宜控制 115～130d 和 130～160d，这样对尽早开挖和冻掘配合较为有利，当冻土交汇时间提前时应进行盐水温度和流量的调控，若冻土交汇时间滞后则应加大冻结力度。④获得井帮温度变化特点等一般规律。否定深厚冲积层将井心冻实的观点，合理的深度见冻土及合理的井帮温度分布应是冻结设计和施工的重要指标之一；井帮温度的分布变化受土层性质、冻结孔布置方式、冻结孔数量、掘砌速度、冻结调控等多种因素影响；以内圈为主冻结孔的布孔方式可在较浅埋深见冻土，但导致中深部井帮温度偏低，不利于冻掘配合，且易导致冻结管断裂，不宜采用以内圈为主冻结孔的布孔方式；以外圈为主冻结孔的布孔方式有利于防片孔和辅助孔与井壁变径深度的结合，更有利于冻结调控和冻掘配合。冻结孔布置、冻结调控、冻掘配合较好的深厚冲积层井帮温度适宜的变化特点：砂性土层，70～100m 见冻土，100～400m 变化范围–1.0～–7.5℃，400～600m 变化范围–7.5～–13.0℃，>600m 变化范围–12.0～–14.0℃；黏性土层，100～130m 见冻土，100～400m 变化范围 0～–6.0℃，400～600m 变化范围–6.0～–10.0℃，>600m 变化范围–9.0～–10.0℃。⑤根据多圈孔冻结壁形成特征和一般规律，研究提出多圈孔冻结壁平均温度计算公式，并研究提出计算公式中特征参数 T_s 的确定方法；多圈孔冻结壁厚度平均温度计算公式中特征参数 T_s（即外孔圈与内孔圈之间部位的冻土平均温度）不仅与多圈孔冻结各圈冻结孔间距、相邻孔圈间距有关，还与设计层位采用多圈孔冻结时间有关。通过实测研究，作者系统且精细化地掌握了双圈孔、多圈孔冻结外圈孔与内圈孔之间部位 T_s 的变化规律，从而完成了多圈孔冻结壁平均温度设计精准计算方法。

$$T_{c1} = T_{0c} + \Delta T_n$$

$$T_{c3} = \frac{T_{c1}\left(E_w + E_n\right) + T_s \cdot S}{E_w + E_n + S}$$

（5）工程实践精准验证了提出的冻结壁厚度计算方法设计的冻结壁厚度、平均温度及井帮温度等参数，能将冲积层深部黏性土层井帮温度控制在–11℃以上，砂性土层井帮温度控制在–13℃以上，为深厚冲积层实现安全快速施工提供有利条件，工程应用取得了安全优质、经济合理、快速施工的优异成绩，科学指导了施工。

第3章

深厚冲积层冻结方案设计技术

3.1 技 术 背 景

深厚冲积层冻结方案设计是指根据冻结壁厚度计算结果进行冻结孔（圈）布置、冻结工艺设计，包括多圈孔各功能圈布置直径、冻结孔间距、冻结孔深度、冻结管直径、冻结盐水温度、井帮温度、冻结壁交圈时间等的设计。目的是在设定时间形成设计所需的冻结壁厚度和强度，实现按期开挖、连续掘砌至设定深度，并满足工程安全需要。冻结方案设计是冻结措施工程的指导性文件和重要组成部分，直接影响冻结工程的实施效果。冻结方案设计应当充分体现其安全性、科学性、先进性、经济性，首先要树立冻结设计为冻结段施工服务的思想，要为冻结段安全快速施工和降低工程造价创造有利条件。

多圈孔冻结是解决深厚冲积层冻结法凿井所需高强度冻结壁的重要手段。随着立井井筒穿过的冲积层厚度增加，我国冻结法凿井的冻结孔布置由单圈孔逐渐向主孔圈+防片孔圈、主孔圈+辅助孔圈或双圈孔、多圈孔演变。2003 年以来，超过 400m 冲积层井筒基本上采用了多圈孔冻结，冻结壁内侧冻土扩至井帮的时间和井筒正式开挖时间大幅缩短，冻结壁稳定性显著提高，冻结法凿井的安全性、可靠性明显提高。不同的多圈冻结孔布置方式，导致一个井筒的冻结孔数、钻孔工程量、冻结需冷量和冻掘配合难度等均产生较大差异，直接影响冻结和掘砌的工程成本与建井速度，因此研究科学合理的布孔方式，发挥不同类别孔圈的功能和作用具有理论和现实意义。

冻结段开挖时间主要取决于冻结壁的交圈时间和冻结壁内侧冻土扩至井帮的时间。深井冻结井筒开挖应具备以下条件：一是水位观测孔的水位有规律上升并溢出管口不少于 7d；二是井筒浅部不应发生较大片帮，且不同深度、不同土层的冻结壁厚度和强度应符合设计规定和满足连续挖掘要求；三是井筒的提升、混凝土的配制、井上下运输及压风、通风、信号、照明、供热等辅助设施均应适应井筒施工要求。

一般情形下，在冻结壁交圈 7d 后就进行井筒试挖和三盘安装，试挖深度为 20～30m，试挖时间为 15～20d，即在冻结壁交圈 22d 之后转入正式开挖。正式开挖时砂性冻土距井帮 0.5m（井帮温度为 2.5℃）或掘深 70～100m 井帮见冻土较为适宜。根据冻结壁形成特性和工程实践分析，单圈孔冻结壁交圈时间和内侧冻土扩至井帮的时间，随着冲积层厚度或冻结壁厚度的增大而延长（表 3-1）：当冲积层厚度为＜200m 时，以冻结壁交圈估算的井筒正式开挖时间与内侧冻土扩至井帮的预测时间差异在 1 个月以内，冻结与掘砌矛盾不算突出；冲积层厚度超过 200m 后，二者的时间差异明显增大，单圈孔冻结与掘砌的矛盾逐渐加剧。

表 3-1　单圈孔冻结壁交圈时间和内侧冻土扩至井帮的时间预测

序号	项目名称		冻结壁形成特性主要指标				
			<200	200~300	300~400	400~500	500~600
1	冲积层厚度/m		<200	200~300	300~400	400~500	500~600
2	冻结盐水温度/℃		−25	−30~−25	−32~−30	−33~−32	−35~−33
3	冻结孔成孔间距/m		<2.0	2.0~2.4	2.4~2.6	2.6~2.8	2.8~3.0
4	冻结壁	设计厚度/m	<2.5	2.3~5.0	4.5~7.0	6.5~9.5	9.0~12.0
5		孔圈至井帮的距离/m	<2.0	2.0~3.5	3.5~5.5	5.5~7.5	7.5~10.0
6		交圈时间/d	<35	35~42	42~51	51~62	62~70
7	内侧冻土(砂性土层)扩至井帮的预测时间/d		<80	80~140	140~220	220~290	290~400
8	冻土扩至井帮时外侧冻土(黏性土层)的预测扩展范围/m		1.5	1.5~2.0	2.0~2.5	2.5~2.9	2.9~3.1

注：①单圈孔冻结壁交圈时间等于最大成孔间距除以交圈前冻土平均扩展速度。

②一般情况下，主孔圈+防片孔圈比单圈孔冻结壁交圈时间提前 3~5d，主孔圈+辅助孔圈比单圈孔冻结壁交圈时间提前 10~15d，多圈孔比单圈孔冻结壁交圈时间提前 5~10d。

此外，虽然单圈孔冻结壁厚度随着冻结时间的延长而增加，但是单圈孔冻结难以形成深井冻结需要的冻结壁厚度和平均温度，需要采用多圈孔冻结。

由我国深厚冲积层冻结调查资料分析得出：随着冲积层厚度或冻结壁设计厚度的不断增大，冻结孔圈由单圈孔圈逐渐向主孔圈+防片孔圈、主孔圈+辅助孔圈或双圈孔、多圈孔演变。

(1)1955~1977 年国内共施工 159 个冻结立井，全部采用单圈孔冻结，冲积层的最大厚度为 324.4m(平八东风井)，冻结最大深度为 330m。

(2)1978 年开始在毕各庄回风井试验应用主孔圈内侧增设防片孔圈冻结，至 2014 年共施工超过 33 个主孔圈内侧增设防片孔圈的冻结立井：冲积层的平均/最大厚度为 295.5m/388.2m(吴桂桥副井)，冻结最大深度为 461m(梁宝寺副井、风井)；冻结壁设计平均/最大厚度为 4.86m/6.70m(梁宝寺副井)，主孔圈至井帮的平均/最大距离为 3.29m/4.25m。

(3)1983 年开始在谢桥副井试验应用主孔圈加辅助孔圈的双圈孔冻结，至 2013 年共施工 30 多个主孔圈加辅助孔圈冻结立井：冲积层的平均/最大厚度为 301.8m/459m(济西主井、副井)，冻结最大深度为 602m(新桥副井)；冻结壁设计平均/最大厚度为 5.28m/7.5m(新桥副井)；主孔圈至井帮的平均/最大距离为 3.64m/5.55m(新桥副井)。

(4)自 2003 年起，我国多个冻结井的冲积层厚度超过 500m，开始采用多圈孔冻结，使冻结壁交圈时间与冻土扩至井帮的时间差大幅缩短，取得提前开挖和防止浅部片帮的良好效果，至 2022 年，采用多圈孔冻结的立井超过 130 个。

如上所述，我国分别于 1978 年、1982 年、2003 年试验应用主孔圈+防片孔圈冻结、主孔圈+辅助孔圈冻结、多圈孔冻结，取得较好的效果，在单圈孔冻结中分别于 1955 年、

1959 年、1960 年、1965 年和 1992 年试验应用不变管径一次冻结全深、差异冻结、局部冻结、分期（段）冻结和变径冻结管一次冻结全深等冻结工艺，经过实践的不断完善，逐步形成中国特有的冻结孔布置和冻结工艺组合。

3.2　不同设计指导思想的影响

目前，冻结方案设计指导原则基本有以下两种。

一种是强化深厚冲积层冻结壁内缘冻结强度的冻结设计指导原则：尽量降低冻结壁内侧区域平均温度，特别是降低井筒深部井帮温度，提高冻结壁内缘附近的冻土强度，冻实或接近冻实井筒深部掘进断面，并采用异步冻结技术减少冻结壁内夹层水的冻胀力；万福矿主井、副井、风井均以强化深厚冲积层冻结壁内缘冻结强度为冻结设计指导原则，采取了以中内圈为主冻结孔的布孔方式，是我国首批成功穿越 700 多米冲积层的冻结法凿井井筒，但万福矿同时也面临中深部冲积层井帮温度低、井心冻实等问题，造成爆破效率低，影响掘进速度。虽然强化深厚冲积层冻结壁内缘冻结强度的冻结设计指导原则，有利于冻结壁井帮的稳定性，但并不一定能确保冻结壁整体稳定性。例如，我国超过 500m 冲积层的冻结井筒中，曾有 7 个井筒发生了 5 根以上冻结管断裂现象，共计断管 122 根，井均断管 17.43 根，均发生在以中内圈为主冻结孔圈的冻结井筒中，其中以内圈为主冻结孔圈的井筒断管问题最为严重。因此，强化深厚冲积层冻结壁内缘冻结强度的冻结设计指导原则和以中内圈为主冻结孔圈的布孔方式并不是唯一的选择，也不一定是最好的选择。

另一种就是我们的研究成果，抛弃国外冻结井筒基本冻实井心的技术路线，实现浅部不片帮、深部少挖冻土的冻掘配合目标，为安全快速施工和降低工程造价创造条件，因此选择了以充分体现安全性、先进性和经济合理性为冻结设计指导原则。经过冻结壁模拟分析和赵固矿 7 个已建冻结井筒的实践经验总结，结合赵固二矿西风井具体情况，开展 600～1000m 冻结方案设计研究，并遵循以下指导思想。

（1）冻结工程的实质是为掘砌创造条件的措施工程，冻结方案设计既要考虑安全问题，还要考虑冻结与掘砌的配合。

（2）以外圈为主冻结孔，内侧适当增设辅助、防片冻结孔的布孔方式更适合深厚冲积层冻结立井的施工。可通过强化冻结壁外侧和适当控制冻结壁内侧平均温度的冻结方式改善冻结壁的承载方式，使冻结壁承载环外移，减小冻结壁内缘切向应力和冻胀力，提高冻结壁整体的稳定性。主冻结孔形成冻结壁主体结构并发挥隔水功能，辅助孔、防片孔按需求均衡供应冷量，辅助孔扩展冻结壁厚度并提高冻结壁内侧强度及稳定性，防片孔结合井壁变径和掘砌施工速度情况采取不同深度、多圈、异径等方式布置，提高井帮的稳定性，防片孔部位冻结壁并非冻结壁的主结构，对冻结壁承载没有实质性帮助，在井筒掘砌过程中便于通过调整防片孔（及辅助孔）的盐水温度、流量等措施控制冻土向荒径内扩展，为掘砌创造较好的施工条件，有利于实现安全快速施工。

（3）通过"冻结壁形成过程中的参数的动态分析方法"（CN102996132A）专利技术[29]，

对冻结方案效果进行预测、对比分析，可优化确定冻结方案设计参数，提高冻结工程的安全性和经济合理性，增强冻结壁内侧的可调控性，促进冻结与掘砌有机结合。

深厚冲积层多圈孔设计的难点在于不同深度冻结壁井帮温度的科学设计，多圈孔圈数、各孔圈功能设计，各孔圈位置、深度及管径的优化设计，以及多圈孔综合调控性能分析等。

3.3　冻结方案设计关键理论与技术研究

3.3.1　冻结壁井帮温度分布特性设计

1. 井帮温度分布的争取目标

井帮温度变化与冻结壁内侧及井帮的稳定性有密切关系，直接反映了冻土扩入荒径的量和冻土挖掘的难度，在爆破施工时直接影响炸药的起爆率和冻土爆破效果，也影响外层井壁混凝土早期强度增长速度和壁后冻土融化回冻情况，井帮温度分布是涉及安全和施工效率非常重要的设计参数之一。因此，冻结方案设计要根据冲积层厚度等地质条件首先规划一个合理的井帮温度分布的争取目标。根据温度场实测分析，本书提出深厚冲积层多圈孔冻结按冲积层厚度与设计控制层土性确定井帮温度的一般方法，见表 3-2。结合具体工程设计，如表 3-3 所示的赵固二矿西风井冲积层段的控制层位井帮温度即为冻掘有机配合而确定的争取目标。

表 3-2　按冲积层厚度与设计控制层土性选取井帮温度　　　　（单位：℃）

冲积层厚度	土层性质	控制层位深度						
		<100m	100～200m	200～300m	300～400m	400～500m	500～600m	>600m
<200m	砂性土层	0～−2.0	−2.0～−4.0					
	黏性土层	1.0～−1.0	−1.0～−3.0					
200～300m	砂性土层	0～−1.5	−1.5～−3.5	−3.0～−5.0				
	黏性土层	1.0～−1.0	−0.5～−2.0	−2.0～−4.0				
300～400m	砂性土层	0～−1.5	−1.5～−3.0	−3.0～−5.0	−4.5～−7.5			
	黏性土层	1.0～0	0～−2.0	−2.0～−3.5	−3.5～−6.0			
400～500m	砂性土层	0～−1.0	−0.5～−3.0	−2.5～−5.0	−4.5～−8.0	−7.0～−10.0		
	黏性土层	1.5～0	0～−2.0	−1.0～−3.5	−3.5～−6.0	−6.0～−8.0		
500～600m	砂性土层	0～−1.0	−0.5～−3.0	−2.5～−5.0	−4.5～−8.5	−7.5～−11.0	−10.0～−13.0	
	黏性土层	1.5～0	0～−2.0	−1.5～−3.5	−4.0～−6.0	−6.0～−8.0	−8.0～−10.0	
>600m	砂性土层	0～−1.0	−0.5～−3.0	−2.5～−5.0	−4.5～−8.5	−7.5～−11.0	−10.0～−13.0	−12.0～−14.0
	黏性土层	1.5～0	2.0～0	−1.5～−3.5	−4.0～−6.0	−6.0～−8.0	−8.0～−10.0	−9.0～−11.0

表 3-3　赵固二矿西风井冲积层段的控制层位井帮温度目标

土性	冲积层深度/m	控制层位井帮温度/℃	土性	冲积层深度/m	控制层位井帮温度/℃
砂性土层	<100	0～−1.0	黏性土层	<100	1.5～0
	100～200	−0.5～−3.0		100～200	0～−2.0
	200～300	−2.5～−5.0		200～300	−1.5～−4.0
	300～400	−4.5～−8.5		300～400	−3.5～−6.0
	400～500	−7.5～−10.0		400～500	−5.5～−8.0
	500～600	−10.0～−12.0		500～600	−7.5～−10.0
	600～704.6	−12.0～−14.0		600～704.6	−9.0～−12.0

2. 优化设计及井帮温度设计的调控目标

为适应井壁承受地压需要，冲积层厚度越大，井壁变截面层位越多，实现井帮温度分布达到争取目标的难度也就越大。结合赵固二矿西风井具体工程实际，冻结方案设计过程中，结合掘砌施工计划，应用本书提出的冻结壁形成特性综合分析方法，对冻结孔布置的初步方案进行冻结壁形成特性预测分析，优化冻结孔布置等设计参数，努力实现井帮温度变化预测曲线(图 3-1 中未调控曲线)的峰值接近既定的争取目标值，冻结孔布置要使井帮温度变化曲线的低谷部位便于冻结调控，并通过已经掌握的布孔和调控技术，使井帮温度变化预测曲线的低谷值上升并接近既定的争取目标值，使调控后的井帮温度分布(图 3-1 中调控后曲线)，即井帮温度设计的调控目标接近已经确定的争取目标。

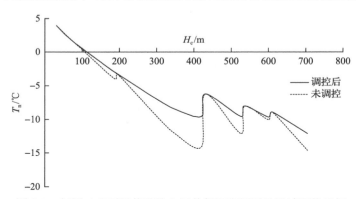

图 3-1　赵固二矿西风井黏性土层井帮温度预测及设计调控目标
H_c-冲积层深度；T_n-井帮温度

3.3.2　按冻结孔圈功能设计冻结孔圈数及深度

随着冲积层厚度增大，冻结壁设计厚度不断增大，为了形成设计的冻结壁厚度和平均温度，需要科学合理地布置冻结孔。不合适的布置方式甚至会成为冻结法凿井的安全隐患。为此冻结孔布置方式及其冻结壁形成特性一直是冻结法凿井的理论和技术研究热点与难点，多位学者通过数值模拟、物理模拟、现场实测等多种方法开展冻结壁形成特性研究，为深厚冲积层冻结壁温度场理论与技术研究提供了有益的成果支撑。

多圈孔冻结是建立深厚冲积层冻结法凿井所需高强度冻结壁的重要手段。随着立井井筒穿过的冲积层厚度增加,我国冻结法凿井的冻结孔布置由单圈孔逐渐向主孔圈+防片孔圈、主孔圈+辅助孔圈或双圈孔、多圈孔演变。2003 年以来,超过 400m 冲积层井筒基本上采用多圈孔冻结,冻结壁内侧冻土扩至井帮的时间和井筒正式开挖时间大幅缩短,冻结壁稳定性显著提高,冻结法凿井的安全性、可靠性明显提高。不同的多圈冻结孔布置方式,导致一个井筒的冻结孔数、钻孔工程量、冻结需冷量和冻掘配合难度等均产生较大差异,直接影响冻结和掘砌的工程成本与建井速度,因此研究科学合理的布孔方式,发挥不同类别孔圈的功能和作用具有理论与现实意义。本章结合赵固二矿西风井深井冻结孔布置方式,分析主冻结孔不同位置的冻结壁界面及外侧土层温度与切向应力和 Mises 等效应力变化特征,对比冻结孔数量及钻孔工程量、冻结需冷量数值,开展冻结调控等问题讨论,并结合赵固二矿西风井冻结与掘砌相互配合所取得的成功经验,提出多圈冻结孔分类布置方法及冻结调控技术对深厚冲积层冻结法凿井的影响。

1. 基于功能及效果的冻结孔分类及其作用研究

以往多圈冻结孔布置主要根据冲积层厚度及冻结壁设计厚度按两圈、三圈(内、中、外圈)、四圈(防片、内圈、中圈、外圈)考虑,有时某圈冻结孔会插花布置成两圈。随着冲积层厚度的增加,我们认为按圈数考虑布孔方式还是有些固化,未能充分体现和发挥各圈冻结孔的功能及效果,应考虑按冻结孔在形成整体冻结壁承载地压和封水贡献角度,按功能分类布置,并发挥各冻结孔圈相互协作的优势。

冻结孔按功能分类可分为主冻结孔、辅助冻结孔、防片帮冻结孔三类,不必限制其圈数,有利于冻结孔间冷量协调供给,提高制冷效率。三类孔分别定义为:主冻结孔是指形成和强化冻结壁主体结构的冻结孔;辅助冻结孔是指用于辅助主冻结孔扩展(增加)冻结壁厚度、增强冻结壁强度和稳定性的冻结孔,简称辅助孔;防片帮冻结孔是指提高冻结壁内侧稳定性,防止冻结壁片帮的冻结孔,简称防片孔或防片冻结孔。三类孔形成的孔圈分别定义为:主冻结孔圈是指沿井筒周围布置主冻结孔的冻结孔圈,也称主孔圈;辅助冻结孔圈是指沿井筒周围布置辅助冻结孔的冻结孔圈,也称辅助孔圈;防片帮冻结孔圈是指沿井筒周围布置防片帮冻结孔的冻结孔圈,也称防片孔圈或防片帮孔圈。

这样三类冻结孔在冻结法凿井中发挥各自的作用,主冻结孔形成冻结壁承载地压的主体结构并发挥隔水功能,辅助孔、防片孔按需求均衡布置和供应冷量,辅助孔扩展冻结壁厚度并提高冻结壁内侧强度及稳定性,防片孔结合井壁变径和掘砌施工速度情况采取不同深度、多圈径、异管径等方式布置,提高井帮的稳定性。

冻结孔按功能分类布置,设计者可将主冻结孔作为解决冻结壁交圈隔水和主结构安全稳定问题来重点考虑,尽可能将主冻结孔布置在低应力和低变形的稳定区域,以确保冻结壁主体结构安全;辅助冻结孔要扩展冻结壁的厚度,确保冻结壁内外成为相对均匀的整体结构,以均匀布置为宜,数量要根据掘砌施工速度计划,满足冲积层深部对冻结壁厚度和强度的要求即可,深厚冲积层冻结和掘砌时间均较长,辅助冻结孔布置一般较为稀疏;防片冻结孔并非冻结壁的主结构,对提高冻结壁承载没有实质需要和帮助,为配合掘砌、提高井帮稳定性,可适当增加些孔数、圈数,以便在井筒掘砌过程中调整盐水温度、流量,以及采取间歇式循环、提前停冻、停冻循环等多种措施加强冻结调控力度。

例如，赵固二矿西风井冲积层厚度 704.6m，原设计冻结深度 820m，设计优化后冻结深度 783m，布置一圈主冻结孔(外圈，52 个)、两圈辅助孔(32 个)、三圈防片孔(25 个)。主冻结孔确保了冻结壁尽早交圈、冻结壁主体结构整体安全稳定；辅助孔稀疏布置，扩展冻结壁内侧厚度，满足冲积层深部冻结壁厚度和强度设计要求；防片孔配合挖掘荒径变化，提高了井帮稳定性和冻结可调性，实现了冻结设计的井帮温度调控目标。

2. 主冻结孔位置对多圈孔冻结的影响

1)两种类型多圈孔设计方案分析

多圈孔冻结工艺是我国工程技术和科研人员对冻结法凿井技术的创新与贡献，截至 2022 年底，我国应用多圈孔冻结工艺建成穿过冲积层厚度 500m、600m、700m 的冻结井筒分别为 31 个、3 个、4 个，穿过冲积层厚度最大达 753.95m，最深冻结深度 958m。根据我国多圈孔冻结工程资料分析，多圈孔布置主要分为以中内圈为主冻结孔圈或以外圈为主冻结孔圈的两大类。以赵固二矿西风井冻结方案设计为例，对以中内圈为主冻结孔圈方案和以外圈为主冻结孔圈方案(表 3-4)进行探讨，讨论不同方案对多圈孔冻结的影响。

表 3-4 赵固二矿西风井分别按中内圈、外圈为主冻结孔圈布孔方式的冻结设计参数

序号	项目名称		单位	主冻结孔布孔方式	
				中内圈为主冻结孔圈(实施方案)	外圈为主冻结孔圈(实施方案)
1	井筒净直径		m	6.0	
2	冲积层厚度		m	704.6	
3	冻结深度		m	783	783
4	冻结盐水温度		℃	−28～−33	−34
5	控制层位冻结壁平均温度		℃	−23	−18～−21.5(砂性土层)/−16～−19(黏性土层)
6	冻结壁厚度		m	11.2	砂性土层 10.3，黏性土层 9.9
7	外圈孔	圈径、深度、孔数、开孔间距	m、m、个、m	28.2、715、48、1.846	主冻结孔 24.8、(767/783)、(26/26)、1.498
8		冻结管规格	mm	≤300m 为 Φ159，>300m 为 Φ127	Φ159
9	中圈孔	圈径、深度、孔数、开孔间距	m、m、个、m	(22.1/21.1)、783、(13/13)、(5.786/5.524)	辅助孔 (16.7/19.7)、736、(16/16)、(3.279/3.868)
10		冻结管规格	mm	Φ127	0～600m 为 Φ159，>600m 为 Φ140(小圈)/Φ159(大圈)
11	内圈孔	圈径、深度、孔数、开孔间距	m、m、个、m	15.1、720、34、1.395	—
12		冻结管规格	mm	Φ159	—
13	防片圈孔	圈径、深度、孔数、开孔间距	m、m、个、m	12、300、14、2.693	防片孔 (11/12.5/14.5)、(193/423/535)、(5/10/10)、(6.912/3.927/4.555)

续表

序号	项目名称		单位	主冻结孔布孔方式	
				中内圈为主冻结孔圈（实施方案）	外圈为主冻结孔圈（实施方案）
14	防片圈孔	冻结管规格	mm	$\Phi127$	防片孔　小圈：$\Phi133$；中圈：0~298m 为 $\Phi159$，>298m 为 $\Phi133$；大圈：$\Phi159$
15	冻结孔总工程量		m	83358	74397
16	冻结需冷量		10^4kcal/h	1079.6	974.9
17	冻结标准需冷量		10^4kcal/h	3084.5	2954.3

注：1cal=4.1868J。

2）冻结壁受力对比分析

实际冻结温度场纵向热量传导远大于冻结管轴向的热量传导，温度场分析模型可以简化为平面温度场模型。应力场分析中，冻结壁受力状况也可简化为平面应变问题。在 ANSYS 有限元分析软件中，可利用间接耦合的方法研究不同冻结孔布置对冻结壁受力的影响。首先为避免在冻结壁力学场计算中出现数值畸变，将按设计孔位计算的温度场沿径向进行温度条带化；其次建立线弹性力学参数与土体温度之间的关联进行应力场计算，据此分析线弹性模型中冻结壁的受力问题。以赵固二矿西风井深 545m 附近黏土层不同主冻结孔布孔方式为例，分析比较冻结壁径向温度及工作面挖掘后的受力特点，如下所述。

（1）以中内圈为主冻结孔圈的冻结壁（冻结 265d，有效厚度 10.85m，平均温度−21.87℃）内缘附近及内侧出现温度低值，界面温度最低值为−27.5℃，切向应力峰值和 Mises 等效应力峰值均出现在冻结壁内缘附近（图 3-2），分别为 17.3MPa 和 14.9MPa。冻结壁内侧和中内圈主冻结孔均处在高应力区，冻结壁内缘及内侧易产生塑性区，并向冻结壁内部扩展，影响中内圈主冻结孔安全。

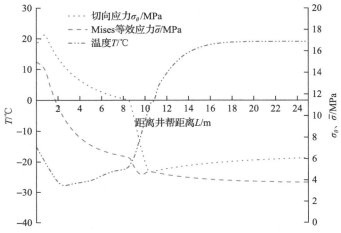

图 3-2　冻结 265d、深 545m 左右黏土层以中内圈为主冻结孔的冻结壁界面及外侧土层温度（T）与切向应力（σ_θ）、Mises 等效应力（$\bar{\sigma}$）变化曲线

主冻结孔区域应力较大，而外侧冻结壁发挥的承载能力弱，冻结壁整体承载能力没有充分利用。

(2)以外圈为主冻结孔圈的冻结壁(冻结 265d，有效厚度 11m，平均温度–18.06℃)中外侧出现温度低值，界面温度最低值–26.6℃。

冻结壁内缘附近切向应力值和 Mises 等效应力值均明显降低(图 3-3)，其值分别为 9.9MPa 和 9.8MPa，较以中内圈为主冻结壁的应力值降低了 7.4MPa 和 5.1MPa。

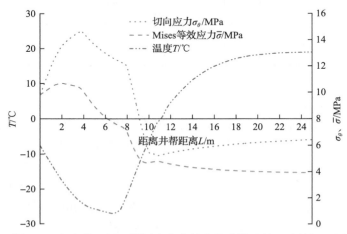

图 3-3　冻结 265d、深 545m 左右黏土层以外圈为主冻结孔的冻结壁界面及外侧土层温度(T)与切向应力(σ_θ)、Mises 等效应力($\bar{\sigma}$)变化曲线

冻结壁承载环外移，以外圈为主冻结孔圈冻结壁切向应力值和 Mises 等效应力峰值分别为 14.4MPa 和 10.7MPa，冻结壁切向应力峰值下降 2.9MPa，约下降 16.8%，冻结壁 Mises 等效应力峰值下降 4.2MPa，约下降 28.2%。

以外圈为主冻结孔圈的应力峰值区向冻结壁中外侧移动，逐步进入低温高强度区，降低了冻结壁内侧进入塑性区的概率，同时主冻结孔圈应力带更趋于三向受压状态和低应力区，降低了主冻结管断裂风险，提高了冻结壁整体的承载能力、稳定性和安全性。

3)冻结孔数量及钻孔工程量、冻结需冷量

以中内圈为主孔圈的布置方式，主冻结孔数量比以外圈为主冻结孔时少，为确保冻结壁按时交圈和冻结壁主结构安全稳定，中圈或内圈冻结孔数量和深度不能稀少和短浅，而为确保冻结壁厚度和整体性，外圈冻结孔也不能少；因此以中内圈为主孔圈布置的冻结孔数量、冻结钻孔工程量、冻结需冷量均较高。表 3-4 以中内圈为主孔圈的方案上述 3 个参数分别为 122 根、83358m、1079.6×10⁴kcal/h。

以外圈为主孔圈的布置方式，外孔圈径可以相应减小，外圈冻结孔相对密集，孔数增加并不多，但在主孔圈的包围下，辅助孔、防片孔布置相对稀疏、均匀，防片孔布置更为灵活，总的冻结孔数量、冻结钻孔工程量、冻结需冷量都相对减少；表 3-4 以外圈为主孔圈的方案上述 3 个参数分别为 109 根、74397m、974.9×10⁴kcal/h，较以中内圈为主孔圈的方案分别下降 10.7%、10.8%、9.7%，且冻结壁内部的温度和强度的均匀性更好。

4) 对冻结和掘砌工程的影响

(1) 冻结调控效果。

内孔圈为主冻结孔布置时，主冻结孔圈内侧的冻结孔数量少，井帮温度受内圈主冻结孔影响较大，而主冻结孔要兼顾冻结壁主体结构和深部的冻结强度，自身的可调范围受到限制，同时主冻结孔圈深部距井帮相对较近，其有限的调整对冲积层中深部所能发挥的作用极小，冻结壁内侧可调控的冻结孔数量又少，因此冻结调控效果很差。

中孔圈为主冻结孔布置时，防片孔和内圈孔数量少的话，浅部井帮温度不易降低，防片孔冻结段井筒掘砌通过后下部井帮温度回升幅度较大，中浅部基本无法进行冻结调控；防片孔和内圈孔数量多时，井帮见冻土浅，见冻土前不宜进行冻结调控，井帮见冻土后井帮温度快速下降，易出现调控滞后，随后的井帮温度受中圈主冻结孔影响显著，冲积层深部冻结调控效果较差。

以外圈为主冻结孔布置的冻结壁内侧温度场，中浅部主要受防片孔控制，冲积层深部主要受辅助孔数量及供冷时间控制；而防片孔部位并不是冻结壁的主结构，从冻结壁主体结构稳定性方面分析，也可以称防片孔处的冻结壁为"多余部分"，允许大幅度调控防片孔的盐水流量和温度，而防片孔数量相对增多，并与荒径变化相匹配，冻结调控便利，调控井帮温度及冻土扩入荒径量的效果显著；辅助孔稀疏布置，距荒径相对远些，辅助孔调控主要针对冲积层深部和基岩段，盐水流量和温度可以提前调控，可调控的时间周期长，因此冲积层深部和基岩段的井帮温度调控效果较为明显。

(2) 掘砌工作面井帮温度变化。

在井壁变截面或(某圈)防片孔结束位置，井帮温度一般均发生波动，中内圈为主冻结孔布置时，防片孔数量相对减少(14根)，距井帮距离随荒径变大而变小，井帮温度受中内圈孔影响较大；在防片孔冻结段井筒掘砌通过前的250～300m部位黏性土层井帮温度可达到–14～–17℃，以中内圈为主冻结孔的布孔方式影响了冻结调控的效果，无法改变井帮温度快速下降的总趋势；420m以下黏性土层井帮温度基本降至–15℃以下，掘砌难度增大，冻掘矛盾明显加剧；当井帮温度低于–18℃后，炸药起爆率明显降低，掘进爆破效率较差，开帮极其困难；掘至530m以下，井帮温度降至–20～–26℃，即使提前加大调控力度，也难以改变井心冻实的结果。因此，以中内圈为主冻结孔的布孔方式，不仅增加了冻结孔数量、钻孔工程量、冻结需冷量，增大了冻结壁内侧的冻胀力，还使冻土大幅度扩入挖掘荒径，致使中深部冲积层段井心基本冻实，造成冻结段井筒掘砌施工困难。

以外圈为主冻结孔布置方式的外圈冻结孔相对密集，但辅助孔、防片孔布置相对稀疏、均匀，相对于以中内圈为主冻结孔的模拟布置，总冻结孔数减少10.7%，冻结钻孔工程量减少10.8%，冻结需冷量减少9.7%；与我国第一个穿过700m冲积层的万福风井(井筒净直径相同，冲积层深度753.95m，冻结深度840m)相比，总冻结孔数量减少27.8%，冻结钻孔工程量减少34.3%，冻结需冷量减少20.2%。防片孔布置与井壁变截面相结合，井帮温度经过几次适度回升，减缓了井帮温度快速降低的趋势，考虑到以外圈为主冻结孔布置提高了防片孔、辅助孔调控的便利性，中深部黏性土层井帮温度可基本控制在–7～–12℃(图3-4)。因此，确定赵固二矿西风井的冻结方案设计采用以外圈为主冻结孔圈，主冻结孔内侧增设辅助冻结孔、防片冻结孔的布置方式，既能保证冻结壁安全，又便于冻结调控，可为掘砌创造较好的施工条件，有利于实现安全快速施工。

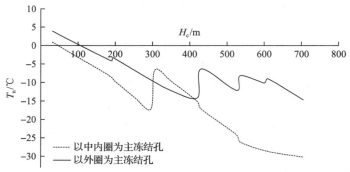

图 3-4　赵固二矿西风井分别以中内圈和外圈为主冻结孔的布置方式未经调控不同冲积层深度(H_c)的黏性土层井帮温度(T_n)预测分析

以外圈为主冻结孔布置的防片孔数量多(25 根)，按掘进荒径变化分圈布置，井帮温度会出现几次回升的波动。防片孔的盐水温度和流量易于大幅度调控，可以抑制各圈防片孔深部的井帮温度下降，减小各圈防片孔结束后井帮温度的回升幅度，使井帮降温整体可控、趋缓，冲积层中深部井帮温度可控制在适当范围内(700m 以上冲积层黏性土层在−12℃以上)，见图 3-4。

（3）冻结与掘砌配合。

以外圈为主冻结孔的冻结壁主体结构处于低应力和低变形的安全区域，为掘砌施工安全和冻掘配合奠定了基础，可以通过冻结壁形成特性实测、工程预报和冻结调控机制的合理应用，结合掘砌施工速度的变化，分析和预测冻结壁厚度、平均温度和井帮温度发展趋势，根据需要提前对防片孔和辅助孔进行温度、流量控制，冻结调控便利、效果明显，从而实现冻结设计的井帮温度调控目标或冻掘配合的调整目标，为掘砌施工创造良好的条件；冻结调控同样可为深厚或超深厚冲积层深部爆破掘进提供良好的炸药起爆温度及钻孔、筑壁施工条件，提高爆破掘进效率。

由于以中内圈为主冻结孔的布置方式存在冻结调控局限性，冲积层中深部井帮温度控制较为困难，井帮温度下降较快，冻土扩入井帮较多，影响掘砌速度，进而陷入挖得越慢井帮温度越低、井帮温度越低越难挖的不良循环之中，即使采用爆破掘进也会因荒径内冻土温度过低，影响炸药的起爆率及爆破效果。

5）冻结孔布置及冻结工艺对冻胀力的影响

以中内圈为主冻结孔布置增加了冻结壁内侧及内缘附近的冻结管数量，有的冻结设计者要求采用异步冻结工艺，即内圈和防片冻结孔早于其他孔圈 2~3 个月冻结，旨在强化冻结壁内缘冻结和挤走冻结孔圈之间的夹层水。问题是中粗砂快速冻结时，才能出现冻结面排水现象，挤走冻结孔圈之间的夹层水，减小冻胀力，而中粗砂冻结壁的冻胀和稳定性问题原本就不突出；多数黏土层出现原位冻结和体积膨胀，且未冻区域水分被抽吸、集聚至冻结锋面，当未冻结区域补给水分充分时，更易出现严重的水分迁移和冻胀现象；强化冻结壁内缘冻结和上述异步冻结工艺不仅未能解决黏性土层的冻胀问题，甚至有加重冻胀的作用，增大冻土挖掘后冻结壁径向位移及冻结壁内侧冻结管的剪切受力，而井筒挖掘后未充分释放的冻胀力，又继续作用在新浇筑的外层井壁上，对外层井壁早期强度的增长提出更高的要求。

以外圈为主冻结孔布置一方面考虑改善冻结壁受力状态，发挥冻结壁整体承载能力；另一方面提高冻结壁内侧的冻结调控能力及效果，为掘砌施工创造良好条件；再则将主冻结孔布置在低应力区，控制井帮附近温度，可减小冻结壁内缘附近的冻胀力，降低冻胀力释放过程对冻结壁内侧冻结孔造成的剪切破坏和外层井壁早期强度增长的要求。

我国超过 500m 冲积层的冻结井筒中，有 7 个井筒发生了 5 根以上冻结管断裂现象，共计断管 122 根，井均断管 17.43 根，均发生在以中内圈为主冻结孔圈的冻结井筒中，其中以内圈为主冻结孔圈的井筒断管现象最为严重，主冻结孔圈布置在高应力区和高冻胀区是冻结管断裂及冻结壁失稳的主要原因之一。

6) 以外圈为主冻结孔的冻结调控方法及其应用分析

如前所述，以中圈为主冻结孔布置方式的冻结调控力度和效果受到很大限制，以内圈为主冻结孔布置方式的冻结调控效果更差，因此深厚冲积层宜用以外圈为主冻结孔的布置方式，主冻结孔内侧增设辅助孔和防片孔。

以外圈为主冻结孔布置方式为实际冻结工程的调控打下了良好的基础，冻结工程引入冻结壁形成特性实测分析、工程预报与冻结调控的机制也非常重要，应用成熟的冻结壁形成特性分析的作图法、有限元数值模拟法、综合分析法，结合冻结壁温度场实测数据和掘砌施工速度的变化，每半个月至一个月分析和预测冻结壁厚度、平均温度和井帮温度发展趋势。例如，赵固二矿西风井冲积层段施工过程中冻结工程预报及调控建议的报告多达十几份，在掘至井帮见冻土前、挖掘荒径变化前，或者掘至各圈防片孔中深部孔深度前和厚砂性土层前，提前对防片孔和辅助孔进行温度、流量控制，甚至采取提前停止防片孔制冷、实施不制冷循环及防片孔主干管散冷循环等措施，调控各圈防片孔和辅助孔的供冷量，在确保安全的基础上，抑制冷量向井帮过度扩展，以实现井帮温度设计的调控目标或实际工程需要的调整目标，为掘砌施工创造良好条件。

以赵固二矿西风井井筒冻结工程应用为例，赵固二矿西风井主冻结孔圈、辅助冻结孔圈与防片冻结孔圈采用三组去回路干管，分别于 2018 年 3 月 5 日、8 日、11 日开机运转，冻结 66d 开始试挖，冻结 81d 转为正式开挖；浅部冻土扩展慢，测温点及井帮温度降低较缓慢，掘砌至–180m 后井帮温度快速下降，防片孔开始进行减流量和间歇式循环的调控；掘至–250m 后中圈防片孔采取了停冻及停冻间歇式循环的调控，抑制冷量向荒径内扩展；鉴于黏性土层井帮稳定性较好，主动控制–400m 以下井帮温度略高于设计调控目标，–635m 以下井帮温度接近设计调控目标。冻结壁厚度和平均温度始终满足设计要求，冲积层深部黏性土层井帮温度控制在–11℃以上，砂性土层井帮温度在–13℃以上，冲积层段实测井帮温度值见图 3-5；冲积层的冻结壁稳定性良好，冻掘配合非常好，冲积层深部外层井壁掘砌速度基本维持在 75～80m/月，冲积层段外层井壁掘砌平均速度为 87.1m/月，冻结段外层井壁掘砌平均速度为 82.1m/月。

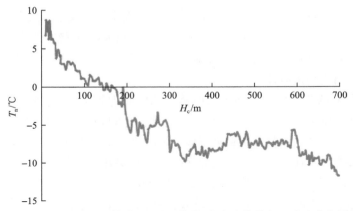

图 3-5　赵固二矿西风井冲积层段不同深度(H_c)的井帮温度(T_n)实测值

3. 多圈孔冻结的冻结孔圈数、圈径、深度设计

1)冻结孔圈数、主冻结孔位置选择

(1)防片冻结孔需要与井壁变截面结合,有时将防片孔或内圈孔分几个圈径布置得更合理,中圈孔也趋于插花均匀布置,因此冻结孔布置圈的最佳数量不便确定,目前主要以外孔圈、中孔圈和防片孔圈(内孔圈)为总体分类。

(2)可参照相关论著[1,17],结合冲积层厚度、冻结壁设计厚度、井壁结构等选择冻结孔布置圈数。

(3)可参照相关论著[1,17],结合冲积层厚度、冻结孔布置圈数、掘进荒径变化、掘砌速度设计、冻结调控预案进行冻结壁形成特性分析、预测,优化确定主冻结孔位置。

2)冻结孔深度、孔圈径、孔间距

A. 冻结孔深度

(1)单圈冻结孔、双圈和多圈主冻结孔的深度不应小于冻结深度,深入不透水基岩深度和超过冻结段井壁深度应满足《煤矿井巷工程施工标准》(GB/T 50511—2022)、《煤矿立井井筒及硐室设计规范》(GB 50384—2016)、《立井冻结法凿井井壁应用 C80~C100 混凝土技术规程》(GB/T 39963—2021)的要求。

(2)辅助冻结孔深度应穿过冲积层深入基岩风化带 5m 以上。

(3)防片冻结孔深度应结合井壁厚度变化,可采取长短腿、多圈径布置,以满足井筒连续施工的要求,深度一般为冲积层厚度的 1/3~3/4,有时甚至达到冲积层厚度的 4/5。

(4)设计冻结孔深度时,对穿过管子道、马头门、硐室、巷道的冻结管与钻孔之间的环形空间,应要求封堵充填,充填长度自马头门、硐室、巷道底板向上不应小于 100m。

B. 冻结孔圈径计算方法

冻结孔圈的圈径计算方法见表 3-5,孔圈的确定需要注意下列问题:

(1)外孔圈径必须考虑冻结孔向内的径向偏斜量。

(2)冻结壁外圈孔外侧厚度 E_w 与冻结管径、冻结孔成孔间距、冻土性质、原始地温、

表 3-5　不同孔圈的圈径计算方法

冻结孔圈	布孔方式	计算公式	符号意义
主冻结孔	单圈孔圈	$\Phi_{z_1} = D_n + 1.1E + 2\theta H_c$	Φ_{z_1}、Φ_{z_2}、Φ_{z_3} 分别为单圈孔、主孔圈内侧增设辅助孔与防片帮孔、主孔圈内外侧均增设辅助孔时的主冻结孔圈直径，m； Φ_{nf}、Φ_{wf} 分别为主孔圈内侧、外侧增设的辅助孔圈直径，m； Φ_{p_1}、Φ_{p_2} 分别为主孔圈内侧只增设防片孔、主孔圈内侧同时增设辅助孔与防片孔时的防片孔布置圈直径，m； D_n、D_{np} 分别为冲积层底部、防片冻结孔深部的井筒掘进直径，m； E、E_w 分别为冻结壁厚度、冻结孔外圈孔外侧的冻结壁厚度，m，其中 E_w 可参考冻结壁外侧冻土扩展范围与冻结时间的关系曲线，根据土性、孔间距和冻结管直径等变化综合选取； θ 为冻结孔允许偏斜率，取 0.2%； H_c、H_p 分别为冲积层深度、防片孔深度，m； S_{nf}　S_{wf} 分别为主冻结孔圈与内、外侧辅助冻结孔圈之间的距离，m； L_z 为主冻结孔至井帮的距离，m； S_{pf} 为主冻结孔内侧辅助孔圈与防片孔圈之间的距离，m
	主孔圈内侧增设辅助孔圈与防片帮孔圈	$\Phi_{z_2} = D_n + 2\left[(E - E_w) + \theta H_c\right]$	
	主孔圈内、外侧均增设辅助孔圈	$\Phi_{z_3} = D_n + 2\left[(E - E_w - S_{wf}) + \theta H_c\right]$	
辅助冻结孔	主孔圈内侧增设辅助孔圈与防片帮孔圈	$\Phi_{nf} = \Phi_{z_2} - 2S_{nf}$	
	主孔圈内、外侧均增设辅助孔圈	$\Phi_{nf} = \Phi_{z_3} - 2S_{nf}$ $\Phi_{wf} = \Phi_{z_3} + 2S_{wf}$	
防片帮冻结孔	主孔圈内侧只增设防片孔圈	$\Phi_{p_1} = D_{np} + 2(0.3L_z + \theta H_p)$	
	主孔圈内侧同时增设辅助孔圈与防片帮孔圈	$\Phi_{p_2} = \Phi_{nf} - 2S_{pf}$	

冻结盐水温度和流量、冻结时间等有关，应根据土层性质因子、冻结壁扩展范围与冻结时间的关系曲线，结合冻结管径、冻结孔成孔间距、原始地温、盐水温度和流量等相关条件，确定 E_w。

(3)分析外圈孔布置的冻结帷幕隔热效果，确定中内圈孔数量和均布的合理性；适当采用插花布置方式，尽可能使冻结壁中部和内侧冷源与冻土强度均匀分布。

(4)(内圈)防片孔应结合井壁变截面深度、土层变化特性和钻孔,掘砌施工技术水平，以及井帮温度变化要求(表 3-2)，采取插花、异径、长短腿等方式布置。

(5)应通过冻结设计优化分析，确定各冻结孔圈的圈径。

C. 冻结孔的开孔、成孔间距

(1)根据我国冻结钻孔施工技术水平和实施效果分析，建议冻结孔的开孔间距：①单圈孔和其他主孔圈的冻结孔开孔间距一般取 1.35～1.5m 较为适宜；②辅助孔圈的开孔间距取主孔圈开孔间距的 1.2～1.5 倍为宜；③防片孔圈的开孔间距取主孔圈开孔间距的 1.5～2.5 倍为宜。

(2)单圈孔、主孔圈在冲积层中的成孔间距不应大于 3.0m；在风化带及含水基岩中相邻两个钻孔的成孔间距不应大于 5.0m；深厚冲积层和基岩冻结段采取靶域半径控制，一般将深厚冲积层和基岩段主冻结孔的成孔间距分别控制在 2.8m 和 4.5m 范围内。

3.3.3 冻结器盐水循环量设计与调控

1. 冻结初期盐水循环量

根据对冻结器单位热流量与冻结器环形空间内盐水流动状态、盐水温度、流速及冻结时间、冻土性质等关系的实测研究,为经济有效地提高和维持冻结器单位热流量峰值,建议冻结初期的冻结器盐水循环流量满足表3-6的要求值,即直径为 $\Phi127mm$、$\Phi133mm$、$\Phi140mm$、$\Phi159mm$ 的冻结管盐水流量应分别超过 $10.0m^3/h$、$10.7m^3/h$、$11.2m^3/h$、$13m^3/h$;考虑到工程中各冻结器盐水流量的不均匀性,一般要求直径为 $\Phi127mm$、$\Phi133mm$、$\Phi140mm$、$\Phi159mm$ 的冻结器盐水平均流量分别达到 $11m^3/h$、$12m^3/h$、$13m^3/h$、$14m^3/h$ 以上,各冻结器流量与平均值偏差在 $\pm0.5m^3/h$ 以内。

表3-6 $-20℃$盐水温度时冻结管内盐水紊流向层流状态过渡的基本条件

冻结管直径/mm	$\Phi127$	$\Phi133$	$\Phi140$	$\Phi159$
盐水流量/(m³/h)	>10.0	>10.7	>11.2	>13

2. 冻结器盐水循环量的调控

随着冻结时间延长和井筒掘砌深度的增加,冻结壁平均温度和井帮温度均将下降,冻土逐渐扩入挖掘荒径内,因此应根据冻结温度场的测量和分析,结合掘砌进展状况,对待挖段的冻结壁形成状态的特性参数进行工程预测、预报,并及时对冻结盐水循环量、温度进行调控。

首先应分析防片孔和中圈辅助孔共同作用对冻土向内扩展的影响,同时考虑防片孔深度和井帮温度状况,决定防片孔盐水流量的调控时间和力度。一般情况下黏性土层井帮温度下降至$-3～-1℃$、待挖段防片孔长度大于 30m,防片孔盐水循环量应减小至 6～$8m^3/h$;当黏性土层井帮温度下降至$-5～-3℃$、待挖段防片孔长度大于 30m 时,可停止防片孔盐水循环,只保留防止冻结管堵塞的阶段性盐水循环量即可。

掘砌超过防片孔深度后,应根据井帮温度变化情况、外孔圈与中孔圈冻结壁交汇及发展状况、冲积层深部待挖段土层性质、冻结壁径向位移、掘砌速度等决定中圈辅助冻结孔盐水循环量、温度的调控。冲积层深部砂性土层控制层位的冻结壁厚度及平均温度已经满足设计要求,深厚黏性土层中控制层位的冻结壁平均温度及厚度已满足现行掘进段高下的冻结壁稳定性要求时,可对中圈辅助冻结孔进行调控,适当减小冻结器流量,如有必要可分阶段将流量减至 8～$10m^3/h$ 和 3～$6m^3/h$。

3.4 赵固二矿西风井深厚冲积层冻结方案设计应用

3.4.1 主冻结孔位置设计

基于上述分析研究,结合施工单位在万福风井冻结法凿井工程实践中的经验和赵固一矿西风井等冻结工程实测规律，采用冻结壁形成特性综合分析方法，对比分析了赵固二矿西风井采用以中内圈为主冻结孔(参考万福风井给出的模拟布置)和以外圈为主冻结孔的两种冻结布孔方式的井帮温度变化特点(图 3-4)。

确定赵固二矿西风井的冻结方案设计采用以外圈为主冻结孔圈，主冻结孔内侧增设辅助、防片冻结孔的布置方式，既能保证冻结壁安全，又便于冻结调控，可为掘砌创造较好的施工条件，有利于实现安全快速施工。具体分析内容见 3.3.2 节。

3.4.2 冻结孔圈数、圈径、深度及管径的优化分析

辅助孔和防片孔的圈数没有具体规定，圈数和孔数主要取决于冻结壁设计厚度、井壁变径次数、浅部砂性土层分布、计划掘砌速度、地下水流速等因素，防片孔距井帮距离及深度直接影响到井帮温度回升位置和幅度。可以通过对冻结孔布置方案的预测分析，测算各种土性控制层位冻结壁厚度、强度、井帮温度，验证冻结方案设计的初选参数，调整、优化各冻结孔圈的冻结孔数量、圈径、深度、管径等冻结方案设计参数。

赵固二矿西风井优化设计后的冻结钻孔布置主要参数见表 3-7、图 3-6，优化中涉及的两个不完善方案——方案Ⅰ、方案Ⅱ与优化方案的差异见表 3-7。表 3-7 为赵固二矿西风井防片孔与辅助孔之间深度、数量调整过程的一个对比分析，方案Ⅰ与优化后设计方案的不同之处是三圈防片孔每圈增加一个冻结孔，减少四个辅助冻结孔，微调布置圈径；方案Ⅱ与优化后设计方案的不同之处是大、中、小圈防片冻结孔各增加 4 个、1 个、1 个，并将中圈防片孔深度减小至 300m。应用综合分析法得出各方案的井帮温度预测曲线见图 3-7，通过对比分析，方案Ⅰ在 420m 以下的井帮温度回升过多，方案Ⅱ的浅部井帮温度下降过快，在 300m 处井帮温度回升过高，说明优化后设计方案的冻结孔数量、深度等设计参数调整较为合理。

表 3-7 赵固二矿西风井优化方案与方案Ⅰ、方案Ⅱ的冻结钻孔布置主要参数

序号	项目名称	优化方案取值	方案Ⅰ取值不同处	方案Ⅱ取值不同处
1	净直径/m	6.0		
2	冲积层厚度/m	704.6		
3	冻结深度/m	783		
4	井壁最大厚度/m	1.95		
5	掘进最大直径/m	10.05		
6	冻结壁厚度/m	砂性土层 10.3，黏性土层 9.9		
7	控制层位冻结壁平均温度/℃	砂性土层–18.0～–21.5，黏性土层–16.0～–19.0		
8	冻结孔布置方式	主冻结孔圈内侧增设辅助、防片冻结孔圈		
9	冲积层段主冻结孔允许最大径向内侧偏值/m	0.6		

续表

序号	项目名称		优化方案取值	方案 I 取值不同处	方案 II 取值不同处
10	主冻结孔圈	圈径/m	24.8	25.0	—
11		深度/m	767/783	—	—
12		孔数/个	26/26	—	—
13		开孔间距/m	1.498	1.510	—
14		至井帮的距离/m	7.325～8.475	—	—
15		冻结管规格	0～400m 为 Φ159mm×6mm，400～600m 为 Φ159mm×7mm，>600m 为 Φ159mm×8mm	—	—
16	辅助冻结孔圈	圈径/m	16.7/19.7	17.0/20.0	—
17		深度/m	736	—	—
18		孔数/个	16/16	14/14	—
19		开孔间距/m	3.279/3.868	3.815/4.488	—
20		至井帮的距离/m	3.325～4.425/4.825～5.925	3.475～4.575/4.975～6.075	—
21		各圈冻结管规格	0～600m 为 Φ159mm×7mm，>600m 为 Φ140mm×8mm（小圈）/Φ159mm×8mm（大圈）	—	—
22	防片冻结孔圈	圈径/m	11/12.5/14.5	—	—
23		深度/m	193/423/535	—	193/300/535
24		孔数/个	5/10/10	6/11/11	6/11/14
25		开孔间距/m	6.912/3.927/4.555	5.760/3.570/4.141	5.760/3.570/3.254
26		至井帮的距离/m	1.575/1.70～2.325/2.475～3.325	—	—
27		各圈冻结管规格	小圈：Φ133mm×5mm；中圈：0～298m 为 Φ159mm×6mm，>298mm 为 Φ133mm×7mm；大圈：0～298m 为 Φ159mm×6mm，>298mm 为 Φ133mm×7mm	大圈：0～400m 为 Φ159mm×6mm，>400m 为 Φ159mm×7mm	小圈：Φ133mm×6mm；中圈：Φ159mm×(6～7)mm；大圈：Φ159mm×(6～7)mm

3.4.3 冻结方案参数设计

冻结孔布置及优化分析后，需要根据掘砌施工进度计划、调控目标和方法，采用冻结壁形成特性综合分析方法，复核冻结方案实施过程中，控制层位的井帮温度、平均温度及冻土计算强度是否能够实现表 3-7 的参数选取条件，砂性土层冻结壁厚度能否达到所需冻结壁厚度的要求，深厚黏性土层模板高度对应的爆破掘进段高能否满足预测分析的安全掘进段高要求（表 3-8）。根据冻结壁形成特性预测分析，赵固二矿西风井冻结方案设计最终提出爆破掘进的模板段高建议值如下：井深 510m 以上选取 3.8m 模板段高，井深 510m 以下选取 3.0～2.5m 模板段高。

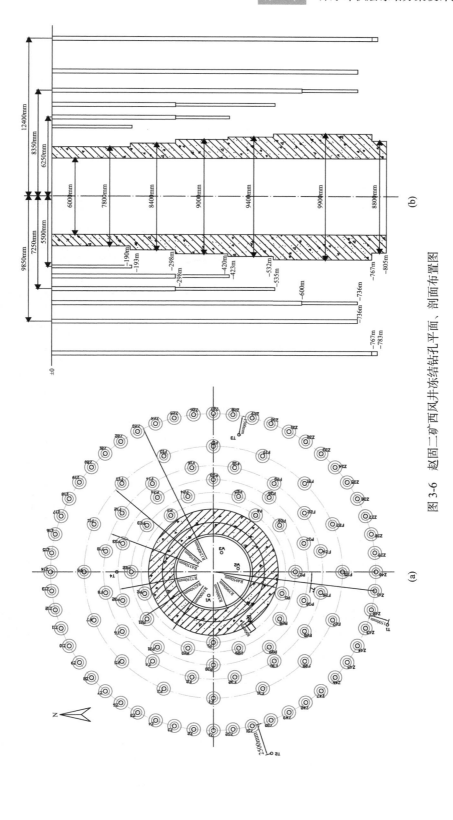

图 3-6 赵固二矿西风井冻结钻孔平面、剖面布置图

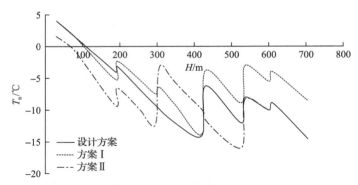

图 3-7 赵固二矿西风井防片孔与辅助孔调整深度、数量的黏性土层井帮温度 T_n 预测对比

表 3-8 赵固二矿西风井控制层位冻结方案设计参数复核及黏性土层掘进段高计算

序号	项目	设计参数复核及黏性土层掘进段高计算											
1	地层	细砂	粗砂			黏土							
2	埋深/m	580.83	521.3	625.55	692.63	425		535		608		704.6	
3	地压/MPa	7.551	6.777	8.132	9.004	5.525		6.955		7.904		9.160	
4	冻结时间/d	257	232	277	308	197		236		269		314	
5	预计冻结壁厚度/m	9.8	10.6	10.3	10.4	9.8		9.7		9.8		9.9	
6	井帮温度/℃	−12	−12	−13	−14.5	−7		−6		−8		−12.5	
7	冻结壁平均温度/℃	−19	−19	−20.5	−21.5	−18		−18		−19		−20	
8	冻土计算强度/MPa	9.1	9.3	9.8	10.2	6.0	4.9	6.0	4.3	6.2	4.8	6.4	5.6
9	所需冻结壁厚度/m	9.2	6.9	9.2	10.3	—							
10	工作面冻结状态系数	—				1.47		1.52		1.44		1.28	
11	安全掘进段高计算值/m	—				7.25	5.92	5.52	3.95	5.32	4.12	5.39	4.71
12	建议爆破掘进模板高度/m	—				3.8		3.0		3.0		2.5	

3.4.4 冻结法凿井工程实施效果

赵固二矿西风井主冻结孔圈、辅助冻结孔圈与防片冻结孔圈采用三组去回路干管，分别于 2018 年 3 月 5 日、8 日、11 日开机运转，平均单孔流量为 18～19m³/h。浅部冻结壁于冻结 38d 交圈，深部冻结壁于冻结 54d 交圈，冻结 66d 采用 1.4m 小段高开始进行试挖，后改为模板段高 2.5m，冻结 81d 正式开挖，模板段高为 4m。

赵固二矿西风井浅部冻土扩展慢，测温点及井帮温度降低较缓慢，掘砌至井深 180m后井帮温度快速下降，防片孔开始进行减流量的调控；由于砂性土层与黏性土层的井帮温度差异较大，而且固结土层对挖掘影响较大，掘至井深 230m 后加大了防片孔冻结温度和流量的调控力度；鉴于黏性土层井帮稳定性较好，井深 400m 以下井帮温度控制调整了计划，略高于原设计调控目标，井深 600m 以下井帮温度接近设计调控目标。冻结壁厚度始终满足设计要求，中深部冲积层的冻结壁平均温度低于设计值，冻结壁强度超过设计要求，冲积层深部黏性土层井帮温度基本控制在–11℃以上，砂性土层井帮温度在–13℃以上，冲积层段实测井帮温度值见图 3-5；爆破掘进的座底炮深度一般为 2.5～2.8m，在深部松散土层中限制座底炮深度在 2m 以内，井深 540m 以下模板高度改为 3m，井深 660m 以下模板高度改为 2.5m，冻结壁整体稳定性很好，冻掘配合顺畅，爆破掘进的炸药起爆率和爆破效果均超过以往深冻结井筒，冲积层深部外层井壁掘砌速度基本维持在 75～80m/月，冲积层段外层井壁掘砌平均速度为 87.1m/月，冻结段外层井壁掘砌平均速度为 82.1m/月。

第4章

深厚冲积层冻结壁形成控制理论与技术

4.1 概　　述

冻结壁形成特性是指冻结壁温度场发展规律。冻结壁温度场是指沿井筒外侧布置的冻结管周围地层温度变化状况。

冻结法凿井是在拟开凿或正在开凿的井筒周围施工若干钻孔，孔内安装底部封闭的冻结器，用于循环低温冷冻液（一般为低温氯化钙溶液），吸收冻结器周围地层的热量，首先形成以各冻结器为中心的冻结圆柱，随着冻结时间的延续，冻结圆柱不断扩大从而连接成不透水且能抵抗地压的冻结壁及降温区，冻结壁及降温区温度分布状况受冻结孔的布置方式、冻结工艺、冻结器直径、冷冻液温度等诸多因素影响，而在冻结段施工过程中受掘进和筑壁作业的影响又会引起冻结壁及降温区的温度重新分布。冻结壁温度场属于复杂的相变不稳定温度场，其特点是场内的温度分布不均匀，各点的温度不仅随空间发生变化，也随冻结时间发生变化，在冻结段施工过程中要对冻结器的盐水温度和流量进行必要的调控，形成冻结设计和工程需要的冻结壁厚度、冻结壁平均温度和井帮温度，为安全快速施工创造有利条件。

冻结壁温度场的求解问题是一个有相变、移动边界、内热源、边界条件复杂的不稳定导热问题，即使是单管不稳定冻结壁温度场，至今仍难以得到满意的解析解。为此，国内外学者采用解析法、模拟试验法、数值分析法和工程实测法等多种方法对冻结壁温度场进行研究。

我国 20 世纪 60 年代开始进行冻结壁形成特性的研究，70 年代在潘谢矿区冻结井中进行大量的试验与工程实测研究，掌握了单圈孔冻结壁形成的基本特性，80 年代末通过陈四楼矿主、副井深厚冲积层冻结法凿井技术攻关，掌握了主冻结孔内侧增设防片帮孔冻结壁形成特性，并成功实现冻结壁形成特性工程预报。21 世纪以来，冻结法凿井穿过冲积层厚度相继突破 400m、500m、600m、700m，需采用多圈孔冻结。国内多位学者通过模拟试验、数值分析、现场实测深入研究了多圈孔冻结壁形成特性，但如何实现冻结段掘砌过程中的冻结壁形成特性准确预测，并制定相应的掘砌、冻结调控措施确保安全，一直是深厚冲积层冻结法凿井的关键技术难题。

冻结壁形成特性理论是冻结壁温度场基础理论之一，掌握冻结壁形成特性可以科学指导冻结壁厚度、平均温度设计参数，冻结孔圈、冻结器直径、冻结孔间距设计参数，以及冷冻站的制冷能力设计；可以科学指导施工中冻结盐水温度、冻结器盐水流量、冻结段试挖和正式开挖时间、井帮温度、掘砌施工段高、掘砌速度、冻结时间等施工关键指标的确定。这些参数和关键施工指标的科学性和合理性直接影响冻结法凿井安全、快速、经济施工。

随着冻结深度的增加，实现工程设计所要达到的冻结壁厚度和平均温度及井帮温度的难度不断增加。既要满足冻结壁抵抗地压和封水的要求，又要满足少挖冻土的需求，尽量减少过量的冻结，实现安全、快速、经济的施工目标。因此，对深井冻结过程中能有效分析冻结壁形成特性控制理论和技术提出更高的要求。

因此，如何掌握冻结壁形成特性，判断是否达到预期设计效果是冻结法凿井工程实施必须解决的关键技术，而对于深厚冲积层冻结法凿井不仅要实时掌握冻结壁发展状况，还要能预测未掘进井筒的冻结状态，并能通过制冷系统调控实现所需的工况条件，也是深厚冲积层冻结法凿井必须要解决的难题。

本章基于大量的工程实测和工程实践，对影响深厚冲积层冻结壁形成特性的关键因素进行研究，得出反映冻结壁形成特性的关键技术指标及其与这些关键因素的关系。掌握了冻结壁形成调控方法，建立了冻结壁形成特性实测、工程预报与冻结调控机制，构建了冻结壁形成控制理论与技术体系，形成了深厚冲积层冻结壁形成特性精准控制理论与技术，并成为深厚冲积层冻结法凿井精准设计和施工的关键理论和技术之一。实践表明：

(1)冻结壁形成特性实测、工程预报与冻结调控机制对于深厚冲积层冻结与掘砌配合发挥了重要作用，为冻结工程安全、提高冻结效率、创造良好掘砌条件奠定了基础。

(2)除了确保冻结壁厚度、强度满足冻结设计和工程需要外，积极采取措施以实现冻结方案设计的井帮温度调控目标，对于深厚冲积层掘砌工程安全、施工条件和速度影响很大。合理控制深厚冲积层中深部井帮温度，能够实现深厚或特厚冲积层少挖冻土、高效爆破掘进。

(3)以外圈为主冻结孔的冻结设计方案及密切的冻掘配合施工能够实现将超过700m冲积层段黏性土层冻结壁井帮温度控制在–12℃之上，使冻结壁安全、稳定，这有利于提高深厚冲积层冻结和掘砌工程效率，降低冻结矿井建设成本。

4.2　冻结壁形成特性基本规律

鉴于解析法、模拟试验法等分析方法的局限性，基于实测成果对冻结壁形成特性理论和技术研究更具有实际意义。为此本节梳理总结老一辈科技工作者和作者参与完成的深井冻结壁温度场实测获得的若干成果，作为建立冻结壁形成特性控制理论和技术研究的基础。

4.2.1　冻结圆柱及冻结帷幕分布特征

1. 单圈孔

首先冻结管将冻结冷量传给周围岩层，形成环绕冻结管的冻结圆柱(结冰区)、冷却区(图 4-1);相邻的冻结圆柱逐渐扩展,连接成冻结帷幕(冻结壁)(图 4-2),并向内、外侧扩展,达到设计的冻结壁厚度和冻结壁平均温度(图 4-3)。

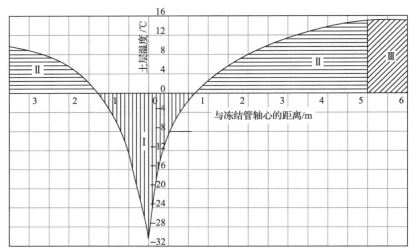

图 4-1 冻结管周围的温度分布示意图

Ⅰ-结冰区;Ⅱ-冷却区;Ⅲ-正常温度区

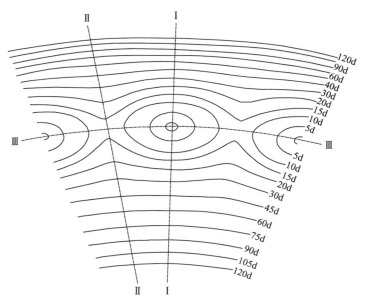

图 4-2 某冻结试验井孔间距 1.5m 的冻结壁扩展特性

Ⅰ-Ⅰ-主面;Ⅱ-Ⅱ-界面;Ⅲ-Ⅲ-轴面

冻结壁主面的平均温度低于界面的平均温度,为安全起见,工程计算中冻结壁平均温度是指界面的平均温度。

2. 双圈孔

双圈孔冻结壁的有效厚度由内侧、外侧、中间三大部分组成,即比单圈孔冻结壁增

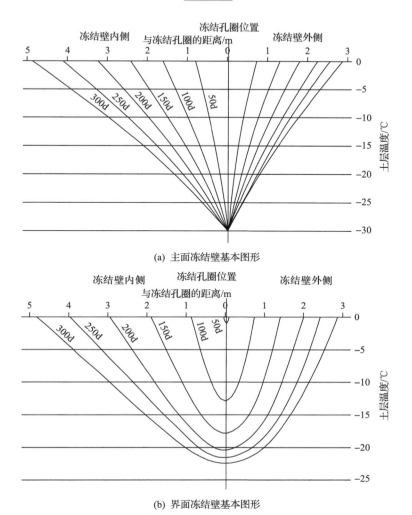

(a) 主面冻结壁基本图形

(b) 界面冻结壁基本图形

图 4-3　单圈孔冻结壁扩展基本特性

加中间部分，内圈孔内侧和外圈孔外侧冻结壁厚度与单圈孔内外侧的特征基本相同；冻结壁形成特性存在共主面、共界面和界主面 3 种典型特征，双圈孔圈之间冻土温度受两圈冻结孔影响，降温速度明显加快，冻结后期双圈孔之间冻土平均温度低于内外侧；双圈孔之间冻土平均温度受土层性质、冻结孔数量、孔圈间距、冻结管直径、盐水温度等因素影响，一般冻结 30～140d 冻土扩展速度及温度下降较快，随后扩展速度及温度逐渐趋于最低值；在主冻结孔圈的包围下，防片孔或内圈孔的冻土降温速度及扩展速度明显大于类似的单圈孔冻结。工程计算中冻结壁平均温度是指共界面的平均温度。

3. 多圈孔

多圈孔冻结壁基本特征与双圈孔冻结壁类似，仍由外侧、内侧和内外孔圈之间（含中孔圈）三大部分的冻结壁组成（图 2-15～图 2-19）。冻结壁形成特性存在共主面、共界面和界主面 3 种典型特征。工程计算中冻结壁平均温度是指共界面的平均温度。

4.2.2 冻结壁厚度扩展速度

1. 一般影响因素

（1）冻结壁总厚度平均扩展速度与冻结孔间距成反比（图 4-4～图 4-6）；

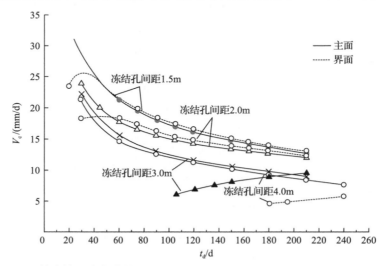

图 4-4　某冻结试验井冻结壁总厚度平均扩展速度（V_c）与冻结时间（t_d）的关系

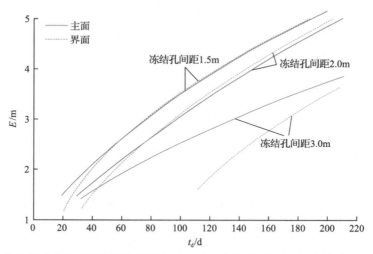

图 4-5　某冻结试验井不同冻结孔间距主面、界面冻结壁厚度（E）与冻结时间（t_d）的关系

（2）冻结壁厚度平均扩展速度与盐水负温值成正比（图 4-7）；

（3）冻结壁厚度平均扩展速度与土层矿物颗粒直径成正比（图 4-8）。

2. 冻结壁厚度的平均扩展速度

1）冻结壁内、外侧厚度平均扩展速度

冻结壁刚交圈时，内侧与外侧厚度平均扩展速度比一般为 51∶49；随着冻结时间的

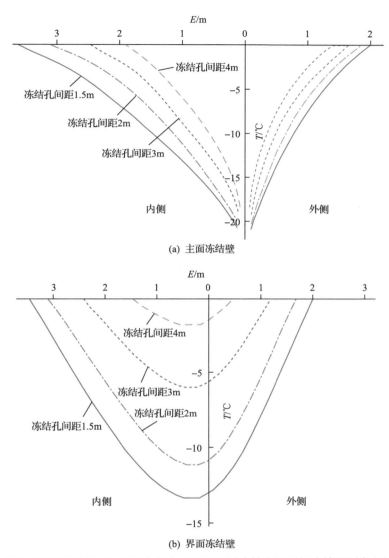

(a) 主面冻结壁

(b) 界面冻结壁

图 4-6　某冻结试验井冻结 210d（盐水温度–23℃）不同冻结孔间距的冻结壁厚度（E）扩展范围

T-冻结壁平均温度

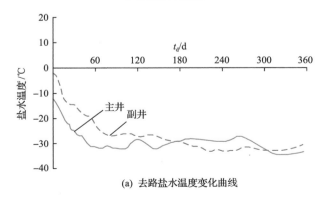

(a) 去路盐水温度变化曲线

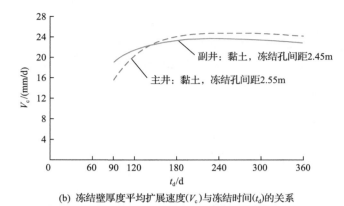

(b) 冻结壁厚度平均扩展速度(V_c)与冻结时间(t_d)的关系

图 4-7 陈四楼主、副井去路盐水温度变化及冻结壁厚度平均扩展速度(V_c)与冻结时间(t_d)的关系

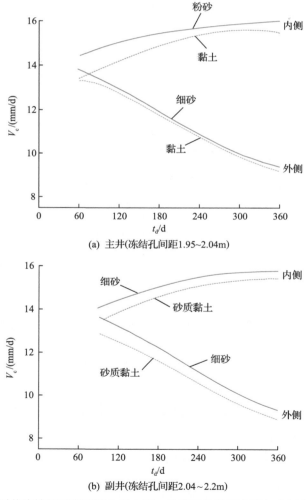

(a) 主井(冻结孔间距1.95~2.04m)

(b) 副井(冻结孔间距2.04~2.2m)

图 4-8 陈四楼矿副井冻结壁厚度不同土层内侧、外侧平均扩展速度(V_c)与冻结时间(t_d)的关系

延续，内侧厚度平均扩展速度呈缓慢增长趋势，而外侧厚度平均扩展速度呈较快下降趋

势(图 4-9)。

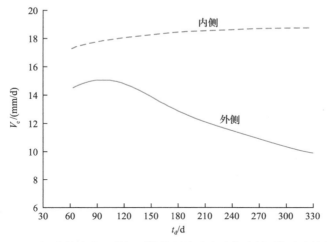

图 4-9　界面冻结壁内、外侧平均扩展速度(V_c)与冻结时间(t_d)的关系
冻结管直径为 127mm;中粗砂;冻结孔间距 1.4m

2)主面冻结壁厚度平均扩展速度

(1)冻结壁厚度平均扩展速度与土层性质、冻结孔间距、冻结管径、冻结孔圈径、盐水温度和流量等有密切关联。

(2)冻结壁交圈时,内外侧厚度平均扩展速度基本等于相邻冻结孔间距的一半除以交圈时间;交圈后冻结壁主面内侧厚度平均扩展速度基本维持不变或略有增减,外侧的平均扩展速度随着冻结时间的延长呈下降趋势,冻结壁主面总厚度的平均扩展速度随冻结时间的延长基本呈下降趋势。

3)界面冻结壁厚度平均扩展速度

(1)冻结壁交圈初期,界面冻结壁厚度的平均扩展速度呈快速增长趋势,冻结器内盐水呈层流状态时,交圈后 1(冻结孔间距为 1.5~2m 时)~2 个月(冻结孔间距为 3m 时)平均扩展速度接近最大值;盐水由层流向紊流过渡时,将缩短平均扩展速度达到最大值的时间。

(2)平均扩展速度接近最大值之后,冻结壁内侧厚度的平均扩展速度维持不变或略有增大,外侧厚度平均扩展速度逐渐变小,冻结壁总厚度的平均扩展速度随着冻结时间的延长而减慢。

4)盐水运动状态的影响

(1)冻结器环形空间内盐水由层流向紊流过渡状态时的冻结壁平均扩展速度为盐水呈层流状态时的 1.3(冻结前期)~1.1 倍(冻结后期)。

(2)冻结初期冻结器盐水可能短期呈紊流状态,但由于盐水与土层的温差小,盐水对土层的降温作用有限;盐水温度下降至–20~–10℃易使盐水保持由层流向紊流的过渡状态,盐水对土层的降温效果显现;当盐水温度下降到–25~–20℃时,盐水仍可能呈现层流向紊流的过渡状态,加之盐水与土层温差增大,冻结壁平均扩展速度加大;随着盐水温度继续下降，动力黏度增大，盐水呈层流状态，但盐水与土层的温差较大仍然会使冻结壁平均扩展速度维持一个过渡期，随着冻结盐水降温和冻结壁扩展的继续，冻结壁平均扩展速度将下降。

4.2.3 冻结壁厚度增长特性

1. 主面、界面冻结壁厚度增长特性

(1)冻结壁刚交圈时，主面冻结壁厚度基本等于相邻冻结孔间距，而界面冻结壁厚度近似为零；随着冻结的延续，界面受相邻冻结管传递冷量的影响，其厚度增长速度比主面快，当界面冻结壁厚度超过冻结孔间距后，界面冻结壁厚度逐渐接近主面冻结壁厚度（图 4-6）。

(2)冻结壁厚度增长值与冻结时间成正比，矿物粒径越大的冻结壁厚度增长值越大［图 4-10(a)］。

(3)冻结壁厚度增长值与冻结孔间距成反比［图 4-10(b)，图 4-6］。

2. 外侧厚度占总厚度及有效厚度的比例

(1)冻结壁外侧厚度随着冻结时间的延长而增长，占冻结壁总厚度的比例随着冻结时间延长而减小（图 4-11～图 4-13）。

(2)冻结壁外侧厚度占冻结壁有效厚度的比例和设计厚度的比例随着冻结时间的延长而增大（图 4-12，图 4-13）。

4.2.4 冻结壁的交圈时间

1. 单圈孔

(1)冻结壁的交圈时间基本上等于设计控制层位最大成孔间距的一半除以交圈前的冻土平均扩展速度，交圈时间与冻结孔间距成正比（图 4-14，图 4-15）。

(2)冻结壁的交圈时间与土层矿物颗粒直径成反比（图 4-14，图 4-15）。粗砂、中细砂、砂质黏土、黏土的冻结壁交圈时间依次延长。

(3)交圈时间与盐水温度的负温值成反比，交圈前的盐水平均温度较−20℃每升降 1℃时，将使交圈时间延长或缩短 1.5～2d。

(4)交圈时间与土层原始温度成正比，原始温度较 20℃每升降 1℃时，将使交圈时间延长或缩短 1.5～2d。

(5)冻结初期冻结器环形空间内的盐水呈层流向紊流过渡状态的冻结壁交圈时间比盐水呈层流状态时缩短 20%左右。

2. 双圈孔

(1)内侧增设防片孔圈后，有利于浅部冻结壁提前交圈，部分井筒提前交圈的时间约为单圈孔冻结时正常交圈时间的 7%。

(2)外圈为主冻结孔的双圈孔冻结的浅部冻结壁交圈时间与主孔圈内侧增设防片孔圈

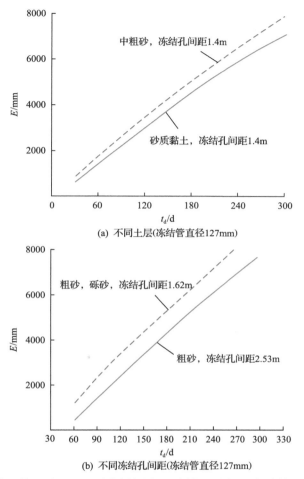

(a) 不同土层(冻结管直径127mm)

(b) 不同冻结孔间距(冻结管直径127mm)

图 4-10　某东风井不同土层、不同冻结孔间距冻结壁厚度(E)与冻结时间(t_d)的关系

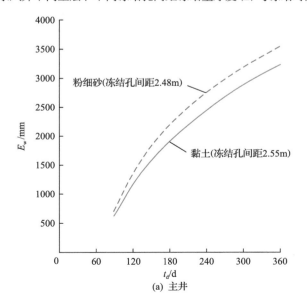

(a) 主井

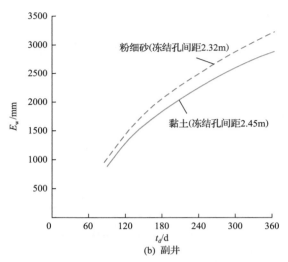

(b) 副井

图 4-11　陈四楼矿主、副井冻结壁外侧厚度（E_w）与冻结时间（t_d）的关系

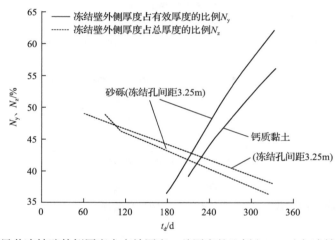

图 4-12　某南风井冻结壁外侧厚度占有效厚度、总厚度的比例（N_y、N_z）与冻结时间（t_d）的关系

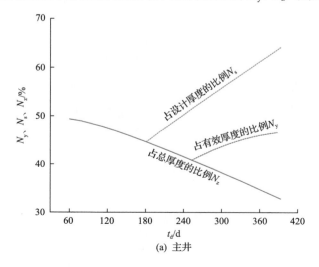

(a) 主井

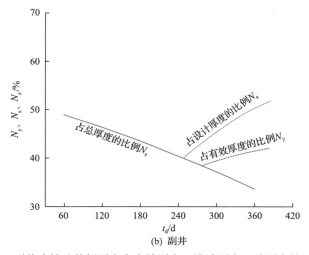

图 4-13　陈四楼矿主、副井冻结壁外侧厚度占有效厚度、设计厚度、总厚度的百分比(N_y、N_s、N_z)与
冻结时间(t_d)的关系

(a)粉砂，深 295m，冻结孔间距 2.48m，冻结壁内侧有效厚度 3.8m，冻结壁设计厚度 5.3m；(b)粉砂，深 289m，冻结孔间距 2.32m，冻结壁内侧有效厚度 4.4m，冻结壁设计厚度 6.3m

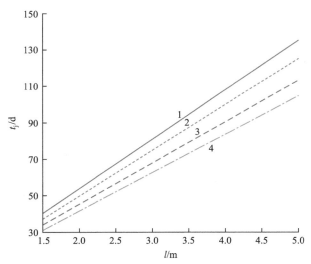

图 4-14　冻结壁交圈时间(t_j)与冻结孔间距(l)、土性的关系
1-粗砂；2-中细砂；3-砂质黏土；4-黏土

基本相似，冻结壁交圈时间略有提前。

(3)双圈孔冻结的深部冻结壁较单圈孔和增设防片孔的深部冻结壁提前交圈。

3. 多圈孔

(1)在盐水正循环条件下，深部冻结壁的交圈时间通常比浅部早。

(2)采取综合报导水位时，容易引起不同含水层窜水现象，从而延长冻结壁的交圈时间。

(3)多圈孔冻结壁全部交圈时间一般为 60～70d，见表 4-1。

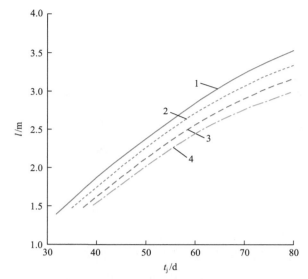

图 4-15　不同土层冻结孔间距 (l) 与冻结壁交圈时间 (t_j) 的关系
1-粗砂；2-中细砂；3-砂质黏土；4-黏土

4.2.5　孔圈之间冻土交汇时间

1. 双圈孔内、外孔圈之间冻土交汇

(1)冻结孔圈之间的冻土交汇时间取决于内外孔圈之间的距离和各孔圈冻土扩展速度。

(2)冻结孔圈交汇后，内侧冻土的扩展速度大幅增加，缩短了冻土扩至井帮的时间，并加快井帮温度的下降速度；而冻结壁外侧的冻土扩展速度和范围与单圈孔冻结条件基本相同；内、外侧冻土扩展速度和厚度的差值加大。

(3)冻结孔间距和孔圈间距影响冻结壁交圈和交汇，当内圈孔间距较大或圈距较小时，也会出现内圈孔冻土圆柱先与主圈冻结壁相交。

2. 多圈孔孔圈之间冻土交汇

(1)各孔圈间冻土交汇时间受冻结孔布置的数量和孔圈距影响较大，一般情况下中内圈冻土比中外圈冻土先交汇。

(2)孔圈间冻土交汇后，内侧冻土扩展加快，孔圈间温度下降及冻土强度增加均较快。

(3)中内孔圈之间浅部细砂层和深部黏土层设计控制层位的冻土交汇时间分别控制在 90～105d 和 120～135d，而中外孔圈之间浅部细砂层和深部黏土层设计控制层位的冻土交汇时间分别控制在 115～130d 和 130～160d，对尽早开挖和冻掘配合较为有利，当冻土交汇时间提前时应进行盐水温度和流量的调控，若冻土交汇时间滞后应加大冻结力度。

表 4-1　多圈孔冻结壁的交圈时间简况

井筒名称	主冻结圈冻结管外径/mm	冻结器盐水循环方式	孔号	报导深度/m	报导方式	报导地层	冻结孔最大间距/m	水位稳定上升的起始时间/d	水位溢出管口的时间/d	交圈时间/d	交圈前冻土平均扩展速度/(mm/d)	备注
泉店风井	Φ159	正循环	1	0~94	综合报导	粉砂	1.90	42	64	67	14.2	
			2	94~244		粉砂	2.45	57		62	19.8	原始水位高于地表
			3	244~414		粉砂	2.55	44		57	22.4	
赵固一矿副井	Φ140	正循环	1	38~42	分层报导	粉砂	1.56			62	12.6	
			2	87~98		砾石	1.62			57	14.2	
			3	210~218		砾石	1.66			50	16.6	
	Φ159		4	460~475		细砂	2.05			39	26.3	
赵固二矿副井	Φ127	正循环	1	0~93	综合报导	中细砂	1.73		52	<52	>16.6	受附近水井抽水影响
			2	93~317		中、细砂及砾石	1.92			63	15.2	原始水位高于地表
	Φ159		3	317~517		中、细砂	2.37			38	31.2	
李粮店主井	Φ133	正循环	1	124~138	分层报导	细砂	1.64	43	47	46	17.83	
			2	235~258		细砂	1.96	52	57	56	17.68	
				262~268		细砂	1.98					
	Φ159		3	366~393		细砂	2.20		50	64	17.19	
李粮店副井	Φ133	正循环	1	125~136	分层报导	细砂	1.60	56	60	50	16.00	
			2	236~256		细砂	2.03	55	65	60	16.92	
	Φ159		3	370~374		细砂	2.15					
				383~391		细砂	2.17			58	18.71	

4.2.6 （内侧）冻土扩至井帮时间

1. 单圈孔

（1）冻结壁厚度和冻结孔圈至井帮距离随着冲积层厚度和井型（井筒直径）的增大而增大，而内侧冻土的扩展速度随冻结时间的延长基本上维持不变或略有增减。

（2）冻土扩至井帮的时间与冻结孔布置圈至井帮的距离成正比，与冻结壁内侧平均扩展速度成反比。

2. 双圈孔

（1）当主孔圈与防片孔圈的冻结孔开孔间距比例为 1∶3 且和冻结管直径、冻结器内盐水流动状态基本相同时，增设防片孔圈后内侧冻土扩至井帮的时间将比单圈孔冻结时缩短 30%～40%。

（2）双圈孔冻结的内侧冻土扩至井帮的时间主要取决于内孔圈至井帮的距离、土层性质、盐水的温度及其在冻结器内的流动状态、内孔圈的孔数及孔圈之间冻土交汇时间等。

4.2.7 井帮温度变化特点

1. 双圈孔

（1）防片冻结孔距井帮较近，有利于浅部井帮温度下降和井筒尽早开挖。

（2）防片孔有利于将井帮温度变化控制在合理范围内，防片孔冻结段井筒掘砌通过后井帮温度会小幅回升。

（3）双圈孔冻结与主冻结孔圈内侧增设防片孔圈的井帮温度变化有些差异，主要在于双圈孔的内孔圈与井帮的距离大于防片孔与井帮的距离，浅部井帮降温慢于防片孔布置，冲积层深部的井帮温度较低。

2. 多圈孔

（1）深厚冲积层将井心冻实的观点已经被否定，合理的深度见冻土及合理的井帮温度分布是冻结设计和施工的重要指标之一。

（2）井帮温度的分布变化受土层性质、冻结孔布置方式、冻结孔数量、掘砌速度、冻结调控等多种因素影响；以内圈为主冻结孔的布孔方式可在较浅埋深见冻土，但导致中深部井帮温度偏低，不利于冻掘配合，且易导致冻结管断裂，目前基本不再采用以内圈为主冻结孔的布孔方式；以外圈为主冻结孔的布孔方式有利于防片孔和辅助孔与井壁变径深度的结合，更有利于冻结调控和冻掘配合。

（3）冻结孔布置、冻结调控、冻掘配合较好的深厚冲积层井帮温度变化特点：①砂性土层，70～100m 见冻土，100～400m 变化范围井帮温度为–1.0～–7.5℃，400～600m 变化范围井帮温度为–7.5～–13.0℃，>600m 变化范围井帮温度为–12～–14℃；②黏性土层，100～130m 见冻土，100～400m 变化范围井帮温度为 0～–6.0℃，400～600m 变化范围井帮温度为–6.0～–10.0℃，>600m 变化范围井帮温度为–9.0～–11.0℃。

4.2.8　冻结壁外侧降温区的宽度

冻结壁外侧降温区宽度与地层原始温度、冻结孔间距成反比，与冻结盐水负温值、冻结管直径、冻结时间或冻结壁外侧厚度成正比(图 4-16，图 4-17)。在一般情况下，冻结壁外侧降温区宽度可近似取冻结壁外侧厚度的 5 倍。

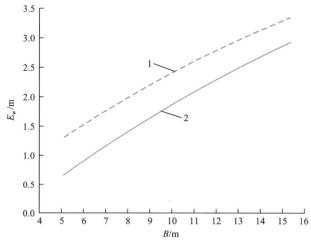

图 4-16　潘二南风井、谢桥副井冻结壁外侧厚度(E_w)与其外侧降温区宽度(B)的关系
1-谢桥副井，双圈孔冻结，深 49m，黏质砂土；2-潘二南风井，单圈孔冻结，深 47m，砂质黏土

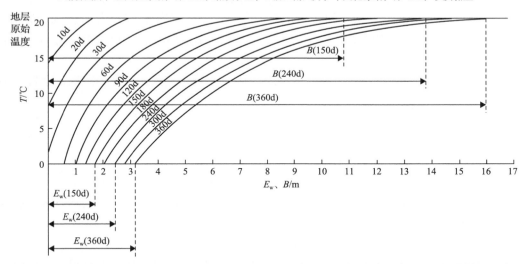

图 4-17　潘二南风井 47m 水平砂质黏土不同冻结时间(t_d)冻结管外侧土层温度(T)、外侧冻结壁厚度(E_w)与冻结壁外侧降温区宽度(B)的关系

4.2.9　冻结壁平均温度特征

1. 单圈孔主面、界面冻结壁平均温度

(1)界面初期的冻结壁平均温度比主面高(图 4-18)，冻结壁厚度较小时，冻结壁平均

温度随着冻结壁厚度增大下降梯度增大。

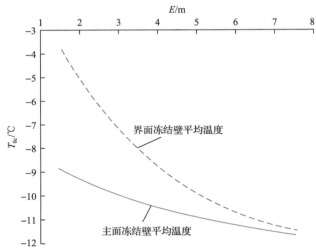

图 4-18　单圈冻结壁平均温度（T_{0c}）与界面、主面冻结壁厚度（E）的关系

（2）冻结初期，主面和界面冻结壁平均温度的差值大；当界面的冻结壁厚度超过冻结孔间距后，主面、界面的冻结壁平均温度下降梯度变小，主面、界面冻结壁平均温度的差值也随着冻结壁厚度的增大而变小，按 0℃边界线计算的冻结壁平均温度逐渐趋于定值，冻结壁厚度的平均温度仍随冻结时间延长而缓慢降低。

（3）当界面厚度达 4（冻结孔间距为 1.5～2m 时）～5m（冻结孔间距为 2.5～3m 时）时，界面比主面的冻结壁平均温度高 0.5～1.0℃；随着冻结壁厚度进一步增大，主面、界面冻结壁平均温度差值将小于 0.5℃。

（4）工程应用中，采用界面冻结壁平均温度作为考核冻结壁强度和稳定性的指标较为安全。

2. 单圈孔冻结壁平均温度变化特性

（1）冻结壁平均温度随着冻结壁厚度的增大而降低（图 4-19）。

（2）冻结壁平均温度随着冻结孔间距的增大而升高（图 4-20，图 4-21）。

（3）冻结壁平均温度随着盐水温度的降低而降低，盐水温度的影响程度随着冻结孔间距的增大而减弱（图 4-22）。

（4）冻结壁平均温度随着冻结管直径的增大而降低（图 4-19）。

（5）冻结壁有效厚度的有效平均温度随着井帮温度的降低而降低（图 4-23，图 4-24）。

3. 双圈孔冻结壁平均温度变化特性

（1）同孔间距组合、不同圈距条件下，冻结壁平均温度随冻结时间变化规律如图 2-11 所示。

（2）不同孔圈距和冻结时间条件下，冻结壁平均温度与孔间距的关系如图 2-12 所示。

（3）不同冻结时间和孔间距条件下，冻结壁平均温度与孔圈距的关系如图 2-13 所示。

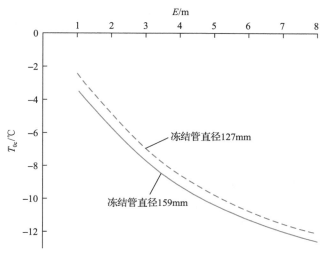

图 4-19 某冻结试验井不同管径的冻结壁平均温度(T_{0c})与冻结壁厚度(E)的关系

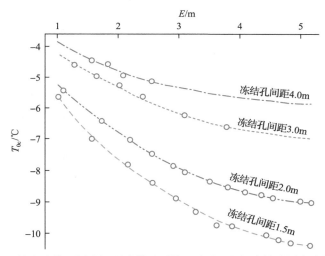

图 4-20 某试验井不同孔间距冻结壁平均温度(T_{0c})与冻结壁厚度(E)的关系
按盐水温度–30℃的条件换算

（4）不同孔圈距和孔间距组合条件下，冻结壁厚度随冻结时间变化规律如图 2-14 所示。

4. 多圈孔冻结壁平均温度变化特性

（1）同孔间距组合、不同孔圈距组合条件下，冻结壁平均温度随冻结时间变化规律如图 2-20 所示。

（2）不同孔圈距组合和冻结时间条件下，冻结壁平均温度与孔间距的关系如图 2-21 所示。

（3）不同冻结时间和孔间距组合条件下，冻结壁平均温度与孔圈距的关系如图 2-22 所示。

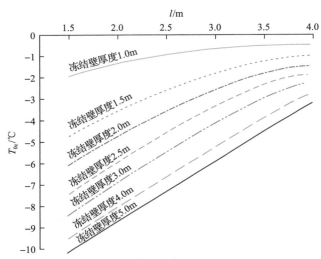

图 4-21　某南风井按冻结壁零度边界线计算的界面平均温度（T_{0c}）与冻结孔间距（l）的关系

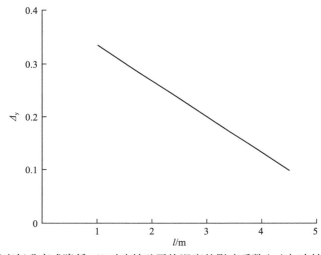

图 4-22　盐水温度每升高或降低 1℃ 对冻结壁平均温度的影响系数（Δ_y）与冻结孔间距（l）的关系

（4）不同孔圈距和孔间距组合条件下，冻结壁厚度随冻结时间变化规律如图 2-23 所示。

5. 实测研究获得的平均温度计算公式

陈文豹、汤志斌根据潘集冻结试验井、潘一东风井、潘三东风井等冻结壁温度场实测研究，提出单圈孔冻结形成的冻结壁的平均温度计算公式，简称成冰单圈孔冻结壁平均温度计算公式[53]。汤志斌、陈文豹、李功洲等通过谢桥副井等双圈孔冻结壁温度场实测研究，提出双圈孔冻结形成的冻结壁的平均温度计算公式，简称成冰双圈孔冻结壁平均温度计算公式[54-56]。李功洲、陈文豹根据陈四楼矿主井和副井、程村矿主井和副井等冻结壁温度场实测资料综合分析，提出多圈孔冻结形成的冻结壁的平均温度计算公式，简称成冰多圈孔冻结壁平均温度计算公式[13]。相关计算公式及参数取值见表 2-11。

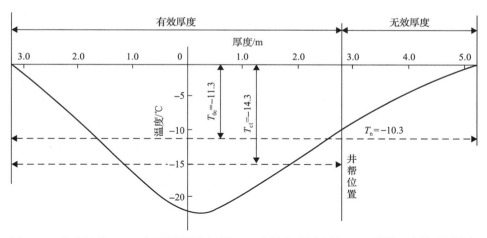

图 4-23　某南风井 104m 水平(冻结孔间距 1.62m)粗中砂层冻结 300d 的界面冻结壁厚度与
有效平均温度

T_n-井帮温度，℃；T_{0c}-按冻结壁内、外侧 0℃边界线计算的平均温度，℃；T_{c1}-冻结壁厚度的平均温度，℃

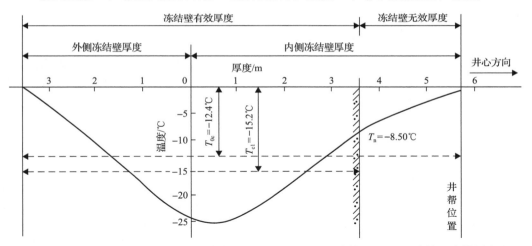

图 4-24　陈四楼矿主井 305m 水平(冻结孔间距 2.6m)黏土层冻结 360d 界面冻结壁有效厚度和
有效平均温度

4.2.10　冻结孔间距

(1)冻结孔间距是影响冻结壁交圈时间、平均扩展速度、平均温度和强度的重要因素。

(2)开孔间距应结合冲积层厚度选取，冲积层段主冻结孔最大成孔间距一般控制在
2.0～3.0m。

4.3　冻结孔布置方式对冻结壁形成与控制的影响

目前深厚冲积层多圈孔冻结主要应用以中圈为主冻结孔和以外圈为主冻结孔两种布

孔方式。两种布孔方式在冻结壁稳定性分析、冻结工程量、冻结可调性、控制井帮温度、冻掘配合等方面均有显著的异同点。

通过工程应用实践分析，对于 300～400m 冲积层冻结井，根据井筒净直径大小，冻结壁设计厚度一般为 5.2～8.4m，外孔圈距井帮距离为 3.65～5.5m，基本采用三圈孔布置，全部以外圈为主孔圈+中/内圈为辅助孔圈+防片孔圈。400～500m 冲积层的冻结壁设计厚度为 6.2～10.1m，外孔圈距井帮距离为 4.25～7.5m，基本采用三圈孔布置，以外圈为主孔圈+中/内圈为辅助孔圈+防片孔圈的井筒比例占 60%，而以中圈为主孔圈+外/内圈为辅助孔圈或防片孔圈的井筒比例占 40%。>500m 冲积层的冻结壁设计厚度为 7.7～12.3m，外孔圈距井帮距离主要为 4.5～10.3m，采用 3～4 圈孔布置；采用 3 圈孔冻结的井筒占总数的 40%，其中以外圈为主冻结孔圈+中/内圈为辅助孔圈+防片孔圈的井筒占总数的 20%，以中圈为主冻结孔圈+外/内圈为辅助孔圈+防片孔圈的井筒占总数的 20%；其余 4 圈冻结孔布置中，以第 2 圈（自外侧向内排序）为主冻结孔圈及第 1、3 圈/第 4 圈为辅助孔圈+防片孔圈的井筒占总数的 47%，以第 3 圈为主冻结孔圈及第 1、2 圈/第 4 圈为辅助孔圈+防片孔圈的井筒占总数的 13%。

4.3.1　中圈为主冻结孔主要特征

中圈为主冻结孔布置方式旨在强化冻结壁的中部和内侧冻结力度与外侧的适度冻结，减少主冻结孔数量而增加辅助冻结孔数量；减小含水层各冻结孔圈之间的冻胀力；缩短冻结壁的交圈时间和内侧冻土扩至井帮的时间，实现井筒早日开挖和防止浅部片帮；降低井帮温度和冻结壁厚度的平均温度，提高内侧、中部的井帮稳定性和冻结壁强度，减少冻结壁的径向位移，防止深部冻结管断裂。

4.3.2　外圈为主冻结孔主要特征

外圈为主冻结孔布置方式强调以外侧冻结壁为基础，适当加强中部的冻结力度，提高冻结壁的整体强度，确保井帮的稳定性；缩短冻结壁的交圈时间和内侧冻土扩至井帮的时间，实现井筒早日开挖和防止浅部片帮；充分发挥各孔圈的协同作用，增强中圈冻结的可调性和中内圈的调控效果；增大距井帮较远的外侧冻结壁强度，减小外圈主冻结管最大径向位移量，提高主冻结孔的安全性；把冻结孔数量、冻结孔工程量和冻结需冷量控制在较为合理的范围内，降低工程造价。

4.3.3　多圈冻结孔与多种冻结工艺不同组合的实施效果分析

表 4-2 列举分析了赵固一矿副井、赵固二矿副井、龙固副井、郓城副井、丁集风井四个井筒深井冻结孔不同布孔方式与冻结工艺优化组合的实施效果对比。比较分析实施效果如下。

（1）分析对比赵固一矿副井与赵固二矿副井分别以中圈和外圈为主冻结孔圈的实施效果得出：赵固一矿副井比赵固二矿副井的井筒净直径小 0.1m（1.45%），冲积层厚度小 7.8m（1.48%），冻结深度小 53m（8.44%）；冻结孔数量多 17 个（17.35%），冻结孔工程量多 9415m（17.99%），冻结需冷量多 127.5×10^4 kcal/h（19.29%）；每米冻结深度的冻结孔工

表 4-2　赵固一矿、二矿多圈冻结孔不同布孔方式与冻结工艺优化组合的实施效果对比

序号	项目名称	主要技术指标				
		赵固一矿副井	赵固二矿副井	龙固副井	郓城副井	丁集风井
1	井筒净直径/m	6.8	6.9	7.0	7.2	7.5
2	冲积层厚度/冻结深度/m	519.7/575	527.5/628	567.7/650	536.6/590	528.65/558
3	井壁最大厚度/井筒掘进最大直径/m	2.0/11.05	2.0/11.05	2.2/11.5	2.25/11.85	2.1/11.7
4	冻结盐水温度/℃	-34	-32	-35	-34	-34
5	井帮温度/冻结壁平均温度/℃	-10/-15	-10/-16.5	-18/-20	-10/-18	-13/-16
6	冻结壁设计厚度/m	9.5	9.4	11.4（原设计13.0）	11.0	10.5
7	冻结孔布置方式	中圈为主冻结孔外圈、内圈均为辅助冻结孔圈	外圈为主冻结孔外圈、中/内圈分别为辅助冻结孔圈/防片冻结孔圈	中圈为主冻结孔外圈、内圈均为辅助冻结孔圈	中圈为主冻结孔圈、外圈为辅助冻结孔圈、内圈为防片冻结孔圈	中圈为主冻结孔圈、外圈为辅助冻结孔圈、内圈为防片冻结孔圈
8	外/中/内圈冻结孔布置直径/m	25.0/19.0/14.7	24.6/17.8/13.4	27.0/21.0/15.5	28.7/21.6/16.7/13.0	28.0/21.0/14.1
9	外/中/内圈冻结孔深度/m	520/(575/550)/520	555/628/(469/290)	573/(650/573)/573	540/590/570/410	534/(558/540)/(534/450)
10	外/中/内圈冻结孔数量/个	46/(23/23)/23	58/20/(10/10)	46/(22/22)/18	51/31/35/14	52/(26/26)/(9/9)
11	外/中/内圈冻结孔开孔间距/m	1.707/1.298/2.008	1.332/2.796/2.105	1.844/1.499/2.705	1.768/2.189/1.499/2.917	1.692/1.269/2.451
12	外/中/内圈冻结孔至井帮的距离/m	6.98/3.98/1.83	6.78/3.38/1.18	7.80/4.80/2.05	8.425/4.875/2.425/0.575	8.15/4.65/1.20
13	冻结孔工程量/m	61755	52340	63963	71520	65172
14	冻结需冷量/(10⁴kcal/h)	788.6	661.1	783.5	883.9	851.5
15	每米冻结深度 冻结孔工程量/m	107.40	83.34	98.41	121.22	116.80
16	每米冻结深度 冻结需冷量/(10⁴kcal/h)	1.3715	1.0527	1.2054	1.4981	1.526
17	黏性土层 井帮见冻土的深度/m	110	155	100		
18	黏性土层 邻近冲积层底部的井帮温度/℃	-18.0	-7.5	-20	-19	-12
19	冻结段外层井壁掘砌平均速度/(m/月)	46.3	108.8	57.2		78.7
20	冻结段成井速度/(m/月)	38.7	81.4	41.2		60.6

程量增加 24.06m(28.87%)，每米冻结深度的冻结需冷量多 0.3188×10⁴kcal/h(30.28%)；冻结段外层井壁掘砌平均速度下降 62.5m/月(57.44%)，冻结段成井速度下降 42.7m/月(52.46%)。

(2)分析对比龙固副井与赵固二矿副井分别以中圈和外圈为主冻结孔圈的实施效果得出：龙固副井比赵固二矿副井的井筒净直径大 0.1m(1.45%)，冲积层厚度大 40.2m(7.62%)，冻结深度大 22m(3.5%)；冻结孔数量多 10 个(10.2%)，冻结孔工程量多 11623m(22.21%)，冻结需冷量多 1.22×10⁶kcal/h(18.51%)；每米冻结深度的冻结孔工程量增加 15.07m(18.08%)，每米冻结深度的冻结需冷量多 1.527×10³kcal/h(14.51%)；冻结段外层井壁掘砌平均速度下降 51.6m/月(47.43%)，冻结段成井速度下降 40.2m/月(49.39%)。

(3)分析对比郓城副井与赵固二矿副井分别以中圈和外圈为主冻结孔圈的实施效果得出：郓城副井比赵固二矿副井的井筒净直径大 0.3m(4.35%)，冲积层厚度大 9.1m(1.73%)，冻结深度小 38m(6.05%)；冻结孔数量多 33 个(33.67%)，冻结孔工程量多 19180m(36.65%)，冻结需冷量多 2.228×10⁶kcal/h(33.7%)；每米冻结深度的冻结孔工程量增加 37.88m(45.45%)，每米冻结深度的冻结需冷量多 4.454×10³kcal/h(42.31%)。

(4)分析对比丁集风井与赵固二矿副井分别以中圈和外圈为主冻结孔圈的实施效果得出：丁集风井比赵固二矿副井的井筒净直径大 0.6m(8.70%)，冲积层厚度大 1.15m(0.22%)，冻结深度小 70m(11.15%)；冻结孔数量多 24 个(24.49%)，冻结孔工程量多 12832m(24.52%)，冻结需冷量多 1.904×10⁶kcal/h(28.8%)；每米冻结深度的冻结孔工程量多 33.46m(40.15%)，每米冻结深度的冻结需冷量多 4.733×10³kcal/h(44.96%)；冻结段外层井壁掘砌平均速度下降 30.1m/月(27.67%)，冻结段成井速度下降 20.8m/月(25.55%)。

4.3.4 两种布孔方式的特点分析

综合分析、对比已施工的 400～500m、>500m 冲积层多圈冻结孔与多种冻结工艺不同组合的实施效果，可看出分别以中圈和外圈为主冻结孔圈的布孔方式具有下列特点。

1)中圈为主冻结孔布孔方式的特点

(1)中圈为主冻结孔，有利于增大中内侧冻土扩展速度和降低井帮温度，有利于防止浅部片帮，实现井筒早日开挖。

(2)为保证冻结壁厚度和强度，外圈孔的圈径不能缩小，开孔间距不能太小，同时为避免主冻结孔深部直接面对井帮，内圈孔一般要起辅助孔作用，因此总体增加了冻结孔数量和冻结需冷量。

(3)主冻结孔不便调控，且对内圈孔影响较大，对中内孔圈冻结的调控效果不好；中深部井帮温度偏低，影响掘砌速度，增加冻结壁裸露时间，且主冻结圈距挖掘荒径较近，易使主冻结管在黏性土层中累积较大的径向位移。

2)外圈为主冻结孔布孔方式的特点

(1)外圈为主冻结孔，有利于增大冻结壁外侧的扩展范围和发挥中、内圈的协同作用，有效减少中圈孔及总冻结孔数量，减少钻孔工程量和冻结需冷量。

（2）防片孔和辅助孔可以根据井壁变径特点布置孔圈和深度，使冻结孔与井壁结构有机结合，缩短了浅部冻结壁内侧冻土扩至井帮的时间，有利于井帮温度适度降低和防止浅部片帮，实现井筒早日开挖。

（3）充分发挥各孔圈的协同作用，科学利用冷源，增强中圈冻结孔的可调性和中内圈冻结孔的调控效果，有效缓解深厚冲积层冻结与掘砌的矛盾，为冻结段安全快速施工和降低工程造价创造有利条件。

4.3.5　小结

从深厚冲积层多圈冻结孔与多种冻结工艺不同组合的实施效果可以看出，以中圈为主冻结孔和以外圈为主冻结孔的布孔方式，在＞500m 冲积层和冻结壁设计厚度超过 8m以后，冻结孔数量、冻结孔工程量、冻结需冷量的差异明显增大。采用以外圈为主冻结孔及中/内圈为辅助冻结孔/防片孔的多圈冻结孔布置方式，并且与差异、异径等冻结工艺优化组合，可以达到科学利用冷源和减少冻结孔数量、冻结孔工程量、冻结需冷量，便于冻结调控和较好地缓解冻掘矛盾，能为冻结段安全快速施工创造有利条件。以外圈为主冻结孔布置方式应是深井冻结设计首选的布孔方式。

结合本书提出的深厚冲积层冻结孔按主冻结孔、辅助冻结孔、防片冻结孔三类功能和作用分类设计与布置方式理论，以外圈为主冻结孔布孔方式可较好地保证主冻结孔及冻结壁主体结构的安全性和稳定性；根据冻结壁厚度需要及冻结时间均匀布置辅助孔，可明显减少辅助孔数量，提高冻结壁的均匀性和稳定性，根据挖掘荒径变化布置多圈防片孔，可提高冻结调控的灵活性和效果。

4.4　冻结壁形成特性控制方法研究

我国从 20 世纪 60 年代中期开始，并于 20 世纪 70 年代在潘谢矿区试验井和深冻结井中进行了大量试验与工程实测研究，提出了冻结壁有效厚度的概念、单圈孔冻结壁平均温度的成冰公式、冻结壁扩展速度和厚度变化基本特性等研究成果，对单圈孔冻结壁形成的基本特性进行了总结。20 世纪 80 年代末，在陈四楼主井、副井开展的深厚冲积层冻结法凿井技术攻关取得了显著的成效。进入 21 世纪后，随着冲积层厚度相继突破400m、500m、600m、700m 和多圈孔冻结的出现，研究人员又将计算单圈孔冻结壁平均温度的成冰公式推广应用到多圈孔冻结壁，提出计算多圈孔冻结壁平均温度的成冰公式，以及各冻结孔圈之间冻土交汇时间的计算方法，并得到交汇后冻结壁向内扩展速度迅速加大等研究成果。成果应用于赵固一矿、赵固二矿冻结方案设计，并对各冻结孔圈冻土交汇时间和冻土扩至井帮的时间进行了预测，取得较好的效果，为冻结方案设计优化提供了重要帮助。工程实施过程中，根据工程实测数据进行图解分析，得出不同条件下冻结壁形成规律，逐步明确了冻结壁形成特性分析和工程预报的重点内容，把开展冻结壁形成特性分析和工程预报作为深厚冲积层冻结法凿井的重要措施。经过多年的实测分析、工程实践，研究人员归纳总结了冻结壁形成特性的基本规律和影响因子，率先建立了冻结壁形成特性分析模型，提出了单孔冻结冻土扩展速度、单圈孔冻结壁扩展规律、多圈孔各孔圈之间冻土交汇成整体冻结壁的内侧及外侧扩展规律的基本关系式，开发了深厚冲积层冻结壁形成特性分析软件、冻结壁形成特性综合分析方法。

4.4.1 深厚冲积层冻结壁形成特性分析模型的建立

1. 单圈孔冻结壁(冻结帷幕)形成模型

如图 4-25 所示，冻结冷量传导使冻结孔周边首先形成冻土柱，各冻结孔先以单孔冻结冻土平均扩展速度 V_d 扩展成冻土柱，冻结圈中各冻土柱逐渐扩大、交圈形成冻结帷幕，随后以单圈孔冻结壁(冻结帷幕)形式继续向内、外侧扩展(单圈孔冻结壁平均扩展速度为 V_b)，冻结壁内、外侧扩展的速度分别为 V_{bn}、V_{bw}。

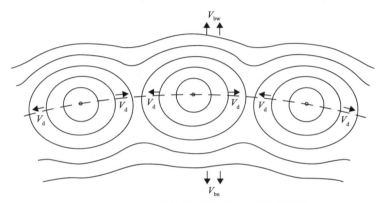

图 4-25　单圈孔冻结壁(冻结帷幕)形成模型

2. 相邻冻结孔圈之间冻土交汇成整体冻结壁的内、外侧扩展模型

如图 4-26 所示，各圈孔冻结壁向内、外侧扩展将导致相邻冻结孔圈之间的冻土交汇，并形成新的整体冻结壁；交汇前相邻冻结壁内、外侧冻土扩展速度分别为 V_{1bn} 和 V_{2bn}、V_{1bw} 和 V_{2bw}，交汇后整体冻结壁内、外侧扩展速度分别为 V'_{bn}、V'_{bw}。

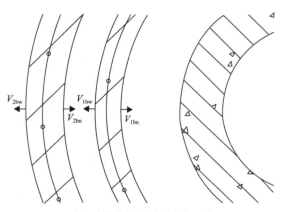

(a) 相邻冻结壁内、外侧冻土扩展模型

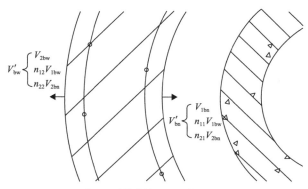

(b) 交汇成整体冻结壁内、外侧扩展模型

图 4-26　相邻冻结孔圈之间冻土交汇成整体冻结壁的内、外侧扩展模型

n_{11}-原内圈向内侧扩展因子；n_{21}-原外圈向内侧扩展因子；n_{12}-原内圈向外侧扩展因子；n_{22}-原外圈向外侧扩展因子

3. 冻结壁形成特性分析模型的关联式及参数选取

1）单孔冻结冻土平均扩展速度

$$V_{\mathrm{d}} = 0.00794\alpha\beta\kappa\phi V_0 = \beta\kappa V_0' \tag{4-1}$$

$$V_0' = 0.00794\alpha\phi V_0$$

式中，V_{d} 为单孔冻结冻土平均扩展速度，mm/d；V_0 为层流状态下冻结管 $\varPhi140$mm、冻结孔间距 $1.8\sim2.3$m 黏土层冻土平均扩展速度，工程实践取值为 $16.5\sim12.6$mm/d；α 为土层性质因子，一般取值范围见表 4-3；β 为土层含水率因子，一般取值 $0.95\sim1.1$；$\varPhi$ 为冻结管直径，mm；V_0' 为不同土性和冻结管直径影响的冻土平均扩展速度。κ 为冻结管散热能力因子；一般冻结前期，雷诺数 $Re=2000\sim4000$ 时，冻结管盐水运动状态呈层流向紊流状态过渡，冻结管散热能力因子 κ 取 $1.1\sim1.3$，冻结后期冻结管散热能力因子 κ 可取 $0.8\sim1.0$；工程应用中层流向紊流状态过渡的流量可参考表 4-4。

表 4-3　土层性质因子一般取值范围

土层性质	钙质黏土	黏土	砂质黏土	粉、细砂	中细砂	粗中砂	粗砂	砂砾
α 取值	0.87~0.90	0.90~0.93	0.93~0.97	0.97~1.03	1.03~1.08	1.08~1.20	1.20~1.25	1.25~1.30

表 4-4　–20℃盐水温度时冻结管内盐水层流向紊流状态过渡的基本条件

冻结管直径/mm	$\varPhi127$	$\varPhi133$	$\varPhi140$	$\varPhi159$
盐水流量/(m³/h)	>10.0	>10.7	>11.2	≥13

根据工程实践，不同土性和冻结管直径影响的冻土平均扩展速度 $V_0' = 0.00794\alpha\phi V_0$ 可参考表 4-5 选取，对土层含水率因子 β 和冻结管散热能力因子 κ 加以修正，可得到 $V_{\mathrm{d}} = \beta\kappa V_0'$ 的合理取值。

表 4-5　不同土性和冻结管直径影响的冻土平均扩展速度综合取值范围 V_0'（单位：mm/d）

管径	黏土	砂质黏土	粉、细砂	中细砂	粗中砂	粗砂	砂砾
127mm	12.5~14.5	14~15.5	15~16	15.5~17.5	16~18.5	17.5~19	18.5~20
133mm	13.5~15	15~16.5	15.5~17	16.5~18.5	17~19	18.5~20	19~20.5
140mm	14~16	15.5~17	16.5~18	17~19.0	18~20	19.5~21	20~22
159mm	16~18	17.5~19.5	18.5~20.5	19.5~22	20.5~23	22~24	23~24.5

例如，中细砂含水层中冻结孔间距 2.2m，冻结管直径 140mm，盐水流量 13m³/h，冻结壁交圈前单孔冻结冻土平均扩展速度 V_d 的经验修正取值为 21.0~23.5mm/d。

2）单圈孔冻结壁平均扩展速度

$$V_b = a_T b_l c_h f_\Phi V_d \tag{4-2}$$

式中，V_b 为单圈孔冻结壁平均扩展速度，mm/d；V_d 为单孔冻结冻土平均扩展速度，mm/d；a_T 为冻结时间因子，一般取值 0.9~1.05；b_l 为冻结孔间距因子，一般取值 1.00~2.00，参考取值见表 4-6；c_h 为邻层冻土因子，一般取值 0.9~1.2；f_Φ 为冻结孔圈径因子，一般取值 0.40~0.60，参考取值见表 4-7。

表 4-6　冻结孔间距因子取值表

冻结孔间距/m	1.3	1.5	1.7	1.9	2.0	2.2	2.4	2.6	2.8
b_l 取值	2.00	1.73	1.53	1.37	1.30	1.18	1.08	1.00	0.93

表 4-7　冻结孔圈径因子取值表

冻结孔圈径/m	9	10	12	14	16	18	20	22
f_Φ 取值	0.60	0.58	0.55	0.52	0.49	0.46	0.43	0.40

根据工程实践，单圈孔冻结壁平均扩展速度可在冻结孔间距和冻结孔圈径对单孔转化单圈孔冻土平均扩展速度影响系数 $b_l \cdot f_\Phi$（表 4-8）的基础上，结合冻结时间因子 a_T 和邻层冻土因子 c_h 由单孔冻结冻土平均扩展速度 V_d 加以转换获得。

表 4-8　冻结孔间距和冻结孔圈径对单孔转化单圈孔冻土平均扩展速度影响系数 $b_l \cdot f_\Phi$

冻结孔间距	冻结孔圈径							
	9m	10m	12m	14m	16m	18m	20m	22m
1.3m	1.195	1.165	1.105	1.045	0.985	0.925	0.865	0.805
1.5m	1.036	1.010	0.958	0.906	0.854	0.802	0.750	0.698
1.7m	0.914	0.891	0.845	0.799	0.753	0.707	0.661	0.616
1.9m	0.818	0.797	0.756	0.715	0.674	0.633	0.592	0.551
2.0m	0.777	0.757	0.718	0.679	0.640	0.601	0.562	0.523
2.2m	0.706	0.688	0.653	0.618	0.582	0.547	0.511	0.476
2.4m	0.647	0.631	0.599	0.566	0.534	0.501	0.469	0.436
2.6m	0.598	0.583	0.553	0.523	0.493	0.463	0.433	0.403
2.8m	0.555	0.541	0.513	0.485	0.457	0.429	0.402	0.374

例如，中细砂含水层厚 2.5m，上下均为厚黏土层覆盖，冻结孔间距 2.2m，冻结管直径 140mm，盐水流量 13m³/h，冻结孔圈径 16m，冻结壁交圈 10d 左右的单圈孔冻结壁平均扩展速度为 $0.582V_d$，即 12.22～13.68mm/d。

3) 冻结壁向内、外侧的扩展速度

由于冻结孔圈内、外侧等厚度的面积不相同和冻结壁外侧受外来热源的影响，从能量原理方面分析，内、外侧冷量扩展不等速，冻结壁内、外侧的冻土扩展速度不相等，可用式(4-3)、式(4-4)表示：

$$V_{bn} = m_n V_b \tag{4-3}$$

$$V_{bw} = m_w V_b \tag{4-4}$$

式中，V_{bn} 为冻结壁向内侧扩展速度，mm/d；V_{bw} 为冻结壁向外侧扩展速度，mm/d；V_b 为单圈孔冻结壁平均扩展速度，mm/d；m_n 为内侧扩展因子，随冻结时间延长而增大，随圈径增大而减小，一般取 1.10～1.15；m_w 为外侧扩展因子，随冻结时间延长、圈径增大而减小，一般取 0.84～0.90。

4) 相邻冻结孔圈之间冻土交汇成整体冻结壁内、外侧扩展速度

$$V'_{bn} = V_{1bn} + n_{11}V_{1bw} + n_{21}V_{2bn} \tag{4-5}$$

$$V'_{bw} = V_{2bw} + n_{12}V_{1bw} + n_{22}V_{2bn} \tag{4-6}$$

式中，V'_{bn} 为交汇后整体冻结壁内侧扩展速度，mm/d；V'_{bw} 为交汇后整体冻结壁外侧扩展速度，mm/d；V_{1bn} 为原内圈冻结壁内侧扩展速度，mm/d；V_{1bw} 为原内圈冻结壁外侧扩展速度，mm/d；V_{2bn} 为原外圈冻结壁内侧扩展速度，mm/d；V_{2bw} 为原外圈冻结壁外侧扩展速度，mm/d；n_{11} 为原内圈向内侧扩展因子，取 0～0.8，从交汇后计算一般取 0.68～0.73；n_{21} 为原外圈向内侧扩展因子，取 0～0.5，从交汇后计算一般取 0.38～0.43；n_{12} 为原内圈向外侧扩展因子，取 0～0.4，从交汇后计算一般取 0.27～0.32；n_{22} 为原外圈向外侧扩展因子，取 0～0.7，从交汇后计算一般取 0.55～0.60。n_{11}、n_{21}、n_{12}、n_{22} 均为交汇时间因子，交汇时为 0，随交汇时间延长而增长；但冻结壁最外圈交汇后的 n_{12}、n_{22} 随时间延长而减小。

5) 冻结壁形成特性分析软件

应用冻结壁形成特性分析模型的关联式及参数，根据工程实测资料，分析调整影响因子，对单圈冻结孔冻土扩展、冻结壁交圈、相邻孔圈之间冻土交汇等过程逐步分析计算冻结壁形成特性，可定量分析和计算各孔圈之间冻土的交汇时间、冻土扩至井帮的时间、内外侧冻土扩展速度和范围、冻结壁厚度、冻结壁平均温度、冻结壁强度和掘进段高等冻结壁形成特性参数；为此研究人员研发了深厚冲积层冻结工程专用的冻结壁形成特性分析软件,将冻结工程实测资料、冻结壁形成基本规律与计算机定量分析有机结合，为冻结方案设计预测冻结壁形成特性参数，以及冻结掘砌工程系统分析冻结壁形成过程

和定量计算冻结壁特性参数提供有力的工具。冻结壁形成特性分析软件的主要功能及分析计算程序框架见图4-27。

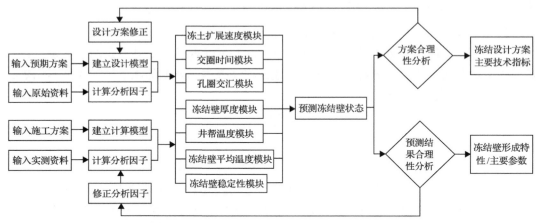

图4-27 冻结壁形成特性分析软件主要功能及分析计算程序框架图

6) 冻结壁形成特性综合分析方法框架图

由冻结壁形成特性分析软件和图解分析法组成冻结壁形成特性计算体系，对工程实测资料加以综合分析计算，对冻结工程定期进行预报、验证工程预报的冻结壁形成特性参数和调整影响因子，形成了综合计算、工程预报与调整的冻结壁形成特性综合分析方法。冻结壁形成特性综合分析方法框架见图4-28。

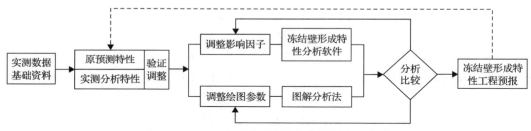

图4-28 冻结壁形成特性综合分析方法框架图

4.4.2 深厚冲积层冻结壁形成特性分析模型的应用

根据4.4.1节冻结壁形成特性分析模型的关联式及参数计算方法，可以确定下列参数。

1. 冻结壁的交圈时间

冻结壁的交圈时间主要与冻结孔间距、盐水温度、土层性质及含水率、冻结管直径、冻结孔布置方式、地下水流速、地层原始温度和冻结工艺、冻结器环形空间内盐水运动状态等因素有关；可根据冻结孔最大成孔间距的一半除以单孔冻结冻土平均扩展速度〔式(4-1)〕得出，单孔冻结冻土平均扩展速度是变化量，一般以冻结壁交圈前的平均速度作为分析基础。

2. 相邻孔圈冻土交汇时间

相邻孔圈冻土交汇时间主要与冻结壁向内、外侧扩展速度及冻结孔圈距等因素有关；根据冻结壁向内、外侧扩展速度及圈距计算，多圈孔冻结时，需分析、判断各冻结孔圈之间的交汇顺序。

3. 冻结壁外侧扩展范围

冻结壁外侧扩展范围主要与冻结壁外侧扩展速度及冻结时间有关，而冻结壁外侧扩展速度与土性因子、冻结孔间距、冻结管径、盐水温度、盐水运动状态、冻结时间等因素有关；冻结壁外侧扩展范围可根据冻结壁外侧扩展速度及时间综合分析，或者根据冻结壁外侧扩展实测曲线分析。因冻结壁外侧扩展速度随冻结时间延长而降低，参考实测的冻结壁外侧扩展特性图（图 4-29）及相关因素分析、修正较为便捷。

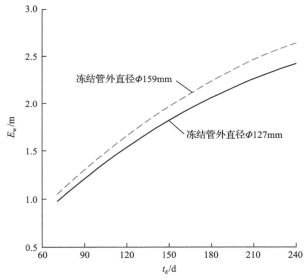

图 4-29　多圈孔外圈冻结孔外侧黏土层冻结壁扩展范围（E_w）与冻结时间（t_d）的关系

冻结孔成孔间距 3m

4. 冻土扩至井帮时间

冻土扩至井帮时间主要与冻结壁内侧扩展速度（变化过程）、冻结孔圈至井帮距离等因素有关，可根据冻结壁内侧扩展速度变化过程分析，或者通过实测作图法分析获得。同样的方法可用于分析冻土扩入井帮的范围。

5. 冻结壁厚度

冻结壁厚度主要与井帮位置及冻结壁内、外侧扩展速度及时间等因素有关，可根据单孔冻结冻土平均扩展速度、单圈孔冻结壁平均扩展速度、冻结壁孔圈间交汇及扩展速度变化过程分析获得，或者通过实测作图法分析获得。参考实测的冻结壁外侧扩展特性图及相关影响因素分析、修正冻结壁外侧范围较为便捷(图 4-29)，分析时要扣除分析层位的外圈冻结孔向内最大偏斜量。

6. 冻结壁厚度平均温度

冻结壁厚度平均温度主要与盐水温度、冻结孔间距、冻结壁厚度、井帮温度、多圈孔孔圈间距及孔圈间平均温度等因素有关，可分别按单圈孔和多圈孔冻结壁厚度的平均温度成冰公式计算获得。分析时需按冻结孔间距计算，多圈孔内、外孔圈之间的平均温度随时间等影响因素而变化，可参考表 2-9、表 2-10 选取。

7. 冻结壁计算强度

冻结壁计算强度实际上为冻结壁厚度冻土平均抗压强度许用值，冻结壁平均温度越低，冻结壁计算强度越大。黏性土层冻结壁计算强度可通过重塑土样冻土单轴抗压试验(除以安全系数)获得；砂性土层冻结壁计算强度实验误差大，可通过工程统计获得，砂性土层冻结壁计算强度可参考图 2-8 选取。

8. 安全掘进段高

安全掘进段高取决于冻结壁强度、冻结壁厚度、地压及冻土扩入井帮状况等因素，由维亚洛夫-扎列茨基有限长塑性厚壁筒公式来计算确定，掘砌循环周期一般按 24～36h 考虑。

9. 冻结壁设计厚度或冻结壁厚度验算

根据冻结壁强度(平均温度)、地压(控制层位深度)、挖掘荒径、段高等参数设计冻结壁厚度，也可根据分析获得的这些参数验算冻结壁厚度。深厚冲积层砂性土层冻结壁厚度用多姆克公式计算，黏性土层冻结壁厚度用维亚洛夫-扎列茨基公式计算，现阶段数值模拟计算冻结壁厚度误差较大，稳定性差。

4.4.3 深厚冲积层冻结壁形成特性分析方法的综合应用

根据 4.4.1 节、4.4.2 节研究得出的方法，可以对冻结法凿井的关键环节进行综合分析(简称"综合分析法")与应用。

1)可以模拟、追踪、预报冻结壁形成和发展过程，客观、有效地描述冻结壁形成和发展过程

(1)该方法综合了冻结工程中实测、试验、分析、计算所采用的方法、规律、特性等成果。

(2)客观描述冻结壁形成、发展过程。

(3)着重分析对冻结壁形成特性影响较为突出的因素，并根据冻结工程的特点和实测资料对影响因子加以调整，达到客观、有效地模拟、追踪、预报冻结壁形成和发展过程的目的。

2）预测冻结壁形成特性参数，为完善冻结方案设计提供技术支撑

根据地质、水文地质和冻土试验资料，以及冻结孔布置及冻结主要技术指标的初步设计方案，模拟分析、预测凿井过程中的冻结壁形成和发展状况及特性参数，为调整设计的冻结工艺及其主要技术指标提供帮助，为完善冻结方案设计提供技术支撑。因而应用提出的分析方法完善的冻结方案，可提高冻结孔布置的合理性、经济性，有利于缓解冻掘矛盾。

3）动态掌握实际工程的冻结壁形成特性，提出工程预报，科学指导冻结、掘砌工程

（1）能客观、系统地分析实际工程中的冻结壁形成过程，定量计算冻结壁特性参数，动态掌握实际的冻结壁形成特性。

（2）根据工程实测数据分析调整冻结壁形成特性影响因子，使工程预报科学精准。从而能实现工程精准预报，能够较好地分析、预测冻结壁形成特性主要参数，为调控冻结盐水温度和冻结器流量提供依据，科学指导冻结和掘砌工程，为冻结和掘砌工程的相互配合提供技术支撑。

4.5　冻结壁特性实测动态分析、工程预报与冻结调控技术

4.5.1　冻结壁特性实测分析、工程预报与冻结调控的机制

为使深厚冲积层冻结形成安全、经济、有利于掘砌的冻结壁温度场，可采取以外圈为主冻结孔的多圈孔布置方式，并结合掘砌施工要求优化冻结方案设计，但是实际的冻结工程非常复杂，经常出现井筒实际地层与井检孔揭露地层有较大出入的情况，冻结壁形成过程受地质条件、造孔状况、冷冻运转、开挖时间、掘砌工艺及速度等影响，不同施工队伍的整体水平也有所不同，因此冻结壁形成的实际参数会发生较大变化。

实际掘砌速度比设计快或冻土扩展速度慢时，冻结壁的平均温度可能高于设计要求，冻结壁强度或稳定性变弱，冻结壁蠕变产生的径向位移较大，冻结压力对新筑井壁施压快，容易造成外层井壁压坏和冻结管断裂；掘砌速度比设计快或冻土扩展速度慢时，还可能造成井帮温度及冻结壁内侧温度偏高，浇筑外层井壁后，可能造成壁后冻土融化范围变大，固结黏土或砂性土层段对新筑井壁可能出现围抱力较小的情况，造成部分新筑外层井壁处于悬吊状态，井壁易产生裂纹，而黏性土层、砂性土层与黏性土层交界处冻结壁再次扩至井壁时，将会增加较大的冻胀力，也易对外层井壁造成破坏。

掘砌速度过慢或冻结壁内侧布置过多的冻结孔，井帮温度迅速下降，冻土大范围进入掘砌工作面，挖掘难度加大，冻掘矛盾突出；同时新筑混凝土外层井壁还面临较低的井帮温度环境及冷量的侵蚀，混凝土早期强度的增长被遏制，不利于外层井壁抵抗冻结压力；当井帮温度过低或冻结壁内侧积蓄过多冷量时，冻结壁会形成较大的冻胀力，由于冻结壁形成过程产生的冻胀力在挖掘后需要逐渐释放，大量的冻胀力在挖掘、裸帮期间不能被释放，筑壁后原存的冻胀力、新增冻胀力、冻结壁蠕变变形将共同作用在外层井壁上，形成冻结压力，而冻结壁内侧过多积蓄冷量又不利于冻结压力的蠕变衰减，增

加了冻结压力对井壁的破坏威胁。

由此可见,在掘砌过程中,对冻结壁温度场、冻结运转参数进行监测和分析,对待掘段的冻结壁形成特性进行工程预报是十分要的,建立冻结壁形成特性实测分析、工程预报与冻结调控机制具有重要意义,如此才能为正确判断冻结壁强度、稳定性和制定供冷量调控措施、掘砌施工措施提供科学依据。

4.5.2 动态的冻结壁形成特性综合分析方法理论与技术

1. 冻结壁形成特性分析的常规方法及其面临的问题

随着冻结深度的增加,实现工程设计所要达到的冻结壁厚度和平均温度及井帮温度的难度不断增加。既要满足冻结壁抵抗地压和封水的要求,又要满足少挖冻土的需求,尽量减少过量冻结,实现安全、快速、经济的施工目标。因此,对深井冻结过程中能有效分析冻结壁形成特性的理论和技术——冻结壁形成特性的分析方法提出更高的要求。

冻结壁形成特性的分析方法主要有数值模拟法、实测作图法和综合分析方法。

数值模拟法主要采用有限元法。有限元计算参数的确定主要基于经验的积累和冻土试验资料,对模拟温度场特性的研究主要是将冻结器及冻结壁外围边界的温度变化作为有限元模型的边界条件,一般不直接做冷量供给变化的考量,难以考虑复杂调控引起的供冷变化所对应的边界条件变化,也就难以模拟和预测冻结壁温度场的复杂变化。

实测作图法是以实测的温度数据作为依据,通过对局部的、有共性的数据进行整理分析及绘图,得到冻结壁整体形成及发展特性的一般规律。由于实测作图法是以现有实测规律作为依据进行分析预测,在复杂调控的情况下,冻结壁的扩展规律变化复杂,不仅难以预测未来的数据情况,也难以预测冻结壁的形成情况。

综合分析方法是通过系统总结单孔扩展规律发展至单圈孔扩展规律及多圈孔交汇的扩展规律,从而形成一套以研究冻结壁扩展规律为主的经验分析方法。该方法研究冻结壁形成和扩展规律的前提就是需要足够的工程实测数据量和较稳定的冻结器运转状态,实质上是对冻结壁形成特性的综合状态和规律的总结,属于静态分析方法,只能反映较稳定情况下的冻结壁形成特性,难以应用在复杂调控的实际施工过程中。因此,想将静态的综合分析方法应用于复杂的冻结调控时,必须对现有的分析方法进行改进,本书通过加入动态可调的因子,使其在遵循冻结壁形成和扩展规律的前提下,能正确反映冻结调控的影响,成为动态的综合分析方法。

2. 动态的综合分析方法需要引入或改变的参数

李功洲等[28]提出冻结壁形成特性的综合分析法,其基本原理是根据冻结壁形成和扩展特性归纳出单孔冻结冻土平均扩展速度、单圈孔冻结壁平均扩展速度、冻结壁内侧和外侧的扩展速度、多排冻结孔圈间扩展速度的确定方法,从而描述冻结孔形成各圈冻结壁和多圈冻结壁交汇形成整体冻结壁的规律,其中最基础的单孔冻结冻土平均扩展速度:

$$V_{\mathrm{d}} = \beta \kappa V_0'$$

式中，β 为土层含水率因子；κ 为冻结管散热能力因子，也称冻结管运动状态因子；V_0' 为不同土性和冻结管直径影响的冻土平均扩展速度。

冻结工程的调控主要是根据冻结孔的布置方式对各孔圈的盐水温度及流量进行调整，来实现对冻结壁形成特性的控制；盐水温度和流量对冻结器与土层的热交换系数（单位热流量）有较大影响，直接影响冻土扩展速度，并经过冻结时间来影响供冷（冻结）效果及冻结壁形成特性。

动态的综合分析方法是考虑了盐水流量、盐水温度、冻结器单位热流量长期变化规律后，适当调整盐水运动状态因子，得到各冻结孔圈相应的冻土平均扩展速度，从而得出整个冻结壁的扩展状况。在复杂调控情况下，不能笼统地给出盐水运动状态因子的调整值，需要经过合理的分析细化，将其拆解为各孔圈、每日的结果；不同于有限元法以时间为步长的累积计算过程，综合分析方法的计算是考虑各孔圈冻土扩展平均速度、各孔圈相互作用和冻结时间分段计算的过程，以及复杂调控情况下各孔圈、细化分解每日盐水运动状态因子，造成综合分析方法的分段计算过程变成按日计算的烦琐过程。

为了便于计算复杂调控情况下冻结壁形成特性，研究人员在动态的综合分析方法中引入了等效冻结时间的概念，将盐水运动状态因子取 1 时冻结 1d 的效果作为基准，将冻结不同时期、各孔圈冻结器运转对冻结壁形成和扩展规律的影响，以及盐水温度、盐水流量、冷冻机启停等冻结调控对冻结壁扩展规律的影响折算为基准冻结效果的倍数，称之为等效冻结时间。复杂调控的实际冻结 1d 的效果（等效冻结时间）根据盐水运动状态因子的实际取值同比例变化，如某日某孔圈盐水运动状态因子取 1.5，则实际冻结 1d 的效果相当于基准值的 1.5 倍，即实际冻结 1d 的等效冻结时间为 1.5d。

在复杂调控过程中，将各孔圈对应的等效冻结时间与基准的冻土扩展平均速度相乘得到相应孔圈的冻结壁扩展范围；将不同孔圈、不同布置方式、不同制冷运转及调控方式下的盐水运动状态因子分别细化后，即可得到不同情况下各孔圈对应的等效冻结时间，从而实现不同冻结时期、不同冻结孔圈的冻结调控对冻结壁形成特性影响的动态分析。

3. 等效冻结时间的调整方式

1）盐水流量的影响

根据过往进行冻结壁形成特性分析研究总结得到"一般冻结前期 κ 取 1.1～1.3，冻结后期 κ 可取 0.8～1.0"，这实际上是一种综合归纳的结果。分析影响冻结器单位热流量的主要因素得到，随着盐水温度的降低，盐水的黏度增大，导致温度较低后盐水实际难以达到层流向紊流过渡的条件，也就是说以一般冻结前期 κ 取 1.1～1.3 为系数的综合分析方法是对简单变化热交换的一个平均规律的静态总结。通过对潘二矿南风井、三河尖矿副井、陈四楼矿副井、赵固二矿副井等冻结井的冻结单位热流量试验实测研究，分析得出不同冻结时间、盐水流量下冻结器单位热流量的变化规律，见图 4-30，得到这些冻结井筒冻结盐水呈层流状态时冻结器单位热流量的峰值为 196～240kcal/(m²·h)，盐水呈层流向紊流状态过渡时冻结器单位热流量的峰值为 216～318kcal/(m²·h)。在实际运转时，刚开机冻结时盐水温度相对较高，盐水运动状态因子的值要大很多（约为 1.5），而当盐水温度较低时冻结器内盐水只能以层流状态运转，此时盐水运动状态因子降到 0.9～1.0。过往在对冻结壁形成特性进行分析时，冻结前期 κ 长期取 1.1～1.3，冻结后期 κ 取 0.8～1.0 也是合理的。具体某一冻结井筒的冻结器单位热流量的变化主要取决于冻结管环形空间、盐水流量、盐水温度、盐水降温过程、地层土性等因素，如要进行精准分析，就需要考虑不同冻结时间这些因素产生影响的细节，特别需要考虑这些因素引起冻结器单位热流量变化的特征。因此，开机冻结之初，开机冻结 1d 的等效冻结时间约为 1.5d（与后续其他影响因素叠加前），随着冻结时间的延长（60～80d 后），冻结效果逐渐减小至开机冻结 1d 等效冻结时间为 1d。

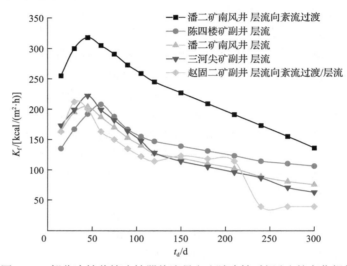

图 4-30 部分冻结井筒冻结器热流量（K_f）随冻结时间（t_d）的变化规律

冻结器单位热流量指标反映冻结器热交换能力，盐水流量的调控与冻结器热交换能力之间并不是线性的关系，在赵固二矿西风井施工过程中，以 Φ159mm 管径为例，当盐水流量从 17m³/h 降至 13m³/h 时，冻结器热交换能力的变化并不明显；当盐水流量降至 8m³/h 时，才可观测到冻结器热交换能力有一定程度的降低，此时开机冻结 1d 的等效冻结时间约为 0.8d。

2）各孔圈位置不同导致的冷量扩展差异

由于最外圈冻结孔的外侧与最内圈冻结孔的内侧均存在较大的温度梯度（尤其是冻结初期），冷量扩散较快，而中部冻结孔由于外侧与内侧冻结孔的影响其两侧温度梯度较小，冷量扩散较慢。因此，可将外侧孔、中部孔、内侧孔的冻结壁扩展效果的差异性分别用不同的等效冻结时间表示；虽然不同的工程地质、冻结孔布置和冻结运行对冻结壁形成与扩展效果折算的等效冻结时间有所不同，但等效冻结时间变化的特点和规律是类似的。根据赵固二矿西风井冻结壁温度场实测数据分析和模拟计算，折合初期冻结 1d，外侧孔、中部孔和内侧孔的等效冻结时间分别为基础值（1.5d）的 1.25 倍（1.9d）、0.95 倍（1.4d）和 1.2 倍（1.8d）；随着冻结工程的持续进行，温度梯度逐渐减小，后期冻结 1d 时，外侧孔、中部孔和内侧孔的等效冻结时间分别为基础值（1d）的 1.1 倍（1.1d）、0.9 倍（0.9d）

和 1 倍(1d)。

3) 停止循环、间歇循环、停冻循环等方式的影响

(1)各孔盐水温度的实测结果表明，短期停止盐水循环对管中盐水温度的影响较小，开机循环一阵后即可恢复停机前温度。因此，可将短期的停止盐水循环简单折算为 0d，即停冻 1d 的等效冻结时间为 0d。间歇循环可简单根据开机时间与整天时间的比例折算。例如，每天开机 6h，折算冻结 1d 的等效冻结时间为 0.25d。

(2)当停冻较长时间或由制冷循环转为不制冷循环(包括制热循环)时，由于短时间内温差较大，热交换较为剧烈，2～3d 后整个热力场的变化才会趋向平缓。因此，由制冷循环转为不制冷循环(包括制热循环)时，在转换运转方式的前 2～3d，实际循环 1d 的可折算等效冻结时间为–2d，甚至更多；在热交换趋于平缓后，可根据盐水温度实测结果将循环 1d 的等效冻结时间调整为–1～–0.2d。

同样在停冻时间较长后重新开始循环或由停冻循环转变为制冷循环的最初 2～3d 内，实际循环 1d 的可折算等效冻结时间可为 2d，甚至更多；在热交换趋于平缓后，再根据盐水温度实测结果将制冷 1d 的等效冻结时间逐渐调整为 1d。

同理，在大幅度提升和降低盐水温度的时候，也有一段热交换较为剧烈的时期，要根据温度调整幅度及效果的监测数据，调整等效冻结时间。

4) 各种调整方式的确定

等效冻结时间的调整方式是结合赵固二矿西风井施工期间的具体情况反复修正后得出的最终结论。不同的调整方式对冻结壁形成特性的影响不同，尤其反映在直观的井帮温度分析值上就会有明显区别。有些调整方式未全面考虑各影响因素，在工程初期分析结果差距不大，但随着工程的进行，分析结果与实测值偏差越来越大，在通过大量的对比分析后确定前述调整方式比较符合工程实际。表 4-9 列举了一些实施过程中采用不同的调整方式对井深 360m 黏土层井帮温度分析值的影响数据。

表 4-9　赵固二矿西风井不同等效冻结时间的调整方式对井深 360m 黏土层井帮温度分析值的影响

等效冻结时间调整方式	盐水流量影响折算等效冻结时间的倍数			孔圈位置影响折算等效冻结时间的倍数						停冻等方式影响	井帮温度 /℃
	初期值	后期值	明显降流量后值	外侧孔初期值	中部孔初期值	内侧孔初期值	外侧孔后期值	中部孔后期值	内侧孔后期值		
最终采用值	1.5	1	0.8	1.25	0.95	1.2	1.1	0.9	1	考虑短时间热交换剧烈	–8.3
分析试用值一	1.5	1	0.8	1.25	0.95	1.2	1.1	0.9	1	不考虑短时间热交换剧烈	–8.9
分析试用值二	1.6	0.9	0.8	1.25	0.95	1.2	1.1	0.9	1	考虑短时间热交换剧烈	–7.7
分析试用值三	1.5	1	0.5	1.25	0.95	1.2	1.1	0.9	1	考虑短时间热交换剧烈	–8.0
分析试用值四	1.7	1	0.8	1	1	1	1	1	1	考虑短时间热交换剧烈	–7.1

4. 各孔圈不同等效冻结时间导致的问题及处理

通过上述各项调整，多圈孔的各孔圈在冻结至某一天的等效冻结时间并不相同，尤其在防片孔调控后差异更大。以赵固二矿西风井为例，掘砌至井深 420m 砂质黏土层冻结时间约为 217d，此时内孔圈、中孔圈、外孔圈的等效冻结时间分别为 133.3d、197.4d、264.9d，因此要根据实际冻结壁的扩展情况，将冻结壁向井帮扩展的范围按 5 个等效冻结时间段进行分析，并累加计算：

(1) 中内圈交汇前，内圈孔单独向井帮扩展的范围；

(2) 中内圈交汇后至全部交汇前，中、内圈孔共同向井帮扩展的范围；

(3) 全部交汇后至内圈停止前，中、内、外圈孔共同向井帮扩展的范围；

(4) 内圈停止后至中圈停止前(133.3～197.4d)，中、外圈孔共同向井帮的扩展范围；

(5) 中圈停止后至外圈停止前(197.4～264.9d)，外圈孔单独向井帮的扩展范围。

4.5.3 冻结工程调控时机及方法

1. 把握时机

(1) 建立冻结壁形成特性实测、分析与冻结调控的机制。

(2) 定期分析冻结壁特性，结合掘砌工程进展情况及需要，提前预判调控对冻结壁形成特性(特别是井帮)变化的影响。

(3) 根据冻结孔布置特点，在井筒掘砌通过内侧冻结孔深度前 20～30d 进行冻结壁特性分析、预调模拟分析，确定冻结工程调控措施。

2. 冻结调控的常用方法

冻结调控的常用方法包括：①冻结孔盐水流量调控，要分析调控作用及调整幅度的作用效果；②盐水温度升、降作用及调控时段的确定；③外圈孔(部分深厚冲积层为主冻结孔)、中圈孔、内圈孔分别调控或同期调控目的及常用的调控方式；④停止冻循环；⑤分析调控产生的滞后时间，为此要确定提前调控的方法；⑥分析调控对井帮温度的影响程度。

工程实施中需考虑流量控制与盐水泵及系统的结合、温度控制与冷冻机组的结合，以及冻结孔圈的运转状态。

3. 冻结调控的方式和目标

1) 冻结调控的方式

根据冻结工程实测资料，应用冻结壁形成特性综合分析方法，每隔 30d 左右对未施工段的冻结壁形成特性进行工程预报，对冻结盐水温度、流量进行调控，并分析调整掘进段高。

2）冻结调控的目标

第一个目标是控制合理的井帮温度变化及分布，使井帮温度变化接近表 3-2 的合理范围，为冻结段掘砌创造较好的施工条件，并确保混凝土井壁强度增长超过冻结压力的增大，实现安全、快速、高效施工。

第二个目标是将壁后冻土融化范围控制在合理范围内，使混凝土井壁承受合理的冻结压力和温度应力，并降低冻胀力对井壁的破坏威胁。

第三个目标是控制外层井壁及壁间温度，为套壁后实施壁间注浆创造施工条件。

4.5.4　动态的综合分析方法应用效果

赵固二矿西风井井筒净直径 6.0m，穿过冲积层厚度 704.6m，冻结深度 783m，冻结段井壁厚度 900～1950mm，井壁混凝土设计最高强度等级为 C100 高性能混凝土。赵固二矿西风井冻结设计时，便根据赵固矿区已经建成的 7 个井筒的冻结实测资料和施工经验，确定了井帮温度调控的目标曲线（图 4-31 中黏性土层调控目标）。为了适应复杂调控的施工工况，在掘砌初期即引入等效冻结时间的概念初步进行动态分析并对比实测结果，经过 2～3 个月的总结，动态的综合分析方法已能够比较准确地分析和预测井帮温度与冻结壁形成状况，达到可以指导施工及冻结调控的目的；随着施工的进行，以及积累数据的增多，动态综合分析方法的分析结果也越来越准确。

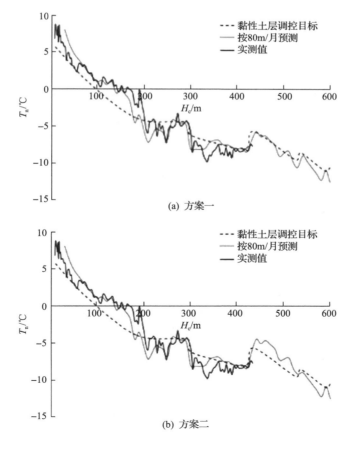

(a) 方案一

(b) 方案二

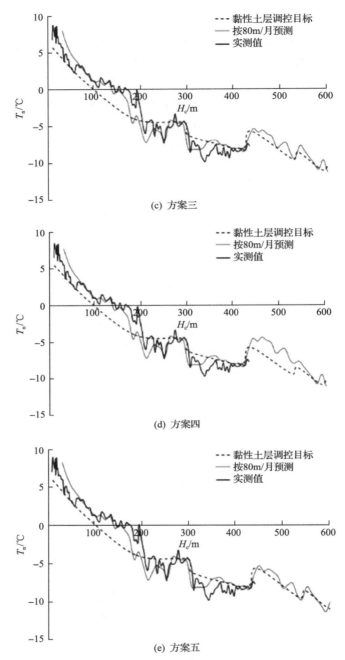

图 4-31　赵固二矿西风井掘砌至井深 420m 时冻结调控方案预测对比

T_n-井帮温度；H_c-冲积层深度

　　在每月及关键施工节点的技术分析会议上，都会对当前的冻结壁发展情况作详细汇报，并针对后续调控和掘砌计划给出不同的井帮温度发展预测，供掘砌与冻结单位参考，共同商议调控方案。例如，在掘砌至井深 420m 附近时的技术分析会议中，按照冻结壁和井帮温度的发展情况，针对冻结调控方案给出了 5 种提议，分别针对辅助孔圈的运转方式和防片孔圈的运转方式做了不同的调控处理措施，主冻结孔圈不进行调控。等效冻结时间分析见表 4-10，各方案调控效果预测见图 4-31。

表 4-10　赵固二矿西风井不同冻结调控方案在掘砌至井深 420m 时对井深 480m 的预测参数节选

调控方案	调控内容	冻结时间/d	防片孔圈等效冻结时间/d	辅助孔圈等效冻结时间/d	主孔圈等效冻结时间/d	井帮温度/℃
方案一	辅助孔持续制冷/防片孔停止运转	239	139.9	234.5	286.8	−7.5
方案二	辅助孔持续制冷/防片孔停止制冷并间歇循环	239	125.9	234.5	286.8	−6.0
方案三	继续维持辅助孔间歇制冷(5d 制冷/5d 不制冷)/防片孔停止运转	239	139.9	218.5	286.8	−6.4
方案四	继续维持辅助孔间歇制冷(5d 制冷/5d 不制冷)/防片孔停止制冷并间歇循环	239	125.9	218.5	286.8	−4.9
方案五	继续维持辅助孔间歇制冷(10d 制冷/5d 不制冷)/防片孔停止运转	239	139.9	224.4	286.8	−6.8

表 4-10 列举了在掘砌至井深 420m 的技术分析会议中针对掘砌至井深 480m 时不同调控方案的预计冻结时间、各孔圈的等效冻结时间和井帮温度的预测值，通过对比可知对辅助孔圈、防片孔圈的调控影响了这两圈的等效冻结时间，从而影响到井帮温度的预测值。

由图 4-31 可以看出动态综合分析方法的分析结果与前期实测井帮温度已较为接近（井深 420m 前），后续预测曲线（井深 420m 后）根据调控方式的不同略有差别，通过对比井帮温度预测曲线的不同发展趋势，即可对各调控方案的实施效果形成直观的概念。最终技术分析现场会议专家组认为方案五的深部井帮温度分布更有利于施工安全与掘砌速度的统一。

赵固二矿西风井每次关键施工节点技术分析会议都坚持对下一步的调控方案进行预测分析，随着冻结调控的实施、检测数据增多、动态分析方法的应用调整，优化后的预测结果会与前期分析（图 4-31）结果略有差别，最终动态分析结果（图 4-32）与实测值较接近。通过对分析预测结果的讨论，及时对冻结器的运转进行调控，给掘砌队伍创造了良好的施工条件，井帮温度实测值较接近黏性土层的控制目标（图 4-33）。工程实际控制冲积层深部黏性土层井帮温度基本在−11℃以上，砂性土层井帮温度在−13℃以上。冻结壁厚度与平均温度满足设计要求，可以实现实施的冻结壁厚度与设计的冻结壁厚度偏差小于 2%，实施的冻结壁平均温度与设计的冻结壁平均温度偏差小于 1℃，实施的井帮温度与设计的井帮温度偏差小于 2℃。施工中结合井帮稳定性实测分析，控制爆破掘进的座底炮深度一般为 2.5～2.8m，在深部松散土层中限制座底炮深度在 2m 以内，井深 540m 以下模板高度改为 3m，井深 660m 以下模板高度改为 2.5m。经过冻结壁厚度、平均温度及井帮温度的精准设计与实施，为安全快速施工创造了良好的条件。取得冲积层深部外层井壁掘砌速度维持在 75～80m/月，冲积层段外层井壁掘砌平均速度为 87.1m/月，冻结段外层井壁掘砌平均速度为 82.1m/月。冻结壁设计和冻结壁形成控制理论与技术成功应用于赵固二矿大于 700m 深厚冲积层冻结法凿井，实现了精准设计、精准调控，取得了显著的技术和经济效益。

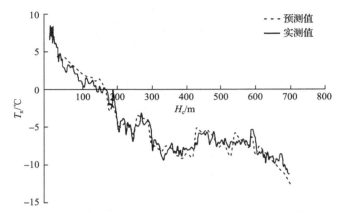

图 4-32　赵固二矿西风井冲积层段井帮温度动态分析预测值与实测值

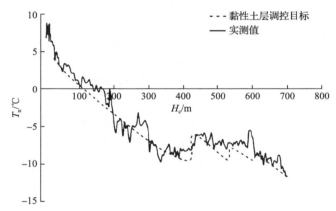

图 4-33　赵固二矿西风井冲积层段井帮温度实测值与黏性土层调控目标

4.5.5　基本结论

（1）通过合理的细化分解每日盐水运动状态因子，引入等效冻结时间的概念并分段计算冻结壁的扩展范围，可将静态的冻结壁形成特性综合分析方法转化为动态分析方法，将冻结壁形成特性综合分析方法成功应用于复杂调控条件下的动态分析中。

（2）通过在赵固二矿西风井实际施工中反复修正等效冻结时间的调整方式，最终得出适用于赵固二矿西风井的动态冻结壁形成特性综合分析方法。工程实践应用表明，冻结壁厚度与平均温度满足设计要求，冻结壁厚度与设计的冻结壁厚度偏差小于 2%，冻结壁平均温度与设计的冻结壁平均温度偏差小于 1℃，井帮温度实测值与设计调控目标偏差小于 2℃，实现了对深井冻结过程的精准调控，可满足快速施工的要求。

（3）基于等效冻结时间概念的动态冻结壁形成特性分析方法，在施工过程中能实时分析及预测冻结壁的发展状况，可有效指导冻结调控，减缓冻掘矛盾，实现对深井冻结精准设计、精准调控、精准施工，保障井筒的安全性和快速施工，为深厚冲积层冻结法凿井工程冻结壁形成特性的精准预测预报与调控提供了成功经验。本书列举的等效冻结时间调整方式可供类似工程借鉴。

4.6　冻结壁径向位移实测分析与掘进段高调控技术

4.6.1　建立冻结壁径向位移实测分析与掘进段高调控机制

冻结壁位移特征直接反映冻结壁稳定状况。冻结壁位移是判断冻结壁稳定状况的重要指标，在第二阶段后期或第三阶段初期控制冻结壁位移变形，把冻结壁径向位移控制在 50mm 以内已达成共识。已有的工程实践表明，在深厚冲积层冻结壁坚持冻结壁位移实测与掘进段高调控机制，有效控制掘进段高、掘砌循环时间和冻结壁径向位移值，能有效防止冻结壁位移值偏大而导致冻结管断裂，确保冻结段安全快速施工。

赵固二矿西风井井筒净直径 6.0m，穿过冲积层厚度 704.6m，冻结深度 783m，井壁厚度 900～1950mm，井壁混凝土设计最高强度等级采用 C100 高性能混凝土。赵固二矿是我国第二个穿过 700m 冲积层的矿井，西风井是我国第四个穿过 700m 冲积层的井筒。如何确保深厚冲积层冻结壁安全稳定，防止冻结管断裂和外层井壁压坏，并有效控制井帮温度，限制冻土向荒径内扩展，为掘砌创造良好的施工条件，是赵固二矿西风井及深厚冲积层冻结法凿井面临的重大难题。

赵固二矿西风井 704.6m 冲积层冻结开展了深部黏性土层冻结壁井帮表面和冻结壁内部位移实测，分析得到了冻结位移变化特征，结合冻结壁形成特性实测分析，提出了掘砌施工合理段高和掘砌时间，取得了有效控制冻结壁井帮温度和位移的实践经验，形成了深厚黏性土层冻结壁径向位移实测分析与掘进段高调控机制，从而科学指导施工。创新了深厚冲积层冻结法凿井冻掘配合和确保冻结壁稳定的方法，为更安全高效率穿过 600～1000m 冲积层的矿井建设积累经验。

4.6.2　深厚黏土层冻结壁径向位移实测

1. 赵固二矿西风井冻结掘进段高设计

设计赵固二矿西风井冻结方案时，不仅针对黏性土层进行了冻结壁厚度设计，还结合冻结壁形成特性、深部爆破掘进工艺、冻土力学特性及薄弱土层特点，对深厚黏性土层安全掘进段高进行预测分析，对深部爆破掘进支护模板高度变化进行设计，并针对土层特性提出了加强冻结和严格限制座底炮深度的冻掘配合要求，从理论上对深部冻结壁的安全稳定进行设计。

以往在用维亚洛夫−扎列茨基塑性有限段高公式计算黏性土层冻结壁厚度时，一般将支护模板高度作为掘进段高，但在深厚冲积层冻结段掘砌过程中，往往需要爆破掘进。爆破掘进需要在浇筑外层井壁之前先放座底炮，以便于下个循环钻机在刃角下方具有足够的作业空间，造成爆破掘进段高比支护模板高度大很多，如果仍用支护模板高度作为掘进段高代入用于冻结壁有限段高计算的维亚洛夫-扎列茨基公式,得出的冻结壁厚度明显偏薄,所以应以爆破掘进段高代入进行计算;根据深厚冲积层掘砌的爆破工艺特点,研究确定冲积层深部爆破掘进段高为模板高度的 1.6～1.9 倍,据此进行黏性土层冻结壁厚度设计和段高预测,见表 2-8。

2. 深厚黏土层冻结壁径向位移实测方案

1) 监测的重点层位

根据冻土强度和非冻土物理力学试验,掘至井深 400m 后,加强冻结壁径向位移的监测密度,确定对厚黏性土层中部、强度薄弱层位实施重点监测,井深 490～515m、525～545m、580～596m、650～680m 为重点监测层位。

2) 冻结壁内部径向位移的检测

冻结壁内部径向位移与井帮径向位移有明显差异。从冻结壁井帮向外侧,径向位移呈降低趋势,井帮径向位移量超过 50mm 则意味着井帮稳定性变差、位移量容易猛增,冻结壁的稳定性取决于井帮不稳定范围所占比例。因此,对于重点层位,既要监测井帮浅部(约 300mm)径向位移,还要监测井帮深部(500～600mm)、更深部(约 1000mm)径向位移。

3) 爆破掘进时监测部位及时机

冻结壁径向位移的基本规律特性可分为三个阶段(图 4-34):①初期位移快速增长阶段(Ⅰ段,即 OA 段),位移速度较大,但位移速度随时间的增加而逐渐减小;②位移稳定增长阶段(Ⅱ段,即 AB 段),位移速度变化不大,近似为常量,当地压和掘进段高不是很大或冻结壁厚度、强度较佳时,此段就会较长,甚至位移速度会逐渐降低;③后期位移急剧增长阶段(Ⅲ段,即井帮裸露时间大于 t_2 段),冻结壁位移速度和总位移量快速增加,也称为蠕变强化阶段,当地压和掘进段高大到一定程度,冻结壁厚度、强度欠佳时,t_2 的时间节点就会提前,随后的变形速率和位移总量就会急剧增长,冻结壁失稳。因此,准确检测冻结壁径向位移量和位移时间段,正确分析冻结壁裸露阶段的径向位移

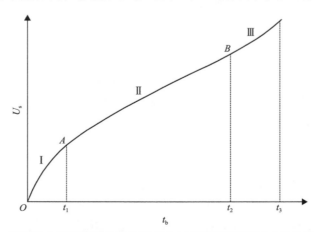

图 4-34　深部黏土层冻结壁收敛位移(U_s)与井帮暴露时间(t_b)的关系典型曲线

变化状况都是非常重要的监测和分析工作。

如图 4-35 所示，正常的爆破掘进需要在浇筑外层井壁之前先放座底炮，座底炮深度一般为 2.3～2.7m，特别控制的座底炮深度为 2.0m 左右，严格限制时座底炮深度可控制在 1m 之内；冲积层段座底炮爆破面并未到荒径，一般留近 300mm 厚的工作面保护层，待浇筑完外层井壁后再出矸及开帮，随后继续往下钻孔爆破、出矸及开帮至支护模板所需深度。受爆破、出矸、绑扎钢筋、支护模板的影响，冻结壁径向位移监测点一般只能设置在第一次开帮段内，监测结束时间只能到下一段爆破之前。

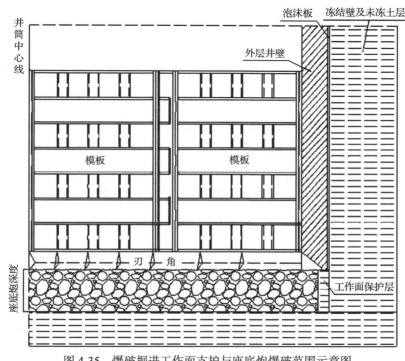

图 4-35　爆破掘进工作面支护与座底炮爆破范围示意图

因此，赵固二矿西风井冻结壁位移监测点设置在模板刃角下方 1m 左右刚开帮位置；在低部位受力靠近爆破底端且开帮时间晚，监测时间短；当冻结壁相对稳定，已浇筑井壁与冻结壁之间的泡沫板未压密实的情况下，支护模板下方的测点仍处于一个较大的裸露段高之中，实测具有工程实际意义。

4.6.3　冻结壁径向位移实测分析与掘进段高调控机制的应用

1. 冻结壁径向位移实测情况与实测结果

(1)经过对赵固二矿西风井 60 多个层位的 200 多个(对)测点径向位移的检测，发现如下特点：①径向位移在开帮后初期速度较大，随着时间的延长速度逐渐减小；掘砌过程中，径向位移处于图 4-34 的 Ⅰ 段和 Ⅱ 段，我们主要检测到 Ⅰ 段的前期值，即位移速度较大的最初阶段值。②在井帮相对稳定的情况下，掘砌循环时间内浅测点累积位移在

30～60mm 时，深测点比浅测点测得的径向位移速度略小，为浅测点的 60%～80%；当（冲积层深部土层冻结强度较低层位）井帮稳定性变差，掘砌循环时间内浅部测点累计位移在 60～90mm 时，深测点与浅测点测得的径向位移差异变小，但更深测点（约 1000mm）比深测点（500～600mm）的径向位移明显变小。③工作面出矸、开帮、钻炮眼、爆破、绑钢筋的整个过程中，上一段高井壁与冻结壁之间在刃角可见处的泡沫板，原本厚度为 75mm，基本上维持压缩厚度在 40～50mm。

（2）根据上述特点，将赵固二矿西风井冻结壁径向位移监测数据的分析方法归纳为如下两种：①考虑到位移速度随着时间逐渐减小的规律和已测到一些层位数据所显示的位移速度递减规律，每循环总位移分析采用循环前 1/3 段取 100%前期实测位移速度、中 1/3 段取 70%前期实测位移速度、后 1/3 段取 56%前期实测位移速度的三段折减法，分析结果见表 4-11。②考虑到已测数据涵盖了较大位移及较小位移等各种层位的结果，以及冻结壁径向位移 I 段和 II 段的基本特点，采用上限、下限两条回归曲线（图 4-36）包裹监测数据，综合分析测量时间及位移量（图 4-36 中的点）靠近上下曲线的位置，选取位移变化规律曲线（虚线），从而确定掘砌循环时间内的位移折算值，称之为回归法，分析结果见表 4-11。

表 4-11 赵固二矿西风井深部黏性土层部分冻结壁径向位移实测、分析结果

深度/m	方向	用时(时:分)	收敛位移/mm	平均径向位移速度/(mm/h)	掘砌循环时间/h	折减法折算每循环径向位移/mm	回归法折算每循环径向位移/mm	备注
480	东西	1:35	2.54	0.80	25.08			
500	南北	6:00	9.39	1.62	29.4	35.81	45.47	
511	东西	12:23	36.84	1.49	28.0	31.38	50.37	
530.8	南北	5:20	29.84	2.80	39.0	82.19	70.92	
534.7	东西	5:45	31.55	2.74	31.5	65.10	79.54	
537.7	东西	3:12	11.6	1.81	44.1	60.19	43.87	深测点
540.8	东西	6:45	40.04	2.97	35.7	79.65	85.75	
	南北	6:30	20.23	1.56		42.69	56.63	深测点
546	东西	3:00	10.79	1.80	30	40.64	38.63	深测点
	南北	3:00	11.85	1.98		44.63	42.42	
		3:00	8.62	1.44		32.47	30.86	深测点
549.6	东西	3:05	10.32	1.67	28.9	36.46	35.54	深测点
	南北	3:05	9.09	1.47		32.11	31.30	
552.5	东西	3:50	11.29	1.47	40.4	44.84	35.47	
	南北	3:50	12.86	1.68		51.07	40.40	深测点

续表

深度/m	方向	用时(时:分)	收敛位移/mm	平均径向位移速度/(mm/h)	掘砌循环时间/h	折减法折算每循环径向位移/mm	回归法折算每循环径向位移/mm	备注
555.2	东西	1:40	6.99	2.10	28.7	45.29	40.72	
		1:40	5.78	1.73		51.27	41.91	深测点
	南北	1:40	9.47	2.84		61.35	50.40	
		1:40	7.77	2.33		50.34	46.59	深测点
558.8	东西	2:30	9.78	1.96	31.4	51.45	44.88	
		2:30	4.55	0.91		36.03	25.12	深测点
	南北	2:30	8.39	1.68		40.44	37.28	
		2:30	5.35	1.07		25.27	23.55	深测点
574	东西	3:05	11.91	1.93	27.2	39.57	40.19	
586.8	东西	2:40	16.27	3.05	25.9	59.56	60.02	深测点
	南北	2:40	10.20	1.91		37.34	39.33	深测点
589.8	东西	1:40	13.51	4.05	24.8	75.82	74.29	深测点
	南北	1:40	15.48	4.64		86.88	71.45	
		1:40	10.85	3.25		77.88	68.56	深测点
592.8	东西	1:30	13.04	4.35	26.3	86.12	103.08	
	南北	1:30	10.30	3.43		68.02	81.42	深测点
595.7	东西	2:00	8.12	2.03	26.4	40.40	42.21	
	南北	2:00	9.82	2.46		48.86	51.04	
642.6	东西	1:25	5.61	1.98	29.2	43.50	52.89	
	南北	1:25	5.21	1.84		40.40	49.12	深测点
648.5	东西	2:00	8.33	2.08	29.8	46.83	45.05	
	南北	2:00	8.76	2.19		49.25	47.38	
655.6	东西	2:00	8.24	2.06	29.2	45.39	39.03	
	南北	2:00	8.22	2.05		45.28	41.06	
658.7	东西	1:25	9.27	3.27	27.0	66.63	82.35	
		1:25	10.12	3.57		72.74	89.90	深测点

续表

深度/m	方向	用时(时:分)	收敛位移/mm	平均径向位移速度/(mm/h)	掘砌循环时间/h	折减法折算每循环径向位移/mm	回归法折算每循环径向位移/mm	备注
661.5	东西	1:40	8.85	2.65	27.5	55.00	60.95	
		1:40	13.22	3.97		82.16	88.74	深测点
		1:40	4.87	1.46		30.27	36.82	更深测点
	南北	1:40	12.53	3.76		77.87	84.11	
		1:40	12.66	3.80		78.68	84.98	深测点
		1:40	9.12	2.74		56.68	62.80	更深测点
664.3	东西	2:25	12.17	2.52	27	51.21	50.58	
	南北	2:25	11.36	2.35		47.81	47.22	
		2:25	11.34	2.35		47.72	47.13	更深测点

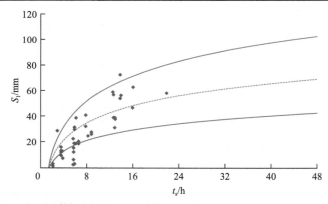

图 4-36　赵固二矿西风井深厚黏性土层冻结壁径向位移(S_1)与实测时间(t_s)实测回归曲线

2. 井帮稳定性与冻结壁稳定性分析

1）冻结壁稳定性计算

根据冻结壁温度场实测资料及工程预报，应用冻结壁有限段高维亚洛夫-扎列茨基公式，分阶段计算冻结壁一般条件下（均值强度）和薄弱层位（低值强度）的安全段高（表 4-12）。

2）冻结壁稳定性综合分析

（1）从冻结壁径向位移监测分析表 4-11 和安全掘进段高分析表 4-12 的数据综合对比可以看出，由于座底炮深度一般为 2.3～2.7m，特别控制时座底炮深度小于 2m，井深 480m 一般黏性冻土的井帮稳定性很好，如果出现薄弱土层则井帮稳定性将受影响；井深 530m 以下薄弱层位用 4m 高模板支护时，井帮稳定性开始转弱；井深 540m 以下改为 3m 高模

表 4-12　赵固二矿西风井黏性土层安全掘进段高计算值

深度/m	支护模板高度/m	地压/MPa	冻结时间/d	井帮温度/℃	冻结壁厚度/m	冻结壁平均温度/℃	工作面冻结状态系数	冻土计算强度/MPa	安全段高计算值/m
425	4	5.525	217	−8.3	10.2	−17.5	1.42	5.97	7.77
								4.85	6.31
480	4	6.240	239	−5.9	10.2	−17.4	1.51	5.94	6.43
								4.83	5.23
535	4	6.955	258	−7.3	10.1	−17.2	1.47	5.91	5.84
								4.14	4.09
608	3	7.904	289	−9	10.0	−18.8	1.41	6.17	5.54
								4.79	4.30
655	3	8.515	309	−10.1	10.0	−19.1	1.37	6.21	5.33
								4.84	4.15
690	2.5	8.970	326	−11.3	10.05	−19.2	1.33	6.26	5.29
								5.51	4.65

板支护，井帮稳定性明显好转；井深 590m 附近出现一个 15.1m 的薄弱层，通过严密观测井壁与冻结壁泡沫板压缩量变化，严格限制座底炮深度（1m 左右），加快掘砌速度，穿过了井帮稳定性欠佳的三模掘砌段（9m），当时施工很快，未能监测更深部冻结壁的位移；井深 660m 附近再次出现薄弱层，井帮和冻结壁 600mm 内的稳定性均受影响，通过更深测点的径向位移监测（1000mm），支护模板高度减至 2.5m，严格限制座底炮深度，顺利通过井帮稳定性欠佳的三模掘砌段（7.5m）。

（2）冻结壁径向位移 50mm 是一个非常重要的限定指标，累计位移超过 50mm 后很容易急剧增加，冻结壁内侧（井帮）出现不稳定或塑性区域，此区域范围可以通过冻结壁内部钻孔及楔入位移监测杆的力度感觉出来，超过这个范围一般无法楔入监测杆。赵固二矿西风井冻结壁径向位移监测分析结果：薄弱层位冻结壁的不稳定厚度一般小于 800mm，其中有 2 个层位不稳定厚度为 1000~1200mm，赵固二矿西风井冻结壁整体稳定性良好。

3. 模板高度、座底炮深度调控及其效果

最初冻结设计支护模板段高调控计划：井深 510m 以上为 3.8m，井深 510~650m 为 3m，井深 650~704.6m 为 2.5m。从掘砌施工的角度分析，掘砌越深，采用 3m 模板越能加快施工速度，最好不用 2.5m 模板，有利于将 12m 长的钢筋等分截成 3m 段。但冻结壁径向位移实测分析与掘进段高调控机制发挥了关键作用，当冻结壁温度场分析计算和位移监测得出井深 530m 附近井帮径向位移偏大、4m 段高模板不适宜后，监测、分析人员立即通知甲方、监理和掘砌单位，要求掘砌施工于井深 540m 前改为 3m 段高模板；井深 590m 附近出现薄弱层，监测、分析人员立即通知掘砌施工负责人，严格限制座底炮深度小于 1m，快速施工三个循环；井深 648.5~655.6m 的冻结壁径向位移均不大，掘砌单位一度希望仍用 3m 模板，当井深 658.7m 的位移监测数据出来后，掘砌单位果断将模板高度改为 2.5m，并限制座底炮深度小于 2m。

冻结法凿井实施冻结壁径向位移实测分析与掘进段高调控机制，首先确保了冻结壁及掘砌施工稳定和安全，避免了冻结管断裂，同时也促进了冻结调控顺利实施，实现了井帮温度设计的调控目标，基本维持深部黏性土层井帮温度在 –11～–7℃，施工环境温度良好，爆破掘进的炸药起爆率和爆破效果均好于以往深冻结井筒，冲积层深部外层井壁掘砌速度基本维持在 75～80m/月，冲积层段外层井壁掘砌平均速度为 87.1m/月，冻结段外层井壁掘砌平均速度为 82.1m/月。

第5章

深井冻结高承载力井壁制备与设计技术

5.1 概 述

5.1.1 冻结法凿井井壁施工和承载特点

1. 外层井壁施工和承载特点

外层井壁是自上而下短段掘砌,要保证井筒施工速度,就必须保证井壁混凝土能在 8~10h 内脱模,要求混凝土具有早强性能。外层井壁混凝土设计和施工存在的技术难点有两个:一是外层井壁外侧与冻结壁直接接触,井帮温度较低(接近–20~–10℃),靠近井帮部位的混凝土降温较快,影响强度增长;在深厚黏土层中,冻土扩展速度较慢,冻结壁厚度较小,冻土强度较低,冻结压力较大,外层井壁有可能因混凝土强度增长率低于冻结压力增长速度而遭受破坏,甚至导致冻结壁位移得不到控制,引起工程事故。二是由于井壁厚度大,混凝土硬化过程中,产生较多的水化热,引起井壁温度升高和井壁后冻土融化范围大,回冻时间长。前者容易导致井壁出现温度裂缝,后者容易导致井壁拉裂。因此,要求外层井壁混凝土不仅具有较高的强度和合适的强度增长特性以抵抗地压,还必须有较低的水化热和低温高早强性能:一要防止因高强混凝土应用带来的高水化热引起井壁后冻土大量融化;二要使不同龄期的混凝土强度增长率大于冻结压力增长率,以防外层井壁压坏,导致冻结壁径向位移过大,造成冻结管断裂。

2. 内层井壁施工和承载特点

内层井壁是自下而上大段高连续浇筑混凝土,井壁混凝土应能满足滑模等施工工艺脱模强度要求,也要求混凝土具有早强性能。内层井壁混凝土设计和施工存在的技术难点有三个:一是套壁中连续浇筑的混凝土体积大,水化温升高,外侧受外层井壁约束和低温的影响,容易产生收缩、温差裂缝和井壁漏水问题;二是在冻结壁解冻过程中,内层井壁出现漏水或壁后冻土融化不均匀沉陷,易导致局部破坏;三是在矿井生产过程中,疏排水引起冲积层段含水层水位下降或地层沉陷,产生较大的竖向附加力,导致井壁永久破坏。

3. 井壁耐久性等特殊要求

矿井设计年限一般都超过 50 年,有些地区地下水中和土中有大量的 SO_4^{2-} 和 Cl^-,造成混凝土中钢筋锈蚀和开裂。混凝土井壁腐蚀的必要条件是环境，即含有 Cl^-、SO_4^{2-} 等离子的水进入混凝土中后发生化学反应，会引起混凝土井壁腐蚀破坏，降低混凝土强度，这一因素在井壁破坏中所起的作用不能忽视。井壁所受竖向附加力是井壁破裂的外因，井壁混凝土强度降低是井壁破坏的内因。因此，对于深冻结井筒井壁（尤其是内层井壁）混凝土，除了高强、早强以外，还必须具有高耐久性，从而满足井筒使用要求。

根据冻结段内外层井壁施工工艺的不同，井壁混凝土需要具备不同的环境温度和对受力环境的适应性，以及大坍落度和扩展度、高强度增长率和密实度等特性。

5.1.2 C100 高性能混凝土井壁制备技术的成果及尚需提高的技术

1. 已取得的主要技术成果简况

针对深厚冲积层冻结井筒应用混凝土工程需求，有关科研、高校、建设、施工单位相继开展了冻结井筒工程高强高性能混凝土研究与应用工作。我国于 1996 年曾将高性能混凝土的综合研究和应用课题列为"九五"国家科技攻关计划项目，由中国建筑材料科学研究总院有限公司牵头组织联合攻关，取得了良好的技术经济效果；2000 年 12 月 15 日，由科学技术部组织了验收，从而在我国揭开了试验应用高性能混凝土的序幕。

2000 年以来，煤炭基本建设和冻结法凿井迎来了前所未有的大好形势，400～600m 冲积层冻结井筒数量超过 80 个，冻结段井壁设计厚度大幅度增大，迫切需要采用高性能混凝土和提高混凝土设计强度等级，以减薄冻结段井壁厚度。为了满足＞400m 冲积层冻结段井壁结构设计和施工需要，煤炭科学研究总院北京建井研究所（分院）和中国建筑材料科学研究总院水泥科学与新型建材研究所于 2001 年合作开展了高性能混凝土在深厚冲积层冻结段井壁工程中的试验应用研究工作，并于 2002 年在河南程村主井、副井 430m 冲积层冻结段施工中，开展了外层井壁采用 C40～C60 低温早强混凝土和内层井壁采用 C40～C60 低水化热防裂密实高性能混凝土的试验应用研究工作，首次将冻结段井壁混凝土设计强度等级由 C55 提高至 C60，为＞400m 冲积层冻结段井壁推广应用高性能混凝土奠定了基础。

随后在 2004 年施工的安徽丁集矿主井、副井、风井和山东龙固副井冻结段井壁工程中，试验应用了 C60～C70 高性能混凝土。在 2005 年施工的河南泉店矿主井、副井、风井冻结段井壁工程中，试验应用了 C60～C75 高性能混凝土。在 2005 年施工的赵固一矿副井、风井冻结段井壁工程中，率先试验应用了 C80 高性能混凝土。在 2007 年施工的赵固二矿风井冻结段井壁中，试验应用了 C90 高性能混凝土。

针对煤矿更深厚冲积层冻结法凿井井壁结构设计需要，"十二五"国家科技支撑计划课题"深厚冲积层冻结千米深井高性能混凝土研究与应用"（2011BAE27B03）立项。中国建筑材料科学研究总院有限公司、北京煤科联应用技术研究所、中国煤炭科工集团北京中煤矿山工程有限公司、国投煤炭有限公司等单位联合攻关研究，顺利完成煤矿冻结井筒用 C80～C120 高强高性能混凝土研究开发[57,58]，并于 2014 年在施工的赵固一矿西风井冻结段井壁中，试验应用了 C100 高性能混凝土（表 5-1）。C60～C100 高强高性能混凝土的成功应用，使 500m、600m、700m 和 800m 冲积层冻结段的井壁厚度分别控制在

1.5～1.7m、1.8～2.0m、2.0～2.2m 和 2.2～2.4m 成为现实，并取得良好的技术经济效果，有效解决了外层井壁压坏、内层井壁收缩开裂和井壁漏水问题，实现了安全快速施工，井壁质量大幅度提高，掘砌工程和冻结工程成本大幅度降低，为进一步完善深厚冲积层冻结段井壁结构设计和提高井壁质量闯出了一条新路。

表 5-1　推广应用 C60～C100 高性能混凝土的冻结井简况

| 序号 | 井筒名称 | 井筒净直径/m | 冲积层厚度/m | 冻结深度/m | 混凝土最高强度等级 | | 冻结段井壁最大厚度/m | 开钻/掘砌年限 |
					外层井壁	内层井壁		
1	程村副井	5.0	429.9	485	C60	C60	1.80	2002
2	龙固副井	7.0	567.7	650	C70	C70	2.25	2003/2004～2005
3	丁集风井	7.5	528.7	555	C70	C70	2.50	2003/2004～2005
4	泉店副井	6.5	440.0	500	C70	C70	2.00	2005/2005～2006
5	赵固一矿副井	6.8	519.7	575	C70	C80	2.05	2004/2005～2006
6	郭屯副井	6.5	583.1	702	C70	C70	2.50	2004/2005～2006
7	口孜东副井	8.0	571.9	617	C75	C75	2.40	2005/2006～2007
8	赵固二矿副井	6.9	527.5	628	C80	C80	2.00	2006/2007
9	赵固二矿风井	5.2	524.5	628	C90	C90	1.60	2006/2007
10	陈蛮庄副井	6.5	556.9	640	C75	C75	2.45	2008/2009～2010
11	赵固一矿西风井	6.0	502.5	589	C100	C100	1.70	2012/2014～2015

2. 缺少冻结法凿井用的大于 C80 高强混凝土设计理论与技术

深厚冲积层冻结段基本上采用钢筋混凝土塑料夹层井壁结构。该井壁结构施工工艺为外层井壁自上而下分段掘砌至要求深度并浇筑筒形壁座后，自下而上连续浇筑内层井壁，直至井口。外层井壁在冻结段施工过程中起临时支护作用，承受冻结压力，套壁后，成为永久井壁的一部分，承受部分地压(土压或岩石压力及水压)。内层井壁是永久井壁的主体结构，起封水和承受水压的作用，并与外层井壁共同承受地压。

随着冲积层厚度的增加，需要设计和施工高承载能力的冻结井筒井壁。目前，经济、合理、可行的办法是井下现浇高强高性能混凝土井壁结构。工程设计和实践表明，冲积层厚度超过 500m 后，混凝土设计强度等级需大于 C80，否则设计的井壁厚度过厚。过厚的井壁会造成井筒掘进直径大、冻结壁厚度大、冻结制冷需冷量大等严重问题；同时，过厚的井壁在短段掘砌作业时，易引起冻结壁损伤融化，使部分井壁较长时间处于悬吊状态，造成井壁拉裂，不安全，冻掘矛盾突出，工程造价剧增，甚至无法实施等。强度等级大于 C80 的混凝土井壁的设计理论和方法已成为冻结法凿井应用于更深厚冲积层冻结法凿井的关键，影响冻结法凿井技术的推广应用，制约更深厚冲积层所覆盖煤炭资源的开发。因此，研究开发适宜深厚冲积层冻结法凿井工程应用的 C80 以上强度等级的高强高性能混凝土设计理论与技术，具有重要的理论和现实意义。

3．需要针对工程所在地材料条件进行针对性的制备技术

为有效控制项目成本，需要根据煤矿项目地处矿区的混凝土制作材料条件，尽量使用当地现材，开展 C80～C100 制备技术研究，并进行现场配制，优化配合比和施工单位技术水平开展针对性的试验和技术措施。

4．缺少相应的规程规范

C80～C100 高强高性能混凝土是近年来土木工程和建筑材料领域重要的研究成果。煤矿近 10 年来，应用混凝土强度等级先后突破 C70、C80、C90、C100；但因缺少相应规程规范，设计和应用具有实验性，影响预期效果。

现有的《混凝土结构设计规范（2015 年版）》（GB 50010—2010）、《煤矿井巷工程施工规范》（GB 50511—2010）及《煤矿井巷工程施工标准》（GB/T 50511—2022）、《煤矿井巷工程质量验收规范（2022 版）》（GB 50213—2010）、《煤矿立井井筒及硐室设计规范》（GB 50384—2016）等，只适用于 C80 以下强度等级的混凝土；《高强混凝土应用技术规程》（JGJ/T 281—2012），缺少对煤矿冻结法凿井特殊受力条件和环境的要求。欧盟规范"Design of concrete structures—Part 1-1: General rules and rules for buildings"（EN1992-1-1: 2004：E，以下简称"欧盟规范"）有关规定中，高强混凝土强度等级最高已达 C105。急需规范煤矿冻结井筒井壁应用 C80～C100 混凝土设计、施工行为，为此，制定了《立井冻结法凿井井壁应用 C80～C100 混凝土技术规程》（GB/T 39963—2021）。

中国煤炭科工集团北京中煤矿山工程有限公司、中国建筑材料科学研究总院有限公司、国投煤炭有限公司、北京煤科联应用技术研究所、江苏省建筑科学研究院有限公司等单位的专家和工程技术人员，开展了《立井冻结法凿井井壁应用 C80～C100 混凝土技术规程》（以下简称《规程》）制定研究工作，调研了国内外 C80～C100 高强高性能混凝土井壁设计和应用现状，开展了轴心抗压强度（f_c）设计值、轴心抗拉强度（f_t）设计值等参数的取值研究，以及棱柱抗压强度与立方抗压强度比值对比等试验研究，成果卓有成效，为《规程》的制定和关键参数的确定提供了依据。《规程》于 2021 年 3 月 9 日正式发布，2021 年 10 月 1 日实施，为煤矿冻结井筒应用 C80～C100 高性能混凝土的标准化、规范化起到积极推动作用。

5.2　机制砂 C60～C100 高性能混凝土井壁材料配制技术

5.2.1　试验材料及试验方法

1．原材料的选择

1）水泥

适用于制备高性能混凝土的水泥必须具有良好的流变学性能和较高的 28d 强度，还

需包含外加剂的掺量适宜，在运输和浇筑过程可以控制坍落度损失，并且有适宜的凝结时间，以便较快脱模。我国市场生产销售的通用水泥主要有硅酸盐水泥、普通硅酸盐水泥、矿渣硅酸盐水泥、火山灰质硅酸盐水泥、粉煤灰硅酸盐水泥和复合硅酸盐水泥等。

(1) 硅酸盐水泥：由硅酸盐水泥熟料、0%～5%石灰石或粒化高炉矿渣、适量石膏磨细制成的水硬性胶凝材料称为硅酸盐水泥，分为 P.Ⅰ和 P.Ⅱ。其中 P.Ⅰ硅酸盐水泥由硅酸盐水泥熟料和适量石膏磨细制成；P.Ⅱ硅酸盐水泥由熟料、≤5%石灰石或粒化高炉矿渣、适量石膏磨细制成。

(2) 普通硅酸盐水泥：由硅酸盐水泥熟料、>5%且≤20%的混合材料和适量石膏磨细制成的水硬性胶凝材料称为普通硅酸盐水泥(简称普通水泥)，代号：P.O。

(3) 矿渣硅酸盐水泥：由硅酸盐水泥熟料、≥30%且<80%粒化高炉矿渣和适量石膏磨细制成的水硬性胶凝材料称为矿渣硅酸盐水泥，代号：P.S。

(4) 火山灰质硅酸盐水泥：由硅酸盐水泥熟料、>20%且≤40%火山灰质混合材料和适量石膏磨细制成的水硬性胶凝材料称为火山灰质硅酸盐水泥，代号：P.P。

(5) 粉煤灰硅酸盐水泥：由硅酸盐水泥熟料、>20%且≤40%粉煤灰和适量石膏磨细制成的水硬性胶凝材料称为粉煤灰硅酸盐水泥，代号：P.F。

(6) 复合硅酸盐水泥：由硅酸盐水泥熟料、两种或两种以上规定的混合材料(混合材总量>20%且≤50%)和适量石膏磨细制成的水硬性胶凝材料称为复合硅酸盐水泥(简称复合水泥)，代号 P.C。

(7) 中热硅酸盐水泥：以适当成分的硅酸盐水泥熟料加入适量石膏磨细制成的具有中等水化热的水硬性胶凝材料称为中热硅酸盐水泥。

(8) 低热矿渣硅酸盐水泥：以适当成分的硅酸盐水泥熟料加入适量石膏磨细制成的具有低水化热的水硬性胶凝材料称为低热矿渣硅酸盐水泥。

目前，我国市场销售的水泥绝大部分是普通硅酸盐水泥。由于掺入水泥中的混合材料有窑灰、粉煤灰、粒化高炉矿渣、火山灰质等，品种多，掺量不确定，特别是窑灰、劣质粉煤灰等混合材料对高强混凝土的黏度、外加剂的适应性产生较大的影响，所以在一些重点工程和配制高强度等级的混凝土时，选用普通硅酸盐水泥需特别注意水泥中的混合材料品种、掺量等。P.Ⅰ硅酸盐水泥在市场上销售量很小，工程选用不现实，会面临供货短缺的问题；P.Ⅱ硅酸盐水泥目前在铁路建设、地铁工程和重点工程中会选用，一些大型的水泥生产企业均有生产，是制备高强混凝土的首选。

水泥的比表面积和水泥的细度有关，水泥磨得越细，其比表面积就越大，反之就越小。如果水泥过于细的话，早期水化会比较充分，早期强度会高，需水量大，混凝土开裂的概率就大。经过多年的实践验证，太细的水泥对混凝土后期强度不利。水泥太粗，混凝土的需水量小，早期强度会低。一些标准规范，如《铁路混凝土》(TB/T 3275—2018)规定水泥的比表面积控制在 300～350m²/kg。经过多年的实践，制备高强高性能混凝土的水泥的比表面积一般控制在 350m²/kg 左右较为适宜，同时对制备 C60 及以上强度等级的混凝土，水泥的 28d 胶砂强度不宜低于 50MPa。

2）粗骨料

粗骨料的选择也是关键之一，特别是当混凝土目标强度超过 100MPa，粗骨料本身的强度对混凝土最终的强度高低影响较大。有的粗骨料机械黏结力差，尤其是表面非常光滑的河卵石，在其界面上会产生有害裂纹。最好的粗骨料应具有较高的强度和相对粗糙的表面。试验表明，破碎的辉绿岩、玄武岩、白云质石灰岩和花岗岩，都适用于高性能混凝土。

骨料在混凝土中约占 3/4，是混凝土的主要组成部分，正确选择骨料的品种，符合有关技术标准的要求，是配制高性能混凝土的基础。高强高性能混凝土由于水胶比小，随水泥石强度的提高，骨料的差异对混凝土的抗压强度影响很大。

关于骨料粒径及级配对高强高性能混凝土强度的影响，已有许多试验研究结果证明骨料粒径超过 40mm 后，骨料的比表面积的减小和混凝土不均匀性的增大，致使混凝土骨料粒径越大，混凝土强度越低。故美国混凝土学会（ACI363）委员会报告指出，骨料最大粒径应尽量小。我国许多工程的实践经验是配制高强混凝土，骨料最大粒径应为 20mm 左右。为了保证混凝土的耐久性，骨料应是非碱活性的。

骨料物理力学性能及矿物成分对高强高性能混凝土的影响是一个比较复杂的问题。一些试验资料表明，当采用质地较弱的石灰岩作骨料时，随着混凝土水灰比的减小，混凝土强度的增幅会逐渐下降，骨料强度成了制约混凝土强度增长的关键因素。在高强高性能低水灰比的混凝土中，采用致密的石灰石作骨料的混凝土，其强度较碎卵石作骨料的混凝土明显增大，即骨料品种对高强高性能混凝土强度影响很大。

配制 C60 及以上强度等级的混凝土，粗骨料的母岩抗压强度应比混凝土强度等级标准值高 30%以上，最大公称粒径不宜大于 20mm，含泥量不应大于 0.5%，泥块含量不应大于 0.2%。针片状颗粒含量不应大于 5%。

3）细骨料

砂按原料来源可分为河砂（包括湖砂）、海砂、山砂等天然砂和机制砂，按规格可分为碎石、粗砂、中砂、细砂等。据调查，我国经过数十年大规模的基础建设后，天然河砂接近枯竭，砂石料供应不足，从而导致砂石价格高且不好买，将来河砂不可能满足市场的需求。在巨大的供给缺口下，机制砂被业内普遍认为是河砂的替代品。所谓机制砂，是经除土处理，由机械破碎、筛分制成的公称粒径小于 5mm 的岩石或卵石颗粒。对于高强高性能混凝土，目前工程中普遍使用的是优质河砂，但机制砂在高强高性能混凝土中应用是一种趋势，因此研究机制砂在高强高性能混凝土中的应用已迫在眉睫。

配制 C80 及以上强度等级混凝土尽可能用细度模数为 2.6～3.0 的优质河砂，砂的含泥量和泥块含量应分别不大于 2.0%和 0.5%。但目前，由于优质的河砂资源越来越缺乏，有的地区因为河流稀少，没有优质河砂，当采用机制砂时，石粉亚甲蓝（MB）值应小于 1.4，石粉掺量不应大于 5%，压碎指标值应小于 25%。

4）矿物掺合料

由于矿物掺合料能大幅度改善新拌混凝土和硬化混凝土性能，当前在研究和生产高强高性能混凝土时，矿物掺合料已成为必不可少的组分和重要的技术措施之一。在配制高性能混凝土时掺入大量的矿物掺合料可降低温升，改善混凝土的工作性能，增加后期强度，并可以改善混凝土的内部结构，提高抗腐蚀能力。目前，我国常用的掺合料可分为非活性矿物掺合料和活性矿物掺合料。

非活性矿物掺合料一般与水泥组分不起化学作用或化学作用很小，如石灰石、石英砂和硬矿渣之类的产品。活性矿物掺合料虽然本身不水化或水化速度很慢，但能与水泥水化生成的氢氧化钙反应，生成具有水硬性的胶凝材料，如粒化高炉矿渣、火山灰质材料、粉煤灰、硅灰等。由于它能够改善混凝土拌和物的和易性，提高混凝土耐久性等，目前多数混凝土工程中均应用活性掺合料。

目前在高强高性能混凝土中使用的矿物掺合料主要有粉煤灰、磨细矿粉、硅灰、沸石粉等，最近偏高岭土、石灰石粉和钢渣粉等也逐渐推广使用。

5) 外加剂

混凝土外加剂是配制高性能、绿色混凝土不可或缺的组分之一，具有关键性作用。众多混凝土外加剂中，减水剂是目前研究和使用最广泛的一种外加剂，它的技术水平可以代表外加剂行业的研究和应用水平。减水剂究其本质为一种表面活性剂，主要用于改善混凝土流动性、控制凝结或者硬化时间、降低混凝土用水量、提高混凝土强度等。一般认为，减水剂的发展经历了以下三个阶段：木质素磺酸盐类普通减水剂阶段；萘系为代表的高效减水剂阶段；聚羧酸系为代表的高性能减水剂阶段。目前，配制高强混凝土，特别是配制 C80 及以上强度等级的混凝土，聚羧酸盐高性能减水剂是首选，配制 C80 及以上等级的混凝土时，高性能减水剂的减水率不宜小于 28%，同时应具有良好的适应性。

除了减水剂，外加剂其他品种众多，常用的有早强剂、缓凝剂、引气剂。近几年，发展出了可改善混凝土黏度的降黏剂、调黏剂，可减少混凝土收缩的减缩剂，以及可使长时间保持混凝土坍落度的保坍剂等，这些功能性外加剂的发展为降低高强混凝土的黏度、提高混凝土的工作性及减少混凝土的收缩开裂提供了技术途径。聚羧酸系减水剂结构的灵活可变性，赋予了其许多性能优点，并使得配制的混凝土具有良好的工作性，是配制高性能混凝土的理想外加剂。具体表现为：聚羧酸系减水剂在低掺量下（折固掺量 0.15%～0.25%）就能产生理想的减水和增强效果；对混凝土的凝结时间影响较小；混凝土坍落度保持性能较好；与水泥和掺合料的适应性较好；生产过程中不使用甲醛和不排出废液，环保性好；SO_4^{2-} 和 Cl^- 含量小，对混凝土的干缩影响较小。

聚羧酸系减水剂与萘系减水剂相比具有很多优势，具体的性能指标比较见表 5-2。

表 5-2　聚羧酸系减水剂和萘系减水剂的比较

性能指标	萘系	聚羧酸系
掺量/%	0.3～1.0	0.1～0.4
减水率	15%～25%	最高可达 60%
保坍性能	坍损大	90min 基本不坍损
增强效果/%	120～135	140～250

性能指标	萘系	聚羧酸系
收缩率/%	120~135	80~115
分子结构可调性	不可调	结构可变性大
作用机理	静电斥力	空间位阻为主
钠、钾离子含量/%	5~15	0.2~1.5

2010 年以后，国内市场上的聚羧酸系减水剂国内原料充足、市场价格下降、技术逐渐普及，应用空前广泛。聚羧酸系减水剂的出现不仅进一步降低了产品成本，也为工程师进一步优化混凝土性能提供了新手段。随着聚羧酸系减水剂技术的发展，与聚羧酸系减水剂相关的标准和规程也在制定和修订，主要的标准如表 5-3 所示。

表 5-3　与聚羧酸系减水剂相关的标准

标准号及标准名称	标准类别	主要内容
《聚羧酸系高性能减水剂》（JG/T 223—2017）	建工行业标准	产品标准
《混凝土外加剂》（GB 8076—2008）	国家标准	产品标准
《混凝土外加剂用聚醚及其衍生物》（JC/T 2033—2010、JC/T 2033—2018）	建材行业标准	原料标准
《混凝土外加剂应用技术规范》（GB 50119—2013）	国家标准	应用规程

2. 试验材料及性能

1）机制砂

采用河南地区机制砂，机制砂细度模数为 2.8，符合《建设用砂》（GB/T 14684—2011、GB/T 14684—2022）标准颗粒级配 2 区的要求，筛分结果如表 5-4 所示，机制砂在使用前必须冲洗干净，含泥量≤1.0%。

表 5-4　机制砂的颗粒级配

方孔筛/mm	9.5	4.75	2.36	1.18	0.6	0.3	0.15	底
累计筛余/%	0	1	20	38	59	84	95	100

2）碎石

石灰石碎石（用于 C80~C90），压碎值指标为 15%，符合《建设用卵石、碎石》（GB 14685—2011、GB/T 14685—2022）中 5~20mm 连续级配要求，筛分结果如表 5-5 所示。碎石在使用前必须冲洗干净，含泥量≤0.5%。

表 5-5　石灰石碎石的颗粒级配

方孔筛/mm	26.5	19.0	16.0	9.50	4.75	2.36
累计筛余/%	0	1	57	78	98	100

玄武岩碎石(用于 C100),岩石抗压强度为 148MPa,压碎值指标为 10%,筛分结果如表 5-6 所示。碎石在使用前必须冲洗干净,含泥量≤0.5%。

表 5-6 玄武岩碎石的颗粒级配

方孔筛/mm	26.5	19.0	16.0	9.50	4.75	2.36
累计筛余/%	0	1	26	75	98	100

3)水泥

河南孟电集团水泥有限公司生产的 P.O42.5(用于 C60~C90)和 P.Ⅱ52.5(用于 C100)水泥的性能指标结果分别见表 5-7、表 5-8。

表 5-7 P.O42.5 水泥强度试验

检验项目	密度/(g/cm³)	比表面积/(m²/kg)	3d 强度/MPa		7d 强度/MPa		28d 强度/MPa	
			抗折	抗压	抗折	抗压	抗折	抗压
结果	3.12	340	5.9	28.4	7.5	39.5	9.6	53.5

表 5-8 P.Ⅱ52.5 水泥强度试验

检验项目	密度/(g/cm³)	比表面积/(m²/kg)	3d 强度/MPa		7d 强度/MPa		28d 强度/MPa	
			抗折	抗压	抗折	抗压	抗折	抗压
结果	3.12	350	6.4	32.4	8.5	44.5	10.6	63.5

4)矿物掺合料

矿粉采用由河南孟电集团水泥有限公司生产的 S95 磨细矿粉,比表面积为 440m²/kg;按《用于水泥、砂浆和混凝土中的粒化高炉矿渣粉》(GB/T 18046—2017)对矿粉进行了活性试验和需水量试验。试验结果见表 5-9。

表 5-9 磨细矿粉性能指标 (单位:%)

检验项目	活性指数		需水量比
	7d	28d	
结果	79	100	100

井壁专用掺合料由石家庄花联新型材料科技有限公司生产。按《高强高性能混凝土用矿物外加剂》(GB/T 18736—2017)对掺合料进行了活性试验和需水量试验。试验结果见表 5-10。

表 5-10 掺合料性能指标 (单位:%)

检验项目	活性指数		需水量比
	7d	28d	
结果	82	102	99

5)外加剂

选用中国建筑材料科学研究总院有限公司研制、石家庄花联新型材料科技有限公司生产的低温早强保坍型聚羧酸盐高性能减水剂。按《混凝土外加剂》(GB 8076—2008)进行性能检测，检测指标如表 5-11 所示。

表 5-11　聚羧酸盐高性能减水剂性能指标(掺量 0.5%，含固量 40%)

外加剂型号	减水率/%	氯离子/%	硫酸钠/%	含气量/%	凝结时间差/min		收缩率比/%	抗压强度比/%			
					初凝	终凝		1d	3d	7d	28d
JF-B	31	0.01	0.3	3.1	−25	−30	98	202	176	162	143
JF-C	33	0.01	0.2	3.3	−55	−45	99	221	186	174	152

3.试验方法

混凝土拌合物性能按照《普通混凝土拌合物性能试验方法标准》(GB/T 50080—2002、GB/T 50080—2016)进行试验；硬化混凝土参照清华大学路新瀛教授的用氯离子扩散系数评价混凝土渗透性的试验方法(NEL 法)，对混凝土进行了抗氯离子渗透性能试验，并按照《普通混凝土长期性能和耐久性能试验方法标准》(GB/T 50082—2009)对混凝土进行了电通量、干燥收缩、抗渗和快速冻融试验。试验采用混凝土-砂浆流变仪(型号：Viskomat XL，产地：德国)，通过仪器测量得到扭矩随剪切速率的变化及浆体的触变性，研究不同级配机制砂对新拌高强混凝土流变性能的影响。

5.2.2　机制砂高性能混凝土的配制及其影响因素研究

1.机制砂高性能混凝土配合比设计

1)设计思路

针对深厚冲积层冻结井筒内层井壁的特殊养护环境和施工条件，要求内层井壁具有高耐久性、抗裂和防水性能；以防止冻结壁解冻后出现井壁较大漏水。同时由于深井冻结法施工混凝土内层井壁属于大体积混凝土施工；要求混凝土水化热低，以防止井壁出现温度裂缝等。

在普通混凝土中，可使用膨胀剂来降低混凝土收缩，改善混凝土抗开裂性能，避免混凝土出现裂缝。但膨胀剂是通过生成大量的钙矾石(AFt)来填充混凝土，使混凝土降低收缩或出现微膨胀。随着混凝土强度的提高，混凝土的用水量降低，水胶比到 0.3 以下时，膨胀剂的功能逐渐失去，所以在 C60~C100 混凝土中使用膨胀剂已失去效果。所以要降低混凝土收缩，提高混凝土的抗开裂性能，必须寻找新的途径。

水化热控制是通过减少混凝土中水泥的用量，增加矿物掺合料和 S95 矿粉的用量，尽可能不用或少用硅灰来降低混凝土的早期水化热和总水化热。

2)混凝土初步试验

采用符合《混凝土外加剂》(GB 8076—2008)的检测用基准水泥 P.I 型硅酸盐水泥、细度模为 2.8 的连续级配中砂、5~20mm 连续级配碎石、河南孟电集团水泥有限公司生产的 S95 矿粉、中国建筑材料科学研究总院有限公司研制的矿物掺合料(硅灰和粉煤灰复掺)及早强型聚羧酸高性能减水剂。

按《普通混凝土拌合物性能试验方法标准》(GB/T 50080—2002、GB/T 50080—2016)进行混凝土的拌合物性能(坍落度、坍落度损失、扩展度、泌水率、含气量变化)试验。

按《普通混凝土力学性能试验方法标准》(GB/T 50081—2002)进行抗压强度试验;按《普通混凝土长期性能和耐久性能试验方法标准》(GB/T 50082—2009)进行混凝土抗氯离子渗透性能(电通量法)试验、快速冻融试验和干燥收缩试验。

选择水胶比为 0.30、0.40 的不同配合比、不同掺量矿粉(10%、15%)和 8%矿物掺合料掺入混凝土后,对外加剂掺量进行调整,达到与混凝土基准组配合比相同的工作性能,进行混凝土坍落度、坍落度损失、扩展度、泌水率、含气量等拌和物试验,并对硬化的混凝土进行强度、电通量、快速冻融及干燥收缩试验,以及对比分析。

在混凝土中使用多种矿物掺合料与掺单一一种矿物掺合料相比可以产生复合交互效应,掺入混凝土中的矿粉、粉煤灰、硅灰等矿物外加剂都存在火山灰活性反应,而当它们同时掺入混凝土中时,在水化过程中可以相互激发产生复合胶凝效应。在复合胶凝体系中,水泥熟料先水化,生成水化硅酸钙(CSH)和氢氧化钙(CH),CH 和水泥中的石膏可对矿粉、粉煤灰及硅灰的水化起激发作用。由于硅灰水化活性、表面能较矿粉、粉煤灰大,所以其反应速度快,有助于 CSH 凝胶的增加,矿粉析出的 Ca^{2+} 可促进粉煤灰颗粒周围的CSH 凝胶、AFt(有石膏存在时)的形成,从而促进粉煤灰颗粒中铝、硅相的溶解,使水化液相中的铝、硅浓度增加,又可增加矿粉和硅灰的水化过程。多种矿物掺合料与水泥协同作用可以使混凝土形成更加密实的结构。

综合经济性和长期强度方面考虑,选择了 15%的矿粉和 10%左右的矿物掺合料配合比作为基准混凝土,进行后续的混凝土试验。通过上述实验,基本掌握了各原材料对混凝土性能的影响,为机制砂高性能混凝土配合比的设计打下了良好基础。水胶比为 0.4、0.3 的配合比及试验结果见表 5-12、表 5-13。

3)机制砂高性能混凝土配合比设计

机制砂混凝土配合比设计采用高性能混凝土设计的理念,按工作性设计要求其坍落度为 180~220mm,且黏性较低,和易性良好。根据配制河砂高性能混凝土的经验,初步确定 C60~C100 机制砂混凝土的容重为 2420~2520kg/m³,胶凝材料用量 510~615kg/m³,水胶比 0.21~0.32。根据原材料性能,C60~C90 机制砂混凝土选用 P.O 42.5水泥和石灰石碎石,C100 选用 P.Ⅱ 52.5 水泥及强度更高的玄武岩碎石。在满足混凝土性能要求的前提下,考虑综合成本因素,C60~C70 机制砂混凝土选用 JF-B 减水剂,C80~C100 混凝土选用效果更好一些的 JF-C 减水剂。各强度级别混凝土初步配合比见表 5-14,混凝土拌合物性能见表 5-15。

分析表 5-15,C80~C100 混凝土的含气量均小于 3.0%;初始坍落度均大于等于220mm,扩展度均大于 510mm,60min 后,混凝土的坍落度保留值也均大于 200mm,扩展度也不小于 500mm,工作性能可以保证混凝土施工的需要。凝结时间试验表明:用低温早强保坍型聚羧酸盐高性能减水剂,有利于混凝土的早期强度增长。试验结果表明:

表 5-12　水胶比为 0.4 混凝土配合比及拌合物性能试验结果

| 序号 | 材料用量/(kg/m³) | | | | | | | 坍落度/mm | 扩展度/mm | 30min坍落度/mm | 泌水率/% | 含气量/% | 抗压强度/MPa | | | | | 28d电通量/C | 冻融 300 次 | | 28d收缩率/10⁻⁴ |
	水泥	矿粉	掺合料	砂	碎石	水	聚羧酸						1d	3d	7d	28d	60d		动态弹性模量/%	质量损失/%	
1	430	0	0	745	1060	173	4.3	230	600	180	5.5	3.0	15.8	35.4	46.2	54.4	59.8	579	73.1	3.3	2.56
2	387	43	0	713	1092	173	4.6	215	510	170	0	3.2	15.7	42.3	55.2	67.6	70.9	389	83.2	2.2	2.40
3	365.5	64.5	0	695	1110	173	5.0	220	480	160	0	3.3	17.1	43.6	57.2	69.3	72.7	376	84.7	2.1	2.60
4	395.6	0	34.4	713	1092	173	4.8	215	500	160	0	3.4	15.6	39.9	51.6	64.2	68.4	441	80.3	2.8	2.76

表 5-13　水胶比为 0.3 混凝土配合比及拌合物性能试验结果

| 序号 | 材料用量/(kg/m³) | | | | | | | 坍落度/mm | 扩展度/mm | 30min坍落度/mm | 泌水率/% | 含气量/% | 抗压强度/MPa | | | | | 28d收缩率/10⁻⁴ |
	水泥	矿粉	掺合料	砂	碎石	水	聚羧酸						1d	3d	7d	28d	60d	
1	504	0	0	700	1104	150	7	225	590	230	4.0	1.2	25.3	50.8	62.6	69.8	72.9	1.96
2	453.6	50.4	0	668	1136	150	7.6	220	550	200	0	1.7	23.4	51.3	73.3	81.2	85.7	2.20
3	428.4	75.6	0	650	1154	150	8.0	210	520	170	0	2.0	20.5	49.7	72.8	79.9	84.2	2.28
4	463.7	0	40.3	668	1136	150	7.6	220	575	205	0	1.8	18.8	48.9	64.9	76.4	82.1	2.66

表 5-14　混凝土配合比设计　　　　　　（单位：kg/m³）

序号	强度等级	水泥	砂	5~20mm 碎石	掺合料	矿粉	水	聚羧酸减水剂
A1		420	748	993	36	70	155	9
A2	C60	420	748	993	40	55	155	9
A3		405	748	993	36	70	155	9
B1		430	595	1125	80	60	133	15
B2	C70	430	595	1125	60	80	133	15
B3		405	595	1125	60	90	133	15
C1		440	560	1153	85	90	121.5	19
C2	C80	440	560	1153	90	85	121.5	19
C3		420	560	1153	90	90	121.5	19
D1		455	610	1106	80	90	118	21
D2	C90	455	610	1106	90	80	118	21
D3		430	610	1106	105	90	118	21
E1		410	660	1100	110	90	105	29
E2	C100	410	660	1100	105	100	105	29
E3		395	600	1100	120	100	105	29

表 5-15　混凝土拌合物性能

序号	含气量/%	坍落度/扩展度/mm		抗压强度/MPa	
		初始	60min	3d	28d
A1	0.9	220/510	220/500	28.1	78.6
A2	1.0	225/530	220/535	27.8	79.1
A3	0.9	235/540	230/530	23.9	73.2
B1	0.8	230/530	225/520	29.9	95.4
B2	0.8	225/530	220/530	30.1	95.1
B3	0.9	240/540	235/540	28.6	90.7
C1	0.9	225/520	220/500	32	95.4
C2	1.0	220/540	220/545	31.6	95.8
C3	0.9	230/530	225/520	29.2	93.6
D1	0.8	230/535	230/520	35.8	107.8
D2	0.8	235/550	240/550	35.6	107.4
D3	0.9	240/530	220/520	33.4	105
E1	0.7	235/530	230/515	39.2	118.1
E2	0.6	240/550	245/555	39.1	118.3
E3	0.8	245/535	230/525	37.2	116.7

上述配合比基本都可以满足混凝土的工作性需要，可缩短凝结时间，提高早期强度。

根据上述机制砂混凝土的配制和性能测试数据，综合考虑混凝土性能及成本影响，确定了 C60~C100 机制砂混凝土配合比的基本参数，见表 5-16。后续还研究了机制砂的特性对混凝土工作性及强度的影响，以及石粉及机制砂级配对混凝土工作性及力学性能、流变性能的影响。

表 5-16 C60～C100 机制砂混凝土配合比 （单位：kg/m³）

强度等级	水泥	砂	5～20mm 碎石	掺合料	矿粉	水	聚羧酸减水剂
C60	405	748	993	36	70	155	9
C75	405	595	1125	60	90	133	15
C80	420	560	1153	90	90	121.5	19
C90	430	610	1106	105	90	118	21
C100	395	600	1100	120	100	105	29

2. 石粉掺量的影响

1）石粉掺量对水泥胶砂性能的影响

将石粉分别按照胶凝材料的 0%、3%、6%、9%、12%、15%的比例替代水泥掺入水泥胶砂中，养护 3d、28d 后，胶砂流动度及抗折、抗压强度结果分别见图 5-1、图 5-2 和图 5-3。

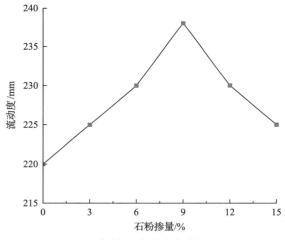

图 5-1 石粉掺量对胶砂流动度的影响

由图 5-1 可知，石粉掺量在 0%～15%时，胶砂流动度在 220～238mm。随着石粉掺量的增大，砂浆流动度呈现先增大后减小的趋势。随着石粉掺量增大，胶砂流动度先增加，在石粉掺量为 9%时流动度达到最大值 238mm，然后胶砂流动度减小。主要是由于石粉的粒径较小，将其加入水泥中改善了粉体的颗粒级配，表面致密的石粉颗粒分散在水泥颗粒之间，起到了润滑作用，使水泥浆体的流动性有所改善；当石粉超出一定掺量时，水泥浆体流动度逐渐减小，这是因为粉状材料的比表面积较大，表面包裹用水量增加，自由水减少，导致浆体变稠。

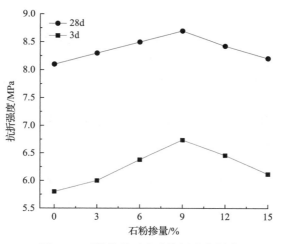

图 5-2　石粉掺量对胶砂抗折强度影响

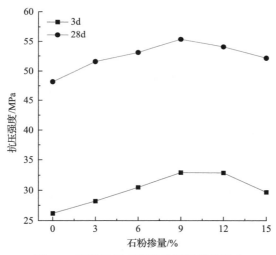

图 5-3　石粉掺量对胶砂抗压强度的影响

从图 5-2 可以得出：龄期为 3d 时，基准胶砂抗折强度为 5.8MPa，当石粉掺量为 9% 和 12% 时，抗折强度较高，分别为 6.74MPa 和 6.46MPa，高于标准水泥的抗折强度。随着石粉掺量的增加，28d 抗折强度逐渐增大，在石粉掺量为 9% 时抗折强度达到最大值 8.7MPa，随着石粉掺量进一步增大，抗折强度开始降低。石粉掺量在 15% 时抗折强度仍高于基准胶砂试块强度。

从图 5-3 可以看出：龄期为 3d 时，基准胶砂抗压强度为 26.2MPa，随着石粉掺量的增加，抗压强度逐渐增大，石粉掺量为 9% 时，抗压强度达到最大值 32.94MPa；随着石粉掺量的继续增加，抗压强度降低，整体呈下降趋势。龄期为 28d 时，基准胶砂抗压强度为 48.2MPa，随着石粉掺量的增加，抗压强度逐渐增大，石粉掺量 9% 时，抗压强度达到最大值 55.4MPa；随着石粉掺量继续增加，抗压强度降低，整体呈下降趋势。石粉掺量在 15% 范围内时，抗压强度都比基准胶砂强度高，石粉掺量为 9% 时抗压强度增加幅度最大。

图 5-2、图 5-3 结果表明：石粉掺量小于 12%时，水泥胶砂强度有所上升，均较基准砂浆大；石粉掺量超过 12%后，水泥胶砂强度开始下降，主要原因在于：①水泥浆体空隙被细颗粒填充，浆体结构致密，少量水化产物即可将未水化颗粒牢固黏结，浆体强度较高。②石粉具有加速水化的效应，适当掺量的石粉尘充当了 C-S-H 的成核基体，加速了水泥的水化。随着石粉尘掺量的增加，大量微细石粉颗粒需较多水化产物黏接，而胶凝产物有限，使浆体强度下降。

石粉掺量为 9%时，胶砂 3d 和 28d 抗折强度较大。随着石粉掺量增大，胶砂 3d 抗压强度在石粉掺量为 12%以后呈明显下降趋势；28d 抗压强度在石粉掺量为 9%出现最大值，较基准胶砂试块提高 14.94%，然后略呈下降趋势。因此，石粉掺量为 9%时，对胶砂流动度及强度最有利。

2) 石粉掺量对混凝土工作性的影响

混凝土配合比参数见表 5-17，原材料为施工现场原材料。把机制砂通过石粉筛筛分，制作为石粉掺量分别为 0%、3%、6%、9%、12%、15%的机制砂，混凝土坍落度及扩展度实验结果如图 5-4 所示。

表 5-17 混凝土配合比参数 （单位：kg）

水泥	粉煤灰	机制砂	碎石	水	减水剂
380	80	755	1040	175	4.6

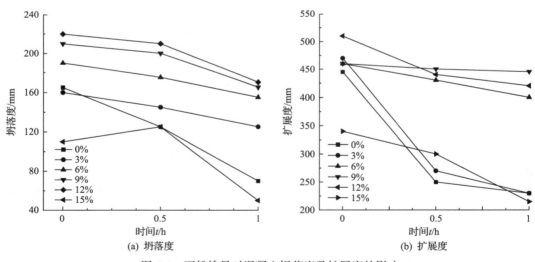

图 5-4 石粉掺量对混凝土坍落度及扩展度的影响

如图 5-4 所示，石粉掺量为 0%时，初始坍落度为 165mm，扩展度为 445mm，混凝土严重离析、泌水，工作性很差，坍落度和扩展度损失很快；石粉掺量为 3%时，初始工作性较前面一组稍有改善，但仍离析、泌水；石粉掺量为 6%时，工作性改善明显，初始坍落度为 190mm、扩展度为 460mm，仍有泌水、离析现象，坍落度和扩展度损失较快；

石粉掺量为 9%时，初始坍落度为 210mm，扩展度为 460mm，工作性好，不泌水离析，1h 坍落度为 165mm，扩展度为 450mm，坍落度损失大而扩展度几乎没损失，说明混凝土的工作性改善明显；石粉掺量为 12%时，初始坍落度为 220mm，扩展度为 510mm，工作性好，1h 坍落度为 170mm，扩展度为 440mm；石粉掺量增加到 15%时，混凝土初始坍落度急剧降低到 110mm，包裹性良好。

石粉增加了水泥浆体含量而提高了混凝土的流动性，还起到微滚珠作用，减少砂与砂之间的摩擦而改善混凝土的和易性。石粉掺量达到 12%时，和易性达到最好效果，石粉掺量进一步增加达到 15%时，由于需水量急剧增加混凝土流动性变差。机制砂混凝土损失较快，是由于该机制砂亚加蓝 MB 值为 1.0，石粉中泥含量高，泥在混凝土拌制后不断吸附聚羧酸减水剂，导致 30min、1h 流动性损失较大。

3）石粉掺量对混凝土抗压强度的影响

混凝土抗压强度实验结果见图 5-5。由图 5-5 可看出，随着石粉掺量增加混凝土 7d 和 28d 抗压强度均增大，但增长幅度呈先增大后减小的趋势，石粉掺量为 9%时，7d 和 28d 抗压强度达到 39.3 和 54.8MPa；石粉掺量继续增加到 12%，抗压强度没有明显增加，说明该机制砂在石粉掺量为 9%～12%时强度最佳；当石粉掺量达到 15%时，混凝土抗压强度降低，相比石粉掺量为 12%的混凝土，石粉掺量为 15%的混凝土，28d 的抗压强度降低约 4.2MPa，降低幅度为 7.7%。

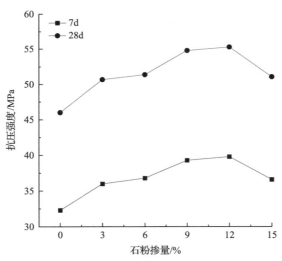

图 5-5　石粉掺量对混凝土抗压强度的影响

试验混凝土的 7d 和 28d 强度均随石粉掺量增加而增加，机制砂石粉掺量为 15%时，混凝土的 28d 强度比不含石粉时提高了 5MPa。各试件 7d 强度与 28d 强度相比差别不大，可见其强度随龄期的发展规律与石粉掺量关系不明显。

石粉颗粒在混凝土中起到微集料填充作用，使混凝土中空隙率降低，混凝土结构更为致密，有利于提高抗压强度。而当石粉掺量超过一定范围时，破坏了混凝土中胶凝材料的最密实堆积结构，或者使混凝土的胶骨比偏离最佳值，另外，石粉掺量过多导致混凝土中有一部分游离态的石粉，这部分石粉出现在水泥石中或界面过渡区，将不利于集料与水泥石的黏结，以上因素导致随石粉掺量增加混凝土强度的降低。

3. 机制砂级配的影响

试验中采用的 C80 混凝土配合比见表 5-18。

表 5-18 C80 混凝土配合比　　　　　　　　　（单位：kg/m³）

水泥	掺合料	矿粉	机制砂	碎石	水	减水剂
430	110	80	630	1035	135	24

4. 机制砂不同组分对混凝土工作性能影响

该试验以二区砂的颗粒级配范围为基准，设置了 5 种级配系列，以研究级配变化对机制砂物理参数及对应 C80 混凝土性能的影响。根据本书研究的机制砂颗粒级配组成设置情况，作如下定义：粒径范围≥1.18mm 的组成部分为 I 组分，<1.18mm 的组成部分为 II 组分。各种机制砂级配基本参数见表 5-19，颗粒级配曲线见图 5-6。

表 5-19 机制砂级配基本参数

序号	级配特点	各筛孔累计筛余百分数/%						细度模数	表观密度/(kg/m³)	自然堆积空隙率/%	紧密堆积空隙率/%
		4.75mm	2.36mm	1.18mm	0.6mm	0.3mm	0.15mm				
A₁	偏下限	0	0	10.00	41.00	70.00	90.00	2.11	2710	47.07	36.60
A₂	下限过渡到上限	10.00	25.00	30.00	41.00	70.00	90	2.29	2693	45.44	34.76
A₃	接近中值	4.89	12.24	29.37	54.33	79.3	93	2.62	2696	46.48	36.56
A₄	上限过渡到下限	0	0	27.90	65.1	85.56	93	2.92	2699	47.07	37.28
A₅	偏上限	9.3	23.25	46.50	65.1	85.56	93	3.19	2654	44.47	34.42

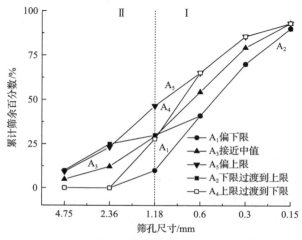

图 5-6 不同系列级配机制砂颗粒级配曲线

由表 5-19 及图 5-6 可知，从 A_1 到 A_5，机制砂的细度模数逐渐增大，并逐步由细砂变为粗砂，其中，A_1 为细砂，A_2、A_3、A_4 为中砂，A_5 为粗砂。另外，A_2、A_4 的级配类似于沥青混合料的间断级配，分别具有"倒 S 形""S 形"级配特征，前者有利于形成骨架结构，后者更容易形成悬浮结构；系列 A_3 属于连续级配；A_1、A_5 均可归结为不良级配。

由表 5-19 中各系列机制砂细度模数与表观密度及空隙率的关系可以发现，从 A_1 到 A_5，虽然其细度模数逐渐增大，但其表观密度、自然堆积空隙率、紧密堆积空隙率均表现出"先降—后增—再降"的变化趋势，说明细度模数与这三个指标之间并没有直接的相关关系，细度模数仅是表征砂的粗细程度的宏观指标，无法反映颗粒级配的真实情况，不能作为判断砂品质好坏的衡量指标。

另外，由于 $A_1 \sim A_5$ 级配组成具有不同的特征，各系列砂的表观密度、自然堆积空隙率、紧密堆积空隙率不相同。其中，从 A_1 到 A_2，1.18mm 以上颗粒增多，即Ⅰ组分（以下简称Ⅰ组分）含量增多，1.18mm 以下颗粒略有减少，即Ⅱ组分（以下简称Ⅱ组分）含量略有减少，其表观密度、自然堆积空隙率均减小；从 A_2 到 A_4，Ⅰ组分含量减少，Ⅱ组分含量也减少，其表观密度、自然堆积空隙率均增大；从 A_4 到 A_5，Ⅰ组分含量增加，Ⅱ组分含量减少，其表观密度、自然堆积空隙率均减小。同时，对于 A_1 和 A_4，砂的颗粒主要由Ⅱ组分构成，Ⅰ组分严重缺失，组成较单一，其表观密度、堆积空隙率均较大。

以上分析表明，颗粒级配是表观密度、自然堆积空隙率大小的决定因素，且 $1.18 \sim 4.75$mm 颗粒（即Ⅰ组分）主要影响砂的自然堆积空隙率，$0.15 \sim 1.18$mm 颗粒（即Ⅱ组分）主要影响砂的表观密度。要获得较小的自然堆积空隙率，必须增大Ⅰ组分的含量，适当增加Ⅱ组分含量，使Ⅰ组分颗粒之间的间隙被Ⅱ组分填充；要获得较大的表观密度，必须增大Ⅱ组分的含量，减少Ⅰ组分的含量，使砂的颗粒级配偏细；要同时获得较大的表观密度、较小的自然堆积空隙率，则必须同时增大Ⅰ、Ⅱ组分的含量，即砂的颗粒级配具有骨架密实特征，如 A_2。因此，在机制砂生产过程中，必须根据使用要求及原材料的破碎情况，及时调整筛孔尺寸，才能获得品质优良的机制砂。

根据表 5-17 的配合比设计参数，分别配制了 5 种不同级配系列的 C80 高强度等级混凝土，其工作性能及强度测试结果见表 5-20。

表 5-20　C80 混凝土性能测试结果

序号	坍落度/mm	扩展度/mm	保水性	黏聚性	和易性
A_1	170	450	好	较黏	差
A_2	205	510	好	好	好
A_3	220	540	好	好	优
A_4	190	500	好	好	好
A_5	185	510	离析	轻微泌水	差

根据表 5-20 可得不同级配系列机制砂所对应混凝土坍落度与扩散度的变化情况，如图 5-7 所示。

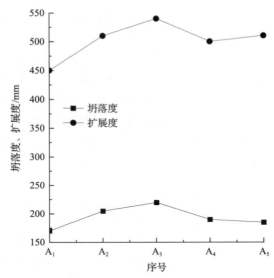

图 5-7　混凝土工作性能变化曲线

由图 5-7 可知：

（1）由于 A_1、A_5 机制砂均属于不良级配，其所配制的混凝土工作性能均较差。其中，A_1 的级配中Ⅰ组分含量过少、Ⅱ组分含量过多，所配制的混凝土较黏，和易性差，但保水性好；而 A_5 的级配中Ⅰ组分含量过多、Ⅱ组分含量过少，1.18mm 筛档含量均大于 45%，所配制的混凝土表现出离析、泌水、骨料堆积、和易性差等特点。因此，在机制砂中，Ⅰ、Ⅱ组分含量过多或过少，均会导致混凝土工作性能变差。当Ⅰ组分含量过多时，混凝土泌水，骨料堆积离析；当Ⅱ组分含量过多时，混凝土黏稠，难以浇筑。

（2）相比之下，A_2、A_3、A_4 的级配优于 A_1、A_5，其Ⅰ、Ⅱ组分的含量比例保持在 1∶2 左右，所配制的混凝土工作性能明显更好，充分发挥出Ⅰ组分在整个混凝土中承接着使混凝土集料之间更连续的作用。另外，在 A_2、A_3、A_4 中，其Ⅰ组分的颗粒组成比例有所不同，特别是 A_4 缺少粒径 2.36mm 以上的颗粒，其所对应混凝土的坍落度、扩展度均小于 A_2 和 A_3。因此，Ⅰ、Ⅱ组分含量的多少及Ⅰ组分颗粒间的组成比例，即机制砂颗粒级配及其颗粒间连续程度，是决定混凝土工作性能的关键因素。

5. 机制砂级配对高强混凝土力学及流变性能的影响

机制砂：石灰岩机制砂，按《建设用砂》（GB/T 14684—2011、GB/T 14684—2022）中粗砂、二区上限、二区中值、细砂及二区下限的级配规定配制成不同的机制砂。机制砂编号及筛分曲线见图 5-8，根据表 5-18 配比制作混凝土及新拌砂浆（按表 5-18 配比去除石子）。

不同级配机制砂所对应混凝土强度的变化情况如图 5-9 所示。

由于机制砂颗粒级配不同，所配制的混凝土强度具有明显差异。不同机制砂级配 3d 混凝土抗压强度大小顺序为二区中值＞二区上限＞细砂＞二区下限＞粗砂。可以看出，随着机制砂细度模数的减小，混凝土的强度先增加后减小。G3 组机制砂，也就是机制砂

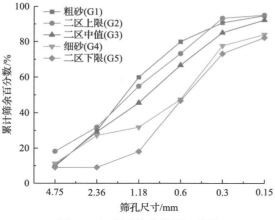

图 5-8　机制砂筛分曲线及编号

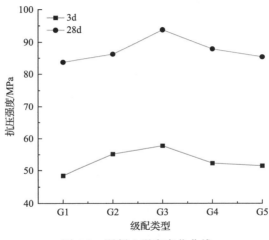

图 5-9　混凝土强度变化曲线

颗粒级配处于二区中值时，其颗粒组成偏于骨架结构，对应的混凝土强度最好，28d 强度达到 93.8MPa。G1 组和 G2 组机制砂由于颗粒级配组分中细颗粒(0.3mm、0.15mm 筛余组分)严重缺失，其所配制的混凝土强度下降，其 28d 强度比 G3 降低 10.1MPa 和 7.5MPa。G4 组和 G5 组机制砂由于颗粒级配组分中粗颗粒(2.36mm、4.75mm 筛余组分)严重缺失，其所配制的混凝土强度明显偏低，其 28d 强度比 G3 降低 5.8MPa 和 8.3MPa。

因此，机制砂颗粒级配是影响混凝土强度不容忽视的因素，且机制砂 I 组分的含量大小及颗粒间组成比例是影响混凝土强度的主要因素。根据吴中伟先生的中心质假说，细骨料在混凝土中形成次级中心质效应，尤其是 I 组分颗粒间形成的次骨架结构(相对粗集料形成的骨架结构而言)，混凝土中的次骨架能进一步阻止裂缝在水泥石中延伸，并改变裂缝发展方向，同时阻止混凝土的侧向变形，并与水泥石共同形成界面区，为粗集料提供抗压支撑，延缓了试件破坏，从而提高了混凝土强度。因此，机制砂 I 组分颗粒含量及其颗粒间组成比例对细骨料次骨架结构的形成、混凝土强度的提高与工作性能的改善具有重要作用。

为使实验结果更接近实际混凝土，采用德国 Viskomat XL 混凝土-砂浆流变仪开展制砂级配对水泥砂浆流变参数的影响实验，测试结果见图 5-10 及图 5-11。

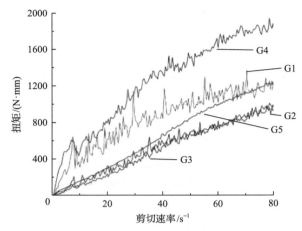

图 5-10　不同机制砂级配砂浆体系流变曲线

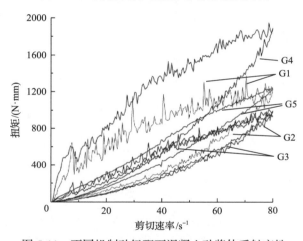

图 5-11　不同机制砂级配下混凝土砂浆体系触变性

分析图 5-10 可知，不同机制砂级配的砂浆体系的扭矩都随剪切速率的增加而增加，但曲线的斜率都越来越小，这说明砂浆显示出假塑性流体模型特征，即"剪切变稀"的特性。由图 5-10 还可以看出，在相同的剪切速率下，不同机制砂级配砂浆扭矩值大小顺序为 G4＞G1＞G5＞G2＞G3，主要原因是 G4 组颗粒级配较差同时石粉掺量也较高；G1 组较 G5 组大颗粒较多，增加了砂浆的扭矩。由实验结果可以看出，机制砂最佳级配为 G2 和 G3 组。这也说明 G3 组的砂浆达到一定流动性所需要的外界能量最小，G4 组砂浆达到一定流动性所需要的外界能量最大，即机制砂颗粒级配处于二区中值时降低砂浆黏度的程度最大。

图 5-11 中所示结果为不同机制砂级配下混凝土砂浆体系触变性的变化。可以观察到，砂浆体系的扭矩随着剪切速率的变化形成一种环形曲线，称为"触变环"。触变环面积的

大小即触变性大小，表征砂浆体系由黏稠态变为流动态的难易程度。由图 5-11 可见，在相同的剪切速率下，G4 组的砂浆体系的剪切应力最大，并且其触变环的面积最大，说明机制砂砂浆体系受到外力破坏时所需的扭矩较大，即体系由黏稠态变为流动态的难度较大；G2 和 G3 组的砂浆由黏稠状变为流动态较容易，触变环面积较小，说明机制砂砂浆体系受到外力破坏时所需的扭矩较小，体系由黏稠态变为流动态的难度小。这是由于 G2 和 G3 组机制砂级配较优，对流动性能提供有效作用，降低了砂浆的黏度。

用 W 和 B 分别表示用水量和胶凝材料用量，在低水胶比（W/B=0.22）和相同剪切速率下，不同机制砂级配砂浆扭矩值大小顺序为细砂＞粗砂＞二区下限＞二区上限＞二区中值。表明二区中值级配机制砂砂浆达到一定流动性所需要的外界能量最小，细砂砂浆达到一定流动性所需要的外界能量最大，即机制砂颗粒级配处于二区中值时降低砂浆黏度的程度最大。

5.2.3　C60～C100 机制砂高性能混凝土强度增长特性及耐久性

1. 机制砂高性能混凝土强度增长特性

单独使用纯硅酸盐水泥或普通硅酸盐水泥配制混凝土时，水泥水化速率较快，混凝土后期强度增加不多，而加入矿物掺合料后，由于矿物掺合料的二次水化作用，混凝土后期强度仍可以增大，结构更加致密，孔隙率分布更加合理。

按表 5-16 配合比用现场原材料进行试验，混凝土强度试验结果如表 5-21 所示。

表 5-21　混凝土抗压强度　　　　　　　　　　　（单位：MPa）

强度等级	标准养护下的抗压强度					
	1d	3d	7d	28d	60d	90d
C60	23.9	39.8	55.6	73.2	77.1	79.4
C75	28.6	48.4	68.8	90.7	93.1	94.6
C80	29.2	56.4	81.5	93.6	96.4	98.1
C90	33.4	63.8	91.5	105.0	108.8	110.4
C100	37.5	71.4	101.6	117.8	121.3	123.1

分析表 5-21 及图 5-12 可以看出，C60～C100 混凝土成型后，标准养护条件下，混凝土的早期抗压强度均较高，混凝土的后期抗压强度发展良好，早期抗压强度的发展不影响后期抗压强度增长。混凝土在 60d 后抗压强度增长趋于平稳，各混凝土抗压强度还是逐步缓慢增长，混凝土后期的抗压强度发展则主要来自粉煤灰等矿物掺合料的二次水化作用。

2. 机制砂混凝土耐久性及体积稳定性

1）混凝土抗氯离子渗透性能

混凝土抗氯离子渗透性能是评价混凝土密实性和抵抗渗透能力的重要指标之一。硬化混凝土参照清华大学路新瀛教授的 NEL 法，对混凝土进行了抗氯离子渗透性能试验，检测数据见表 5-22。

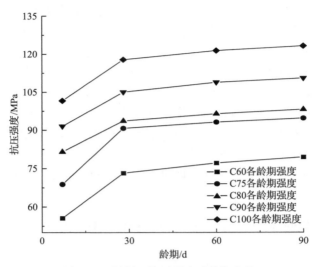

图 5-12　混凝土抗压强度随龄期变化

表 5-22　混凝土抗氯离子渗透性能

强度等级	28d 电通量/C	NEL 氯离子扩散系数/$(10^{-14}\text{m}^2/\text{s})$
C60	189	45
C75	176	40
C80	154	36
C90	121	32
C100	96	25

　　分析表 5-22，由 C60～C100 混凝土耐久性的试验结果可知，所有配合比的电通量均在 200C 以下，NEL 法的氯离子扩散系数均在 $5 \times 10^{-13}\text{m}^2/\text{s}$ 以下，说明混凝土具有很强的抵抗氯离子侵蚀的能力，随着强度等级的提高，混凝土的电通量和氯离子扩散系数均呈下降趋势。

　　高强混凝土中水泥用量较高，水胶比较低，混凝土中本身连通毛细孔较少，混凝土抗氯离子渗透系数非常小，且随强度等级的增加，抗氯离子渗透系数提高。主要原因可能是其胶凝材料采用水泥与三种矿物掺和料复合而成，硅灰、粉煤灰及矿粉与水泥颗粒之间相互填充，有利于硬化混凝土结构的致密化，导致混凝土的抗氯离子渗透系数降低。

　　2) 混凝土抗冻融循环性能

　　按照《普通混凝土长期性能和耐久性能试验方法标准》(GB/T 50082—2009)对混凝土进行了快速冻融试验，数据见表 5-23。

　　混凝土快速冻融 450 次后，动态弹性模量余量均在 70% 以上；质量损失均小于 5%，说明混凝土具有很好的抗冻融破坏的能力。这主要是由于高强机制砂混凝土本身水胶比较低，硬化结构体密实，但总体而言，混凝土的强度等级越高，抗冻融的能力越强。

表 5-23　混凝土耐久性能　　　　　　　　　　　　　（单位：%）

强度等级	冻融 450 次	
	动态弹性模量余量	质量损失
C60	73.1	3.3
C75	77.7	3.0
C80	79.9	2.8
C90	80.3	2.1
C100	85.6	1.9

3）混凝土体积稳定性

混凝土收缩是最受关注的性能之一。对于高强混凝土而言，混凝土中浆体数量增加，对混凝土的干燥收缩会产生负面影响。按照《普通混凝土长期性能和耐久性能试验方法标准》（GB/T 50082—2009）对混凝土进行了干燥收缩试验，数据见表 5-24。

表 5-24　混凝土收缩率　　　　　　　　　　　　　（单位：10^{-4}）

强度等级	收缩率		
	28d	60d	90d
C60	2.60	3.06	3.32
C75	2.73	3.17	3.41
C80	2.79	3.29	3.76
C90	2.86	3.51	3.87
C100	2.83	3.46	3.82

干燥收缩试验表明，混凝土 28d 的干燥收缩率均小于 $3×10^{-4}$，90d 的干燥收缩率均小于 $4×10^{-4}$，干燥收缩率较小，混凝土抗裂能力强。

如图 5-13 所示，新拌混凝土浇筑在两个环之间，成型时注意捣实、振动，排出大气泡。成型后，在 20℃、相对湿度大于 95% 的条件下养护 24h，拆除外环模，并在混凝土

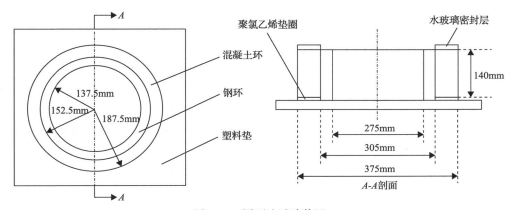

图 5-13　圆环法试验装置

环的上表面涂刷一层水玻璃，以防止混凝土表面的水分蒸发。然后，将其放入干空室中（20℃，相对湿度 RH=60%±5%）养护。

圆环法试验时，在混凝土环开裂之前，每 12h 用读数显微镜观察一次，观察混凝土环是否开裂，记录开裂时间（时间从放入干空室时算起），开裂后，每周测定 1 次混凝土环的最大裂缝宽度，观察并记录最大裂缝宽度随混凝土龄期的发展情况，直至 28d 结束观察。混凝土圆环开裂试验结果见表 5-25。

表 5-25　混凝土圆环开裂试验

强度等级	初裂时间/h	裂缝宽度/mm		
		7d	14d	28d
C60	75	0.6	0.8	1.2
C75	68	0.7	1.0	1.5
C80	58	0.8	1.1	1.7
C90	61	0.8	1.2	1.9
C100	63	0.7	1.1	1.8

由表 5-25 可以看出，随强度等级增加，混凝土中总的浆体数量增加，混凝土的塑性开裂时间逐渐提前，不利于混凝土塑性开裂的防治。混凝土的开裂时间很重要，直接反映未成熟的混凝土抵抗早期收缩开裂的能力。时间具有双重作用，一方面，随着龄期的发展，混凝土的收缩和弹性模量增大，从而在混凝土环内部引发拉应力增大，对混凝土环的开裂有利；另一方面，混凝土的抗拉强度及应力松弛能力随着龄期的发展而增加，从而不利于混凝土环开裂。

5.2.4　机制砂高性能混凝土应用效果评价及应用情况

1. 机制砂高性能混凝土应用效果

2019 年 5 月 11 日，在河南新乡组织专家对赵固二矿西风井深井冻结用机制砂混凝土工程进行现场考察。参加考察的单位有江苏苏博特新材料股份有限公司、中国煤炭科工集团北京中煤矿山工程有限公司、河南理工大学、郑州大学、中赟国际工程有限公司、河南工程咨询监理有限公司、河南国龙矿业建设有限公司。通过专家实地考察、质询讨论，形成如下考察意见：

（1）提供的资料齐全，真实可靠，符合要求。

（2）研制的机制砂高性能混凝土应用在赵固二矿西风井深井冻结井壁工程中，该井冻结深度 783m，穿过冲积层厚度 704.6m，井壁最大厚度 1.95m，设计混凝土强度等级 C50～C100，其中外层井壁 C50～C95 和内层井壁 C75～C80 应用了机制砂混凝土，总量约 15000m^3。

（3）机制砂混凝土坍落度 180～220mm，1h 坍落度损失小于 20mm，满足施工要求，强度达到设计指标，经现场检查验收未发现裂缝，说明抗裂性好。

（4）开发的 C50～C100 机制砂混凝土制备技术，解决了机制砂配制冻结法凿井井壁高性能混凝土质量稳定性控制难题。

示范工程实现了成果转化,取得了良好的社会和经济效益,为深厚冲积层冻结法凿井井壁应用低温早强、高强、高抗裂混凝土提供了技术支撑及成功应用实例。

2. 混凝土取样强度实测结果

施工井壁浇筑混凝土取样检测结果见表 5-26。C60～C100 混凝土强度均超过设计要求,总体超过《煤矿井巷工程质量验收规范(2022 版)》(GB 50213—2010)对井巷工程混凝土强度的最低要求,即为设计强度的 1.15 倍。

表 5-26　赵固二矿西风井井壁混凝土强度检测结果(28d)

生产日期	取样处井筒深度/m	强度等级	实测强度/MPa	达到设计强度等级/%
2018/10/12	420～439	C80	93.2	116.5
2018/11/06	478～498	C80	93.1	116.4
2018/12/04	554～573	C80	93.0	116.3
2018/12/14	590～609	C90	104.8	116.4
2018/12/30	627～640	C90	106.2	118.0
2019/01/25	680～694	C100	117.2	117.2
2019/02/13	707～720	C100	117.0	117.0
2019/02/28	741～752	C80	93.8	117.3

5.3　深井冻结高承载力井壁设计关键参数研究

5.3.1　深厚冲积层外层井壁承受水平荷载——冻结压力研究

1. 研究背景

冻结压力是指冻结段掘砌过程中由冻结壁施加于外层井壁上的临时荷载或施工荷载,是外层井壁设计荷载计算的依据,也是影响外层井壁稳定性、施工安全性的主要因素。冻结压力是冻结壁变形(包括弹性、蠕变、塑性变形)、冻结过程中形成的冻胀力释放、井壁壁后冻土层融化及融土回冻时的冻胀变形等多因素对井壁作用的结果。合理确定冻结压力取值,对外层井壁结构、强度和厚度科学设计及井壁混凝土强度增长特性要求均具有重要的理论和现实意义,因此,长期以来一直是该领域的科技工作者最为关注和研究的热点。

现有冻结法凿井外层井壁设计理论,将冻结压力作为外层井壁所承受的水平荷载,但现行标准《煤矿立井井筒及硐室设计规范》(GB 50384—2016)中只有<500m 冲积层的冻结压力标准值取值,缺少关于≥500m 冲积层冻结压力的取值规定。研究冻结压力的方法有理论研究、物理模拟、现场实测等方法,基于现场实测结果研究确定外层井壁设

计中冻结压力取值更具说服力。国内工程科技工作者对冻结压力进行过大量实测，取得的实测结果为这些冻结井筒安全施工和井壁设计提供了大量有用的数据。我国冻结压力的实测工作自 1964 年开始，2000 年之前重点检测了＜350m 冲积层(含黏性土层和砂性土层)的 11 个单圈孔冻结井筒的冻结压力特性(表 5-27)；2000 年以来，重点检测≥350m 冲积层的 16 个以上多圈孔冻结井筒的冻结压力特性(表 5-28)。作者基于这些大量的现场实测资料分析提出深厚冲积层冻结法凿井外层井壁设计中冻结压力标准值取值建议，为＞500m 深厚冲积层冻结井外层井壁设计提供了参考。

2. 350m 以浅冲积层单圈孔冻结的冻结压力实测结果及分析

影响冻结压力大小和变化特征的主要因素有土层埋深、土层性质(包括颗粒大小、含水率、蠕变特性、冻胀特性)、冻胀力，以及冻结壁的整体强度、抗变形能力。冻结孔布置方式、冻结壁平均温度和井帮温度对冻胀力的大小与冻结壁蠕变变形影响较大。井壁结构型式、混凝土(早期)强度、井壁掘砌施工工艺、井筒断面形状及尺寸等对冻结壁变形也有较大影响，因此也间接地影响冻结压力。煤炭科学研究总院北京建井研究所、中国矿业学院(现为中国矿业大学)、淮南煤炭学院(现为安徽理工大学)曾对兖州矿区、两淮矿区等多个矿区 11 个单圈孔冻结井筒的冻结压力特性进行系统实测，实测邢台矿区、兖州矿区、两淮矿区冻结井筒不同地层、不同深度的冻结压力，见表 5-29。通过对实测资料的综合分析得到如下结论：①外层井壁砌筑初期冻结压力增长速度较快，随时间的延长，增长速度减缓。要求井壁支护强度增长率必须大于冻结压力的增长率。②同一水平冻结压力普遍存在不均匀现象，在外层井壁结构设计时应进行不均匀受力计算。③黏性土层冻结压力明显大于砂性土层冻结压力。④同性土层的冻结压力随着埋深的增加而增大，但并不是线性增加。基于现场实测成果，国内相关研究单位和学者归纳总结提出了单圈孔冻结黏性土层冻结压力计算经验公式。

实测结果表明，在一定埋深范围内基本可用线性回归实测冻结压力参考值，用以概括一般黏土层冻结压力随埋深增大的特性，但冻结压力 P_d 与测点深度 H 的比值并不是固定的常数，而且随测点深度增大呈缓慢递减趋势，如图 5-14 所示。浅部冻结压力 P_d 与土层埋深 H 的比值较大，深部的冻结压力 P_d 与土层埋深 H 的比值下降，黏性土层冻结压力 P_d 与土层埋深 H 的比值在埋深 300～350m 基本趋于 0.010 以下，即冻结压力降至静水压力以下。从冻结压力组成方面进行分析，冻结过程中冻胀力一直存在，冻胀力大小与冻结状况、土性等有关，但与埋深关系不大；冻结壁蠕变等反映地压和掘砌应力重新分布引起的变形随着埋深增加而增大。

对小于 400m 冲积层冻结井筒冻结压力实测回归曲线进行分析，埋深(＞100m)、冻结压力计算公式为

$$P_d = 0.01 \Psi_d H \tag{5-1}$$

式中，P_d 为不同深度的冻结压力，MPa；H 为土层埋深，即计算深度，m；Ψ_d 为冻结压力随埋深变化系数，见表 5-30。

表 5-27　我国单圈孔冻结井筒的冻结压力特性检测简况

序号	井筒名称	井筒净直径/m	冲积层厚度/m	冻结深度/m	冻结壁厚度/m	井壁结构	外层井壁厚度/mm	冻结压力检测深度/m	开钻年份	主要参加单位
1	邢台主井	5.0	248.3	260	3.07	双层井壁	300	177.2~231.7	1963	中国矿业学院、煤炭工业部第四工程处
2	兴隆庄主井	6.5	188.7	220	2.15	双层井壁	400	59.0~185.5	1973	煤炭科学研究总院北京建井研究所、兖州煤炭建设指挥部、中国矿业学院、山东煤矿设计研究院
3	潘一东风井	6.5	292.5	321/310	5.36	双层井壁	700	40.0~220.0	1974	淮南煤矿学院、淮南煤矿基本建设局
4	临涣主井	7.2	238.2	275	3.60	双层井壁	650	131.0~216.9	1976	煤炭工业部北京建井研究所、煤炭工业部第三十工程处、安徽省煤炭科学研究所
5	潘二西风井	6.5	284.0	327/310	4.84	塑料夹层井壁	300+650	163.0	1976	煤炭科学研究院北京建井研究所、煤炭工业部第四十二工程处
6	潘二南风井	6.5	275.4	320	5.14	塑料夹层井壁	300+650	105.0~185.0	1977	淮南煤矿学院、安徽煤矿设计研究院、安徽省煤炭科学研究所
7	鲍店北风井	5.0	196.4	230	2.76	双层井壁	500	74.5~195.3	1978	煤炭科学研究院北京建井研究所、兖州煤炭建设指挥部、山东煤矿学院
8	海孜主井	6.5	245.4	285/275	3.00	塑料夹层井壁	400+650	166.0	1978	煤炭科学研究总院北京建井研究所、淮北煤炭基地建设会战指挥部
9	海孜副井	7.2	245.4	285/275	3.23	塑料夹层井壁	400+750	159.0~169.0	1978	煤炭科学研究总院北京建井研究所、淮北煤炭基地建设会战指挥部
10	潘三东风井	6.5	358.5	415	5.22	塑料夹层井壁	400+500	192.5~328.5	1979	煤炭科学研究院北京建井研究所、淮南煤炭基地建设会战指挥部、合肥煤矿设计研究院、煤炭工业部第三十九工程处
11	东荣二矿副井	7.5	187.2	380/180		双层井壁		148.0~207.0	1992	煤炭科学研究院内蒙古煤炭工业联合公司基本建设处、双鸭山矿务局

表 5-28 我国多圈孔冻结井筒的冻结压力特性检测简况

序号	井筒名称	井筒净直径/m	冲积层厚度/m	冻结深度/m	冻结壁厚度/m	井壁结构	外层井壁厚度/mm	冻结压力检测深度/m	开钻年份	主要参加单位
1	龙固副井	7.0	567.7	650	11.4	塑料夹层井壁	2.20	400.0~494.0	2003	中国矿业大学、新汶矿业集团有限责任公司
2	郭屯主井	5.0	587.4	702	10.0	塑料夹层井壁	2.25	470.0~535.0	2004	中国矿业大学、山东鲁能菏泽煤电开发有限公司
3	郭屯副井	6.5	583.1	702	11.0	塑料夹层井壁	2.50	441.0~510.0	2004	中国矿业大学、山东鲁能菏泽煤电开发有限公司
4	郓城主井	7.0	534.2	590	10.5	塑料夹层井壁	2.15	300.0~502.0	2006	中国矿业大学
5	郓城副井	7.2	536.6	590	10.5	塑料夹层井壁	2.25	379.0~498.0	2006	中国矿业大学
6	涡北副井	6.5	410.9	483	7.0	塑料夹层井壁	1.80	200.0~375.0	2002	安徽理工大学、淮北矿业集团有限责任公司
7	涡北风井	5.0	415.5	477	6.8	塑料夹层井壁	1.60	206.0~400.0	2003	安徽理工大学、淮北矿业集团有限责任公司
8	顾北副井	8.1	462.7	500	10.0	塑料夹层井壁	2.25	385.0~408.0	2004	安徽理工大学、淮北矿业集团有限责任公司
9	赵固一矿主井	5.0	578.0	575	8.0	塑料夹层井壁	1.70	436.2	2004	煤炭科学研究总院建井研究分院、焦作矿业集团有限责任公司
10	赵固一矿副井	6.5(6.8)	519.0	575	9.5	塑料夹层井壁	2.05	307.0~507.0	2004	煤炭科学研究总院建井研究分院、焦作矿业集团有限责任公司
11	赵固一矿风井	5.0(5.2)	526.5	575	8.0	塑料夹层井壁	1.70	197.0	2004	煤炭科学研究总院建井研究分院、焦作矿业集团有限责任公司
12	丁集风井	7.5	528.65	558	10.5	塑料夹层井壁	2.1	358~398	2003	安徽理工大学、淮南矿业集团有限责任公司
13	丁集副井	8.0	525.25	565	11.5	塑料夹层井壁	2.2	418~501	2003	安徽理工大学、淮南矿业集团有限责任公司
14	口孜东主井	7.5	568.45	737	11.5	塑料夹层井壁	2.38	485~556	2005	安徽理工大学、国投新集能源股份有限公司
15	口孜东副井	8.0	571.95	615	12.5	塑料夹层井壁	2.4	490~555	2005	安徽理工大学、国投新集能源股份有限公司
16	口孜东风井	7.5	573.2	626	11.5	塑料夹层井壁	2.38	451~548	2005	安徽理工大学、国投新集能源股份有限公司

注：括号内为变更后的实际数值。

表5-29　单圈孔冻结实测冻结压力与土层特性、土层埋深的关系

井筒名称	开钻年份	冻结深度/m	冲积层厚度/m	土层名称	测点深度 H/m	井帮温度/℃	冻结压力 P_d/MPa	冻结压力与深度比值 (P_d/H)
邢台主井	1963	260	248.3	砂质黏土	177.2		1.78~2.00	0.0100~0.0113
				砂质黏土	188.4		1.59~1.97	0.0084~0.0105
				砂质黏土	204.3		1.06~1.61	0.0051~0.0079
				砂砾	231.7		0.30~0.35	0.0013~0.0015
兴隆庄井	1973	220	188.7	黏土	59.0	-5.8	1.2~1.39	0.0203~0.0236
				黏土	88.5	-6.8~-6.5	1.23~1.34	0.0139~0.0151
				黏土	151.0	-3.7	1.45~1.84	0.0096~0.0122
				粗砂	74.0	-6.6~-6.1	1.08~1.17	0.0146~0.0158
				砂砾	118.0	-7.5~-3.3	0.75~1.42	0.0064~0.0120
				砂砾	185.5	-9.8~-4.1	1.13~1.61	0.0061~0.0087
潘一东风井	1974	321/310	292.5	黏土	137.0	+5.0	1.8~2.42	0.0131~0.0177
				砂质黏土	110.0		1.6~2.07	0.0145~0.0188
				砂层	40.0		0.20~0.23	0.0050~0.0058
				砂层	70.0		0.44~1.09	0.0063~0.0156
				粗中砂	220.0		0.73~2.49	0.0033~0.0113
临涣主井	1976	275	238.2	黏土	131~136	-1.0	1.58~2.11	0.0117~0.0156
				黏土	142.8	-1.5	1.74~1.78	0.0122~0.0125
				黏土	216.9	-7.0	2.16~2.24	0.0100~0.0103
潘二西风井	1976	327/310	284.0	黏土	163.0	-6.0	1.12~1.92	0.0069~0.0118
潘集二矿南风井	1977	320	275.4	黏土	185.0		2.58~3.56	0.0139~0.0192
				砂层	105.0		1.40~1.82	0.0133~0.0173

续表

井筒名称	开钻年份	冻结深度/m	冲积层厚度/m	土层名称	测点深度 H/m	井帮温度/℃	冻结压力 P_d/MPa	冻结压力与深度比值 (P_d/H)
鲍店煤矿`北北风井	1978	230	196.4	黏土	102.0	−2.6	1.04~1.55	0.0102~0.0152
				黏土	142.0	−5.3	1.15~1.98	0.0081~0.0139
				黏土	195.3	−4.0	1.38~1.98	0.0071~0.0101
				砂层	74.5	−2	0.49~1.07	0.0066~0.0144
海孜副井	1978	285	245.4	黏土	159~169	−4.0	1.56~1.85	0.0096~0.0114
海孜主井	1979	285	245.4	黏土	166.0	−7.0	2.1~2.15	0.0126~0.0130
潘集三矿`东风井	1979	415	358.5	黏土	278.6	−10.8~−8.2	2.88~4.50	0.0103~0.0162
				黏土	328.5	−18.0~−15.2	3.40~4.27	0.0104~0.0130
				砂质黏土	263.9	−9.0~−7.5	2.62~3.30	0.0099~0.0125
				细砂层	192.5	−4.5~−4.0	0.90~2.15	0.0047~0.0112
				中砂层	250.0	−5.5	1.04~1.53	0.0040~0.0059
东荣二矿`副井	1992	300	187.2	细砂	148	−5.5~−3.0	1.09~1.50	0.0074~0.0101
				泥岩	175.5	−8.5~−5.0	1.68~4.40	0.0096~0.0251
				泥质砾岩	207	−3.5~−1.5	3.52~4.44	0.0170~0.0214

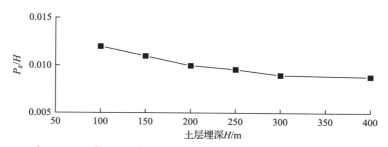

图 5-14　小于 400m 冲积层冻结井筒冻结压力与土层埋深的比值（P_d/H）变化趋势

表 5-30　不同深度黏性土层的冻结压力参考值

土层埋深/m	冻结压力/MPa	冻结压力随埋深变化系数 ψ_d
100	1.20	1.200
150	1.65	1.100
200	2.00	1.000
250	2.40	0.960
300	2.70	0.900
400	3.50	0.885

3. 深厚冲积层多圈孔冻结压力实测结果及分析

深厚冲积层（>400m）冻结法凿井需采用多圈孔冻结技术。多圈孔冻结形成的冻结压力与浅部单圈孔冻结的冻结压力的差异，一直是工程技术人员急需掌握和攻克的难点。21 世纪以来，我国广大科技工作者对龙固、郭屯、郓城、涡北、赵固等矿区十几个深厚冲积层多圈孔冻结井筒冻结压力进行实测研究。对大于 400m 冲积层多圈孔冻结压力的变化规律有了初步认识。

王衍森等[59]、李金华等[60]对龙固副井、郭屯主井和副井、郓城主井和副井等深厚冲积层多圈孔冻结井筒进行冻结压力实测（表 5-31），分析得到：冻结压力最大值 P_{max} 普遍接近甚至超过重液水平地压 P_0，P_{max}/P_0 的平均值为 1.053；超过 55% 的地层中，7d、10d、14d、30d 冻结压力平均值分别达到最大值 P_{max} 的 74%、77%、84%、93%。分析得到黏性土层、砂性土层 P_{max} 与 H 的比值平均值分别为 0.0140、0.00745。

陈远坤[61]、李运来等[62]对涡北副井、涡北风井、顾北副井等深厚冲积层多圈孔冻结井筒进行冻结压力实测（表 5-32），分析得到：冻结压力沿井筒周向具有显著的不均匀性，不均匀率在 0.67～0.82；P_{max}/P_0 的值为 0.942～1.219，平均值为 1.05；各水平冻结压力平均值 $\overline{P}$ 与重液水平地压 P_0 的比值为 0.726～0.979，平均值为 0.87；计算冻结压力平均值 $\overline{P}$ 与冻结压力最大值 P_{max} 的比值为 0.83，>350m 黏性土层冻结压力平均值 $\overline{P}$ 与冻结压力最大值 P_{max} 的比值为 0.80。

根据姚直书等[63,64]、程桦[65]曾对朱集、口孜东、陈蛮庄等矿 10 多个冻结井筒冻结压力的研究，得出冻结压力具有显著的不均匀性，同一水平实测最大冻结压力是最小冻结压力的 2～4 倍，得到>500m 黏性土层 P_{max} 与 H 的比值主要在 0.00936～0.0120。

表 5-31　龙固副井、郭屯主井和副井、郓城主井和副井井筒冻结压力实测结果

井筒名称	冲积层厚度/m	测点埋深/m	土层名称	P_0/MPa	P_{max}/MPa	P_{max}/P_0	P_{max}/H /(MPa/m)	P_d/MPa				P_d/P_{max}			
								7d	10d	14d	30d	7d	10d	14d	30d
龙固副井	567.7	400	黏土	5.20	4.59	0.883	0.01148	1.81	2.54	2.93	4.11	0.39	0.55	0.64	0.90
		430	黏土	5.59	4.90	0.877	0.01140	2.56	3.38	3.90	4.48	0.52	0.69	0.80	0.91
		464	黏土	6.03	6.22	1.032	0.01341	3.94	4.25	4.50	4.86	0.63	0.68	0.72	0.78
		494	黏土	6.42	9.48	1.477	0.01919	4.40	5.62	6.57	7.24	0.46	0.59	0.69	0.76
郭屯主井	587.4	470	黏土	6.11	8.64	1.414	0.01838	3.64	3.93	4.03	4.71	0.42	0.45	0.47	0.55
		487	黏土	6.33	8.14	1.286	0.01671	2.35	3.15	3.68	6.08	0.29	0.39	0.45	0.75
		512	黏土	6.66	10.6	1.592	0.02070	8.81	9.36	9.68	9.52	0.83	0.88	0.91	0.90
		535	黏土	6.96	7.91	1.136	0.01479	6.60	7.08	7.50	7.50	0.83	0.90	0.95	0.95
郭屯副井	583.1	441	黏土	5.73	5.42	0.946	0.01229	1.10	1.51	1.89	3.12	0.20	0.28	0.35	0.58
		473	黏土	6.15	4.22	0.686	0.00892	0.93	2.06	3.20	4.06	0.22	0.49	0.76	0.96
		510	黏土	6.63	4.69	0.707	0.00920	2.05	2.25	2.58	3.25	0.44	0.48	0.55	0.69
郓城主井	534.2	300	黏土	3.90	2.92	0.749	0.00973	2.35	2.50	2.52	—	0.80	0.86	0.86	—
		372	黏土	4.84	3.84	0.793	0.01032	2.82	3.01	3.21	3.68	0.73	0.78	0.84	0.96
		426	黏土	5.54	5.63	1.016	0.01321	3.50	3.75	4.01	4.83	0.62	0.67	0.71	0.86
		455	砂层	5.92	3.39	0.573	0.00745	2.22	2.42	2.58	2.88	0.65	0.71	0.76	0.85
		502	黏土	6.53	6.51	0.997	0.01297	5.30	5.49	5.73	6.34	0.81	0.84	0.88	0.97
郓城副井	536.6	379	黏土	4.93	6.86	1.391	0.01810	5.10	—	5.49	6.43	0.74	—	0.80	0.94
		443	黏土	5.76	7.22	1.253	0.01630	4.53	4.77	5.05	6.19	0.63	0.66	0.70	0.86
		498	黏土	6.47	7.73	1.195	0.01552	5.65	6.19	6.69	7.60	0.73	0.80	0.87	0.98

注：P_0 表示按重液地压公式计算的地压，即重液水平地压，MPa；P_d 表示外层井壁筑壁后实测冻结压力；黏土层 P_{max} 与 H 的比例系数平均值为 0.0140，砂层 P_{max} 与 H 的比例系数平均值为 0.00745。

表 5-32　涡北副井、涡北风井、顾北副井井筒冻结压力实测结果分析

井筒名称	冲积层/m	测点深度 H/m	土层名称	井帮温度/℃	P_0 /MPa	P_{max} /MPa	$\overline{P}$ /MPa	P_{max}/P_0	$\overline{P}/P_0$	$\overline{P}/H$ (MPa/m)
涡北副井	410.9	200	黏土	3～3.5	2.600	2.8	2.4	1.077	0.923	0.01200
		275	黏土	−1.3～−0.6	3.575	3.9	3.5	1.091	0.979	0.01272
		375	黏土	−7.9～−7.0	4.875	4.8	4.2	0.985	0.862	0.01120
涡北风井	415.5	206	黏土	−0.2～3.1	2.678	2.8	2.6	1.046	0.971	0.01262
		330	黏土	−4.7～−3.9	4.290	4.2	3.7	0.979	0.862	0.01121
		378	黏土	−10.5～−9.8	4.914	5.2	4.3	1.058	0.875	0.01138
		400	黏土		5.200	4.9	4.5	0.942	0.865	0.01125
顾北副井	462.7	385	钙质黏土		5.005	6.1	4.00	1.219	0.799	0.01039
		408	钙质黏土		5.304	5.45	3.85	1.028	0.726	0.00944

注：P_0 表示按重液地压公式计算的地压，MPa；$\overline{P}$ 表示实测各水平冻结压力平均值，MPa；P_{max} 表示外层井壁筑壁后实测最大冻结压力；冻结压力平均值与最大值比值的平均值为 0.8229。

作者通过对赵固一矿主井、副井、风井及赵固二矿副井 4 个深厚冲积层多圈孔冻结井进行冻结压力实测及分析（表 5-33），初步掌握了该矿区井深 197.0～519.0m 段半固结黏性土层冻结压力的显现特性，实测得到赵固矿区半固结黏性土层冻结压力最大值 P_{max} 与土层埋深 H 的比值为 0.01165～0.02003，平均值为 0.0174。

表 5-33　赵固一矿、赵固二矿井筒冻结压力实测结果汇总表

井筒名称	冲积层厚度/m	测点埋深/m	土层名称	冻结时间/d	井帮温度/℃	实测时间/d	P_{max} /MPa	P_{max}/H
赵固一矿主井	518.0	436.2	半固结砂质黏土	346	−20.4～−18.3	33	7.10	0.01628
赵固一矿副井	519.7	282.6	半固结砂质黏土	240	−9.3～−7.2	5.5	4.70	0.01663
		307.0	半固结黏土	260	−10.5～−7.4	5.0	6.15	0.02003
		384.0	半固结黏土	315	−15.1～−12.3	190	7.40	0.01927
		507.0	半固结黏土	422	−19.1～−18.0	50	9.7	0.01913
赵固一矿风井	526.5	197.0	半固结黏土	150	−3.1～−0.9	230	3.7	0.01878
赵固二矿副井	527.5	519.0	半固结黏土	220	−7.0～−4.0	19	6.05	0.01165

冻结压力实测普遍存在测点难以保护、数据离散性大、长期观测困难等问题，但已获得大量可贵的实测数据和成果，对深厚冲积层冻结井筒冻结压力实测结果分析和应用具有重要的实用价值。分析多位学者实测获得的结果，深厚冲积层冻结压力的一般具有以下特征：①冻结压力沿井筒周向具有显著的不均匀性。②冻结压力的增长过程基本具有早期急剧增长，随后增速减小保持缓慢增长（或趋于稳定，个别地层冻结压力达到峰值后下降）的特点，外层井壁混凝土浇筑后 7d、10d、14d、30d 的冻结压力与达到最大冻结

压力的平均值比分别达到 57.6%、65%、72.2%、84.2%。③多圈孔冻结壁较单圈孔冻结壁厚度和强度增大，同质同深土层的地压所产生的蠕变变形比单圈孔冻结壁小，但实测多圈孔冻结井筒同土性的冻结压力峰值与测点埋深比值普遍较大，说明多圈孔布置方式和冻结工艺对冻结壁内冻胀力的影响较为显著，多圈孔冻结比单圈孔冻结的冻胀力普遍增大，造成了同深度冲积层多圈孔冻结压力大于单圈孔冻结压力。

建议冻结压力可划分为由冻结壁变形引起的变形压力和地层冻胀引起的冻胀力。建议深厚冲积层（>400m）冻结压力 P_d 按式（5-2）计算：

$$P_d = 0.01(K_b + K_{dz})H \tag{5-2}$$

式中，K_b 为冻结壁变形和深度影响系数，计算砂性土层冻结压力取 0.75～0.85，黏性土层冻结压力取 0.96～1.14；K_{dz} 为冻胀力影响系数，与土层冻胀特性、冻结孔布置方式、冻结壁形成过程、冻结壁平均温度、井帮温度、井壁筑壁材料水化温升特性等因素有关，取 0.17～0.38；H 为土层埋深，即计算深度。

根据式（5-2）分析得到黏性土层冻结压力最大值见式（5-3）：

$$P_{dmax} = (0.0113 \sim 0.0152)H \tag{5-3}$$

4. 冻结压力标准值及混凝土早期强度取值建议

1）冻结压力标准值取值

按照《煤矿立井井筒及硐室设计规范》（GB 50384—2016）关于冻结压力标准值的取值规定，外层井壁承受的冻结压力标准值 $P_{d,k}$ 可按表 5-34 选取。

表 5-34　冻结压力标准值

计算深度 H/m	100	150	200～400	400～500
冻结压力标准值 $P_{d,k}$ /MPa	1.2～1.5	1.5～1.8	0.01H	(0.01～0.012)H

《煤矿立井井筒及硐室设计规范》（GB 50384—2016）对于≥500m 冻结压力取值并未明确规定。现行规范对设计荷载标准值的定义如下：荷载标准值指设计基准期内最大荷载统计分布的特征值，因此荷载标准值不等同于荷载最大值，井壁设计时不应以最大冻结压力作为设计值。根据上述冻结压力研究分析，建议≥500m 冲积层冻结压力标准值按实测冻结压力平均值取值，陈远坤[61]、李运来等[62]实测>350m 黏性土层冻结压力平均值 $\overline{P}$ 与冻结压力最大值 P_{max} 的比值为 0.80，按式（5-3）P_{dmax} 乘以实测平均值系数 0.80，得到实测冻结压力平均值，作为≥500m 冻结压力标准值 $P_{d,k}$ 取值计算公式（5-4）：

$$P_{d,k} = (0.009 \sim 0.012)H \tag{5-4}$$

2）混凝土早期强度取值

深厚冲积层冻结压力实测表明，外层井壁砌筑后较短时间内就要承受冻结压力，因此仅按传统做法对外层井壁的 28d 强度进行设计不足以满足外层井壁承受冻结压力而不发生破坏的要求，应对井壁混凝土早期强度及不同龄期强度作出要求，并防止深井外层井壁因现浇混凝土水化热过高，引起冻结壁较多的融化从而引起较大的冻胀压力而产生破坏，并在今后新制定或修订的规范中列入相应的规范。根据冻结压力实测结果建议：冻结法凿井外层井壁采用钢筋混凝土结构时，混凝土应具有低温高早强、低水化热特征；混凝土绝热温升不宜大于 50℃；混凝土 1d 强度不应低于设计强度的 30%。

5.3.2　C80～C100 高强高性能混凝土井壁设计有关数据取值的研究

1. 关于井壁全截面配筋率及钢筋类型

《煤矿立井井筒及硐室设计规范》（GB 50384—2016）第 4.2.1 条给出：立井井筒及硐室钢筋混凝土结构受力钢筋应采用 HRB400、HRB500、HRBF400、HRBF500 钢筋，联系筋可采用 HP300 钢筋。钢筋强度标准值、钢筋强度设计值、钢筋弹性模量等指标的提出依据是《混凝土结构设计规范（2015 年版）》（GB 50010—2010）。《混凝土结构设计规范（2015 年版）》（GB 50010—2010）对钢筋的选用又做了进一步修订。

《煤矿立井井筒及硐室设计规范》（GB 50384—2016）第 6.1.3 条规定：现浇钢筋混凝土井壁配筋应符合下列规定：①全截面配筋率不应小于 0.4%；当混凝土强度等级为 C60 及以上时，配筋率不应小于 0.5%。②截面单侧配筋率不应小于 0.2%。③配置构造钢筋宜符合规范中的表 6.1.3 的规定。④钢筋保护层（钢筋外边缘至混凝土表面的最小距离）厚度，内缘钢筋宜为 50mm，外缘钢筋宜为 70mm。并明确井筒构造配筋适用于不大于 600m 的井筒。

C80～C100 混凝土应用主要是针对深度大于 600m 的井筒设计要求，为实现钢筋与高强混凝土高强性能更好匹配，共同提高井壁承载能力，结合《混凝土结构设计规范（2015 年版）》（GB 50010—2010）第 8.5.1 条的要求，增加井壁混凝土最小配筋率 0.10%，提出井壁全截面最小配筋百分率不应小于表 5-35 规定的数值，考虑充分发挥高强高性能混凝土承载特性，建议匹配高等级的钢筋，不推荐采用"强度等级 300MPa、335MPa"的钢筋。根据现行国家标准《钢筋混凝土用钢 第 2 部分:热轧带肋钢筋》（GB/T 1499.2—2018），增加 600MPa 级钢筋，建议 C80～C100 混凝土新规程应增加 HRB600 钢筋。HRB600 钢筋的性能指标取值，见表 5-36。

表 5-35　井壁钢筋的最小配筋百分率 ρ_{min}　（单位：%）

钢筋类型	GB 50010—2010 要求最小配筋百分率	建议新规程最小配筋百分率
强度等级 600MPa	无	0.65
强度等级 500MPa	0.50+0.10=0.60	0.70
强度等级 400MPa	0.55+0.10=0.65	0.75
强度等级 300MPa、335MPa	0.60+0.10=0.70	

表 5-36   HRB600 普通钢筋强度标准值、设计值取值

公称直径 d/mm	屈服强度标准值 f_{yk} /(N/mm²)	极限强度标准值 f_{stk} /(N/mm²)	抗拉强度设计值 f_y /(N/mm²)	抗压强度设计值 f_y' /(N/mm²)
6～50	600	730	520（$\gamma_s = 1.15$）	520（$\gamma_s = 1.15$）

2. 冻结井筒井壁应用 C80～C100 高性能混凝土强度设计取值问题

1）轴心抗压强度与立方体抗压强度的关系

根据《混凝土结构设计规范（2015 年版）》（GB 50010—2010）对混凝土强度等级的定义：按标准方法制作养护边长为 150mm 的立方体，在 28d 龄期时用标准试验方法测得具有 95%保证率的抗压强度标准值 $f_{cu,k}$。

据已有试验资料的统计分析，混凝土具有 95%保证率的强度标准值与强度平均值的关系为

$$f_{cu,k} = \mu_{f_{cu}} - 1.645\sigma_c = \mu_{f_{cu}}(1 - 1.645\delta_c) \tag{5-5}$$

式中，$f_{cu,k}$ 为立方体抗压强度标准值；$\mu_{f_{cu}}$ 为立方体抗压强度平均值；σ_c、δ_c 为立方体抗压强度的均方差和离散系数。

根据《普通混凝土力学性能试验方法标准》（GB/T 50081—2002）规定，以 150mm×150mm×300mm 的棱柱体作为混凝土轴心抗压强度试验的标准试件，养护条件、试验方法等与立方体标准试件相同，测得的具有 95%保证率的抗压强度标准值用 f_{ck} 表示。

对于相同的混凝土（即相同配合比和组成材料、相同制作和养护条件），轴心抗压强度（又称棱柱体抗压强度）平均值与立方体抗压强度平均值之间具有很好的线性关系。《混凝土结构设计规范（2015 年版）》（GB 50010—2010）取棱柱体抗压强度平均值与立方体抗压强度平均值的比值 α_{c1}：对 C50 及以下的普通混凝土取 0.76，对 C80 高强混凝土取 0.82，中间按线性插值取值。考虑到强度等级较高的混凝土较脆，对 C40 及以下混凝土脆性系数 α_{c2} 取 1.0，对 C80 混凝土脆性系数 α_{c2} 取 0.87，中间按线性内插法取值。棱柱体抗压试验的试件制作、养护等都是按标准在实验室进行的，与实际工程的情况存在差异，相同配合比的混凝土实体强度比棱柱体抗压强度低。混凝土实体强度与试件的差异系数取 0.88。考虑上述因素后，混凝土轴心抗压强度平均值 μ_{f_c} 与立方体抗压强度平均值 $\mu_{f_{cu}}$ 之间的换算关系为

$$\mu_{f_c} = 0.88\alpha_{c1}\alpha_{c2}\mu_{f_{cu}} \tag{5-6}$$

假定棱柱体抗压强度的离散系数与立方体抗压强度的离散系数相同（下面公式中采用相同的符号）。棱柱体抗压强度的标准值 f_{ck}：

$$f_{ck} = \mu_{f_c}(1 - 1.645\delta_c) \tag{5-7}$$

由式（5-5）可知，$1 - 1.645\delta_c = f_{cu,k}/\mu_{f_{cu}}$，连同式（5-6）代入式（5-7），得到

$$f_{ck} = 0.88\alpha_{c1}\alpha_{c2}f_{cu,k} \tag{5-8}$$

轴心抗压强度设计值：

$$f_c = \frac{f_{ck}}{\gamma_c} = \frac{f_{ck}}{1.4} \tag{5-9}$$

式中，γ_c 为混凝土材料分项系数，取 1.4。

2）轴心抗拉强度与立方体抗压强度的关系

对于相同的混凝土，劈裂抗拉强度与立方体抗压强度存在一定的关系，但抗拉强度不随立方体强度线性增加，混凝土等级越高，抗拉强度增加得越慢。试验表明，劈裂抗拉强度略大于直接拉伸强度。《混凝土结构设计规范（2015 年版）》（GB 50010—2010）取轴心抗拉强度平均值 μ_{f_t} 与立方体抗压强度平均值 $\mu_{f_{cu}}$ 之间的换算关系为

$$\mu_{f_t} = 0.395\alpha_{c2}\mu_{f_{cu}}^{0.55} \tag{5-10}$$

考虑混凝土实体强度与试件的差异系数取 0.88，混凝土轴心抗拉强度标准值：

$$\begin{aligned}
f_{tk} &= 0.88 \times \mu_{f_t}\left(1 - 1.645\delta_c\right) = 0.88 \times 0.395\alpha_{c2}\mu_{f_{cu}}^{0.55}\left(1 - 1.645\delta_c\right) \\
&= 0.88 \times 0.395\alpha_{c2}\left[\mu_{f_{cu}}\left(1 - 1.645\delta_c\right)\right]^{0.55}\left(1 - 1.645\delta_c\right)^{0.45}
\end{aligned} \tag{5-11}$$

假定轴心抗拉强度的离散系数与立方体抗压强度的离散系数相同［式(5-11)采用了相同的符号］，将式(5-5)代入式(5-11)后，得到

$$f_{tk} = 0.88 \times 0.395\alpha_{c2}f_{cu,k}^{0.55}\left(1 - 1.645\delta_c\right)^{0.45} \tag{5-12}$$

轴心抗拉强度设计值：

$$f_t = \frac{f_{tk}}{\gamma_c} = f_{tk}/1.4 \tag{5-13}$$

3）C80～C100 轴心抗压强度等参数取值研讨

（1）根据现行规范对轴心抗压强度取值的分析。

根据式(5-8)、式(5-12)，取 α_{c1}（棱柱体抗压强度平均值与立方体抗压强度平均值的比值）、α_{c2}（脆性系数）随混凝土立方体抗压强度增高不同变化情况进行棱柱体抗压强度标准值 f_{ck} 计算，得到：①固定 α_{c1} 为最大值，α_{c2} 按线性外推；②α_{c1}、α_{c2} 均按线性外推两种情况的棱柱体抗压强度标准值 f_{ck} 见表 5-37。根据式(5-9)计算得到轴心抗压强度设计值 f_c 见表 5-37。

（2）根据现行规范对轴心抗拉强度取值的分析。

根据现行规范《混凝土结构设计规范（2015 年版）》（GB 50010—2010），α_{c2} 按线性外推由式(5-12)计算得到轴心抗拉强度标准值 f_{tk}，见表 5-38。根据式(5-13)计算得到轴

表 5-37 按我国现行规范《混凝土结构设计规范（2015 年版）》（GB 50010—2010）C80～C100 混凝土棱柱体抗压强度标准值、设计值取值计算结果

混凝土强度等级（立方体）$f_{cu,k}$	α_{c1} 线性外推值	α_{c2} 线性外推值	δ_c（离散系数）线性外推值	标准值		设计值	
				f_{ck}（固定 α_{c1}、α_{c2} 按线性外推）/MPa	f_{ck}（α_{c1}、α_{c2} 均线性外推）/MPa	f_c（固定 α_{c1}、α_{c2} 按线性外推）/MPa	f_c（α_{c1}、α_{c2} 均按线性外推）/MPa
C80	0.82	0.87	0.10	50.22	50.22	35.87	35.87
C85	0.83	0.85375	0.09	52.37	53.004	37.40	37.86
C90	0.84	0.8375	0.09	54.39	55.72	38.85	39.80
C95	0.85	0.82125	0.08	56.30	58.36	40.21	41.68
C100	0.86	0.805	0.08	58.09	60.92	41.49	43.52

表 5-38 按我国现行规范《混凝土结构设计规范(2015 年版)》(GB 50010—2010) C80~C100 混凝土轴心抗拉强度标准值、设计值取值计算结果

混凝土强度等级 (立方体) $f_{cu,k}$	α_{c2} (脆性折减系数) 线性外推值	δ_c (离散系数) 线性外推值	标准值 f_{tk} /MPa	设计值 f_t /MPa
C80	0.87	0.10	3.11	2.22
C85	0.85375	0.09	3.18	2.27
C90	0.8375	0.09	3.22	2.30
C95	0.82125	0.08	3.28	2.34
C100	0.805	0.08	3.31	2.36

心抗拉强度设计值 f_t,见表 5-38。

(3)根据"欧盟规范"对轴心抗压强度取值的分析。

按照"欧盟规范"有关规定,按式(5-14)确定混凝土轴心抗压强度设计值:

$$f_{cd} = f'_{ck} \times \alpha_{cc}/\gamma_c \tag{5-14}$$

式中, f_{cd} 为混凝土轴心抗压强度设计值; f'_{ck} 为圆柱强度等级; α_{cc} 为考虑了抗压强度长期效应及加载方式不利影响的系数,取值为 0.8~1.0; γ_c 为分项系数,取 1.5。为进行对比,分别取 α_{cc} 为 0.800、0.825、0.850 三种较为保守的情况进行轴心抗压强度设计值计算,见表 5-39。

表 5-39 按"欧盟规范"C80~C100 混凝土轴心抗压强度设计取值计算结果

混凝土强度等级 (立方体) $f_{cu,k}$	混凝土强度等级 (圆柱体) f'_{ck}	f_{cd} ("欧盟规范", α_{cc} =0.800)/MPa	f_{cd} ("欧盟规范", α_{cc} =0.825)/MPa	f_{cd} ("欧盟规范", α_{cc} =0.850)/MPa
C80	C65	34.7	35.7	36.8
C85	C70	37.3	38.5	39.7
C90	C75	40.0	41.3	42.5
C95	C80	42.0	44.0	45.3
C100	C85	45.3	46.7	48.2
C105	C90	48.0	49.5	51.0

(4)根据"欧盟规范"对轴心抗拉强度取值的分析。

按照"欧盟规范"有关规定,由式(5-15)确定混凝土轴心抗拉强度设计值:

$$f_{ctd} = \alpha_{ct} \times f_{ctk,0.05}/\gamma_c \tag{5-15}$$

式中, f_{ctd} 为混凝土轴心抗拉强度设计值; $f_{ctk,0.05}$ 为混凝土抗拉强度概率分布的 0.05 分位值,具有 95%的保证率; α_{ct} 为考虑了抗拉强度长期效应及加载方式不利影响的系数,取值为 1.0; γ_c 为分项系数,取 1.5。

抗拉强度平均值 f_{ctm} 与 $f_{ctk,0.05}$ 的关系为

$$f_{ctk,0.05} = 0.7 f_{ctm} \tag{5-16}$$

抗拉强度平均值 f_{ctm} 与混凝土圆柱体抗压强度平均值 f_{cm} 的关系（＞C60）为

$$f_{ctm} = 2.12\ln\left(1 + \frac{f_{cm}}{10}\right) \tag{5-17}$$

根据式（5-15）～式（5-17）计算得到"欧盟规范"C80～C100 混凝土轴心抗拉强度设计取值结果，见表 5-40。

表 5-40　按"欧盟规范"C80～C100 混凝土轴心抗拉强度设计取值计算结果

混凝土强度等级（立方体）$f_{cu,k}$	混凝土强度等级（圆柱体）f'_{ck}	混凝土（圆柱体）抗压强度平均值 f_{cm}/MPa	抗拉强度平均值 f_{ctm}/MPa	$f_{ctk,0.05}$/MPa	f_{ctd}/MPa
C80	C65	73	4.49	3.14	2.09
C85	C70	78	4.61	3.23	2.15
C90	C75	83	4.73	3.31	2.21
C95	C80	88	4.84	3.39	2.26
C100	C85	93	4.94	3.46	2.31
C105	C90	98	5.04	3.53	2.35

国际结构混凝土协会（FIB）规范"fib Model Code for Concrete Structures 2010（20B）"第 7.2.3.1.4 规定的抗压强度设计值和轴心抗拉强度设计值取值与"欧盟规范"相同。

（5）国内部分试验研究单位（人员）对 C80～C100 混凝土抗压强度研究成果分析。

上海市建筑科学研究院有限公司庄文华等[66]、青岛建筑工程学院李家康和王巍[67]、西南交通大学杨幼华[68]、中国建筑科学研究总院有限公司白生翔[69]等的研究提出的试验回归公式见表 5-41。假定棱柱体抗压强度的离散系数与立方体抗压强度的离散系数相同，改写棱柱体抗压强度的标准值回归公式，见表 5-41。

表 5-41　国内相关试验研究单位的试验结果

研究单位	f_{cu} 范围/MPa	回归公式	改写棱柱体抗压强度标准值（计算值）回归公式
上海市建筑科学研究院有限公司	60～110	$\mu_{f_c} = 0.89\mu_{f_{cu}} - 3.80$	$f'_{ck} = \left(0.89\dfrac{f_{cu,k}}{1-1.645\delta_c} - 3.80\right)(1-1.645\delta_c)$
青岛建筑工程学院	50～90	$\mu_{f_c} = 1.015\mu_{f_{cu}} - 12.31$	$f'_{ck} = \left(1.015\dfrac{f_{cu,k}}{1-1.645\delta_c} - 12.31\right)(1-1.645\delta_c)$
西南交通大学	50～100	$\mu_{f_c} = 0.966\mu_{f_{cu}} - 10.3$	$f'_{ck} = \left(0.966\dfrac{f_{cu,k}}{1-1.645\delta_c} - 10.3\right)(1-1.645\delta_c)$
中国建筑科学研究总院有限公司	15～110	$\mu_{f_c} = 0.54\mu_{f_{cu}}^{1.1}$	$f'_{ck} = 0.54 f_{cu,k}^{1.1}\dfrac{1-1.645\delta_c}{(1-1.645\delta_c)^{1.1}}$

根据《混凝土结构设计规范（2015 年版）》（GB 50010—2010）确定混凝土轴心抗压强度标准值 $f_{ck,GB} = 0.88\alpha_{c2} f'_{ck}$，据此计算的 C80～C100 混凝土抗压强度标准值和设计值

见表 5-42。

表 5-42　根据国内相关试验研究单位的试验结果测算的混凝土强度设计值

强度种类及取值方式		混凝土强度等级				
		C80	C85	C90	C95	C100
α_{c2} 线性外推值		0.87	0.85375	0.8375	0.82125	0.805
δ_c(离散系数)线性外推值		0.10	0.09	0.09	0.08	0.08
轴心抗压强度标准值(计算值) f'_{ck} /MPa	上海市建筑科学研究院有限公司	68.03	72.41	76.86	81.25	85.70
	青岛建筑工程学院	70.91	75.79	80.86	85.73	90.81
	西南交通大学	68.67	73.33	78.16	82.99	87.66
	中国建筑科学研究总院	68.17	72.73	77.45	82.04	86.80
轴心抗压强度标准值 f_{ck} /MPa	上海市建筑科学研究院有限公司	52.08	54.40	56.65	58.72	60.71
	青岛建筑工程学院	54.29	56.94	59.60	61.96	64.33
	西南交通大学	52.58	55.10	57.61	59.98	62.10
	中国建筑科学研究总院	52.19	54.64	57.08	59.29	61.49
轴心抗压强度设计值 f_c /MPa	上海市建筑科学研究院有限公司	37.20	38.86	40.46	41.94	43.36
	青岛建筑工程学院	38.78	40.67	42.57	44.26	45.95
	西南交通大学	37.56	39.36	41.15	42.84	44.35
	中国建筑科学研究总院	37.28	39.03	40.77	42.35	43.92

(6)C80～C100 混凝土轴心抗压强度等参数验证试验研究。

为验证 C80～C100 混凝土轴心抗压强度标准值(f_{ck})、轴心抗拉强度标准值(f_{tk})、弹性模量(E_c)、剪切变形模量(G_c)及泊松比(ν_c)等物理力学参数,研究人员进行了验证试验研究,详细研究结果见 5.3.3 节。试验得到 C80、C90、C100 混凝土 100mm×100mm×100mm、150mm×150mm×150mm、150mm×150mm×300mm 三种试件的抗压强度、轴心拉伸强度、极限拉伸应变、立方体劈裂抗拉强度、弹性模量、泊松比等物理力学参数平均值及标准差,见表 5-43。

从表 5-43 可以看出,C80、C90、C100 试验配比混凝土(狗头骨试件)轴心抗拉强度平均值分别为 4.70MPa、5.56MPa、6.30MPa,与 150mm×150mm×150mm 立方体试件抗压强度比值分别为 1/18.91、1/17.76、1/16.92;立方体劈裂抗拉强度平均值分别为 5.35MPa、5.41MPa、6.44MPa,与 150mm×150mm×150mm 立方体试件抗压强度比值分别为 1/16.62、1/18.26、1/16.55;极限拉伸应变平均值分别为 203.3×10^{-6}、212.3×10^{-6}、244.2×10^{-6}。弹性模量平均值分别为 47.0GPa、49.1GPa、50.7GPa,泊松比平均值分别为 0.15、0.13、0.16,剪切模量平均值分别为 27.0GPa、27.8GPa、29.3GPa。

分析三种不同尺寸试件抗压强度平均值比值(表 5-44),C80、C90、C100 混凝土 100mm 与 150mm 立方体试件抗压强度尺寸换算系数分别为 0.90、0.91、0.91,C80、C90、C100 混凝土 150mm 立方体试件与 150mm×150mm×300mm 试件尺寸换算系数 α_{c1} 分别为 0.97、0.95、0.95,远高于按现有规范线性外推的 0.82、0.84、0.86。说明混凝土强度

表 5-43 混凝土力学性能验证试验结果汇总

项目		抗压强度/MPa			立方体劈裂抗拉强度/MPa	轴心抗拉强度/MPa	极限拉伸应变/10^{-6}	弹性模量/GPa	泊松比	剪切模量/GPa
		100mm×100mm×100mm	150mm×150mm×150mm	150mm×150mm×300mm 轴心抗压强度/MPa						
C80	平均值	99.0	88.9	86.2	5.35	4.70	203.3	47.0	0.15	27.0
	标准差	5.0	3.7	4.0	0.78	0.24	17.7	1.0	0.02	0.6
	标准值	90.775	82.8135	79.62	4.0669	4.3052				
C90	平均值	108.0	98.8	94.3	5.41	5.56	212.3	49.1	0.13	27.8
	标准差	6.0	6.4	6.1	0.35	0.34	17.9	0.6	0.01	0.4
	标准值	98.13	88.272	84.2655	4.83425	5.0007				
C100	平均值	117.5	106.6	101.0	6.44	6.30	244.2	50.7	0.16	29.3
	标准差	6.6	3.7	2.9	0.70	0.38	25.1	1.5	0.01	0.7
	标准值	106.643	100.5135	96.2295	5.2885	5.6749				

表 5-44 混凝土抗压强度换算系数

尺寸换算系数	混凝土强度等级		
	C80	C90	C100
100mm 与 150mm 立方体试件尺寸换算系数 α	0.90	0.91	0.91
150mm 立方体试件与 150mm×150mm×300mm 轴压试件换算系数 α_{c1}	0.97	0.95	0.95

等级高，α_{c1} 大，也就说明高等级混凝土 150mm 立方体试件与 150mm×150mm×300mm 试件抗压强度值偏差小。

(7)关于 C80～C100 混凝土轴心抗压强度、抗拉强度设计值等参数取值的建议。

根据《混凝土结构设计规范(2015 年版)》(GB 50010—2010)给定的轴心抗压强度标准值计算公式(5-8)、轴心抗拉强度标准值计算公式(5-12)，按照现行规范推测 f_c（①固定 α_{c1}，α_{c2} 按线性外推；②α_{c1}、α_{c2} 按线性外推，以及根据验证试验结果及式(5-8)分析 f_c（α_{c1} 取 0.95，α_{c2} 外推）计算得到 C80～C100 轴心抗压强度设计值见表 5-45，同时列出上海市建筑科学研究院有限公司、青岛建筑工程学院、西南交通大学、中国建筑科学研究总院有限公司等单位(学者)的研究成果。表 5-45 中抗拉强度试验结果按立方体劈裂抗拉强度的试验结果(偏低)进行分析。

表 5-45 根据验证试验结果测算的混凝土强度设计值及对比分析

强度种类及取值方式		混凝土强度等级				
		C80	C85	C90	C95	C100
轴心抗压强度设计值 f_c /MPa	现行国家规范《混凝土结构设计规范(2015 年版)》(GB 50010—2010)推测(1) f_c（固定 α_{c1}，α_{c2} 按线性外推）	35.9	37.40	38.85	40.21	41.49
	现行国家规范《混凝土结构设计规范(2015 年版)》(GB 50010—2010)推测(2) f_c（α_{c1}、α_{c2} 按线性外推）	35.9	37.86	39.80	41.68	43.52
	根据验证试验结果及式(5-8)分析 f_c（α_{c1} 取 0.95，α_{c2} 外推）*	41.56	43.33	45.01	46.59	48.07
	上海市建筑科学研究院有限公司	37.20	38.86	40.46	41.94	43.36
	青岛建筑工程学院	38.78	40.67	42.57	44.26	45.95
	西南交通大学	37.56	39.36	41.15	42.84	44.35
	中国建筑科学研究总院	37.28	39.03	40.77	42.35	43.92
	上述结果平均值	37.74	39.50	41.23	42.72	44.38
轴心抗拉强度设计值 f_t /MPa	现行规范推测 f_t	2.22	2.27	2.30	2.34	2.36
	试验结果分析 f_{tk}**	3.93		4.93		5.26
	试验结果分析 f_t（$0.88 \times f_{tk}/1.4$）	2.47		3.10		3.31

* C80, $0.88 \times 0.95 \times 0.87 \times 80 \div 1.4 = 41.56$；C85, $0.88 \times 0.95 \times 0.85375 \times 85 \div 1.4 = 43.33$；C90, $0.88 \times 0.95 \times 0.8375 \times 90 \div 1.4 = 45.01$；C95, $0.88 \times 0.95 \times 0.82125 \times 95 \div 1.4 = 46.59$；C100, $0.88 \times 0.95 \times 0.805 \times 100 \div 1.4 = 48.07$。

** C80, $4.0669 \div 82.8135 \times 80 = 3.9287$；C90, $4.83425 \div 88.272 \times 90 = 4.9289$；C100, $5.2885 \div 100.5135 \times 100 = 5.2614$。

从表 5-45 可以看出，按现行国家规范《混凝土结构设计规范(2015 年版)》(GB 50010—2010)推测的 C80～C100 混凝土强度设计值远低于验证试验结果。因此，按照国家现行规范原则推测的结果进行高等级混凝土设计计算没有充分发挥高等级混凝土承载特性。高等级混凝土抗拉强度值也明显高于现行规范原则推测的数值。合理确定新制定的《立井冻结法凿井井壁应用 C80～C100 混凝土技术规程》中 C80～C100 混凝土抗压强度、抗拉强度设计值是关键技术难题。

为实现和现行国家规范《混凝土结构设计规范(2015 年版)》(GB 50010—2010)的有效衔接，并保持 C80～C100 设计的安全可靠性，C80 混凝土抗压强度设计值取值考虑与现行国家规范《混凝土结构设计规范(2015 年版)》(GB 50010—2010)的衔接，仍取 35.9MPa，综合分析试验结果，提出 C80～C100 轴心抗压强度设计值取值建议，见表 5-46。C80～C100 建议值和"欧盟规范"保守取值基本相当(表 5-47)，偏于保守。C80～C100 混凝土轴心抗拉强度按现行国家规范《混凝土结构设计规范(2015 年版)》(GB 50010—2010)推测取值，取值结果和"欧盟规范"基本相当。

表 5-46 国内外混凝土强度设计值取值综合分析对比

强度种类及取值方法	混凝土强度等级				
	C80	C85	C90	C95	C100
几种情况的平均值 f_c /MPa	37.74	39.50	41.23	42.72	44.38
本书研究建议值 f_c /MPa	35.9	38.2	40.5	42.8	45.1
抗压强度设计取值每级差值/MPa	2.1	2.3	2.3	2.3	2.3
f_c ("欧盟规范"，α_{cc}=0.80)/MPa	34.7	37.3	40.0	42.6	45.4
f_c ("欧盟规范"，α_{cc}=0.825)/MPa	35.75	38.5	41.25	44.0	46.75
f_c ("欧盟规范"，α_{cc}=0.85)/MPa	36.8	39.7	42.5	45.3	48.2
新制订的规程建议值 f_t /MPa	2.22	2.27	2.30	2.34	2.36
f_t ("欧盟规范")/MPa	2.09	2.15	2.21	2.26	2.31
对新制订规程的建议值的拉压强度比值 f_t / f_c	1/16.17	1/16.83	1/117.61	1/18.29	1/19.11

表 5-47 混凝土抗压强度设计建议取值与《混凝土结构设计规范(2015 年版)》(GB 50010—2010)规范与"欧盟规范"取值水平对比　　　　(单位：MPa)

强度种类及取值方法		混凝土强度等级									
		C55	C60	C65	C70	C75	C80	C85	C90	C95	C100
本书研究建议	取值						35.9	38.2	40.5	42.8	45.1
	每级差值						2.1	2.3	2.3	2.3	2.3
《混凝土结构设计规范(2015 年版)》(GB 50010—2010)	取值	25.3	27.5	29.7	31.8	33.8	35.9				
	每级差值	2.2	2.2	2.2	2.1	2.0	2.1				
f_c ("欧盟规范"，α_{cc}=0.800)	取值	24.0	26.7	28.3	30.4	32.0	34.7	37.3	40.0	42.6	45.4
	每级差值	2.7	2.7	2.6	2.1	1.6	2.7	2.6	2.7	2.6	2.8

强度种类及取值方法		混凝土强度等级									
		C55	C60	C65	C70	C75	C80	C85	C90	C95	C100
f_c（"欧盟规范"，$\alpha_{cc}=0.825$）	取值	24.75	27.5	29.2	31.4	33.0	35.75	38.5	41.25	44.0	46.75
	每级差值	2.75	2.75	1.7	2.2	1.6	2.75	2.75	2.75	2.75	2.75
f_c（"欧盟规范"，$\alpha_{cc}=0.850$）	取值	25.5	28.3	30.0	32.3	34.0	36.8	39.7	42.5	45.3	48.2
	每级差值	2.83	2.8	1.7	2.3	1.7	2.8	2.9	2.8	2.8	2.9

（8）关于 C80～C100 混凝土弹性模量等参数取值的建议。

（a）按照《混凝土结构设计规范（2015 年版）》（GB 50010—2010）给定的混凝土弹性模量计算公式：

$$E_c = \frac{10^5}{2.2 + \dfrac{34.7}{f_{cu,k}}} \tag{5-18}$$

计算得到的 C80～C100 混凝土弹性模量值见表 5-48。根据试验结果分析（按试验平均值对应抗压强度平均值计算）得到不同强度等级弹性模量，见表 5-48。

表 5-48　混凝土弹性模量 E_c

混凝土强度等级	现行国家规范《混凝土结构设计规范（2015 年版）》（GB 50010—2010）公式计算 E_c /GPa	试验数据分析 E_c /GPa	试验数据分析降低 1.2 系数结果 E_c /GPa	本书研究建议值 E_c /GPa
C80	38.0	42.29	35.24	38.0
C85	38.3			38.3
C90	38.7	44.73	37.28	38.7
C95	39.0			39.0
C100	39.3	47.56	39.63	39.3

（b）按照"欧盟规范"（混凝土结构设计）有关规定，混凝土受压弹性模量（E_{cm}）与混凝土抗压强度（f_{cm}）的关系为

$$E_{cm} = 22\left(\frac{f_{cm}}{10}\right)^{0.3} \tag{5-19}$$

计算得到的混凝土抗压弹性模量见表 5-49。

（c）按照国际结构混凝土协会规范"fib Model Code for Concrete Structures 2010（2013）"修订的"fib 混凝土结构模型规范 2010"第 5.1.7.2 条规定：

$$E_{ci} = E_{co} \cdot \alpha_E \cdot \left(\frac{f_{cm}}{10}\right)^{1/3} \tag{5-20}$$

式中，E_{ci}为28d混凝土弹性模量，MPa；$E_{co}=21.5\times10^3$MPa；α_E为系数，石英砂骨料取1.0，不同类型骨料取值见表5-50。

表5-49 按"欧盟规范"C80~C100混凝土抗压弹性模量（E_{cm}）取值计算结果

混凝土强度等级（立方体）$f_{cu,k}$	混凝土强度等级（圆柱体）f'_{ck}	混凝土圆柱体抗压强度平均值f_{cm}/MPa	E_{cm}/GPa	E_{cm}（石灰石骨料时，降低10%）/GPa	E_{cm}（砂石骨料时，降低30%）/GPa	E_{cm}（玄武岩骨料时，增加20%）/GPa
C80	C65	73	39.94	35.95	27.96	47.93
C85	C70	78	40.74	36.67	28.50	48.89
C90	C75	83	41.51	37.36	29.06	49.81
C95	C80	88	42.24	38.02	29.57	50.69
C100	C85	93	42.95	38.66	30.07	51.54
C105	C90	98	43.63	39.27	30.54	51.93

表5-50 骨料种类对弹性模量的影响

骨料种类	α_E	$E_{co}\cdot\alpha_E$/MPa
玄武岩、致密石灰岩骨料	1.2	25800
石英岩骨料	1.0	21500
石灰岩骨料	0.9	19400
砂岩骨料	0.7	15100

按照式(5-20)计算的弹性模量取值见表5-51。

表5-51 按"fib Model Code for Concrete Structures 2010（2013）"C80~C100
混凝土抗压弹性模量（E_{ci}）取值计算结果

混凝土强度等级（立方体）$f_{cu,k}$	混凝土强度等级（圆柱体）f'_{ck}	混凝土圆柱体抗压强度平均值f_{cm}/MPa	E_{ci}/GPa	E_{ci}（石灰石骨料时，降低10%）/GPa	E_{ci}（砂石骨料时，降低30%）/GPa	E_{ci}（玄武岩骨料时，增加20%）/GPa
C80	C65	73	41.71	37.54	29.20	50.05
C85	C70	78	42.64	38.37	29.85	51.17
C90	C75	83	43.53	39.18	30.47	52.24
C95	C80	88	44.39	39.95	31.07	53.27
C100	C85	93	45.21	40.69	31.65	54.26
C105	C90	98	46.01	41.41	32.21	55.21

(d)美国国家公路与运输协会规范"AASHTO LRFD Bridge Design Specifications"(US-6-2012)第5.4.2.4条规定：在没有实测数据的情况下，对于单位质量在1440~2500kg/m³且规定抗压强度达到105MPa的混凝土，弹性模量E_c可取为

$$E_c = 33000K_1w_c^{1.5}\sqrt{f'_c} \tag{5-21}$$

式中，K_1为校正系数，除非经物理试验确定并经司法当局批准，否则校正系数定为1.0；

w_c 为混凝土单位质量，klb[①]/kcf[②]，见表 5-52；f_c' 为混凝土抗压强度，klb/ksi[③]。

表 5-52　不同种类混凝土单位质量

混凝土种类	w_c/kcf
轻混凝土	0.110
砂质轻混凝土	0.120
$f_c' \leqslant 5.0$ksi 的正常质量混凝土	0.145
5.0ksi $\leqslant f_c' \leqslant 15.0$ksi 的正常质量混凝土	$0.140+0.001 f_c'$

对于正常质量混凝土：

$$E_c = 1820\sqrt{f_c'} \tag{5-22}$$

相关计算结果见表 5-53。

表 5-53　按 "AASHTO LRFD Bridge Design Specifications"（US-6-2012）C80～C100
混凝土抗压弹性模量（E_c）取值计算结果

混凝土强度等级（立方体）$f_{cu,k}$	混凝土强度等级（圆柱体）f_{ck}'	混凝土圆柱体抗压强度平均值 f_{cm}/MPa	E_c/GPa
C80	C65	73	40.67
C85	C70	78	42.04
C90	C75	83	43.36
C95	C80	88	44.65
C100	C85	93	45.90
C105	C90	98	47.12

（e）美国混凝土学会规范 "Building Code Requirement for Structure Concrete"（ACI 318-14）第 19.2.2 条规定：混凝土的弹性模量需要遵从式（5-23）。对于 w_c 位于 1441.8～2563.2kN/m³ 的混凝土：

$$E_c = w_c^{1.5} \cdot 0.043\sqrt{f_c'} \tag{5-23}$$

对于正常质量混凝土：

$$E_c = 4700\sqrt{f_c'}$$

相关计算结果见表 5-54。

（f）新西兰国家标准 "Concrete Structures Standard"（NZS 3101）第 5.2.3 条规定：混凝土的弹性模量应取自下面给出的适当值。

---

① 1lb=0.453592kg。

② 1kcf=16018.5kg/m³。

③ 1ksi=6.89476MPa。

$$E_c = \left(3320\sqrt{f_c'} + 6900\right)\left(\frac{\rho}{2300}\right)^{1.5} \tag{5-24}$$

式中，ρ 为混凝土密度，kg/m³；f_c' 为混凝土圆柱体抗压强度，MPa。

表 5-54 按"Building Code Requirement for Structure Concrete"（ACI 318-14）C80～C100 混凝土抗压弹性模量（E_c）取值计算结果

混凝土强度等级（立方体）$f_{cu,k}$	混凝土强度等级（圆柱体）f_{ck}'	混凝土圆柱体抗压强度平均值 f_{cm} /MPa	E_c /GPa
C80	C65	73	40.16
C85	C70	78	41.51
C90	C75	83	42.82
C95	C80	88	44.09
C100	C85	93	45.33
C105	C90	98	46.53

对于正常质量混凝土：

$$E_c = \left(3320\sqrt{f_c'} + 6900\right) \tag{5-25}$$

相关计算结果见表 5-55。

表 5-55 按"Concrete Structures Standard"（NZS 3101）C80～C100 混凝土抗压弹性模量（E_c）取值计算结果

混凝土强度等级（立方体）$f_{cu,k}$	混凝土强度等级（圆柱体）f_{ck}'	混凝土圆柱体抗压强度平均值 f_{cm} /MPa	E_c （ρ=2500kg/cm³）/GPa	E_c /GPa
C80	C65	73	39.97	35.27
C85	C70	78	41.05	36.22
C90	C75	83	42.10	37.15
C95	C80	88	43.11	38.04
C100	C85	93	44.10	38.92
C105	C90	98	45.07	39.77

当考虑将应变作为临界条件进行分析时，弹性模量应等于或大于混凝土强度（f_c'+10MPa）对应的值。

综合分析，作者建议弹性模量按现行规范计算取值。泊松比按现行国家规范《混凝土结构设计规范（2015 年版）》（GB 50010—2010）计算取值，泊松比取 0.20。

(9)本书研究的设计取值与相关文献对比分析。

本书研究建议的混凝土轴心抗压强度设计值、轴心抗拉强度设计值、弹性模量设计取值与文献[70]、[71]建议取值对比见表 5-56。从表 5-56 可以看出本项目研究建议的取值偏于安全。

表 5-56　轴心抗压、轴心抗拉强度设计值及弹性模量取值对比

	对比指标	C80	C85	C90	C95	C100
本书研究建议	轴心抗压强度设计值/MPa	35.9	38.2	40.5	42.8	45.1
	轴心抗拉强度设计值/MPa	2.22	2.27	2.30	2.34	2.36
	弹性模量/GPa	38.0	38.3	38.7	39.0	39.3
文献[70]、[71]	轴心抗压强度设计值/MPa	38		43		47.5
	轴心抗拉强度设计值/MPa	2.55		2.70		2.80
	弹性模量/GPa	40.0		41.5		43.0

4) 井壁斜截面抗剪承载力计算的混凝土强度影响系数 β_c 取值问题

根据《混凝土结构设计规范(2015 年版)》(GB 50010—2010)第 6.3.1 条、《煤矿立井井筒及硐室设计规范》(GB/T 50010—2016)第 A.4.3 条，进行斜截面抗剪强度计算时，应用式(5-26)：

$$V \leqslant 0.25 \beta_c f_c b h_0 \tag{5-26}$$

式中，b 为井壁截面计算宽度，m，取 1.0m；h_0 为井壁截面有效厚度，m；β_c 为混凝土强度影响系数；f_c 为混凝土抗压强度设计值。

《混凝土结构设计规范(2015 年版)》(GB 50010—2010)第 6.3.1 条对 β_c 的取值方法规定：当混凝土强度等级不超过 C50 时，β_c 取 1.0；当混凝土强度等级为 C80 时，β_c 取 0.8；C50～C80 时按线性内插法确定 β_c。但对于大于 C80 时 β_c 如何取值，未作规定，是否可以外推？根据文献[71]，$\beta_c = \sqrt{23.1/f_c}$，据此进行计算，并与外推结果比较，见表 5-57。建议 C80～C100 混凝土的 β_c 按表 5-57 中的方案 1 取值。

表 5-57　混凝土强度影响系数 β_c 的取值

混凝土强度等级	轴心抗压强度设计值 f_c /MPa(建议值 1)	方案 1：$\beta_c = \sqrt{23.1/f_c}$	方案 2：β_c (插入法外推)
C50	23.1	1.0	1.00
C80	35.9	0.80	0.80
C85	38.2	0.778	0.767
C90	40.5	0.755	0.733
C95	42.8	0.735	0.700
C100	45.1	0.716	0.667

5) 井壁正截面偏心受压承载力和钢筋配置计算有关系数取值问题

(1)《混凝土结构设计规范(2015 年版)》(GB 50010—2010)第 6.2.6 条规定。

受弯构件、偏心受力构件正截面承载力计算时，受压区混凝土的应力图形可简化为等效的矩形应力图。

矩形应力图的受压区高度 x 可取截面应变保持平面的假定所确定的中和轴高度乘以系数 β_1。当混凝土确定等级不超过 C50 时，β_1 取 0.80，当混凝土强度等级为 C80 时，β_1

取 0.74，其间按线性内插法确定。

矩形应力图的应力值可由混凝土轴心抗压强度设计值 f_c 乘以系数 α_1 确定。当混凝土确定等级不超过 C50 时，α_1 取 1.0，当混凝土强度等级为 C80 时，α_1 取 0.94，其间按线性内插法确定。

但对于大于 C80 时如何取值未作规定，是否可以外推？还是根据《混凝土结构设计规范(2015 年版)》(GB 50010—2010) 第 6.2.6 条规定的原意，并根据《混凝土结构设计规范(2015 年版)》(GB 50010—2010) 第 6.2.1 条给定的混凝土受压应力与应变关系推导，为此作如下分析。

(a) 混凝土受压的应力与应变关系。

根据《混凝土结构设计规范(2015 年版)》(GB 50010—2010)，混凝土受压的应力与应变关系按下列规定取用。

当 $\varepsilon_c < \varepsilon_0$ 时：

$$\sigma_c = f_c \left[1 - \left(1 - \frac{\varepsilon_c}{\varepsilon_0} \right)^n \right] \tag{5-27}$$

当 $\varepsilon_0 \leqslant \varepsilon_c \leqslant \varepsilon_{cu}$ 时：

$$\sigma_c = f_c \tag{5-28}$$

$$n = 2 - \frac{1}{60}(f_{cu.k} - 50) \leqslant 2 \tag{5-29}$$

$$\varepsilon_0 = 0.002 + 0.5(f_{cu.k} - 50) \times 10^{-5} \tag{5-30}$$

$$\varepsilon_{cu} = 0.0033 - (f_{cu.k} - 50) \times 10^{-5} \tag{5-31}$$

式中，σ_c 为混凝土压应变为 ε_c 时的混凝土压应力；f_c 为混凝土轴心抗压强度设计值；n 为上升段曲线形状系数；ε_0 为峰值应变，取 $\varepsilon_0 = 0.002 + 0.5(f_{cu.k} - 50) \times 10^{-5} \geqslant 0.002$；$\varepsilon_{cu}$ 为极限压应变，取 $\varepsilon_{cu} = 0.0033 - (f_{cu.k} - 50) \times 10^{-5} \leqslant 0.0033$；$f_{cu.k}$ 为立方体抗压强度标准值。

根据式(5-29)～式(5-31)计算得到 C80～C100 混凝土的 n、ε_0、ε_{cu}，见表 5-58。

表 5-58 C80～C100 混凝土 n、ε_0、ε_{cu} 计算值

参数	C50	C60	C70	C80	C85	C90	C95	C100
n	2	1.83	1.67	1.5	1.42	1.33	1.25	1.17
ε_0	0.00200	0.00205	0.00210	0.00215	0.002175	0.00220	0.002225	0.00225
ε_{cu}	0.0033	0.00320	0.00310	0.00300	0.00295	0.00290	0.00285	0.00280

(b) 等效矩形应力图形及计算。

由《混凝土结构设计规范（2015 年版）》（GB 50010—2010）得到受弯构件、偏心受力构件正截面承载力计算式，受压区混凝土的应力图形可简化为等效矩形应力图形（图 5-15）。

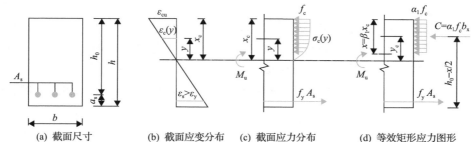

(a) 截面尺寸　　(b) 截面应变分布　(c) 截面应力分布　(d) 等效矩形应力图形

图 5-15　单筋矩形截面承载力计算应力图形

A_s -受拉区钢筋的截面面积；b、h_0 -矩形截面宽度和有效高度；h -矩形截面高度；a_s -受拉区钢筋至受拉边缘的距离；$\varepsilon_c(y)$ -任意高度混凝土应变，$\varepsilon_c(y) = y\varepsilon_{cu}/x_c$；$x_c$ -中和轴高度；y -高度；ε_{cu} -混凝土极限压应变；ε_s -钢筋应变；ε_y -钢筋抗拉屈服应变；M_u -截面受弯承载力；f_c、f_y -混凝土抗压强度设计值和钢筋抗拉强度设计值；$\sigma_c(y)$ -中和轴范围内压应力；x -矩形应力图形受压区高度；y_c -等效前后(后)合力 C 到中和轴的距离；C -等效前(后)混凝土应力合力；α_1 -矩形应力图形应力值与混凝土轴心抗压强度设计值 f_c 的比值；β_1 -矩形应力图形受压高度 x 与中和轴高度 x_c 的比值

矩形应力图的应力值可由混凝土轴心抗压强度设计值乘以系数 α_1 确定，即 $\alpha_1 f_c$。矩形应力图的受压区高度 x 可取截面应变保持平面的假定所确定的中和轴高度乘以系数 β_1，即 $x = \beta_1 x_c$。等效前混凝土压应力合力为

$$C = \int_0^{x_c} \sigma_c(y) \cdot b \cdot dy \tag{5-32}$$

等效后混凝土压应力合力为

$$C = \alpha_1 \beta_1 f_c b x_c \tag{5-33}$$

等效前后混凝土压应力合力保持不变，即要求满足

$$C = \int_0^{x_c} \sigma_c(y) \cdot b \cdot dy = \alpha_1 \beta_1 f_c b x_c \tag{5-34}$$

等效前合力 C 到中和轴的距离：

$$y_c = \frac{\int_0^{x_c} \sigma_c(y) \cdot b \cdot y \cdot dy}{C} \tag{5-35}$$

等效后合力 C 到中和轴的距离为

$$x_c - x/2 = x_c - \beta_1 x_c/2 \tag{5-36}$$

等效前后合力 C 的位置不变，要求满足

$$y_c = \frac{\int_0^{x_c} \sigma_c(y) \cdot b \cdot y \cdot dy}{C} = (1 - 0.5\beta_1) x_c \tag{5-37}$$

利用式(5-34)和式(5-37)即可确定等效矩形应力图形中的两个系数：矩形应力图形应力值与混凝土轴心抗压强度设计值的比值 α_1 和矩形应力图形受压区高度 x 与中和轴高度 x_c 的比值 β_1。

例如，确定 C50 混凝土的等效矩形应力图形系数 α_1 和 β_1。

解：由式(5-27)~式(5-31)可知，混凝土强度等级不超过 C50 时，应力-应变上升段曲线的形状系数 $n=2$，峰值应变 $\varepsilon_0=0.002$，极限压应变 $\varepsilon_{cu}=0.0033$。

式(5-34)、式(5-37)中的积分变量是高度 y，而式(5-27)中的自变量是混凝土应变 ε_c，需作变量代换。令 $y=x_c\varepsilon_c/\varepsilon_{cu}$，则 $dy=\dfrac{x_c}{\varepsilon_{cu}}d\varepsilon_c$。混凝土应力-应变关系是分段的，所以需分段积分。

将式(5-27)代入式(5-34)，混凝土压应力合力：

$$
\begin{aligned}
C &= \int_0^{x_c}\sigma_c(y)bdy = \frac{bx_c}{\varepsilon_{cu}}\int_0^{\varepsilon_0}f_c\left[1-\left(1-\varepsilon_c/\varepsilon_0\right)^n\right]d\varepsilon_c + \frac{bx_c}{\varepsilon_{cu}}\int_{\varepsilon_0}^{\varepsilon_{cu}}f_c d\varepsilon_c \\
&= \frac{n}{n+1}\cdot\frac{bx_c f_c\varepsilon_0}{\varepsilon_{cu}} + \frac{bx_c f_c\left(\varepsilon_{cu}-\varepsilon_0\right)}{\varepsilon_{cu}} = \frac{n}{n+1}\cdot\frac{bx_c f_c\varepsilon_0}{\varepsilon_{cu}} + \frac{bx_c f_c\left(\varepsilon_{cu}-\varepsilon_0\right)}{\varepsilon_{cu}} \\
&= \frac{n}{n+1}\cdot\frac{bx_c f_c\varepsilon_0}{\varepsilon_{cu}} + \frac{bx_c f_c\left(\varepsilon_{cu}-\varepsilon_0\right)}{\varepsilon_{cu}} = bx_c f_c\left[1-\frac{\varepsilon_0}{(n+1)\varepsilon_{cu}}\right] = bx_c f_c\left(1-\frac{\varepsilon_0}{3\varepsilon_{cu}}\right)
\end{aligned}
\tag{5-38}
$$

由 $C=\alpha_1\beta_1 f_c bx_c$，得到

$$
\alpha_1\beta_1 = 1-\frac{\varepsilon_0}{(n+1)\varepsilon_{cu}}
\tag{5-39}
$$

C50 时：

$$
\alpha_1\beta_1 = 1-\frac{\varepsilon_0}{(n+1)\varepsilon_{cu}} = 1-\frac{\varepsilon_0}{3\varepsilon_{cu}} = 0.7980
\tag{5-40}
$$

混凝土压应力合力对中和轴的力矩(C50)：

$$
\begin{aligned}
y_c\cdot C &= \int_0^{x_c}\sigma_c(y)\cdot b\cdot y\cdot dy = \frac{bx_c^2 f_c}{\varepsilon_{cu}^2}\int_0^{\varepsilon_0}\left[1-\left(1-\frac{\varepsilon_c}{\varepsilon_0}\right)^n\right]\cdot\varepsilon_c d\varepsilon_c + \frac{bx_c^2 f_c}{\varepsilon_{cu}^2}\int_{\varepsilon_0}^{\varepsilon_{cu}}\varepsilon_c d\varepsilon_c \\
&= \frac{bx_c^2 f_c\varepsilon_0^2}{\varepsilon_{cu}^2}\left[\frac{1}{2}-\frac{1}{(n+1)(n+2)}\right] + \frac{bx_c^2 f_c}{2\varepsilon_{cu}^2}\left(\varepsilon_{cu}^2-\varepsilon_0^2\right) = \frac{bx_c^2 f_c}{2}-\frac{1}{(n+1)(n+2)}\cdot\frac{bx_c^2 f_c\varepsilon_0^2}{\varepsilon_{cu}^2} \\
&= bx_c^2 f_c\left[\frac{1}{2}-\frac{1}{(n+1)(n+2)}\cdot\frac{\varepsilon_0^2}{\varepsilon_{cu}^2}\right]
\end{aligned}
$$

$$
\tag{5-41}
$$

其中，令 $B = \dfrac{1}{2} - \dfrac{1}{(n+1)(n+2)} \cdot \dfrac{\varepsilon_0^2}{\varepsilon_{cu}^2}$，C50 时：

$$y_c \cdot C = bx_c^2 f_c \left[\frac{1}{2} - \frac{1}{(n+1)(n+2)} \cdot \frac{\varepsilon_0^2}{\varepsilon_{cu}^2} \right] = bx_c^2 f_c B = bx_c^2 f_c \left(\frac{1}{2} - \frac{1}{12} \cdot \frac{\varepsilon_0^2}{\varepsilon_{cu}^2} \right) = 0.4694 bx_c^2 f_c$$

$$(5\text{-}42)$$

混凝土压应力合力位置（C50）：

$$y_c = \frac{0.4694 bx_c^2 f_c}{0.7980 f_c bx_c} = 0.5882 x_c \tag{5-43}$$

将 x_c 代入式（5-37），可得到 $\beta_1 = 2\left(1 - \dfrac{B}{\alpha_1\beta_1}\right) = 0.8236$；将 x_c 代入式（5-39），得到 $\alpha_1 = 0.9689$。

采用同样的方法可求得不同混凝土强度等级的等效矩形应力图形系数 α_1 和 β_1，相关结果见表 5-59。

表 5-59 系数 α_1 和 β_1 计算分析结果

分析结果	C50	C60	C70	C80	C85	C90	C95	C100
n	2.00	1.83	1.67	1.5	1.42	1.33	1.25	1.17
ε_0	0.002	0.00205	0.00210	0.00215	0.002175	0.00220	0.002225	0.00225
ε_{cu}	0.0033	0.00320	0.00310	0.00300	0.00295	0.00290	0.00285	0.00280
$\alpha_1\beta_1$	0.7980	0.7736	0.7463	0.7133	0.6953	0.6744	0.6530	0.6297
B	0.4694	0.4621	0.4532	0.4413	0.4343	0.4258	0.4167	0.4061
$\dfrac{B}{\alpha_1\beta_1}$	0.5882	0.5973	0.6073	0.6187	0.6246	0.6314	0.6381	0.6449
计算 β_1	0.8236	0.8054	0.7854	0.7626	0.7508	0.7372	0.7238	0.7102
计算 α_1	0.9689	0.9605	0.9502	0.9354	0.9261	0.9148	0.9022	0.8867
β_1 按 GB 50010—2010 外推	0.80	0.78	0.76	0.74	0.73	0.72	0.71	0.70
α_1 按 GB 50010—2010 外推	1.00	0.98	0.96	0.94	0.93	0.92	0.91	0.90
计算 β_1，与外推偏差	0.0236	0.0254	0.0254	0.0226	0.0208	0.0172	0.0138	0.0102
计算 α_1，与外推偏差	−0.0311	−0.0195	−0.0098	−0.0046	−0.0039	−0.0052	−0.0078	−0.0133
"欧盟规范" β_1	0.80	0.80	0.78	0.76	0.75	0.74	0.73	0.71
"欧盟规范" α_1	1.0	1.0	0.97	0.93	0.90	0.88	0.85	0.83

（2）"欧盟规范"第 3.1.7 条规定。

矩形应力图 5-16 的受压区高度 x 可取截面应变保持平面的假定所确定的中和轴高度

乘以系数 λ 。

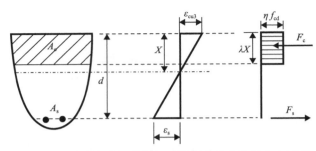

图 5-16　"欧盟规范"单筋矩形截面承载力计算应力图形

矩形应力图的应力值可由混凝土轴心抗压强度设计值 f_{cd} 乘以系数 η 确定。

$$\lambda = \begin{cases} 0.8, & f'_{ck} \leqslant 50\text{MPa} \\ 0.8 - \left(f'_{ck} - 50\right)/400, & 50\text{MPa} < f'_{ck} \leqslant 90\text{MPa} \end{cases}$$

$$\eta = \begin{cases} 1.0, & f'_{ck} \leqslant 50\text{MPa} \\ 1.0 - \left(f'_{ck} - 50\right)/200, & 50\text{MPa} < f'_{ck} \leqslant 90\text{MPa} \end{cases}$$

λ 相当于《混凝土结构设计规范（2015 年版）》（GB 50010—2010）中的 β_1，η 相当于其中的 α_1，f'_{ck} 为圆柱体混凝土强度等级，在"欧盟规范"中标注为 f_{ck}，因与中国规范区分，此处用 f'_{ck} 代替。

对于 C80～C100 混凝土，β_1、α_1 的取值见表 5-60。

表 5-60　C80～C100 混凝土强度等级 β_1、α_1 系数取值

混凝土强度等级（立方体）$f_{cu,k}$	混凝土强度等级（圆柱体）f'_{ck}	β_1	α_1
≤C60	≤C50	0.8	1.0
C80	C65	0.76	0.93
C85	C70	0.75	0.90
C90	C75	0.74	0.88
C95	C80	0.73	0.85
C100	C85	0.71	0.83
C105	C90	0.70	0.80

本书建议：C80～C100 混凝土受弯构件、偏心受力构件正截面承载力计算时，受压区混凝土的应力图形可简化为等效的矩形应力图，计算时 α_1、β_1 按表 5-61 取值。

表 5-61　C80～C100 混凝土进行等效的矩形应力图计算系数 α_1、β_1 取值建议

系数	C50	C60	C70	C80	C85	C90	C95	C100
β_1	0.80	0.78	0.76	0.74	0.73	0.72	0.71	0.70
α_1	1.00	0.98	0.96	0.94	0.93	0.92	0.91	0.90

（3）界限相对受压区高度计算。

根据《混凝土结构设计规范（2015 年版）》（GB 50010—2010）第 6.2.7 条规定：纵向受拉钢筋屈服与受压区混凝土破坏同时发生时的相对界限受压区高度 ξ_b 应按式（5-44）计算。

$$\xi_b = \frac{\beta_1}{1 + \dfrac{f_y}{E_s \varepsilon_{cu}}} \tag{5-44}$$

由式（5-44）计算有屈服点钢筋的相对界限受压区高度 ξ_b ［由系数 β_1 经式（5-44）计算得到］的取值见表 5-62。

表 5-62　有屈服点钢筋的相对界限受压区高度 ξ_b 的取值

钢筋强度级别	C80（ε_{cu}=0.00300, β_1=0.74）	C85（ε_{cu}=0.00295, β_1=0.73）	C90（ε_{cu}=0.00290, β_1=0.72）	C95（ε_{cu}=0.00285, β_1=0.71）	C100（ε_{cu}=0.00280, β_1=0.70）
400 级（f_y=360N/mm², E_s=2.00×10⁵N/mm²）	0.463	0.453	0.444	0.435	0.426
500 级（f_y=435N/mm², E_s=2.00×10⁵N/mm²）	0.429	0.420	0.411	0.403	0.394
600 级（f_y=520N/mm², E_s=2.00×10⁵N/mm²）	0.396	0.386	0.380	0.371	0.363

界限配筋率按式（5-45）计算得到

$$\rho_b = \frac{\alpha_1 f_c}{f_y} \xi_b \tag{5-45}$$

式中，ρ_b 为界限配筋率。

计算 C80～C100 混凝土不同强度等级、不同等级钢筋的界限配筋率，见表 5-63。

表 5-63　C80～C100 混凝土不同强度等级、不同等级钢筋的界限配筋率

混凝土强度等级	f_c/MPa	ε_{cu}	β_1	α_1	400 级（f_y=360N/mm², E_s=2.00×10⁵N/mm²）		500 级（f_y=435N/mm², E_s=2.00×10⁵N/mm²）		600 级（f_y=520N/mm², E_s=2.00×10⁵N/mm²）	
					ξ_b	ρ_b	ξ_b	ρ_b	ξ_b	ρ_b
C80	35.9	0.00300	0.74	0.94	0.463	4.34	0.429	3.33	0.396	2.57
C85	38.2	0.00295	0.73	0.93	0.453	4.47	0.420	3.43	0.386	2.64
C90	40.5	0.00290	0.72	0.92	0.444	4.60	0.411	3.52	0.380	2.72
C95	42.8	0.00285	0.71	0.91	0.435	4.71	0.403	3.61	0.371	2.78
C100	45.1	0.00280	0.70	0.90	0.426	4.80	0.394	3.68	0.363	2.83

5.3.3 C80~C100 混凝土材料力学性能试验研究

1. 试验目的与内容

1）试验目的

测试 C80、C90 和 C100 三个强度等级混凝土的力学性能，为立井冻结法凿井井筒井壁 C80~C100 混凝土的结构设计及《立井冻结法凿井井壁应用 C80~C100 混凝土规程》制定提供取值依据，弥补现行国家标准的不足。

2）试验内容

试验内容包括：混凝土轴心抗压强度标准值（f_{ck}）、轴心抗拉强度标准值（f_{tk}）[轴心抗压强度设计值（f_c）、轴心抗拉强度设计值（f_t）]的取值；弹性模量（E_c）、剪切变形模量（G_c）及泊松比（v_c）的取值；棱柱抗压强度与立方抗压强度比值对比等试验。进行的试验实测为新规程取值提供依据，也为设计取值提供验证。具体试验工作委托江苏苏博特新材料股份有限公司在高性能土木工程材料国家重点实验室完成。开展的研究内容如下：

(1)立方体抗压强度标准值与标准差 σ，立方体抗压强度尺寸效应系数 α。

(2)轴心抗压强度值、标准差，标准值、设计值及其与立方体强度之间的换算关系，轴心抗压强度与立方体抗压强度的尺寸效应系数 α_{c1}。

(3)轴心抗拉强度值、标准差，标准值、设计值及其与立方体强度之间的换算关系，轴拉应力-应变曲线及其极限拉伸应变。

(4)弹性模量、泊松比及剪切变形模量实测与计算值。

2. 试验成型及测试方法

1）原材料

原材料采用南京小野田 P-Ⅱ 52.5 硅酸盐水泥，硅灰活性指数 97%，S95 矿粉，Ⅱ级粉煤灰。上述胶凝材料的物理参数及化学组成见表 5-64。河砂的细度模数为 2.9；玄武岩碎石的压碎值为 8%，粒径为 5~20mm。聚羧酸系高性能减水剂由江苏苏博特新材料股份有限公司提供，其固含量 30%，减水率大于 35%。

表 5-64 胶凝材料物理参数与化学组成

胶凝材料	化学成分/ %								比表面积/(m²/kg)	密度/(g/cm³)
	CaO	SiO₂	Al₂O₃	Fe₂O₃	TiO₂	MgO	SO₃	烧失量		
水泥(C)	63.23	19.32	4.41	2.77	0.26	1.34	2.42	3.12	344	3.05
硅灰(SF)	0.21	96.24	0.18	0.54		0.46	0.77	2.50	20200	2.18
S95 矿粉(SL)	42.1	30.4	14.8	1.21	0.62	6.33	0.59	0.65	354	2.80
Ⅱ级粉煤灰(FA)	4.99	47.7	35.9	4.19	1.63	0.48	2.07	1.57	436	2.35

2）配合比与试件成型

制定《立井冻结法凿井井壁应用 C80~C100 混凝土规程》涉及混凝土强度等级为

C80~C100，试验设置 3 个配合比：C80、C90 和 C100，具体配合比见表 5-65。

表 5-65　混凝土配合比　　　　　　　　　　　（单位：kg/m³）

强度等级	水泥	硅灰	矿粉	粉煤灰	砂	碎石	水	减水剂
C80	435	29	69.6	46.4	733	1012	140	5.0
C90	413	47	83	47	737	1080	129	7.4
C100	461	79	51	51.2	692	1038	110	14.0

由于试验量较大，每个配合比分 7 批（C80）次和 5 批（C90 和 C100）次完成，具体试件个数及分批情况见表 5-66。

表 5-66　每个配合比混凝土试件数量

测试内容	试件尺寸/(mm×mm×mm)	试件数量/个	试验批次/批	每批数量/个
棱柱体抗压	150×150×300	60	5	12
		30（C80）	2	15
立方体抗压	150×150×150	60	5	12
		30（C80）	2	15
	100×100×100	60	5	12
		30（C80）	2	15
劈拉强度	150×150×150	30	5	6
轴心抗拉强度	100×100×515	30	5	6
抗压弹性模量/泊松比	150×150×300	30	5	6

3) 测试方法

A. 立方体抗压强度测试

根据《普通混凝土力学性能试验方法标准》（GB/T 50081—2002），试验过程中应连续均匀施加荷载，混凝土强度等级≥C60 时加荷载速度为 0.8~1.0MPa/s，该次试验取加载速度为 1.0MPa/s。测试场景见图 5-17、图 5-18。

(a) C80　　　　　　　　(b) C90　　　　　　　　(c) C100

图 5-17　混凝土立方体抗压强度测试（试件尺寸 100mm×100mm×100mm）

混凝土立方体抗压强度按式（5-46）计算：

$$f_{cc} = \frac{F}{A} \tag{5-46}$$

式中，f_{cc}为混凝土立方体抗压试件强度，MPa；F为试件破坏荷载，N；A为试件承压面积，mm^2。

(a) C80　　　　　　(b) C90　　　　　　(c) C100

图 5-18　混凝土立方体抗压强度测试（试件尺寸 150mm×150mm×150mm）

混凝土立方体抗压强度计算应精确至 0.1MPa。

立方体强度值的确定按照下列规定：

（1）三个试件测值的算术平均值作为该组试件的强度值，精确至 0.1MPa。

（2）三个测值中的最大值或最小值中如有一个与中间值的差值超过中间值的 15%时，则把最大值及最小值一并舍除，取中间值作为该组试件的抗压强度值。

（3）如最大值和最小值与中间值的差值均超过中间值的 15%，则该组试件的试验结果无效。

B. 轴心抗压强度测试

根据《普通混凝土力学性能试验方法标准》（GB/T 50081—2002），轴心抗压强度测试混凝土加载方式与立方体抗压强度相同，该试验中加载速度取 1.0MPa/s。测试场景见图 5-19。

(a) C80　　　　　　(b) C90　　　　　　(c) C100

图 5-19　混凝土轴心抗压强度测试（试件尺寸 150mm×150mm×300mm）

混凝土轴心抗压强度按式(5-47)计算：

$$f_{cp} = \frac{F}{A} \tag{5-47}$$

式中，f_{cp}为混凝土轴心抗压试件强度，MPa；F为试件破坏荷载，N；A为试件承压面积，mm^2。

混凝土轴心抗压强度计算值应精确到 0.1MPa。

混凝土轴心抗压强度值的确定方法与立方体抗压强度相同。

C. 劈裂抗拉强度测试

根据《普通混凝土力学性能试验方法标准》（GB/T 50081—2002），试验过程中应连续均匀加荷载，当混凝土强度等级≥C60 时加载速度取 0.08～0.10MPa/s，该次试验取 0.10MPa/s。测试场景见图 5-20。

(a) C80　　　　　　(b) C90　　　　　　(c) C100

图 5-20　混凝土劈裂抗拉强度测试（试件尺寸 150mm×150mm×150mm）

混凝土劈裂抗拉强度按式(5-48)计算：

$$f_{ts} = \frac{2F}{\pi A} = 0.637 \frac{F}{A} \tag{5-48}$$

式中，f_{ts} 为混凝土劈裂抗拉试件强度，MPa；F 为试件破坏荷载，N；A 为试件承压面积，mm^2。

混凝土劈裂抗拉强度计算值应精确到 0.01MPa。

D. 轴心抗拉强度测试

混凝土轴心抗拉强度测试采用两种试件：一种为等截面棱柱体试件，尺寸为 100mm×100mm×515mm（轴心拉伸 1）；另一种为"狗骨头"试件（轴心拉伸 2）。两种试件尺寸和测试场景见图 5-21～图 5-23。

图 5-21　棱柱体轴心抗拉强度试件测试场景

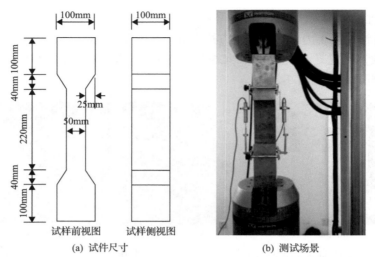

(a) 试件尺寸   (b) 测试场景

图 5-22　轴心抗拉强度试验"狗骨头"试件尺寸及试验场景图示

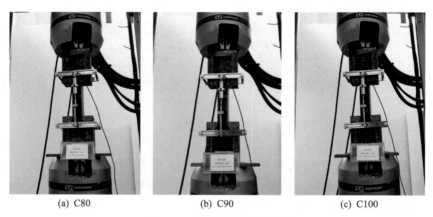

(a) C80   (b) C90   (c) C100

图 5-23　轴心抗拉强度测试

　　等截面棱柱体试件成型之前埋入钢筋爪，试验过程采用位移传感器闭环控制，测量标距固定为 100mm，在试件两侧端部粘贴碳纤维布和铝板，加载速度取 0.4MPa/min。拉伸试件中部测试区域尺寸为 50mm×100mm，标距为 300mm，加载方式为位移加载，加载速度为 0.03mm/min，左右两侧各安装 1 个直线位移传感器(LVDT)用于实时记录拉伸试验过程中的拉伸位移。安装试样时需采用铅锤仔细检查并调整拉伸试件保证其对中。

　　混凝土轴心抗拉强度按式(5-49)计算：

$$f_{ct} = \frac{F_{tmax}}{A} \tag{5-49}$$

式中，f_{ct} 为混凝土轴心抗拉强度，MPa；F_{tmax} 为试件破坏最大荷载，N；A 为试件受拉截面面积，mm^2。

　　混凝土劈裂抗拉强度计算值应精确到 0.01MPa。

E. 弹性模量、泊松比及剪切模量测试

（A）弹性模量的测试方法

弹性模量的测试场景见图 5-24。

(a) C80　　　　　　　　(b) C90　　　　　　　　(c) C100

图 5-24　混凝土弹性模量、泊松比测试

根据《普通混凝土力学性能试验方法标准》（GB/T 50081—2002），弹性模量的测试方法如下所述：

（1）取 3 个试件测定混凝土的轴心抗压强度 f_{cp}，另外 3 个试件用于测定混凝土的弹性模量。

（2）在测定混凝土弹性模量时，变形测量仪应安装在试件两侧的中线上并对称分布于试件的两端。

（3）加荷载至基准应力为 0.5MPa 的初始荷载值 F_0，保持恒载 60s 并在以后的 30s 内记录每测点的变形读数 ε_0。应立即连续均匀地加荷至应力为轴心抗压强度 f_{cp} 的 1/3 的荷载值 F_a，保持恒载 60s 并在以后的 30s 内记录每一测点的变形读数 ε_a。荷载加载速度为 1MPa/s。

（4）当变形值之差与它们平均值之比大于 20%时，应重新对中试件后重复试验，如果无法使其减少到低于 20%时，则此次试验无效。

（5）在确认变形值之差小于 20%时，以与加载速度相同的速度卸荷至基准应力 0.5MPa（F_0），恒载 60s，然后用同样的加载速度和卸载速度及 60s 保持恒载（F_0 及 F_a）至少进行两次反复预压，在最后一次预压完成后，在基准应力 0.5MPa（F_0）下持 60s 并在以后的 30s 内记录每一测点的变形读数 ε_0，再用同样的加载速度加载至 F_a，持荷 60s 并在以后的 30s 内记录每一测点的变形读数 ε_a；卸除变形测量仪，以同样的速度加荷载值至破坏，记录破坏荷载。

混凝土弹性模量值应按式（5-50）计算：

$$E_c = \frac{F_a - F_0}{A} \cdot \frac{L}{\Delta n} \tag{5-50}$$

式中，E_c 为混凝土弹性模量，MPa；F_a 为应力为 1/3 轴心抗压强度时的荷载，N；F_0 为应力为 0.5MPa 时的初始荷载，N；A 为试件承压面积，mm²；L 为测量标距，mm。

$$\Delta n = \varepsilon_a - \varepsilon_0 \tag{5-51}$$

式中，Δn 为最后一次从 F_0 加荷载至 F_a 时试件两侧变形的平均值，mm；ε_a 为 F_a 时试件两侧变形的平均值，mm；ε_0 为 F_0 时试件两侧变形的平均值，mm。

混凝土受压弹性模量计算值精确至 100MPa。

（B）泊松比的测试方法

泊松比的测试场景见图 5-24。

测试泊松比是在测试弹性模量试件纵向变形时在试件的侧面加上应变片，在测量纵向变形的同时测量横向变形值 Δn_1，泊松比测量过程与弹性模量测量过程同步。

混凝土泊松比按式(5-52)计算：

$$\nu = -\Delta n_1/\Delta n \tag{5-52}$$

式中，ν 为混凝土泊松比；Δn_1 为试件横向变形；Δn 为试件纵向变形。

（C）剪切模量的测试方法

剪切变形模量无测试标准，尝试通过计算获得。各向同性材料的三个弹性常数 E_c、G、ν 中，只有两个是独立的，且存在如下关系：

$$G = E_c/2(1+\nu) \tag{5-53}$$

式中，G 为混凝土剪切模量，MPa；E_c 为混凝土弹性模量，MPa；ν 为混凝土泊松比。

3. 测试数据及计算结果

1) C80 混凝土力学性能测试结果

C80 混凝土抗压强度测试结果见表 5-67。

表 5-67　C80 混凝土抗压强度测试结果　　　　（单位：MPa）

立方体抗压强度 (100mm×100mm×100mm)		立方体抗压强度 (150mm×150mm×150mm)		轴心抗压强度 (150mm×150mm×300mm)	
测试数据	计算取值	测试数据	计算取值	测试数据	计算取值
100.3		81.6		83.3	
98.6	99.6	85.3	83.1	83.1	82.0
99.8		82.4		79.5	
102.7		92.4		86.6	
103.9	101.8	82.4	88.1	82.7	82.5
98.9		89.5		78.2	
102.6		83.2		102.9	
100.3	101.5	97.5	84.1	80.5	95.2
101.5		84.1		95.2	
104.5		79.4		71.6	
108.5	104.5	89.5	85.7	82.5	81.4
75.4		88.1		90.0	

续表

立方体抗压强度 (100mm×100mm×100mm)		立方体抗压强度 (150mm×150mm×150mm)		轴心抗压强度 (150mm×150mm×300mm)	
测试数据	计算取值	测试数据	计算取值	测试数据	计算取值
97.5		79.5		90.5	
107.1	101.2	85.8	82.1	84.4	83.6
99.1		81.0		75.8	
103.6		80.9		71.6	
106.6	105.6	83.1	83.2	76.9	76.9
106.5		85.5		104.6	
100.6		89.3		84.3	
95.0	98.4	90.3	89.1	98.7	90.5
99.6		87.6		88.4	
101.7		95.4		88.7	
90.3	90.3	97.1	94.3	88.3	86.3
77.2		90.5		81.7	
106.5		87.5		89.2	
83.8	95.9	90.2	87.3	86.3	86.3
97.3		84.3		83.3	
97.3		88.8		86.7	
94.3	97.2	86.6	91.9	81.7	83.9
100.1		100.3		83.2	
92.1		84.3		86.5	
118.3	94.9	89.2	89.8	86.2	86.1
94.9		95.8		85.6	
93.4		88.3		82.2	
89.8	89.5	88.6	88.9	92.7	87.5
85.3		89.7		87.7	
94.7		98.0		89.6	
85.9	91.0	92.2	93.2	83.2	85.1
92.5		89.5		82.4	
91.6		91.6		89.6	
107.2	102.0	84.6	90.5	82.9	84.9
107.2		95.4		82.3	
86.3		93.3		86.2	
105.5	103.5	95.0	90.6	80.6	84.4
103.5		83.4		86.4	
104.1		91.2		83.7	
95.2	99.9	84.4	88.7	95.0	88.7
100.5		90.5		87.3	

立方体抗压强度 （100mm×100mm×100mm）		立方体抗压强度 （150mm×150mm×150mm）		轴心抗压强度 （150mm×150mm×300mm）	
测试数据	计算取值	测试数据	计算取值	测试数据	计算取值
97.2		84.0		90.4	
103.8	97.9	90.4	86.7	87.3	93.2
92.6		85.9		102.0	
97.4		101.6		87.2	
112.5	100.7	92.1	96.8	82.5	84.6
92.2		71.0		84.2	
97.5		88.3		83.2	
93.8	94.7	85.9	88.8	85.0	83.8
92.8		92.2		83.3	
96.5		87.6		98.9	
101.2	103.7	85.0	90.6	88.7	92.9
113.5		99.1		91.1	
87.5		97.1		96.7	
109.7	96.6	87.5	92.8	89.8	89.8
97.6		93.8		83.0	
115.6		91.0		93.0	
91.4	103.6	84.1	86.8	84.2	87.3
103.9		85.2		84.7	
113.3		88.4		90.2	
106.7	109.1	92.3	90.8	87.7	87.9
107.4		91.6		85.8	
111.5		90.6		97.9	
95.3	99.9	89.9	88.8	81.1	82.5
92.9		86.0		82.5	
92.4		95.8		88.3	
89.7	91.3	89.6	93.8	81.7	85.7
91.8		96.0		87.0	
101.8		83.5		82.9	
100.2	99.1	83.3	85.1	90.2	87.0
95.3		88.5		88.1	

C80 混凝土抗拉强度测试结果见表 5-68，试验得到的轴心拉伸应变见图 5-25。

C80 混凝土弹性模量、泊松比及剪切模量测试结果见表 5-69。

2）C90 混凝土力学性能测试结果

C90 混凝土抗压强度测试结果见表 5-70。

表 5-68　C80 混凝土轴心拉伸强度、极限拉伸应变及劈裂抗拉强度试验结果

轴心拉伸强度 1/MPa		轴心拉伸强度 2/MPa	极限拉伸应变/10⁻⁶	劈裂抗拉强度/MPa		
4.64	5.11	4.99	197	6.89	4.11	5.25
5.90	4.79	4.63	226	5.73	4.36	5.82
5.64	5.16	4.35		4.90	6.51	5.10
5.00	5.42	4.66	206	5.03	4.71	4.82
4.27	5.49	4.86	184	5.51	5.59	5.20
4.71	5.59			5.61	4.48	4.63
4.78	5.18			6.35	4.44	4.54
5.35	5.06			6.13	6.78	5.44
4.70	5.08			6.24	4.83	
4.77	5.25					
4.84	5.73					
5.00	5.11					

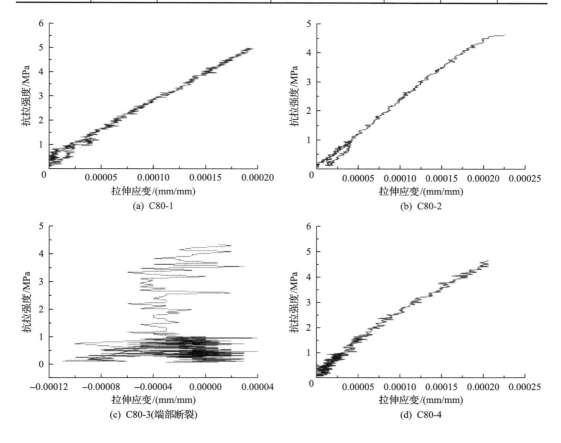

(a) C80-1　　　　　　　　(b) C80-2

(c) C80-3(端部断裂)　　　　　(d) C80-4

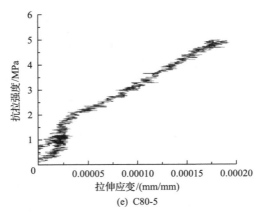

(e) C80-5

图 5-25　C80 混凝土拉伸应变（采用表 5-68 中轴心拉伸强度 2）

表 5-69　C80 混凝土弹性模量、泊松比及剪切模量测试结果

弹性模量/GPa		泊松比	剪切模量/GPa
46.2	46.8	0.16	26.8
46.7	45.2	0.13	26.1
47.6	46.2	0.13	26.7
46.3	47.6	0.15	27.2
45.8	48.5	0.18	27.6
46.1	46.5	0.14	26.6
46.6	46.9	0.14	26.7
47.0	46.9	0.14	26.7
48.6	48.4	0.14	27.6
48.7	48.3	0.15	27.9

表 5-70　C90 混凝土抗压强度测试结果　　　　　（单位：MPa）

立方体抗压强度 (100mm×100mm×100mm)		立方体抗压强度 (150mm×150mm×150mm)		轴心抗压强度 (150mm×150mm×300mm)	
测试数据	计算取值	测试数据	计算取值	测试数据	计算取值
110.5		91.6		89.8	
108.8	109.6	93.5	93.0	88.6	90.6
109.6		93.9		93.5	
106.9		94.8		90.0	
104.0	107.1	98.0	96.6	93.5	92.0
110.5		97.1		92.3	
112.7		84.9		98.7	
82.7	106.1	93.8	90.3	93.7	95.2
106.1		92.2		93.1	

续表

立方体抗压强度 （100mm×100mm×100mm）		立方体抗压强度 （150mm×150mm×150mm）		轴心抗压强度 （150mm×150mm×300mm）	
测试数据	计算取值	测试数据	计算取值	测试数据	计算取值
109.7		91.0		93.7	
104.6	108.4	93.1	95.1	95.8	94.2
111.0		101.2		93.2	
110.3		98.6		100.7	
105.0	108.4	92.9	96.9	94.8	96.6
110.0		99.3		94.3	
95.8		109.1		113.3	
99.6	99.6	98.4	102.3	101.9	107.5
115.3		99.3		107.4	
105.9		99.0		104.9	
113.8	109.7	94.9	96.1	94.1	94.1
109.5		94.4		72.9	
110.8		95.1		92.4	
110.7	110.1	97.9	96.8	87.6	90.6
108.7		97.3		91.8	
106.9		110.4		103.9	
110.3	108.4	117.1	111.9	100.3	99.3
108.0		108.3		93.6	
112.7		102.8		83.3	
110.4	111.6	106.3	102.8	81.4	81.4
111.6		85.4		79.5	
91.6		105.4		92.1	
87.3	91.4	112.6	109.2	118.3	97.7
95.4		109.6		97.7	
110.4		89.9		106.5	
121.7	116.5	84.9	87.4	84.3	96.0
117.6		109.5		97.3	
105.8		92.4		84.8	
112.7	108.8	89.7	91.5	95.7	90.7
108.0		92.5		91.7	
93.5		95.1		110.2	
100.4	102.3	107.3	103.5	95.3	95.3
113.0		108.3		92.9	
108.1		116.6		108.1	
123.8	108.1	102.4	105.5	104.6	104.2
76.7		97.6		100.0	

立方体抗压强度 (100mm×100mm×100mm)		立方体抗压强度 (150mm×150mm×150mm)		轴心抗压强度 (150mm×150mm×300mm)	
测试数据	计算取值	测试数据	计算取值	测试数据	计算取值
108.1		93.2		89.4	
106.8	104.1	103.8	96.6	87.3	92.9
100.0		92.6		102.0	
117.8		101.1		95.2	
125.2	117.9	101.2	105.3	103.8	97.2
110.7		113.5		92.6	
120.3		97.2		97.1	
117.5	115.2	103.8	97.4	87.5	92.4
107.7		91.2		92.5	
88.4		100.6		80.2	
110.5	108.8	91.6	98.7	89.8	83.5
108.8		93.5		88.6	

C90 混凝土抗拉强度测试结果见表 5-71，试验得到的轴心拉伸应变见图 5-26。

表 5-71　C90 混凝土轴心拉伸强度、极限拉伸应变及劈裂抗拉强度测试结果

轴心拉伸强度 1/MPa		轴心拉伸强度 2/MPa	极限拉伸应变/10^{-6}	劈裂抗拉强度/MPa		
5.77	5.56	6.09	197	4.97	5.11	5.21
5.86	5.43	5.21		5.45	5.43	5.11
5.95	5.67	5.40		5.35	5.36	5.85
5.82	5.80	5.43	208	5.70	6.05	5.06
5.94	6.21	5.69	232	5.30	6.24	5.33
5.72	5.50			5.23	5.48	5.19
5.39	5.30					
5.50	6.10					

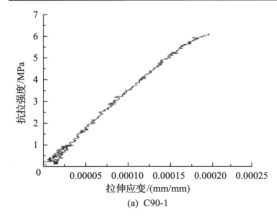

(a) C90-1

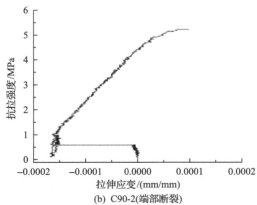

(b) C90-2(端部断裂)

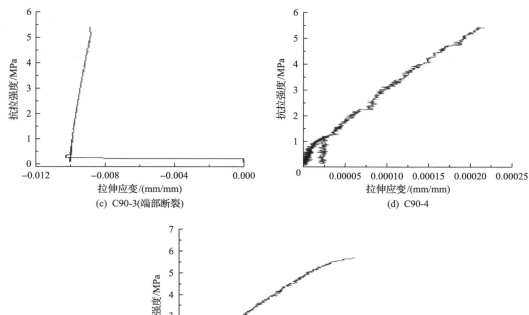

(c) C90-3(端部断裂)　　　　(d) C90-4

(e) C90-5

图 5-26　C90 混凝土拉伸应变（采用表 5-70 的轴心拉伸强度 2）

C90 混凝土弹性模量、泊松比及剪切模量测试结果见表 5-72。

表 5-72　C90 混凝土弹性模量、泊松比及剪切模量测试结果

弹性模量/GPa		泊松比	剪切模量/GPa
49.5	50.0	0.14	28.3
49.9	49.3	0.13	28.1
49.5	48.8	0.11	27.1
48.8	48.4	0.13	27.6
48.8	49.5	0.14	27.8
48.1	48.8	0.14	27.8

3）C100 混凝土力学性能测试结果

C100 混凝土抗压强度测试结果见表 5-73。

C100 混凝土抗拉强度测试结果见表 5-74，试验得到的轴心拉伸应变见图 5-27。

C100 混凝土弹性模量、泊松比及剪切模量测试结果见表 5-75。

表 5-73 C100 混凝土抗压强度试验结果 （单位：MPa）

立方体抗压强度 (100mm×100mm×100mm)		立方体抗压强度 (150mm×150mm×150mm)		轴心抗压强度 (150mm×150mm×300mm)	
测试数据	计算取值	测试数据	计算取值	测试数据	计算取值
111.1		93.5		97.8	
123.8	115.9	100.4	102.7	94.3	95.7
112.7		114.3		94.9	
90.6		112.0		95.8	
99.0	94.9	110.0	108.7	97.1	98.4
95.0		104.1		102.2	
88.4		104.7		95.8	
117.6	117.6	109.0	111.3	98.0	96.4
121.9		120.0		95.4	
127.9		83.5		95.3	
126.6	124.5	106.6	106.6	95.7	97.1
119.1		108.3		100.3	
110.4		108.1		98.5	
120.9	116.3	106.8	105.0	108.1	106.1
117.6		100.0		111.7	
128.8		105.8		95.7	
117.3	118.5	110.6	108.1	96.7	101.0
109.4		108.0		110.6	
113.9		118.8		103.9	
107.0	110.9	113.6	114.8	98.1	98.5
111.8		111.9		93.6	
117.2		112.2		103.7	
113.7	113.7	101.9	106.5	101.3	105.8
85.9		105.3		112.5	
117.5		104.5		107.3	
121.7	120.0	103.2	104.6	103.4	102.3
120.8		106.0		96.1	
125.2		107.2		96.7	
117.9	119.5	104.1	104.4	103.3	101.0
115.4		101.9		103.0	
112.2		104.4		102.8	
122.2	118.6	106.6	105.4	102.0	101.2
121.5		105.2		98.6	
118.2		107.4		100.6	
124.1	118.3	103.8	104.3	98.5	100.4
112.6		101.7		102.1	

续表

立方体抗压强度 （100mm×100mm×100mm）		立方体抗压强度 （150mm×150mm×150mm）		轴心抗压强度 （150mm×150mm×300mm）	
测试数据	计算取值	测试数据	计算取值	测试数据	计算取值
118.8	116.6	107.0	104.7	93.9	101.9
109.7		103.3		107.3	
121.2		103.6		104.5	
123.4	116.4	112.5	106.5	103.5	102.1
116.1		101.2		101.0	
109.8		105.8		101.7	
126.9	122.0	114.5	113.3	96.1	101.5
124.6		117.1		103.9	
114.6		108.3		104.5	
117.8	119.5	104.7	106.1	99.3	103.6
125.2		112.1		107.3	
115.4		101.6		104.3	
123.5	120.7	107.0	109.7	99.3	101.4
123.3		112.6		102.7	
115.5		109.6		102.1	
127.6	124.9	100.6	100.6	103.7	104.2
128.5		102.8		106.0	
118.5		80.0		102.9	
134.7	124.5	105.0	102.4	99.4	100.7
111.1		111.1		111.1	
123.8		123.8		123.8	

表 5-74　C100 混凝土轴心拉伸强度、极限拉伸应变及劈裂抗拉强度测试结果

轴心拉伸强度 1/MPa		轴心拉伸强度 2/MPa	极限拉伸应变/10^{-6}	劈裂抗拉强度/MPa		
6.06	6.21	6.98		5.62	5.17	7.27
6.53	5.95	6.12	225	6.02	7.11	6.89
6.11	6.28	6.06	222	7.02	5.87	6.57
6.25	6.38	6.22	274	5.81	6.24	6.76
6.08	6.26	6.14	256	6.05	5.51	6.80
6.18	6.17			6.34	7.83	6.98
6.46	6.12					
6.13	6.15					

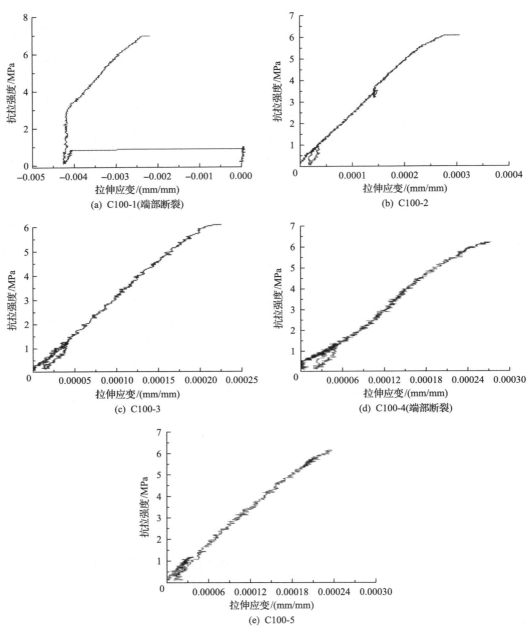

图 5-27 C100 混凝土拉伸应变(采用表 5-74 中轴心拉伸强度 2)

表 5-75 C100 混凝土弹性模量、泊松比及剪切模量测试结果

弹性模量/GPa		泊松比	剪切模量/GPa
51.9	52.1	0.14	29.8
51.4	53.8	0.16	30.3
50.4	50.6	0.15	29.0

续表

弹性模量/GPa		泊松比	剪切模量/GPa
50.3	50.3	0.18	29.7
50.3	48.5	0.16	28.6
50.1	48.5	0.16	28.6

4）C80～C100 混凝土力学性能参数计算结果汇总

混凝土轴心拉伸性能测试采用两种方式，测试结果（表 5-76）表明采用等截面棱柱体测试拉伸强度略高于"狗骨头"试件。然而，测试等截面棱柱体的拉伸试件时，在保证试件与夹头物理对中的基础上，还需要同时保证其预埋在两端的钢筋爪物理对中，增加了试验难度；此外，钢筋爪在试件内部易造成应力集中，使得拉伸破坏位置偏离测试区域。因此，较难测得较为准确的拉伸数据（拉伸强度以及拉伸应变等）。但是，"狗骨头"拉伸试件中间具有一段相对较窄的等截面，端部夹持区域截面相对较宽，端部到中间变截面区域平稳过渡，这些形状特征不仅可以有效避免加持区域的应力集中影响，同时可以轻松获取多缝开裂和应变硬化行为。因此，本节数据采用"狗骨头"试件测试结果。

表 5-76　两种轴心拉伸强度结果对比　　　　　　　（单位：MPa）

轴心抗拉强度	混凝土强度等级		
	C80	C90	C100
棱柱体试件轴心抗拉强度	5.11±0.39	5.72±0.26	6.21±0.15
"狗骨头"试件轴心抗拉强度	4.70±0.24	5.56±0.34	6.30±0.38

所有力学性能测试计算结果见表 5-77，抗压强度尺寸换算关系结果见表 5-78。

C80～C100 混凝土 100mm 立方体试件与 150mm 立方体试件抗压强度尺寸换算系数为 0.90～0.91，低于普通混凝土标准中的 0.95；而 150mm 立方体试件与 150mm×150mm×300mm 棱柱试件抗压强度尺寸换算系数为 0.95～0.97，选高于普通混凝土的尺寸换算系数。

4. 小结

通过对 C80、C90 和 C100 三个强度等级混凝土进行大量的力学性能测试，初步得到以下结论：

（1）C80～C100 混凝土 100mm 立方体试件与 150mm 立方体试件抗压强度尺寸换算系数为 0.90～0.91，150mm 立方体试件与 150mm×150mm×300mm 棱柱试件抗压强度尺寸换算系数为 0.95～0.97。

（2）C80～C100 混凝土轴心抗拉强度为 4.70～6.30MPa，极限拉伸应变为 $203×10^{-6}$～$244.2×10^{-6}$，劈裂抗拉强度为 5.35～6.44MPa，弹性模量为 47.0～50.7GPa，泊松比为 0.13～0.16，剪切模量为 27.0～29.3GPa。

表 5-77　混凝土力学性能结果汇总

项目		抗压强度/MPa		150mm×300mm轴压/MPa	轴心抗拉强度/MPa	极限拉伸应变/10⁻⁶	立方体劈裂抗拉强度/MPa	弹性模量/GPa	泊松比	剪切模量/GPa
		100mm×100mm×100mm	150mm×150mm×150mm							
C80	平均值	99.0	88.9	86.2	4.70	203.3	5.35	47.0	0.15	27.0
	标准差	5.0	3.7	4.0	0.24	17.7	0.78	1.0	0.02	0.6
C90	平均值	108.0	98.8	94.3	5.56	212.3	5.41	49.1	0.13	27.8
	标准差	6.0	6.4	6.1	0.34	17.9	0.35	0.6	0.01	0.4
C100	平均值	117.5	106.6	101.0	6.30	244.2	6.44	50.7	0.16	29.3
	标准差	6.6	3.7	2.9	0.38	25.1	0.70	1.5	0.01	0.7

表 5-78　混凝土抗压强度尺寸换算系数

尺寸换算系数	混凝土强度等级		
	C80	C90	C100
边长 100mm 与 150mm 立方体试件尺寸换算系数 α	0.90	0.91	0.91
边长 150mm 立方体试件与 150mm×150mm×300mm 轴压试件换算系数 c_1	0.97	0.95	0.95

5.4　《立井冻结法凿井井壁应用 C80～C100 混凝土技术规程》制订

5.4.1　制订背景

国民经济的发展需要煤炭能源的支撑。由于浅部资源日趋枯竭，开发千米左右埋深的煤炭资源成为煤炭开采的新常态。我国有数百亿吨的优质煤炭资源被 600～1000m 深厚冲积层和 800～1000m 深厚松软富水岩层等复杂地层所覆盖且需要陆续开发利用。冻结法是井筒穿过这些深厚冲积层、深厚松软富水岩层等复杂地层唯一可用的凿井方法，其技术核心是井壁技术和冻结壁技术。制约冻结法向深部发展的难题一是超高承载能力井壁的材料制备和设计技术，难题二是应用超高承载能力井壁结构的冻结壁设计和深井冻结调控理论与技术。根据冻结法凿井业已取得的 C80～C100 高性能混凝土设计和应用经验，规范煤矿深冻结井设计和应用 C80～C100 高强高性能混凝土是当务之急。为此，2015 年国投煤炭有限公司申请了国家标准《立井冻结法凿井井壁应用 C80～C100 混凝土技术规程》制订工作，获得批准。标准编写组由中国煤炭科工集团北京中煤矿山工程有限公司、中国建筑材料科学研究总院有限公司、国投煤炭有限公司、北京煤科联应用技术研究所等单位的专家组成。

起草组于 2017 年 3 月 24 日于北京召开了标准启动会，形成标准草案；2018 年 6 月完成征求意见稿，发出征求意见；2018 年 10 月 13 日于南京召开了该标准有关参数取值专家研讨会，形成专家意见；2018 年 11 月 5 日形成送审稿，2018 年 12 月 6～7 日于苏州通过煤炭行业煤矿专用设备标准化技术委员会井巷设备分会组织的专家审查；2019 年 3 月形成报批稿，报送至煤炭行业煤矿专用设备标准化技术委员会，根据煤炭行业煤矿专用设备标准化技术委员会组织的专家审查意见，进行修改，再审查，再修改，2019 年 9 月再次报送至煤炭行业煤矿专用设备标准化技术委员会，履行上报程序；2020 年 10 月根据国家标准化管理委员会组织的专家审查意见，再次修改完善，形成报批稿。该标准于 2021 年 3 月 9 日正式发布，2021 年 10 月 1 日正式实施。

5.4.2　标准主要特点

1. 填补煤矿冻结法凿井井壁应用 C80～C100 混凝土技术规程空白

《立井冻结法凿井井壁应用 C80～C100 混凝土技术规程》（GB/T 39963—2021）（以

下简称"新标准")的编写是一项开创性的工作,国外只有在地面一般土木工程中应用 C80~C100 混凝土的相关技术标准,对于深厚冲积层冻结法凿井特殊复杂和严苛条件下应用 C80~C100 混凝土技术规程,国内外缺少可借鉴的经验。因此,在新标准制订过程中,充分吸取已有的科技攻关成果,结合已有的应用经验,实现冻结井壁应用 C80~C100 设计规范化、施工标准化、验收科学化要求。同时与现行相关的基础标准、安全标准、行业标准及有关的法律、法规相协调。对立井冻结法凿井井壁应用 C80~C100 混凝土井壁结构及设计、冻结方案设计与实施要求、原材料和配合比、井壁施工、质量检验等予以规范。新标准的实施在技术、工艺和方法等方面具有可操作性,在现有条件下能保证技术可行、安全可靠、经济合理。

为了使新标准制定得科学、合理而又具有可行性,作者对国际标准、国家标准资料进行了对比,结合近年来国内煤矿冻结法凿井应用 C80~C100 最新研究成果,进行综合分析,以欧盟、美国、澳大利亚、新西兰等国家和地区的混凝土相关标准的主要技术参数指标和要求为参考,结合我国煤矿现场的实际要求,提出新标准关键指标取值。调研了国内外 C80~C100 高强高性能混凝土井壁设计和应用现状;并开展了轴心抗压强度 (f_c) 设计值、轴心抗拉强度 (f_t) 设计值等参数的取值研究,开展了棱柱抗压强度与立方抗压强度比值对比等试验研究,卓有成效,为新标准的制订和关键参数的确定提供了依据。新标准的制订、颁布和实施为煤矿冻结井筒应用 C80~C100 高性能混凝土的标准化、规范化,起到了积极推动作用。

起草组根据现有煤矿混凝土井壁设计、冻结法凿井设计与施工标准现状,研究确定新标准的主要内容为煤矿立井冻结法凿井井壁应用 C80~C100 混凝土的井壁结构及设计、冻结方案设计与实施、原材料和配合比、井壁施工、质量检验等。

2. 在标准内容和技术指标制定取得多项创新

1) 冻结法凿井井壁结构及设计

(1) 给出了井壁结构及设计的一般原则。考虑冻结法凿井内外层井壁施工和使用工况条件,首次对内层井壁混凝土的水化热、防裂密实、高抗裂特征提出了要求,对外层井壁混凝土早强性能、低水化热特征提出了要求。考虑钢筋与高强高性能混凝土应用匹配,发挥钢筋在钢筋混凝土中的承载作用,适度增加了钢筋最小配筋率要求(表 5-79),并增加了 HRB600 钢筋及强度标准值、设计值取值规定(表 5-80)。

表 5-79 井壁钢筋的最小配筋率

钢筋类型	最小配筋率 ρ_{min} /%
强度等级 600MPa	0.65
强度等级 500MPa	0.70
强度等级 400MPa	0.75

表 5-80　HRB600 普通钢筋强度标准值、设计值及弹性模量取值

公称直径 d/mm	屈服强度标准值 f_{yk}/(N/mm^2)	极限强度标准值 f_{stk}/(N/mm^2)	抗拉强度设计值 f_y/(N/mm^2)	抗压强度设计值 f_y'/(N/mm^2)	弹性模量 E_s/[10^5/(N/mm^2)]
6～50	600	730	520	520	2.00

（2）开展了棱柱体抗压强度与立方体抗压强度比值，C80、C90、C100 混凝土轴心抗压强度标准值，轴心抗拉强度标准值，轴拉应力-应变曲线及其极限拉伸应变，弹性模量，泊松比等物理力学参数验证试验。根据验证试验结果，结合近年来国内煤矿冻结法凿井应用 C80～C100 最新研究成果，以及欧盟、美国、澳大利亚、新西兰等国家和地区混凝土相关标准的主要技术参数指标和要求，综合分析研究，并经过专家研讨论证，确定了冻结法凿井井壁应用 C80～C100 混凝土轴心抗压、轴心抗拉强度标准值 f_{ck}、f_{tk} 与设计值 f_c、f_t 取值（表 5-81）；推荐 C80～C100 混凝土弹性模量按表 5-82 取值，也可按试验取值，但不应小于表 5-82 中的取值；泊松比 ν_c 可取 0.20。

表 5-81　混凝土强度标准值、设计值　　　　　（单位：N/mm^2）

强度种类	混凝土强度等级				
	C80	C85	C90	C95	C100
轴心抗压强度标准值 f_{ck}	50.2	53.5	56.7	59.9	63.1
轴心抗压强度设计值 f_c	35.9	38.2	40.5	42.8	45.1
轴心抗拉强度标准值 f_{tk}	3.11	3.18	3.22	3.28	3.39
轴心抗拉强度设计值 f_t	2.22	2.27	2.30	2.34	2.36

表 5-82　混凝土弹性模量　　　　　（单位：10^{4}N/mm^2）

混凝土强度等级	C80	C85	C90	C95	C100
混凝土弹性模量 E_c	3.80	3.83	3.87	3.90	3.93

（3）现有标准只有对冲积层≤500m 冻结法凿井外层井壁冻结压力的取值规定。起草组对国内已有冻结压力实测研究成果进行系统调研和分析，经过专家研讨论证，确定＞500m 时冻结压力取（0.010～0.012）H_c。

起草组对计算内层井壁的径向荷载标准值的荷载折减系数 k_Z 进行了分析，结合国内已有的实测结果，经过专家研讨论证，k_Z 一般取 0.95～1.00。

（4）新标准对井壁结构设计内容进行规定，起草组对钢筋混凝土井壁偏心受压承载力和钢筋配置计算时用到的 α_1、β_1 进行了研究，经过专家研讨，确定当混凝土强度等级为 C80 时，α_1 取 0.94；当混凝土强度等级为 C100 时，α_1 取 0.90，其间按线性内插法确定；当混凝土强度等级为 C80 时，β_1 取 0.74，当混凝土强度等级为 C100 时，β_1 取 0.70，其间按线性内插法确定。

起草组研究了斜截面抗剪强度验算的混凝土强度影响系数 β_c 的取值，经过专家研讨确认，C80～C100 混凝土强度影响系数 β_c 取值见表 5-83。

表 5-83　混凝土强度影响系数 β_c 的取值

混凝土强度等级	C80	C85	C90	C95	C100
β_c	0.80	0.78	0.76	0.74	0.72

2）冻结方案设计与实施

（1）针对深厚冲积层的冻结方案设计，已有的规程规范缺乏指导性，特别是应用 C80～C100 混凝土对冻结壁设计的要求以往更是没有相关规定，新标准对应用 C80～C100 混凝土的深厚冲积层冻结方案理念进行了一般性规定。

（2）新标准对于深厚冲积层冻结壁设计引用了经过设计检验且行之有效的新成果，考虑篇幅原因，新标准以附录的形式出现。

（3）深厚冲积层冻结孔布置的要求引用了经过设计检验且行之有效的新成果，考虑篇幅原因，亦以新标准的附录形式出现。

（4）不同于浅井冻结，新标准对深井冻结的相关检测工作提出了要求，并对检测分析和调控工作提出要求，旨在实现冻结法凿井的安全顺利施工。

3）原材料和配合比

高强高性能混凝土有别于普通混凝土，新标准对用于立井冻结法凿井井壁工程中的水泥、细骨料、粗骨料、化学外加剂、矿物外加剂、水等组成混凝土的六大组分的质量提出具体规定。另外对配制 C80～C100 高强高性能混凝土的配合比的相关要素也进行了规定。

4）井壁施工

根据立井冻结法凿井工况条件，规定了对现场原材料管理的要求，对施工准备应做到的工作进行了规定。对生产和浇筑过程中的搅拌、振捣、养护等均进行了具体规定。

5）质量检验

新标准对井壁应用 C80～C100 高性能混凝土工程质量验收进行了规定，要求冻结井筒井壁应用 C80～C100 高性能混凝土工程质量验收应符合现行国家标准《煤矿井巷工程质量验收规范（2022 版）》（GB 50213—2010）的规定，其中混凝土强度检验评定应符合《混凝土强度检验评定标准》（GB/T 50107—2010）的规定。

第 6 章

井壁温度场与冻结壁温度场检测及耦合调控技术

随着冲积层厚度和冻结深度的增大，水压和地压相应增加，不适宜的井壁强度设计和井壁制作材料，很容易造成外层井壁压坏和内层井壁混凝土收缩开裂，而外层井壁压坏、内层井壁收缩开裂漏水与井壁温度变化及壁后冻土融化回冻特性密切相关。在冻结段掘砌过程中，监测内、外层井壁温度及壁后冻土融化回冻特性，分析判断内、外层井壁混凝土强度增长过程中温度场的变化特征，以及外层井壁能否下沉拉裂、内层井壁是否容易产生收缩裂缝和温度裂缝，是合理确定高强井壁混凝土材料组分、验证设计井帮温度合理性、调控适宜的井帮温度甚至调控冻结过程或冻结配合、实现高强度井壁合理的养护环境等技术措施的重要依据，对完善冻结段井壁设计和施工具有指导意义。

传统的内、外层井壁温度及壁后冻土融化回冻特性实测方法，是在内、外层井壁和壁后冻土中埋设铜-康铜热电偶测温元件、铂电阻等测温元件，并将其用线缆绳连接至地面进行数据采集。不仅检测系统的成本高，多水平、多点埋设测点难度大，而且受立井或斜井井筒空间和提升、悬吊系统干扰，测试工作安全性差，难以维护，难以实现长期连续实测，因而开发能够长距离、连续、长期、安全监测内、外层井壁和壁后冻土温度场变化规律的测温系统是深井冻结法施工重要的检测技术难题。作者团队开发的适用于深井冻结内、外层井壁和壁后冻土温度场监测的井下便携式一线总线式温度检测系统及井壁无线测温系统等，拥有自主知识产权[72-75]，并成功应用于深井冻结实测，实现了深井井壁温度场和壁后冻土温度场实测技术的重大突破。

6.1 井壁与壁后冻结壁温度场检测技术

6.1.1 井壁测温系统的特点

1. 外层井壁

在深冻结井外层井壁和壁后冻土测温中，测温装置与测温电缆一旦安装，当施工工作面离开这一层位后就不易接近测温装置，无论是将通信电缆由深井拉至地面，还是悬吊至移动吊盘，都很难保护通信线缆，使井壁及壁后温度场测量无法持续进行，有时还给井下施工带来安全隐患，因此开发便于测温人员井下操作和获取温度值的无线测温系统很有必要。

2. 内层井壁

由于内层井壁套壁施工顺序为自下而上，浇筑内层井壁后，施工吊盘将提升，人员在内层井壁套壁结束前一般不再到达已套内层井壁层位，无法接近内层井壁测温点；受井内设施的干扰和无线信号传播距离的限制，在工作吊盘上无法接收深部井壁测温数据。

6.1.2 井下便携式一线总线式温度检测系统及井壁无线测温系统

1. 便携式一线总线式温度检测系统

在深井冻结掘砌施工过程中，需及时检测掘砌工作面、井壁及壁后冻土温度场，以判断冻结壁的发展状况、井壁与冻结壁温度场耦合状态，指导冻结调控和井壁混凝土浇筑。由于监测部位深、测点位置多、机动性强，同时受井下用电安全规程限制，开发井下便携式一线总线式温度检测系统是一种较为理想的解决方案。

作者团队开发的井下便携式一线总线式温度检测系统，可方便即时监测井壁及壁后冻土的温度，使冻结法凿井施工的冻结壁温度场和井壁温度场的检测技术得到了突破性发展，通过监测壁后温度及融化回冻情况、外层井壁温度变化情况并及时进行调控，可避免外层井壁开裂现象，合理规范混凝土入模温度，对混凝土的顺利施工及提升混凝土的质量十分有益。

2. 井壁无线测温系统

作者团队研发了冻结井壁无线测温系统。通过在井下测温点组建无线网络，在井壁及壁后冻土中需要测温的地方安置无线测温终端，将一线总线式测温电缆接至测温终端上，使深井井壁及壁后冻土测温形成若干个无线测温终端，测温终端具有电池供电、低功耗的特点，足以保证施工周期内的监测与通信工作；研发相对应的便携式无线温度采集仪，读取温度的时候仅需手持便携式无线温度采集仪随工作吊桶升降，各测温终端的温度信息会自动采集存储下来，在井下或回到地面均可将温度信息导出进行分析处理，解决在线温度检测系统的工程应用难题。

在外层井壁无线测温系统的基础上，内层井壁无线测温系统增加了终端采集信息的存贮与掉电记忆功能，并结合内层井壁浇筑混凝土浇筑工艺及模板特点，开发了内外层井壁测温电缆一线总线对接装置，简化了测温电缆的敷设；内层井壁无线测温系统的测温终端具有长时监测功能，而无线温度采集仪的采集功能无须人员操控，对测温终端具有自动唤醒、数据通信、一次往返系统采集等功能。

3. 井壁无线测温系统工作原理

通过在井下测温终端组建无线网络，利用无线传输技术，在需要测温的区域放置一个具有无线通信功能的测温终端，将一线总线式测温电缆接至测温终端上，那么深井井壁及壁后冻土测温就由若干个无线测温终端组成；当需要采集温度时，仅需持便携式无线温度采集仪乘坐工作吊桶，在工作吊桶升降过程中，即可采集并记录各个测温终端的信息，返回到地面时再将温度信息导出进行分析处理。

　　系统设备如图 6-1、图 6-2 所示，由两部分组成：一线总线式测温终端和便携式无线温度采集仪。

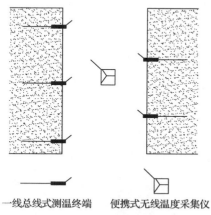

一线总线式测温终端　　便携式无线温度采集仪

图 6-1　井壁无线测温系统示意

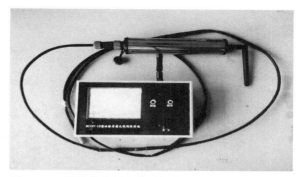

图 6-2　一线总线式测温终端和便携式无线温度采集仪

　　一线总线式测温终端负责传感器的搜索、温度的测量和无线传输，由单片机电路、供电电路、通信电路和测温电缆组成。一线总线式测温终端是在便携式一线总线式温度检测系统的基础上开发的，单片机电路由 CC2530 芯片和满足它正常工作的外围电路组成，外围电路为 CC2530 提供电源、晶振频率等，利用 CC2530 芯片注册传感器、测温、打包数据等；CC2530 芯片的无线收发模块负责接收手持仪表的命令并与手持仪表进行表间数据传输；电池采用锂电池为整个测温终端提供所需的电源，由于采用单节锂电池供电，整个节点采用间歇工作模式，一个节点工作时间可维持不少于十个月时间；测温电缆接传感器感知井壁温度，设计时根据实际需求设计一组测温电缆上接多个测温点，测温电缆及传感器测点可布置多组，读取仪表可同时接收各组多测点传输信号。

　　便携式无线温度采集仪也是在便携式一线总线式温度检测系统的基础上开发的，可对数据进行存储、显示，包括单片机电路、通信电路、显示屏、供电电路。单片机电路也是由 CC2530 芯片和其他外围电路组成，负责给测温终端发送注册传感器、启动测温等操作命令；通过无线通信接收测温终端信息并进行存储、显示等处理。便携式无线温度采集仪还能够读取存储在存储芯片中的数据并加以处理，能够判断是否真的采集到了数据；供电利用的是可充电电池，内部设有充电电路，可以实时充电。

4. 内层井壁无线测温系统的特殊功能

　　冻结井筒的外层井壁施工为自上而下的顺序，井筒施工工作面在挖掘深度的最底部，人员由井口到施工工作面可乘工作吊桶经过已浇筑的井壁；但是内层井壁套壁施工顺序为自下而上，浇筑内层井壁后，施工吊盘将提升，由于人员在内层井壁套壁过程中一般不再到达已套内层井壁层位，无法接近内层井壁测温点，受井内设施的干扰和无线信号传播距离的限制，在工作吊盘上无法接收深部井壁测温数据。

针对内层井壁温度监测信息不便提取的问题，内层井壁无线测温系统设计了终端采集信息的存贮与掉电记忆功能，并结合内层井壁混凝土浇筑工艺及模板特点，开发了内外层井壁测温电缆一线总线对接装置，进行外层井壁施工时，仅接外层井壁用测温电缆；而进行内层井壁施工时，再接入内层井壁测温电缆(图6-3～图6-5)，从而实现对外、内层井壁的同时监测。

图6-3　唤醒式长时无线采集测温终端

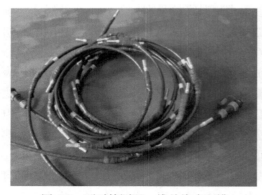

图6-4　可对接测温—线总线式电缆

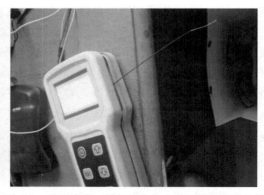

图6-5　具有唤醒、采集指令的自动无线温度采集仪

5. 井壁和壁后冻结壁温度监测的实施方法

为了分析冻结井筒挖掘、筑壁过程中冻结壁井帮状况及冻结壁温度场与井壁温度场的耦合特性，一般是在每个监测水平沿径向布置10～13个测点：冻结壁、外层井壁、内层井壁(简称"三壁")和井筒内分别布置3～4个、3～4个、3～4个和1个测点，如图6-6所示。原则上3号、4号、7号、9号、10号测点均布置在距"三壁"界面50mm处，8号、5号测点分别位于内、外层井壁的中间部位，1号、2号测点和2号、3号测点的距离分别为350mm和200mm；4号、5号测点和5号、6号测点的距离相等，具体尺寸视外层井壁和

内层井壁的实际厚度而定；7 号、8 号测点和 8 号、9 号测点的距离相等，具体尺寸视内层井壁的实际厚度而定。

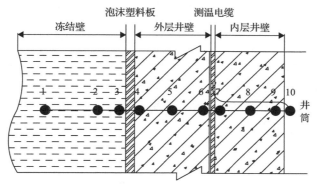

图 6-6　10 个测点的冻结壁、外层井壁、内层井壁、井筒内温度测点布置示意图

温度测点必须结合井筒掘砌实际情况进行埋设：冻结壁内测点的埋设沿井筒表面向冻结壁内钻进深度为 600～1000mm 的钻孔，设置 3～4 个测点后回填碎土；外层井壁 3～4 个测点导线沿径向绑扎在钢筋上；内层井壁 3～4 个测点在套壁时布置，沿径向绑扎在钢筋上。所有测点埋设时都需要采取防护措施，防止在绑扎钢筋和浇筑混凝土过程中被破坏，并且要加强测温电缆穿过冻结壁和外层井壁之间聚苯乙烯泡沫塑料软板时的保护工作。

各个测点采用一线总线式传输方式将信号传至地面，依靠 HDT9000 强力驱动型智能测温模块和与之配套的 HDS2000 测温专用软件对数据集进行采集和记录。监测自外层井壁筑注开始，至套内层井壁结束后冻结壁解冻前结束。

6. 井壁和冻结壁温度场测温关键技术开发

1）冻结壁温度场监测专用一线总线监测模块的设计

A. 应用背景

一线总线式测温技术的出现使冻结测温方式产生了深刻的变化，采用总线技术并在总线上搭载任意多只数字温度传感器构成一根单线的测温电缆，尤其对于深井冻结工程，这种单线多点的测温方式就成为一种理想的解决方案，相比以往的多线制方式，一线总线测温的布线显然简洁轻便、更容易放置。其核心技术是一线总线监测模块的功能与性能品质，需要解决在线监测系统中监测模块的功能设计及其实现方法。

B. 一线总线测温原理

一线总线是指仅利用一根信号线作为数据总线并附加一根参考地线从而实现数字通信，利用一线总线技术可以实现对搭接在这一线总线上若干个一线总线器件的访问与控制。一线器件是遵守一线总线协议并实现某些传感、变换、控制、存储等功能的器件，每只一线器件出厂时均蚀刻有唯一的一组 64 位二进制码（简称 ID 码），用以标识区别每只一线器件。一线数字温度传感器 DS18B20 即其中最为典型的一款一线器件。在实际使用中，将若干个一线数字温度传感器按照监测位置的要求连接在一根双绞线线缆上，称之为测温电缆。

一线总线式测温技术的本质在于能够实现对总线上任意一个温度传感器的访问与控制，即启动其温度的模数转换并提取这一温度信息，而这一任务由一线总线的管理者承担，这一管理者往往是基于单片机的硬件与软件的有机结合实现的，通常称之为监测模块。

作为一线总线上的管理单元，一线总线监测模块一方面通过通信接口与上位机连接，按照设定的通信协议实现两者间的数据通信；另一方面通过一线总线接口连接一条至多条测温电缆，在监测模块软件的控制下实现对测温电缆上所接传感器的访问与控制，以实现温度信息的采集，从而实现一线总线的监测功能。

在实际冻结监测的应用中，由于系统规模较大，实际监测模块的监测容量有限，往往需要配置多个一线总线监测模块。而测点空间位置分布不同，往往按线型分布将测点制作在多根测温电缆上，每个监测模块可固定连接一条或多条测温电缆，从而以一线总线监测模块为核心构成一套完整的监测系统，如图 6-7 所示。

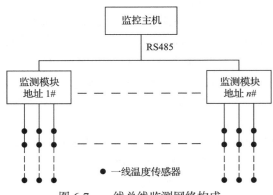

图 6-7　一线总线监测网络构成

图 6-7 中配置了 n 只监测模块，监测模块负责所接测温电缆上温度传感器温度信息的采集，然后通过与监控主机间的通信将监测信息发往监控主机，监控主机与监测模块间采用 RS485 接口连接，构成主从式通信网络，监控主机作为主站以轮询的方式提取每只监测模块所采集的温度信息。在监控主机上运行地层冻结监控软件，实现冻结温度场的画面实时监测、数据库定时存储管理、趋势曲线的生成及监测报表的生成等功能，从而形成一个功能完善的监测系统。

C. 监测模块的电路构成

由冻结监测系统的构成可见，一线总线测温模块是系统监测的核心执行部件，其功能的完善设计与优良的性能品质对整个系统的性能有着重要影响，而这又与监测模块的硬件与软件设计密切相关，图 6-8 为监测模块的硬件设计构成。

监测模块以单片机最小系统为核心，扩充一线总线接口电路用于实现对一线总线负载的连接与驱动，采用 MAX485 芯片实现与监控主机通信接口的连接，配置 LCD0802 显示模块用以显示监测模块的运行状态信息，扩充了四键的键盘接口电路用于人机界面的交互操作。监测模块外接 12V 直流电源，经内部直流转直流(DC/DC)模块变换为+5V 电压为整个模块供电。

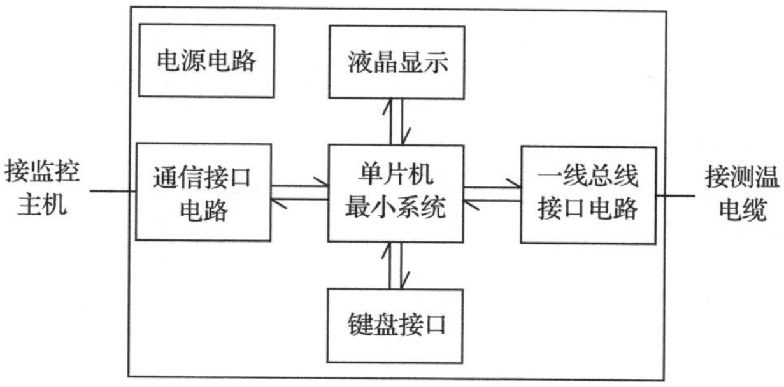

图 6-8　一线总线监测模块的硬件构成

监测模块的核心为 Atmel 公司的 ATmega64A 型 8 位单片机,从该监测模块的开发来看，该款单片机相比常规的 51 单片机在资源及性能上有一定的优势。在资源方面，ATmega64A 具有 2K 带电可擦可编程只读存储器(EEPROM)，这一存贮资源可用以测温电缆参数及监测模块的配置参数(如地址编码)的非易失存贮，它的 4K 内部静态随机存取存储器(SRAM)足以满足信息处理的需要；ATmega64A 内部有一比较器，在监测模块开发中，该比较器用于一线总线响应信号的精细分析，这对于超长距离、多点数的测温电缆反馈信号的辨识非常重要，这些资源的存在使得监测模块的硬件设计得以简化。在性能方面，AVR 单片机 32 个通用寄存器均可以参与指令的运算，可使软件设计大为简化。精减指令集计算机(RISC)的处理器结构使其大多数指令为单周期指令，同一时钟频率下是 51 系列单片机的 12 倍，这对于实现一线总线信号的时间槽的精细调整很有必要。

D. 监测模块的基本功能设置

如果要实现一线总线温度监测，监测模块必须具有以下基本功能。

(1)搜索功能：监测模块通过执行一个搜索功能模块掌握测温电缆上传感器的数量，获取每只传感器的 ID，并将获取的所有信息加以非易失存储，只有重新执行搜索功能时，才可能将原有信息覆盖。

(2)监测功能：监测模块上电后，如果发现已记录有效的测温电缆信息，就将按照搜索得到的测温电缆 ID 码对所有温度传感器逐一启动温度信息采集过程，并将信息存入单片机内部随机存取存储器(RAM)进行刷新。

(3)通信功能：作为一款专为自动采集系统设计的一线总线监测模块，采集的信息通过串口发送至监控主机，通过监控主机上运行的地层冻结监控软件加以监管。监测模块是主从式网络中的从动模块，每个模块都设置有一个唯一的八位二进制地址，上电后其通信端口一直处于监听状态，当收到监测主机发来的附有地址信息的采集命令后，如果地址吻合，监测模块的通信端口即进入发送状态并将采集的温度信息发往监控主机，发送完毕其通信端口即恢复至监听状态，从而完成一次信息采集过程。

E. 监测模块的增强功能设置

在应用一线总线监测模块构建地层冻结监测系统的过程中，仅依赖这些基本功能还是不太方便的，根据多年来工程实践的经验，为一线总线监测模块增加了以下几项功能。

(1)模块地址与测点数量的信息显示。

利用监控模块所配置的 LCD0802 字符点阵式液晶显示(LCD)模块，监测模块在上电后进入初始显示状态，可从非易失存贮区中获取模块的地址及所接一线总线负载的传感器的数量，并在显示屏上加以显示，有此功能，可即时掌握监测模块的工作状态。

（2）温度参数的显示。

在键盘操作的配合下，使监测模块进入温度参数显示状态。显示模式分两种：一是选择显示，即通过按键操作选择某一测点的温度参数并加以显示；二是扫描显示，在此模式下显示屏上按测点的监测顺序轮流显示其温度参数。利用此功能，可便于及时掌握测点的工作情况，并有助于直接判断测温电缆的工作状况。

（3）模块地址的修改。

在构建一个实际的地层冻结监测系统时，需对每个监测模块配置唯一的地址编码，监测模块上就地实现地址编码的修改，方便了模块的配置与调试。

（4）按键启动搜索功能。

测温电缆一般会在现场接入，在监测模块上直接启动搜索功能对现场的调试会很方便。开发中，采用组合键设计可以防止误操作，由于搜索需要较长的时间，执行搜索功能时，对搜索进程加以指示。

F. 监测模块的软件设计

图 6-9 为监测模块的软件设计框图，模块在上电完成相关资源的初始化后，首先从

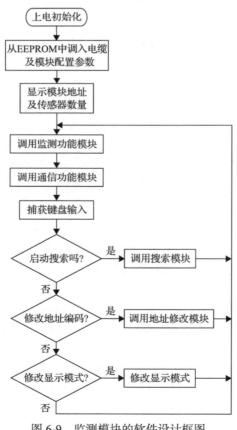

图 6-9　监测模块的软件设计框图

EEPROM 中调入原已记忆的测温电缆的信息及模块的配置信息并进行检验，如检验错，则以缺省的初始参数代替，如正确就将模块的地址及传感器数量信息在 LCD 屏上加以显示，而传感器的 ID 调入 ID 缓冲区为监测处理模块所用。

在监测模块软件的循环处理过程中，调用监测功能模块实现对所有温度传感器的信息采集；调用通信功能模块对监控主机的监测命令加以响应；另外通过键盘分析处理过程，实现对各种设定的情况进行处理，当启动搜索的按键事件发生时，调用搜索功能模块，搜索完成后将获得的测温电缆上的温度传感器 ID 及其数量记录到 EEPROM 中。当修改地址的按键事件发生时，调用地址修改模块，完成后将新的地址编码记入 EEPROM 中保存。当修改显示模式的按键事件发生时，修改显示模式并按新的显示模式显示测点的温度参数。

G. 品质分析

a. 性能指标

衡量一线总线监测模块的性能主要有两个指标：①测点容量，即监测模块能带多少个测点。模块的容量大，对于一个确定的监测应用，所需配置的监测模块数量自然就少，这样既可降低系统的构建成本，也可简化系统的设计。②线缆长度。监测模块所能驱动的测温电缆越长，监测的范围与空间越大。

对于单个一线总线监测模块，当线缆延长或传感器数量增多时，传感器的返回信号应会变得微弱或发生畸变以致识别困难，由此可见，监测模块所能驱动的一线总线负载是有限的。一般来说，测温电缆的负载特性正比于线缆长度和所带测点数量，这两个指标是互相制约且受到其他因素影响。另外，当测点数量较多时，由于监测模块的轮询式工作方式，测点的采集周期自然会延长，而不同材质的线缆与绞合节距对长度指标的影响也是非常显著的。

b. 搜索功能

深井测温电缆的负载往往较重，对其进行可靠的搜索有赖于监测模块的优异性能，监测模块在对测温电缆上的传感器进行访问时，与温度采集不同的是，搜索要连续执行两次一线总线的读操作，此时传感器的响应最为薄弱，如果能够成功进行搜索，那么对总线上传感器的监测就可以更为可靠地实现。

某些简易的监测模块上未设搜索功能，需借助其他工具获得传感器的 ID，然后将其下载到监测模块上，监测模块只需执行监测与通信两项功能即可。当要更换测温电缆或只是作局部更换时，就显得有些不便，因此搜索功能是否具备也是衡量监测模块品质好坏的一个标志。

c. 易用性

在构建一个监测网络时，总是想了解监测模块的工作状况。为监测模块设计显示单元，显示模块的地址编码、测点数量及各测点的温度，这无疑将增强模块的易用性。就地修改地址与就地搜索功能的实现，即可利用监测模块本身独立地实现模块地址的配置和搜索功能的启动，这为监测模块的现场调试提供了方便。

H. 基本特点

基于一线总线技术的温度监测以其突出的布线优势与大容量监测的特点在冻结温度

场监测中得到普遍应用，作为其核心的一线总线监测模块，其功能与性能对整个系统的性能有着重要的影响，通过多年来的实践体会，开发的一线总线监测模块的功能设计及性能品质能满足冻结壁温度场监测要求。

2) 深井冻结一线总线测温电缆的制作与维护

深井冻结温度场监测具有距离长、测点多、温度变化缓慢的特点，一线总线式测温技术可以很好地满足冻结测温的需要并具有布线简洁的优势。但需要根据深井冻结测温电缆制作特点，进行测温电缆的封装、标定与维护[76]。

A. 应用背景

在煤矿井筒冻结工程中，需要实施冻结温度场监测，以分析控制层位冻土的扩展和冻结壁形成特性，对冻结工程进行预报与调控，实现冻结与掘砌有机结合，确保冻结井筒安全快速施工。研究开发的基于一线总线式测温技术构建的监测系统，能很好地解决冻结温度场监测布线难题。

B. 一线总线式测温技术

所谓一线总线是指仅利用一根信号线作为数据总线并附加一根参考地线从而实现数字通信。总线规范规定了各种时间槽脉冲信号以实现信息的传输。一线总线式测温技术是通过一线总线监测网络或系统实现的，一个基本的一线总线系统由三个部分组成：

(1) 一根作为总线信号传输媒介的线缆。

(2) 一线总线管理单元。它按照一线总线规范规定的信令对总线上的一线总线器件进行访问与控制，通过基于单片机设计来实现，因此也称其为一线总线监测模块管理单元。

(3) 若干一线总线器件。对于一线总线测温装置，通常指 DS18B20，它由达拉斯 (DALLAS) 公司 [现由美信 (MAXIM) 公司收购] 设计生产。总线上所接一线总线器件的最大数量受管理单元的负载性能限制。

对于一线总线测温系统，一线总线线缆及其上搭接的一线总线温度传感器 DS18B20 合称为测温电缆。

C. 一线总线监测的技术特点

一线总线温度监测系统的构成具有如下特点：

(1) 它只需一根线缆即可实现其上多点的温度测量。

(2) 线缆上的一线总线温度传感器不需要单独的供电线路，通过总线线缆本身即可供电，从而使现场的布线达到最简化。

(3) DS18B20 是一个特别适宜环境温度监测的元件，其测温范围为 $-50 \sim +125°C$，精度为 $±0.5°C$，分辨率为 $0.0625°C$。

(4) 一线总线温度监测的采集速率较低，特别是在二线制工作模式下，采集速率为 0.8S/s，并且 DS18B20 的惯性也较大。

深井冻结温度场监测对温度监测的需求有着如下特点：

(1) 放入测温孔内的线缆长度最深可到达底部冻结层，对于当前深井冻结，这一深度可达千米。

（2）随着冻结深度的增加，需要布设的测点也增多，通常有数十个。

（3）测温电缆需长时间处在低温环境下工作，并可能处于盐水中长时间浸泡，这就要求对线缆及其上传感器有严密的防护。

（4）地层的温度变化较为缓慢，观察的时间间隔常以数小时计，对测温的精度要求为±1℃。

对比一线总线监测的技术特点与深井冻结监测的需求，可见一线总线监测技术无论在布线方式还是测温精度、范围、速率等方面都非常适宜深井冻结监测的需要。但一线总线监测也有其致命缺点，即一旦线间短路，整条电缆将失效，因此必须在测温电缆的制作与维护上采取有效的措施加以保护。

一线总线式测温技术在冻结监测中的应用最早见于广州地铁 2 号线纪念堂站联络通道的冻结施工中，并于 2003 年首次在淮南顾桥副井的井筒冻结中得到应用。随着近年来一线总线式测温技术的日渐成熟，其代替了传统的热电偶测温系统。

D. 测温电缆的制作

简单来说，制作测温电缆就是将一线总线温度传感器安装在作为总线的电缆上。但对于制作满足深井冻结监测需求的测温电缆，则需在诸多细节上认真把握。

a. 电缆选取考虑

电缆选取主要从两个方面考虑：一方面是电气性能。一线总线上所传输脉冲信号的最高频率约为 50kHz，因此线缆应具有足够的频带宽度；为了在一线器件与监测模块间实现一线总线信号的有效传输，线缆的特征阻抗应与监测模块的输出阻抗相匹配；信号长线传输时的分布电容效应，会钝化信号的变化，较小节距的绞合线的分布电容只有几皮法拉。另一方面是其物理性能。线缆应具有良好的耐低温、耐盐水腐蚀性能。从长期的工程实践来看，室外型超 5 类线具有良好的一线总线信号传输性能，并且其护套的耐低温性能较普通 5 类线也好。

b. 三线制与二线制

DS18B20 器件有三只管脚：电源引脚（VDD）、数字信号输出脚 DQ（DATA）、接地脚（GND），与一线总线的连接有两种方式，即三线制与二线制，如图 6-10 所示。

接线方式的不同，会产生多方面的影响，三线制为 DS18B20 提供供电专线，这样可以使其温度转换的速度加快；而在二线制模式下，在向某只 DS18B20 发出温度转换命令后，监测模块必须拉高数据线约 750ms 为选中的 DS18B20 内部电容供电，以使其具备足够的能量实现温度转换，然后才能读取温度转换结果。这种供电方式即寄生方式供电，并因此可使总线少接一根线。

虽然二线制的测温速率较低，但在地层冻结温度场监测中地层温度的变化极为缓慢，因此这一采集速率足以满足要求。从测温电缆选用、制作与维护角度来看，三线制多一根线不仅增加了线缆的损耗，其焊接、封装、维护等方面均要比二线制麻烦，尤其是当线缆上需要布设多点的情况。三线制与二线制的性能比较见表 6-1。

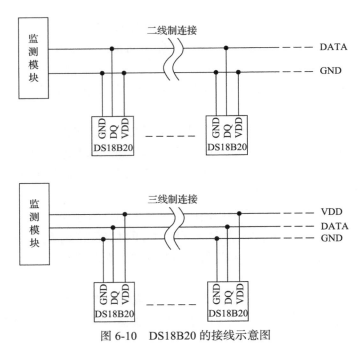

图 6-10　DS18B20 的接线示意图

表 6-1　三线制与二线制的性能比较

比较因素	三线制	二线制
供电方式	专线供电	寄生供电
采集速率	约 10ms	约 760ms
安装难度	相对较难	相对容易
线缆保护	相对较难	相对容易

　　需要注意的是，一线总线测温能否采用二线制工作还要取决于所配置的监测模块是否支持，并非所有监测模块均支持。

　　c. 温度观测孔和冻结器盐水回路测温电缆的制作

　　在温度观测孔内的地层温度监测中，通常按照不同土性、土层厚度及深度选取若干控制层位作为温度监测的重点关注区域。在测温电缆放置进测温孔后，线缆上的温度传感器须处于这些监测和控制层位，因此在测温电缆制作时，需先行在电缆上标记好测点位置，并将传感器焊接至这一位置。

　　制作冻结器盐水回路测温电缆时，由于冻结孔圈上的冻结器呈等间距圆周状分布，为了制作安装方便，对每个测点应先截取约 1m 长的分支引线，一端焊接温度传感器，另准备一条按冻结盐水环形干管布置的电缆，其上标记好分支线的接入位置，将已接有传感器的分支线接入，制作时相邻两个测点间的环形电缆长度要适当留有一定余量，将会使电缆的放置更为方便。

　　带有一定分支长度的测温电缆敷设方便，但分支线的结构会对信号的传输造成一定的回波干扰，对于一些总线驱动性能较弱的监测模块似不适用，如某些监测模块其分支线长度不能超过 20cm。

d. 测温元件的封装

如前所述，测温电缆一旦短路，整个电缆上的所有测点将不能监测。考虑到在冻结监测中测温电缆所处的低温、潮湿环境，在测温电缆的制作过程中必须加强防护，以防止发生短路。即将 DS18B20 焊接至电缆上时，元件与线缆间的焊接点与线缆接头处都是保护的重点，必须对此采取严密的保护措施以防止线间短路。实践中采用了三重防护措施：

(1) 用密封胶将焊点导体裸露处全面包裹，所用密封材料需有良好的耐低温特性，且不易开裂。

(2) 用防水胶带紧密缠绕，做进一步的防水措施。

(3) 焊接端头线 U 形回折，并用外层包裹塑料胶带保护，做好一般性拉伸和摩擦的保护。

如此制作的测温电缆甚至可浸入盐水箱内做长期的温度监测而不致失效。

e. 测温电缆的测试与标定

测温电缆在制作完成后，首先要进行测试与标定才能投入使用，这需要借助万用表、监测模块及相应的监测软件实现。

(a) 阻抗测试

用万用表检查一线总线的 DATA 线与 GND 线间是否短路，如有短路需仔细检查。用万用表的二极管测试挡测量两线间的电压，当红笔接 DATA 线、黑笔接 GND 线时，线路应不通；反之，其值为 500Ω 左右。如果正反向值均为 500Ω，说明有 DS18B20 焊反，应设法避免。

(b) 温度测试

将测温电缆接入监测模块，利用测试功能启动一线总线温度传感器的搜索，检查搜索到的数量与实际是否相符。如果不相符，则可能有多方面的原因，如监测模块的驱动性能欠佳，或是测温电缆负载过重(线缆过长或传感器数量过多)。

对于深井测温电缆，由于线缆长、点数多，对测温模块的性能有较高的要求。而搜索功能是对监测模块的性能要求最为苛刻的，由此可以检验监测模块的性能。

温度测试的另一内容是检查采集的温度参数是否正常。一个简便的方法是用手逐一握住测温电缆上的温度传感器，观测其温度参数的变化，并判断其是否正常。

(c) 位置标定

一条测温电缆上往往有若干只温度传感器，监测的目的是要掌握某一位置的土层或盐水温度，因此必须明确每一温度参数是属于那个位置的温度传感器，即将监测得到的温度参数通过安装在某一位置的传感器与其空间位置一一对应，这一过程即称为位置标定，这也是一线总线监测所特有的。

由于每只温度传感器在出厂时均蚀刻有唯一的 64 位序列码，即其 ID 码。监测模块通过掌握每只传感器的 ID 码对温度传感器进行访问与控制，空间位置与传感器的对应本质上为与 ID 码的对应。因此，为实现测温电缆的位置标定，测试软件应具有搜索功能，显示传感器的 ID 码，显示温度参数。凭此对每只传感器逐一测试，即可实现位置标定。

(d)测温电缆的防水测试

在测温电缆投入使用前，应对其防水性能进行检查。尤其是将其探头封装部分投入水(或低温盐水)中浸泡一定时间，再进行测试。

f. 安装保护注意事项

测温电缆上是微弱信号传输，使用的线缆为双绞线细缆，在安装使用时需注意保护。

(1)避免踩踏、拖拽电缆，以免造成电缆断线或者焊接头松开。当需要移动电缆时，将电缆盘卷扎好，防止电缆护套损伤。

(2)下放测温孔电缆时，应将其缚在细钢丝绳上，每隔 1m 将钢丝绳与测温电缆抻展绑紧，以使温度传感器能下放到准确位置。

(3)尽量使用整根线制作测温电缆，当线缆长度不够需要接续时，首先要保证有可靠的电气连接，其次要有一定的连接强度，再者要做好接头处的防水保护。

g. 测温电缆的维护

测温电缆在长期运行过程中，尤其是在反复使用的情况下，会出现各种故障情况，需根据其外在表现情况，分析原因，加以修复。这里就常见的几种情况做出分析。

(a)短路故障

当某条测温电缆上所有测点的信息失效时，有可能只是电缆上局部区域出现了短路故障。测量线缆电阻值是查找短路点简便有效的方法，由所测电阻值可大致判断出短路点的发生区域，对这一区域细查或剪断替换后，对余下部分可再进行电阻值测量检测。

(b)断线故障

当测温电缆发生断线时，断点后的温度传感器将失去控制，此时监测模块对其访问得到的温度值为-0.06℃并保持不变，由此可判断出这些传感器均与一线总线断开。如果是线缆断开，可通过电阻测量法判断断点位置。如果是传感器断开，可对该传感器的接线进行检查。

(c)传感器访问故障

在二线制测温电缆的监测过程中，某些传感器的温度参数会显示 85℃，这是传感器内部的模数(A/D)转换未能完成的缺省参数，形成的原因有三个：一是监测模块的驱动能力不足；二是线缆的负载较重使个别传感器未能获取足够的 A/D 转换能量；三是传感器芯片的 VDD 可能断开了。

3)便携式智能测温仪表记录功能的开发

A. 应用背景

在深井冻结掘砌施工过程中，需监测掘砌工作面、井壁及壁后冻土温度场，以判断冻结壁的发展状况、井壁与冻结壁温度场耦合状态，指导冻结调控和井壁混凝土浇筑。由于监测部位深、测点位置多、机动性强，同时受井下用电安全规程限制，开发井下便携式一线总线智能温度检测仪表是一种较为理想的解决方案[77]。

B. 便携式智能仪表及其信息记录的特点

相比在线监测方式，通过便携式智能仪表实现监测一不需要外接电源，二不需要布设通信线路，三不需要现场安装与人工维护，其应用方式具有无可比拟的优越性，为此开发便携式一线总线测温仪表十分必要。

作为一款一线总线温度监测的便携式仪表，需要实现所接测温电缆的搜索、监测、查阅、编号等多项功能，仪表可以配接十余根测温电缆，这可使冻结现场所有测温电缆的监测任务仅需一块仪表即可实现。仪表的应用不仅表现在现场的温度监测，更表现在测温电缆温度信息的记录（以便对其信息进行总结分析），因此仪表的记录功能是其中一项不可或缺的内容。

便携式智能测温仪表的开发需设法降低其功耗，其中简化仪表的硬件设计是一种行之有效的手段，设计中摒弃了外扩串行 EEPROM 的方案，利用单片机 Flash 中的剩余空间记录所监测的温度信息，即利用自编程技术实现测温信息的记录。这种方式具有如下突出特点。

（1）芯片记忆：有别于在线监测系统的自动定时记录，其信息往往记录在上位机的磁盘上，而便携式智能测温仪表将信息记录在仪表内部的芯片上。

（2）掉电记忆：仪表在现场所记录的监测信息必须是可掉电记忆的，即使电池耗尽或仪表关机信息也不应丢失，即信息的记录载体应为 EEPROM 或 Flash。

（3）记录触发：信息的记录功能是由人工操作触发的，这种操作方式决定了记录的频次是有限的，相应的所需的记录容量也有限。

（4）记录的清除或覆盖：由于仪表的存储容量有限，对于失效的记录需要清除或覆盖，以使仪表得以长久地应用。

（5）记录查阅：对于已记录的信息，仪表本身应能自行查阅，这样既有利于现场的监管，也便于记录信息的核查。

C. 实现方案

近年来，单片机世界发生了深刻的变化，产品种类日渐丰富、性能日益强大，为其深入应用与开发提供了更多的选择与机会。

基于单片机的便携式仪表以其携带方便、功耗低微、电池供电等特点使其在室外作业场所的监测应用中受到欢迎。其功能往往包括以下几个方面。①监测。通过接口电路实现传感器的信息采集。②功能设置。通过人机界面实现信息的显示与操作管理。③信息管理。将采集的信息记录于仪表。④信息的查阅与联机查看。即实现本机查阅及联机通信查阅。

记录与查阅功能是基于单片机的便携式仪表所特有的一项功能，而记录载体与实现方式却各有不同。在开发的便携式一线总线测温仪表中利用单片机片上 Flash 实现信息的记录。

通常在基于单片机的智能仪表中，由于单片机本身的 EEPROM 容量有限，为实现信息的掉电记忆，将其记录在扩充的 EEPROM 芯片中。常用双向同步串行通信总线（I^2C）、多主机串行通信总线（TWI）、全双工同步串行通信总线（SPI）之类的串行接口芯片实现这一功能，如铁电公司(FerroElectic Corp.)的 FMC256 芯片、爱特梅尔公司(Atmel Corp.)的 AT24C 系列芯片等。软件操作中，由于是串行方式，信息的读写速度较慢，并且需要占用单片机的运行时间，因此降低了单片机的运行效率，增加了电源的消耗，这在非常在意功耗的便携式仪表设计中并不适宜。

与之相对应的，利用单片式空闲的 Flash 资源，将采集的信息直接记录在单片机本身的 Flash 中，实现了信息的掉电记忆。这样做有两个明显的优势：一是不再需要外扩 EEPROM 器件；二是对内部 Flash 的读写为并行操作，软件简单、效率高、运行速度快，显然是一种更好的解决方案。当然这一方案的前提是需要单片机本身能够支持这一功能。

AVR 系列的单片机是一种可以实现对其 Flash 空间自编程功能的单片机，即写时读自编程机制(read-while-write self-programming mechanism)，如果对记录容量有一定的要求，就需要某些存储容量较大的单片机如 ATmega64\128\256。

D. AVR 单片机的自编程功能的实现

a. ATmega 系列几个典型芯片的存储资源

ATmega 是由爱特梅尔公司生产的采用精简指令集计算机(RISC)机制的系列单片机，因其具有 32 个可以作为累加器使用的通用寄存器，其软件功能的实现代码效率很高。ATmega 系列几个典型单片机的存贮资源比较见表 6-2。

表 6-2　ATmega 系列几个典型单片机存贮资源一览

存储器类型	ATmega64	ATmega128	ATmega256
EEPROM	2KB	4KB	4KB
FLASH	64KB	128KB	256KB
Internal SRAM	4KB	4KB	8KB
Write/erase cycles	10000flash/100000EEPROM		

对于便携式智能仪表，如果基于汇编开发，其软件代码容量通常有限。若按 20KB 考虑，即便是 ATmega64 也有至少 40KB 的剩余空间，因此可以考虑利用单片机的这一存贮资源实现信息的记忆，只是 Flash 的擦除/写的次数不能超过 10000 次，否则不能保证其写入的可靠性，但这一次数限制对于大多数智能仪表的使用寿命来讲已经足够。

b. ATmega 系列单片机 Flash 自编程功能的实现机制

(1)ATmega 系列单片机的 Flash 空间，分为应用程序区与引导装载区两个部分，实现 Flash 自编程的程序代码只能存放在引导装载区内，对 Flash 的自编程限于其应用程序空间，可通过熔丝位配置分配应用程序区与引导装载区空间的大小。

(2)ATmega 系列单片机提供了自编程模式(SPM)指令和自编程模式控制与状态寄存器(SPMCSR)专门进行自编程操作。SPM 指令按 SPMCSR 指定的类型对 Flash 进行操作，在对 SPMCSR 设置页擦除、页写入、页装载等操作模式后，SPM 指令必须在随后的 4 个指令周期内执行才能使操作得以实现。而加载程序存储器(LPM)指令用于 Flash 空间内任一字节的读操作，且无执行时机限制。

(3)单片机的 Flash 存储器是以页的形式组织起来的，程序计数器可以看作由两部分构成：其一为实现页内字寻址的低位部分；其二为实现页寻址的高位部分。Flash 的自编程是按页进行的，对不同型号的单片机来讲，其页空间大小可能不同，ATmega64 的页空间大小为 128words。

（4）单片机的自编程是由 Z 指针寻址的，Z 指针是一个 16 位寄存器。其高位部分 15-7 位指定了编程所对应的页，低位部分 6-1 指定操作的字。自编程页操作内容包括页擦除、页写入、页装载等，其模式在 SPMCSR 中设定。

（5）Flash 的自编程机制中设有一个临时页缓冲区，要编程写入的内容需先装载至临时页缓冲区。具体执行 Flash 应用程序空间的自编程时，必须先将指定的页擦除，然后才能把临时页缓冲区中存储的数据编程到这一页。

（6）Flash 的页写入时间约为 4ms，只有当页写入操作完成后，才能执行应用程序空间的代码，为此应查询 SPMCSR 中的自编程模式使能位（SPMEN 位），直至其清零才能退出自编程例程。

在仪表采集信息的记录过程中，每条记录信息不可能正好占据一个整页空间，有可能待编程的页上还存有上次记录的信息，这就需要将上次记录内容先行保存起来，以免被擦除。实现思路是：先将需保留的页内内容装载至临时页缓冲区，再将待编程写入的内容装载至临时页缓冲区的其余部分，然后再将其作为一个整页编程写入。就此总结出 Flash 的自编程机制步骤如下：

（1）将当前页保留内容读至临时页缓冲区。

（2）将新加内容写入临时页缓冲器余下空间。

（3）执行当前页擦除操作。

（4）执行当前页写入操作。

页擦除汇编子程序示例如下，Z 指针已设定为待擦除页的地址：

```
ldi spmcrval, (1<<PGERS)|(1<<SPMEN)    ;在 spmcrval 中设定操作类型
Wait_spm:lds temp1, SPMCSR             ;检查先前自编程操作是否完成？
    sbrc temp1, SPMEN
rjmp Wait_spm
in temp2,SREG
cli                                    ;关闭中断
sts SPMCSR, spmcrval
spm                                    ;SPM 指令紧接着设定 SPMCSR 指令执行
out SREG, temp2                        ;恢复原状态
ret
```

E. 自编程技术在智能仪表中的应用

a. 仪的硬件设计概要

根据温度信息记录的存贮空间需要，选择 ATmega64 单片机为核心设计了仪表的硬件，其电路构成如图 6-11 所示。

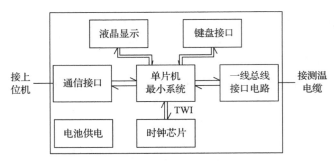

图 6-11　便携式一线总线测温仪表原理框图

仪表采用 3V 电池供电，电池供电电路中采用了直流转直流(DC/DC)芯片进行升压，为整个电路提供 5V 的供电电源。一线总线驱动电路用于连接外部的测温电缆，在软件的控制下取得所接测温电缆上温度传感器的各种信息。通信接口用于与上位机连接，从而可将记录的信息传至上位机，并且还可用于仪表的设置等功能。所配时钟芯片用于标记测温电缆的记录时刻，它直接接至 ATmega64 的 TWI 总线上。仪表还设有液晶与键盘接口电路，用于实现仪表的人机交互操作。

b. 测温电缆的记录功能设计

根据实际应用情况，仪表限定每条测温电缆上最多搭接 30 只数字温度传感器，每只温度传感器的温度信息占用 2B，加上记录时刻的月、日、时、分占 4B，测温电缆的每条记录最多占用 64B，即 32 个字，那么 ATmega64 的 Flash 每页可存储 4 条记录。按照每条电缆分配 2KB 的存储空间计算，所有 12 条电缆平均每条最多可连续记录 32 次，足以满足大多数实际应用的需要。

资源分配中，为每条测温电缆分配电缆序号 L_num(其值为 0~11)，在 Flash 中为 12 条测温电缆连续分配 2KB 的信息记录空间，共计 24KB。每条测温电缆温度采集所产生的记录 R_num 编号为 0~31，每条记录占用 32 个字，32 条记录占用 2KB 空间。测温电缆的温度记录操作由按键启动，当按下功能键后，取得所接电缆的温度监测信息，并与时钟标签信息一起装配存储到单片机的内部随机存取存储器(RAM)中，然后调用记录子程序将其记入所分配的 Flash 中。

c. 仪表记录子程序的软件设计

仪表记录子程序的软件设计流程如图 6-12 所示，软件设计的关键要素如下。

(1)设电缆的编号为 L_num，仪表的存储记录首址为 Rt_addr，则该电缆的记录存储首址 L_num_addr 计算如下：

```
L_num_addr ＝Rt_addr＋2048×L_num
```

(2)根据记录序号 L_R_num，计算当前记录所对应的页号 Page_num，并求其页地址 Page_addr。

```
Page_num＝L_R_num/4
Page_addr＝L_num_addr＋2×128×Page_num
```

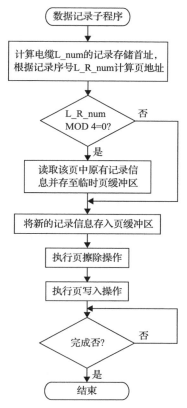

图 6-12　记录信息 Flash 自编程流程图

（3）计算 L_R_num 除以 4 的余数，余数为 0，说明存储在新的一页，没有需保留的内容，直接将新记录信息写入页缓冲区。如余数为非 0，说明该页中有需保留的内容，需先将其读出并写入页缓冲区，然后才能将新记录信息写入页缓冲区后继位置。

需读出的字数：B_quti = 32 *（L_R_num MOD 4）

（4）执行页擦除与页写入操作。

F. 小结

在便携式智能测温仪表设计中，利用单片机本身的 Flash 实现信息的记录，具有硬件设计简单、软件效率高、处理速度快等多项优点。与外扩 EEPROM 芯片的串行、字节操作模式不同，单片机的 Flash 页操作模式为先擦除再写入的方式，需要将页内有效信息先行保存。实现记录功能可能会需要相对较大的存储空间，因此可根据具体情况选择适宜的单片机类型，从而使单片机的资源得以充分利用。这种记录功能开发方式对于需要监测多条测温电缆并且要实现温度信息多次记录的冻结温度场及其他便携式监测有一定的借鉴意义。

7. 一线总线式温度检测技术主要优点

（1）设计的低功耗仪表使其可以采用电池供电，整个仪表装置体积小、功耗低、便于携带、操作方便，实现了一线总线式温度检测的便携式应用。

（2）井下便携式一线总线式温度检测仪表除为仪表设计有搜索与监测功能外，一线总线式测温的所有功能要素均在仪表上全面加以整合，设计有记录、查询、编号、时钟标签等功能，实现了一线总线式温度检测功能的融合设计。

（3）井下便携式一线总线式温度检测仪表的编号算法、电缆记忆算法解决了一线总线温度监测应用中开展多组测量的技术难题，使仪表的性能得以进一步提升。

（4）以测温电缆为检测仪表的监测对象，通过面向测温电缆的软件功能设计，使得采用一块仪表可以实现多根测温电缆的监测管理。

（5）无线通信技术的应用，实现了测温数据的非接触采集，可实时操控，能及时采集和分析井壁与壁后冻结壁温度变化状况，解决了井壁与壁后冻结壁温度监测依赖电缆进行远程传输的难题。

（6）无线通信技术与一线总线测温技术结合，无线测温终端可同时实现总线测温线缆上多个测温探头的温度监测。

（7）内层井壁无线测温系统的无线温度采集仪增加了长时无线采集功能，可脱离人员实时操控，对测温终端具有唤醒、数据交换、一次往返系统采集等功能，首次实现对套壁后的井壁温度场长时间、远距离监测。

6.2 温度场与混凝土性能的相互影响

6.2.1 筑壁过程井壁温度变化的三大阶段

深厚冲积层冻结基本上采用钢筋混凝土塑料夹层井壁结构，外层井壁自上而下分段掘砌，施工至要求深度后，浇筑筒形壁座，随后自下而上浇筑内层井壁。随着冲积层厚度和冻结深度的增大，水压和地压相应增加，外层井壁压坏和内层井壁混凝土收缩开裂的现象增多，而外层井壁压坏、内层井壁收缩开裂漏水与井壁温度及壁后冻土融化回冻特性密切相关。

对赵固一矿主井和副井、赵固一矿西风井等多个深厚冲积层冻结法凿井井筒冻结段井壁及壁后冻土融化回冻温度场实测（图6-13～图6-15）结果进行分析可知，外层井壁、内层井壁、筒形壁座施工过程均出现井壁温度上升及壁后冻土升温融化、井壁快速降温和壁后冻土融化趋于稳定、井壁降温速度趋缓和壁后融土逐渐回冻的三大变化阶段，由于外层井壁紧靠冻结壁，筑壁过程井壁温度变化的三大阶段更为典型。

1）第一阶段：井壁温度急剧上升和壁后冻土升温融化

由于混凝土入模温度和筑壁初期水化作用强烈，筑壁几小时后井壁温度急剧上升，壁后冻土开始融化；井壁中间部位温度快速上升并达到峰值；井壁内侧温升速度次之，温度比中间稍低；外侧或邻近井帮部位入模初期受壁后冻土热交换的影响，温升较小，甚至出现降温状态，与井壁中、内侧温差加大；壁后冻土受混凝土升温的影响而呈现升

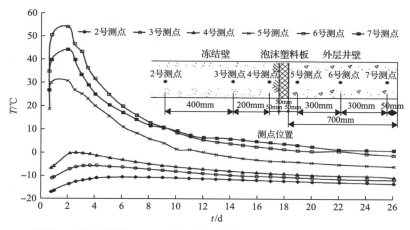

图 6-13 赵固一矿主井井深 232.8m 黏土外层井壁和壁后温度 (T) 与龄期 (t) 的关系曲线

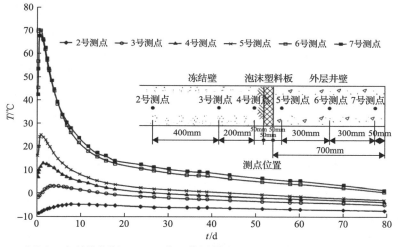

图 6-14 赵固一矿副井井深 196.7m 黏土外层井壁和壁后温度 (T) 与龄期 (t) 的关系曲线

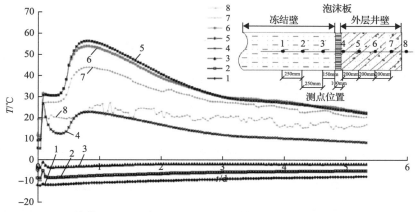

图 6-15 赵固一矿西风井井深 313m 砂砾层 C80 混凝土外层井壁及壁后冻土融化回冻温度分布曲线

温，但升温速度、幅度较小，持续时间较长，并引起部分冻土融化。赵固一矿实测结果表明，第一阶段的井壁温升峰值和壁后冻土融化范围主要与井壁厚度、混凝土入模温度、单位体积混凝土中的水泥用量、井帮温度、冻结壁平均温度等因素有关，一般井壁温升时间和温度峰值出现的时间分别为 1～2d 和 0.5～1d，壁后冻土温升的持续时间和融化范围分别为 3～10d 和 (1/4～1/2)$E_外$（$E_外$为外层井壁厚度）。在壁后增设泡沫塑料板条件下，井壁厚度小者出现温升峰值期早，井壁厚度大者出现温升峰值期晚、温度急剧上升期长、壁后冻土融化范围大，井帮温度和冻结壁平均温度低，壁后冻土融化范围小，反之壁后冻土融化范围大。

2）第二阶段：井壁快速降温和壁后冻土融化趋于稳定阶段

筑壁 2～10d 时间段，其中 2～4d 时间段在外层井壁温升达到峰值后，随着水化速度减慢、水化热逐渐减少和壁后冻土温度的影响，外层井壁出现快速降温阶段，井壁中、内侧温度快速下降，而邻近井帮的外侧部位仍然缓慢升温或缓慢降温，使井壁中、内侧与邻近井帮部位的温差缩小；筑壁 7～10d 时间段壁后冻土融化趋于稳定，壁后冻土融化范围接近最大值。

3）第三阶段：井壁降温速度趋缓和壁后融土逐渐回冻阶段

筑壁 10d 左右，井壁混凝土温度、水化热的逐渐损耗和外侧冻结壁冷源的影响，引起壁后融土逐渐回冻，井壁温度缓慢下降直至 0℃以下；井壁与壁后温差缩小，筑壁 12d 前后壁后融土出现回冻现象，壁后融土回冻和井壁降至 0℃的时间主要取决于井壁厚度和壁后冻结壁冻结状况。

6.2.2 赵固二矿西风井冻结井壁温度及壁后冻土融化、回冻特性实测

1. 井筒冻结施工简况

1）井筒冻结简况

赵固二矿西风井冻结、掘进工程均由河南国龙矿业建设有限公司负责，从管理层面有效保障了冻、掘配合。井筒采用主冻结孔内侧增设辅助冻结孔与防片帮冻结孔相结合的布置方式。冻结设计参数见表 6-3。

表 6-3 赵固二矿西风井冻结设计技术参数表

序号	项目名称	取值
1	井筒净直径/m	6.0
2	冲积层厚度/m	704.6
3	冻结深度/m	783
4	井壁最大厚度/m	1.95
5	掘进最大直径/m	10.05
6	冻结壁厚度/m	10.3

续表

序号	项目名称		取值
7	冻结孔布置方式		主孔圈内侧增设辅助、防片孔圈
8	冲积层段主冻结孔允许最大径向内侧偏值/m		0.6
9	主孔圈	圈径/m	24.8
10		深度/m	767/783
11		孔数/个	26/26
12		开孔间距/m	1.498
13		至井帮的距离/m	7.325～8.475
14		冻结管规格	0～400m 为 $\Phi159mm×6mm$，400～600m 为 $\Phi159mm×7mm$，>600m 为 $\Phi159mm×8mm$
15	辅助孔圈	圈径/m	16.7/19.7
16		深度/m	736
17		孔数/个	16/16
18		开孔间距/m	3.279/3.868
19		至井帮的距离/m	3.325～4.425/4.825～5.925
20		冻结管规格	0～400m 为 $\Phi159mm×6mm$，400～600m 为 $\Phi159mm×7mm$，>600m 为 $\Phi140mm(小圈)/\Phi159mm(大圈)×8mm$
21	防片孔圈	圈径/m	11/12.5/14.5
22		深度/m	193/423/535
23		孔数/个	5/10/10
24		开孔间距/m	6.912/3.927/4.555
25		至井帮的距离/m	1.575/1.70～2.325/2.475～3.325
26		各圈冻结管规格	小圈：$\Phi133mm×5mm$；中圈：0～298m 为 $\Phi159mm×6mm$，>298m 为 $\Phi133mm×7mm$；大圈：0～400m 为 $\Phi159mm×6mm$，>400m 为 $\Phi159mm×7mm$
27	检测孔	水位观测孔的数量/深度/(个、m)	1/210、1/446、1/605
28		温度检测孔的数量/深度/(个、m)	2/783、2/535、1/190
29		检测管规格	$\Phi108mm×5mm$

赵固二矿西风井于 2018 年 3 月 5 日开机冻结，4 月 4 日(冻结 31d)盐水温度降至 –28℃，4 月 6 日(冻结 33d)盐水温度降至 –30℃，之后维持在 –33～–30℃(图 6-16)。其间为保证掘进效果，多次进行盐水流量和温度调控，至 2019 年 5 月 23 日套壁完成停止冻结，累计冻结 446d。

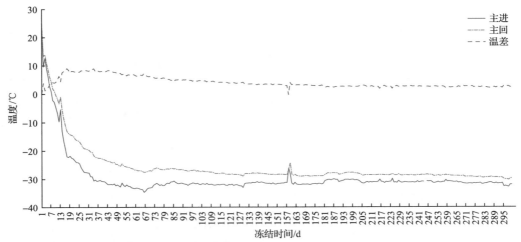

图 6-16　赵固二矿西风井盐水去回路温度曲线(主冻结孔)

主孔圈、辅助孔圈与防片孔圈采用三组去回路干管。主孔圈、辅助孔圈、防片孔圈分别于 2018 年 3 月 5 日、3 月 8 日、3 月 11 日开机运转，平均单孔流量为 18～19m³/h。刚开机时盐水温度迅速下降，冻结 33d 左右三组去回路温差分别达到 8.8℃、11.0℃、5.0℃，之后盐水温度下降速度放缓，各孔圈去路盐水温度最低达到-34～-33℃。

5 月 11 日(冻结第 68d)冻结分析会议之后，略微提高了去路盐水温度。

6 月 25 日(冻结第 113d)掘砌至 148m 时关闭小圈防片冻结管。

7 月 23 日(冻结第 141d)提升防片孔中、外圈的盐水温度至-26℃左右。

7 月 26 日(冻结第 144d)防片孔中、外圈供冷间歇运转，每班循环 2h，每天 3 班。

8 月 3 日(冻结第 152d)防片孔中、外圈停止供冷间歇运转，每班循环 2h，每天 3 班。

8 月 5 日(冻结第 154d)防片孔大圈流量阀门调至半开。

8 月 8 日(冻结第 157d)防片孔中、外圈停止供冷间歇运转，每班循环 4h，每天 3 班共 12h。

8 月 9 日(冻结第 158d)调整辅助孔去路盐水温度至-26℃左右，并于 8 月 13 日(冻结第 162d)调小辅助孔单孔流量至 12～13m³/h。

8 月 24 日(冻结第 173d)防片孔中、外圈停止供冷连续运转，并将约 100m 长的一段暴露在地表的去路干管保温层拆除。

9 月 3 日(冻结第 183d)拆除了约 100m 长的一段暴露在地表的回路干管保温层。

9 月 4 日(冻结第 184d)减小内侧辅助冻结孔的单孔流量至 8m³/h 左右，相应增加外侧辅助孔的单孔流量至 17m³/h 左右，并且于 9 月 6 日开始采用停止制冷 5d/制冷循环 5d 交替的方式运行，停止制冷时每班循环 2h，每天 3 班共 6h。交替运转时辅助孔去路盐水温度逐渐提升至-23℃左右。

9 月 23 日(冻结第 203d)暂停防片孔的循环，之后与辅助孔同步采用停止制冷 5d/制冷循环 5d 交替的方式运转，并于 10 月 14 日(冻结第 224d)停止运转。

10 月 25 日(冻结第 235d)将防片孔大圈接入辅助孔圈干管，同时制冷运转，并调整单孔流量至 13m³/h 左右，11 月 5 日(冻结第 246d)掘砌至 500m 时关闭防片孔，关闭防片孔后辅助孔单孔流量约 18m³/h。

11 月 1 日(冻结第 242d)降低辅助孔圈去路盐水温度至–26.9℃，然后持续降温，11 月 20 日(冻结第 261d)后盐水温度维持在–30℃以下。

1 月 22 日(冻结第 324d)辅助孔圈停止供冷，仅维持防堵循环。

2 月 5 日～7 日(冻结第 338～340d)，主冻结孔圈暂停冻结 3d，2 月 8 日恢复冻结后将去路盐水温度逐渐降低至–29℃以下。

2 月 24 日(冻结第 357d)，主孔圈去路盐水温度调整至–26℃左右。

2) 井筒掘砌

赵固二矿西风井井筒于 2018 年 3 月 5 日开始积极冻结，2018 年 4 月 29 日(冻结 56d)采用 1.4m 模板进行试挖，5 月 23 日(冻结 80d)采用 2.5m 模板正式开挖，掘进至 46m 以下采用 4m 段高，11 月 19 日(冻结 260d)模板更换为 3m(深度 540m 以下)、2.5m(深度 660m 以下)至冲积层掘进完成。2019 年 3 月 22 日掘砌完成开始套壁，2019 年 5 月 23 日套壁结束。整个冻结段外层井壁掘进施工期间，未发生冻结管断裂和井壁压坏现象。

2. 冻结井壁温度及壁后冻土融化、回冻特性实测

1) 实测方案

为实测不同深度和厚度的冻结井内、外层井壁在施工过程不同阶段中的混凝土温度及壁后冻土融化回冻规律，掌握井壁养护温度，赵固二矿西风井在井筒掘进和砌壁过程中共埋设了 5 个层位温度监测点，主要针对高性能混凝土井壁层所对应的黏性地层。埋设层位见表 6-4、表 6-5。

表 6-4　赵固二矿西风井井壁设计厚度及混凝土标号

序号	起止深度/m	段长/m	掘进直径/m	井壁厚度/mm		泡沫板厚度/mm	混凝土标号	
				内层	外层		内层	外层
1	15～190	175	7.85	450	450	25	C50	C50
2	190～298	108	8.45	600	600	25	C60	C60
3	298～420	122	9.1	800	700	50	C75	C75
4	420～532	112	9.55	800	900	75	C80	C80
5	532～590	58	10.05	950	1000	75	C80	C80
6	590～640	50	10.05	950	1000	75	C90	C90
7	640～680	40	10.05	950	1000	75	C95	C95
8	680～720	40	10.05	950	1000	75	C100	C100
9	720～752	32	9.50	950	800	75	C100	C80
10	752～767	15	9.70	1750		锚网喷 100mm	C90	
11	767～797	30	8.0	1000			C60	
12	797～892	95	7.6	800			C50	

注：井口标高高于检查孔标高 2.76m。

表 6-5 井壁及壁后冻土温度实测埋设层位

埋设地层		外层井壁		内层井壁	
井深/m	岩性	井壁厚度/mm	混凝土标号	井壁厚度/mm	混凝土标号
179	黏土	—	—	450	C50
194	黏土	—	—	600	C60
288	铝质黏土	600	C60	—	—
385	砂质黏土	700	C75	—	—
418	黏土	—	—	800	C75
563	铝质黏土	—	—	950	C80
599	铝质黏土	—	—	950	C90
678	砂质黏土	1000	C95	—	—
692	砂质黏土	1000	C100	—	—
695	砂质黏土	1000	C100	—	—

注: 一表示在施工过程中没有埋设测点。

测温系统先后选用了华北科技学院和煤炭科学研究总院北京建井研究所开发的一线总线式无线自动采集记录系统。

2) 测点布置与埋设

原设计每个层位沿冻结井筒径向布置 12 个测点(局部布置 10 个或 11 个测点,根据井壁厚度而定),由外向内顺次布置在冻结壁、外层井壁、内层井壁内,见图 6-17。冻结壁内布置 1~4 号测点,埋设在靠近外层井壁 100cm 范围内,4 个测点间隔为 22cm(根据井壁厚度有调整);外层井壁布置 5~8 号测点,内层井壁布置 9~12 号测点,井壁内测点根据其厚度均匀布置。

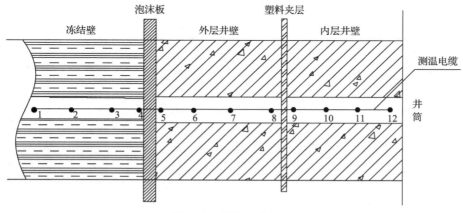

图 6-17 测温点布置图

测点埋设紧密结合井筒掘进工艺进行,冻结壁内沿垂直井帮表面向冻结壁内钻进深度 100cm 的钻孔,放置 4 个测点同时回填碎土;外层井壁 4 个测点沿径向绑扎在钢筋上,内层井壁 4 个测点作为预留点在套内层井壁时布置。所有测点埋设时均采取防护措施，防止在绑扎钢筋和浇筑混凝土过程中被破坏，重点加强了对测温电缆穿过冻结壁和外层井壁间泡沫板及内外层井壁间塑料板时的保护。

测点实际布置时，防水板的铺设与测点埋设时间差在 24h 以上，无法将对应的内、外层井壁(及冻结壁)电缆合并，因此单独设置内层井壁电缆，将内层井壁测温电缆与外层井壁、冻结壁测温电缆分开布设，重点监测不同标号混凝土的温度变化，而非局限在同一个深度。后期由于井壁防水要求，所有外层井壁埋设测温电缆预留洞位置均予以充填(套壁时直接充填)，无法采集壁后冻土回冻数据。

12 个测点采用一线总线式传输方式将信号传至地面，依靠 HDT9000 强力驱动型智能测温模块和与之配套的 HDS2000 测温专用软件对数据集中采集和记录。监测自外层井壁浇筑开始，至套内层井壁结束后冻结壁解冻前结束，实际测试过程中因为局部地层掘进采用钻爆法破土，吊盘等井筒装备反复提升和下放造成测试系统被损坏以至无法修复，所以某些层位一些数据缺失或测试时间较短。

3) 实测结果分析

A. 温度场特点

实测不同深度外层井壁和壁后温度随外层井壁浇筑后混凝土龄期延长发生变化的典型曲线如图 6-18～图 6-25 所示。

由图 6-18、图 6-19 可知，井深 288m 铝质黏土层外层井壁(夏季施工)混凝土入模温度约为 24.2℃，浇筑后约 15h 井壁中心部位混凝土温度达到峰值 59.2℃，1～3d 混凝土温度迅速下降，井壁平均温度由 55℃降至 28℃，平均降温梯度为 13.5℃/d，之后混凝土温度下降变缓，3～7d 井壁平均温度由 28℃降至 17℃，平均降温梯度为 2.75℃/d。7d 时混凝土平均温度约为 17℃，为 C60 混凝土早期强度增长提供了有利条件。7d 时冻土融化范围约为 478mm，且仍有缓慢扩大的趋势，但扩大范围微弱。

由图 6-20～图 6-22 可知，井深 692m 砂质黏土层外层井壁混凝土入模温度约为 17℃，浇筑后约 36h 井壁中心部位混凝土温度达到峰值 48℃，浇筑后 9d 冻土融化范围达到最大值(约 40mm)，井壁接触冻结壁的最外侧边缘在 15d 内均处于正温状态，井壁厚度 70%部分在 27d 以上均处于正温状态，浇筑 40d 后井壁温度全部进入负温状态。7d 时混凝土平均温度约为 22℃，为混凝土早期强度增长提供了有利条件。

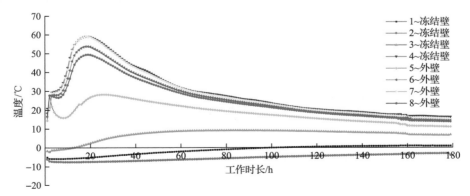

图 6-18 赵固二矿西风井井深 288m 铝质黏土层(C60)外层井壁及冻结壁内测点温度变化曲线

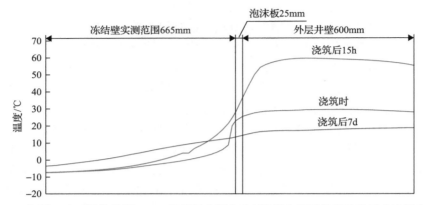

图 6-19　赵固二矿西风井井深 288m 铝质黏土层(C60)混凝土外层井壁及壁后冻土温度分布

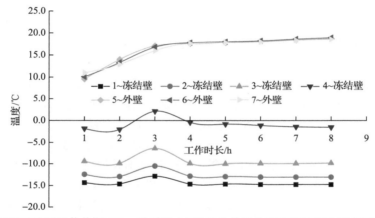

图 6-20　赵固二矿西风井井深 678m 砂质黏土层(C95)外层井壁及冻结壁内测点温度变化曲线

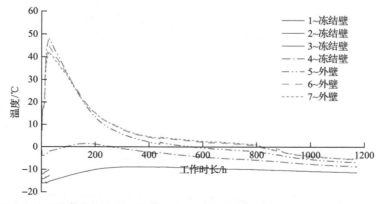

图 6-21　赵固二矿西风井井深 692m 砂质黏土层(C100)外层井壁及冻结壁内测点温度变化曲线

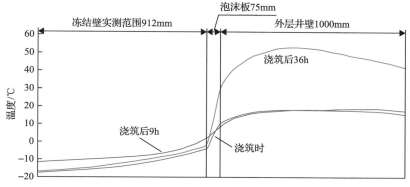

图 6-22 赵固二矿西风井井深 692m 砂质黏土层(C100)混凝土外层井壁及壁后冻土温度分布

由图 6-23、图 6-24 可知，井深 695m 砂质黏土(含砾石)层外层井壁混凝土入模温度约为 19.9℃，浇筑后约 35h 井壁中心部位混凝土温度达到峰值 50℃，浇筑后 3.7d 时混凝土平均温度约为 31℃，为混凝土早期强度增长提供了有利条件，对比井深 692m C100 混凝土外层井壁及壁后冻土温度监测，井深 695m C100 混凝土井壁及壁后冻土温度变化特性及数值与井深 692 水平基本一致。

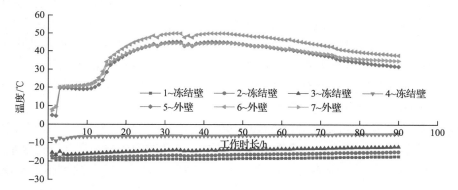

图 6-23 赵固二矿西风井井深 695m 砂质黏土(含砾石)层(C100)外层井壁及冻结壁内测点温度变化曲线

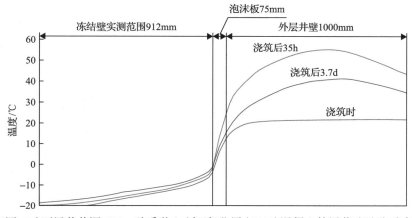

图 6-24 赵固二矿西风井井深 695m 砂质黏土(含砾石)层(C100)混凝土外层井壁及壁后冻土温度分布

井深 179m 层位内层井壁套壁各测点温度变化见图 6-25。

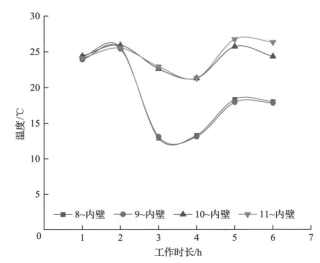

图 6-25　赵固二矿西风井井深 179m 黏土层（C50）内层井壁内测点温度变化曲线

由图 6-26、图 6-27 可知，井深 563m C80 混凝土入模温度 18.4℃，内层井壁中部温度在混凝土浇筑 18h 达到峰值，峰值温度约为 68.6℃，井壁中部与内层井壁边缘最大温差约 20℃，井壁中部温升高峰值持续时间不足 1d，峰值过后井壁中部温度便快速下降，井壁中部与内层井壁边缘温差也迅速减小。说明开春后内层井壁混凝土搅拌水温对混凝土入模温度及水化热升温速度有较大影响，同时说明 C90 以上高性能混凝土配合比的水化热控制比 C80 的水化热控制得要好。

由图 6-28、图 6-29 可知，井深 599m C90 混凝土入模温度 15.2℃，内层井壁中部温度在混凝土浇筑 32h 达到峰值，峰值温度约为 51℃，井壁中部与内层井壁边缘最大温差约 11℃，温差相对较小。说明内层井壁 C90 以上高性能混凝土水化热控制得比较好。

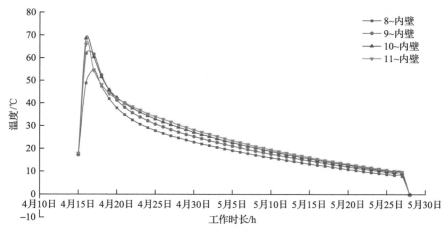

图 6-26　赵固二矿西风井井深 563m 铝质黏土层（C80）混凝土内层井壁内测点温度变化曲线

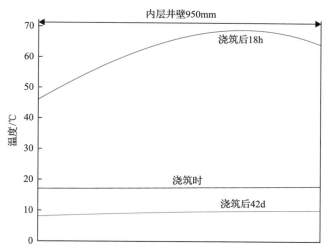

图 6-27　赵固二矿西风井井深 563m 铝质黏土层（C80）混凝土内层井壁温度分布

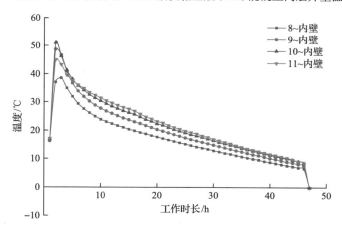

图 6-28　赵固二矿西风井井深 599m 铝质黏土层（C90）混凝土内层井壁内测点温度变化曲线

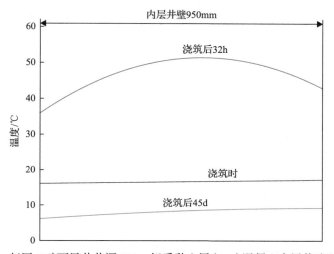

图 6-29　赵固二矿西风井井深 599m 铝质黏土层（C90）混凝土内层井壁温度分布

从图 6-18～图 6-29 的变化规律看出，外层井壁、内层井壁温度在井壁混凝土浇筑后均出现峰值。井壁温度在混凝土浇筑后的变化过程三个阶段特征如下。

(1)井壁浇筑后温度急剧升高阶段：井壁浇筑后温度上升至峰值，这段时间温度变化的显著特点是井壁温度急剧上升，井壁中间温度最高，靠近外侧温度最低，内侧温度居中，井壁内外温差急剧增大，外层井壁浇筑后 1.63～4.25d 温度升至峰值，内层井壁浇筑后约 1d 左右温度升至峰值，壁后邻近土体温度受到井壁水泥水化热作用快速上升(图 6-18)，但由于外层井壁和冻结壁之间敷设 50mm 厚的泡沫板，隔热性能良好，在未被压碎位置土体温度上升不明显，甚至没有明显升温(图 6-21，图 6-23)。

由于土体外部冻结器不断有冷量供应，加之导温系数土体比混凝土小，壁后土体升温幅度和速度明显慢于井壁，温度上升滞后于井壁，土体升温持续时间不等。水泥水化热的影响在这段时间起决定性作用。

(2)井壁快速降温阶段：井壁出现峰值温度至外层井壁浇筑后 1～3d 或内层井壁浇筑后 5d，这段时间温度变化的显著特点是井壁温度开始下降，井壁和壁后土体温差开始减小。此时水泥水化热的影响正在减小，冻结器冷量的影响增大。

(3)井壁及壁后冻土温度缓慢变化阶段：外层井壁浇筑后 17d 后，井壁混凝土内温度及壁后冻土温度缓慢下降，井壁和壁后土体温差趋于稳定。外层井壁在浇筑后 25～33d 时全部降至 0℃以下。

按照井壁浇筑水化热的发展情况，壁后冻土温度在外层、内层井壁浇筑时产生两次升温(融化)和降温(回冻)，在外层井壁浇筑后，冻土温度回升。图 6-18 显示，浇筑混凝土(C60)时，井帮温度较高，暴露时间较长，测点 4 已经回升至正温，测点 3 在 0.5d 后回升至 0℃以上，3.3d 后融化范围最大，12d 后温度降至 7.5℃，由于未能继续监测，无法确定回冻至 0℃的时间。图 6-21 显示，浇筑混凝土(C100)4d 之内冻土温度回升到 0℃以上，开始融化，6d 融化范围达最大，45d 全部回冻。图 6-23 显示，浇筑混凝土(C100)时，由于保温板隔温作用，冻土温度并无明显变化。

B. 壁后土体最大化冻范围和回冻时间分析

根据外层井壁浇筑后壁后冻土温度测试数据，分析整理得到以下数据，见表 6-6。

表 6-6　壁后冻土测试结果

井深/m	岩性	外层井壁					壁后冻土		
		井帮平均温度/℃	施工段高/m	混凝土强度等级	厚度/mm	入模温度/℃	融化范围/cm	回冻时间/d	井帮升温/℃
288	铝质黏土	−4.5	4	C60	600	24.2	44	>7.5	17.3
385	砂质黏土	−8.4	4	C75	700				
678	砂质黏土	−9.5	2.5	C90	1000	16.6			
692	砂质黏土	−11	2.5	C100	1000	16.3	20	10.9	11.3
695	砂质黏土	−11.7	2.5	C100	1000	19.9	0		11.3

分析表 6-6 中数据可以看出：对壁后冻土融化范围和回冻时间的影响最大的因素为冻结壁平均温度（井帮平均温度）和混凝土强度等级（配合比），冻结壁平均温度与地层种类、含水率、盐水温度、盐水流量、孔间距、冻结时间等相关；混凝土强度等级主要在于其配合比本身的物理化学性质，关系到混凝土砂、石、水泥、水的种类及配比、添加剂的种类及配比等。

C. 井壁养护环境分析

根据内、外层井壁浇筑后井壁温度实测情况，分析整理得到如表 6-7 所示的数据。

表 6-7 赵固二矿西风井内、外层井壁温度及壁后冻土温度实测结果

井筒	井深/m	岩性	井帮平均温度/℃	混凝土强度等级	厚度/mm	入模温度/℃	最高温度/℃	达最高温度时间/d	最高温度点位置	外表面出现负温时间/d	内表面出现负温时间/d
外层井壁	288	铝质黏土	−4.5	C60	600	24.2	59.2	0.75	0.42	>7.5	
	385	砂质黏土	−8.4	C75	700						
	678	砂质黏土	−9.5	C90	1000	16.6					
	692	砂质黏土	−11	C100	1000	16.3	48.4	1.1	0.75	10.9	23.8
	695	砂质黏土	−11.7	C100	1000	19.9	49.9	1.4	0.2		
内层井壁	179	黏土		C50	450						
	194	黏土		C60	600						
	418	黏土		C75	800						
	563	铝质黏土		C80	950	18.4	68.6	1	0.38		
	599	铝质黏土		C90	950	15.2	49.2	1	0.38		

从表 6-7 中数据可以看出：

(1) 外层井壁浇筑后，在龄期 0.75～1.4d，不同厚度井壁先后出现最高温度，10.9d 后外层井壁外表面降至 0℃以下，23.8d 后内表面降至 0℃以下，说明混凝土的正温养护时间在 10.9～23.8d，因为混凝土在负温条件下的强度增长缓慢，所以这段时间是井壁浇筑后强度发展的较好时期，如果此时强度不能抵抗冻结压力，井壁容易发生破裂；井壁全断面进入负温的时间在 24d 之后，此时井壁强度增长会缓慢。

(2) 内层井壁浇筑后，由于水泥水化热的作用，不同厚度的内层井壁在龄期 1d 左右出现最高温度，最高温度基本出现在井壁中心部位，由于现场施工因素，并未采取到表面降至 0℃后的数据。

从表 6-7 可以看出，不同强度等级混凝土的水化热存在很大差异，C60～C80 水化热完全释放后，最高温度一般可达到 60℃以上，较大的温度应力对混凝土井壁产生较大风险，易出现井壁裂缝；通过实验室试验、现场配比最终确定选用的 C95 和 C100 高标号混凝土最高温度均未达到 50℃，为井壁养护提供了良好的初始条件。

井筒内层井壁施工过程中，采取了吊盘下侧固定喷淋装置，持续润湿内层井壁，达到养护条件，最终井壁未出现裂缝，达到很好的效果。

4）实测研究主要结论

（1）赵固二矿西风井外层井壁壁后邻近冻土、外层井壁和内层井壁温度场随着井壁混凝土浇筑后龄期延长表现为以下三个阶段。

井壁浇筑后温度急剧升高阶段：井壁浇筑后温度上升至峰值，井壁温度急剧上升，井壁中间温度最高，靠近外侧温度最低，内侧温度居中，井壁内外温差急剧增大，外层井壁浇筑后 0.75～1.4d 温度升至峰值，内层井壁浇筑后 1d 左右温度升至峰值，外层井壁壁后邻近土体温度由于受到井壁水泥水化热作用快速上升，但由于在外层井壁和冻结壁之间敷设有聚乙烯泡沫塑料板，冻结壁未出现明显升温。由于土体外部冻结器不断有冷量供应，加之导温系数土体比混凝土小，壁后土体升温幅度和速度明显慢于井壁，温度上升滞后于井壁，土体升温持续时间不等。水泥水化热的影响在这段时间起决定性作用。

快速降温阶段：井壁出现峰值温度至外层井壁浇筑后 1～3d 或内层井壁浇筑后 5d，这段时间温度变化的显著特点是井壁温度开始下降，井壁与壁后土体温差开始减小。此时水泥水化热的影响正在减小，冻结器冷量的影响增大。

温度缓慢变化阶段：外层井壁浇筑 17d 后，井壁混凝土内温度及壁后冻土温度缓慢下降，外层井壁与壁后土体温差趋于稳定。外层井壁在 25～33d 时温度全部降至 0℃以下。

（2）温度场沿井筒径向在外层井壁后邻近冻土、外层井壁和内层井壁表现不同分布规律。

外层井壁温度在初期由于水化热作用出现较大波动，冻结壁与外层井壁交界面由于泡沫板的隔热作用，温度发生突变，外层井壁在混凝土龄期 0.75～1.4d 时，温度达到最高值，温度分布内部高、表面低，最高达 59.2℃（C60）和 48.4～49.9℃（C100）；井壁最佳养护时间在浇筑后 10.9～23.8d。外层井壁和冻结壁之间泡沫板的隔热作用非常显著。

内层井壁混凝土浇筑后内层井壁温度初期变化比较大，沿径向呈现非线性变化规律，温度分布内部高、表面低，内表面温度高于外表面温度，在混凝土龄期 1d 左右，内层井壁温度达到最高值，C60 段最高温度为 68℃，C90 段最高温达 49.2℃，内层井壁温度在后期呈现线性规律变化，沿径向内表面温度高，外表面温度低。

（3）赵固二矿使用高性能混凝土具有早期强度高、低水化热的特性，结合室内龄期强度试验和井壁温度温度场综合分析认为，早期强度能够满足井壁温度应力的强度要求，后期强度满足冻结压力和长时地压要求，施工过程中没有发现井壁破坏现象。

6.2.3 井壁和冻结壁温度场与混凝土性能的相互耦合作用

综合分析赵固二矿西风井内、外层井壁应用 C60～C100 混凝土温度场及壁后冻土融化和回冻规律实测结果，得到井壁和冻结壁温度场与混凝土性能的相互耦合作用的一般规律。

1) 冻结壁温度场温度偏高对外层井壁的影响

(1) 冻结壁平均温度及外层井壁壁后冻土温度相对高时，外层井壁筑壁后的温升幅度较大，第二阶段的降温速度减缓，有利于混凝土井壁早期强度增长，以及提高外层井壁抵抗冻结压力的能力。

(2) 冻结壁平均温度及井帮温度偏高，外层井壁筑壁后，会融化冻结壁，从而会进一步削弱冻结壁的有效厚度及稳定性，增加蠕变产生的径向位移，使新筑外层井壁过早承受较大的冻结压力，不利于混凝土井壁结构的整体性和强度增长，容易造成外层井壁压坏和冻结管断裂。

(3) 冻结壁温度场温度偏高有时也会造成壁后冻土融化及未冻范围加大，冻土融化后的回冻时间延长，冻土对外层井壁初期的围抱力减小，井壁易处于竖向受拉状态；冻土融化范围大则黏性土层及黏性土层与砂性土层交界处的融土回冻的冻胀力增大，易造成井壁破坏。

2) 外层井壁混凝土水化热对冻结壁及井壁的影响

混凝土硬化过程产生水化热过多时，可能造成壁后冻土融化范围变大，加大冻土融化范围，影响土层对井壁的围抱，易造成部分外层井壁处于悬吊状态；壁后冻土融化范围大也易造成融化水下沉聚集在砂性土层与黏性土层交界处，当冻结壁再次向井壁回冻时，增加较大的冻胀力，威胁外层井壁安全。因此，外层井壁仍然需要低水化热混凝土配合比及施工工艺。

3) 冻结壁温度场温度偏低对外层井壁的影响

人们以往认为冻结壁内侧温度及井帮温度越低，冻土大范围进入掘砌工作面，挖掘难度加大，冻掘矛盾突出，但冻结壁越稳定，井壁越安全，近年来的工程实践和研究表明，冻结壁内侧温度及井帮温度过低并不利于冻结壁及井壁的安全。

(1) 冻结壁内侧温度及井帮温度过低易造成固结黏土或砂性土层段对新筑井壁的围抱力偏小情况，使部分新筑外层井壁处于悬吊状态，井壁易产生裂纹。

(2) 掘砌速度过慢或冻结壁内侧布置过多的冻结孔，井帮温度迅速下降，新筑混凝土外层井壁将面临较低的井帮温度环境及冷量的侵蚀，混凝土早期强度的增长被遏制，降低了井壁抵抗冻结压力增长的能力。

(3) 当井帮温度过低或冻结壁内侧积蓄过多冷量时，冻结壁内侧会形成较大的冻胀力，冻结壁形成过程产生的冻胀力在挖掘后逐渐释放，部分冻胀力在挖掘、裸帮期间释放，引起冻结壁内侧累加较大的冻胀变形，易引起冻结壁内侧的冻结管断裂；而部分冻胀力在挖掘、裸帮期间不能被释放，因此筑壁后原存的冻胀力、新增冻胀力、冻结壁蠕变变形将共同作用在外层井壁上，增大冻结压力。

(4)冻结壁属于弹性-黏滞体，其力学特性表现为在外荷载作用下产生塑性变形引起应力松弛，冻结壁内表面作用于井壁的冻结压力随着荷载作用时间的延长会部分衰减；当井帮温度过低或冻结壁内侧积蓄过多冷量时，井壁后融化的冻结壁再次回冻至井壁的速度较快，不利于冻结压力的蠕变衰减，增加了冻结压力对井壁的破坏威胁。

4)冻结壁与内、外层井壁温度场耦合特性

(1)冻结壁及外层井壁温度场偏低时，浇筑内层井壁混凝土后，内层井壁中内侧与外侧会出现较大的温差，内层井壁易产生温度应力及裂缝。

(2)冻结壁及外层井壁温度场偏低会造成内外层井壁间温度快速降至负温，不利于套壁后转入壁间注浆施工，错失在冻结壁保护下的壁间注浆时机。

(3)内层井壁混凝土水化热偏大时，井壁内温升幅度较大，更易出现较大的温差及温度应力。

6.3　深厚冲积层冻结井壁壁间注浆技术

6.3.1　概述

钢筋混凝土塑料夹层井壁是我国冲积层冻结段井壁结构的基本形式，外层井壁采用自上而下分段掘砌，待施工至要求深度后浇筑筒形壁座，随后自下而上连续浇筑内层井壁。塑料夹层井壁的基本优点是减少内、外层井壁之间的约束力以防止内层井壁收缩开裂。我国目前的塑料夹层不同于国外复合井壁中的钢板结构和高强硬质塑料板，其整体性和抗水压能力均较弱，加上外层井壁内侧结冰等问题给夹层施工带来诸多困难，塑料夹层实际上无法承担井壁封水功能。因此，还是需要对井壁夹层进行注浆，并充填外层井壁分段掘砌的接茬缝，减少承压水穿透外层井壁的通道，同时封堵内外层井壁的间隙，减小内层井壁承受水压的面积，从而减小内层井壁水压荷载折减系数，提高内层井壁抵抗水压、内外层井壁共同抵抗水土压的能力。

冻结井筒井壁封水性及承载能力与塑料夹层井壁壁间注浆效果紧密相连，注浆效果与壁间及外层井壁接茬缝的温度状态、含水层窜浆通道状况密切相关，因此冻结井筒壁间注浆技术的关键是研究注浆时机，把握注浆时机对塑料夹层井壁壁间注浆、封水的效果非常重要。

6.3.2　影响壁间注浆效果的因素

1. 壁间注浆的温度条件

壁间正温是井壁夹层注浆的基本条件。壁间及外层井壁接茬缝处于冻结状态，浆液难以穿过和充填壁间空隙，也难以到达各外层井壁接茬缝，因此，对渗水通道封堵、充填效果差；内外层井壁间及外层井壁接茬缝处于化冻状态，壁间注浆效果较好。

2. 壁间注浆压力

如果冲积层中冻结壁已融化透水，壁间与冻结壁外就会形成通道，此时注浆的浆液易直接窜出井壁，并大量扩散至外围含水层中，注浆压力小，浆液扩散不均匀，壁间及外层井壁接茬缝不能充分灌浆，其封堵、充填效果不佳。

有些情况下，冻结壁及井壁透水后，注浆施工难度加大，顶水注浆的压力及风险加大，壁间注浆效果欠佳，一旦井壁存在局部薄弱，还将给井壁带来安全危机。

冻结壁未化冻透水前，壁间注浆压力可以提升，当壁间及外层井壁接茬缝处于正温状态时，可在相对封闭的空间内将注浆液充分注入壁间空隙及外层井壁接茬缝，注浆施工安全，充填、封堵效果较好。

3. 施工条件

一般情况下，冻结壁融化透水的时间较长，井内施工装备已经恢复原状，建井一期工程人员撤离，此时进行壁间注浆，将与建井二期工程安排产生矛盾，工期难以落实。

套壁结束后井内除凿井吊盘外，无其他悬吊管路和辅助设施，建井一期队伍和设备健全，具备壁间注浆施工的最好条件。

6.3.3 壁间注浆时机分析

冻结井壁壁间温度变化分三个阶段：浇筑内层井壁混凝土后的急剧升温阶段；浇筑内层井壁几天后的逐渐降温及回冻阶段；冻结壁解冻过程的化冻、升温阶段。因此，能够满足温度条件的壁间注浆时机有两个：第一是内层井壁套壁结束后，在内、外层井壁壁间温度降至负温之前就进行壁间注浆；第二是停止冻结后，在冻结壁化冻期间，井壁夹层温度回升至正温之后，马上进行壁间注浆。

冻结壁化冻期间内外层井壁间的升温状况与冻结壁及井壁设计、冻结时间、冻结调控、停冻时间、井筒通风、施工季节、含水层水流状况等影响冻结壁化冻的因素有关，冻结壁化冻期间壁间注浆时机较难掌握，稍纵即逝，注浆难度大，效果也差。无法进行过早注浆，待发现井壁透水再开始准备壁间注浆，往往施工时浆液外窜，影响注浆效果，甚至仅依靠壁间注浆无法满足封水要求，井筒局部还需要外层井壁壁后注浆，给井筒安全、注浆封水施工及效果均带来较大的负面影响。

内层井壁套壁结束后，冻结壁未解冻，满足较好的注浆压力条件，也具备壁间注浆施工的最好条件，此时的关键问题在于套壁刚结束时壁间绝大部分能否处于正温状态。

井壁夹层注浆的基本条件是壁间正温，分析冻结井套壁后内层井壁及壁间温度降至0℃的时间是非常必要的。内层井壁温度降至 0℃的时间与井壁厚度、混凝土强度等级、入模温度成正比。深部比浅部的井壁厚度和混凝土强度等级高，一般深度每增加 100m时，内层井壁的厚度和混凝土强度设计增加约 100mm 和 8MPa。

综合分析国内冻结井内层井壁实测温度资料可知：由于混凝土水化热的作用，一般冻结井筒深度每增加 100m，内层井壁浇筑混凝土后，壁间降至 0℃的时间会相应延长 7.6d 左右。而从内层井壁套壁方面分析，筒形壁座向上连续套壁的平均速度按 12m/d 计算，井筒每增加 100m 深度，内层井壁套壁后的降温冻结时间相对增加了 8.3d。由此说明各深度内层井壁降至 0℃的时间与该深度井壁开始套壁至井筒套壁全部结束的时间之差基本保持一致，不同深度井壁的壁间温度降至 0℃的时间点基本相同，即冻结井筒正常连续套壁情况下，井筒不同深度的壁间温度基本同时趋近于 0℃或 5℃。

由此可见，冻结井套壁后内外层井壁间可能出现几乎同时接近 0℃的降温过程，这给壁间注浆提供了极好的机会。在井筒套壁结束后内外层井壁间温度不低于 5℃条件下进行井壁夹层注浆是可行的。

随着近年来冻结检测技术和调控技术的发展，掘砌过程中已经对中内圈冻结盐水流量和温度进行调控，套壁过程中也对主冻结孔的流量和温度进行调控，内层井壁回冻的冷量积蓄已经下降，因此壁间降温速度趋缓，为冻结段套壁后的壁间注浆提供了更长的施工时间段。

经过冻结壁形成特性、井壁及壁后融土回冻特性的实测、分析，认为套壁结束后即刻开始自下而上壁间注浆的施工措施，较适应壁间和外层井壁接茬缝的温度变化条件，也适应内层井壁混凝土的强度增长，还可利用未化冻的冻结壁保护，将注浆液压至壁间空隙和外层井壁接茬缝，能较好地封堵、充填井壁薄弱处的间隙、空隙，提高井壁的封水性和承载能力。

6.3.4 壁间注浆工程实施情况介绍

1. 工程概况

赵固二矿西风井井筒位于辉县市占城镇北小营村，井筒设计净直径 6.0m，井口设计绝对标高+81.0m，井筒落底绝对标高 –833.0m，井筒设计深度 914m（包括井底水窝），其中井筒穿过冲积层厚度为 704.6m。为充分利用未化冻的冻结壁保护，将注浆液压至壁间空隙和外层井壁接茬缝，能较好地封堵、充填井壁薄弱处的间隙、空隙，提高井壁的封水性和承载能力。经研究决定对赵固二矿西风井井筒井深 15～752m 段进行壁间注浆，对井筒井壁进行充填加固。

为加快建井速度，便于壁间注浆施工，在内层井壁砌壁施工时已呈三花布置预埋注浆孔口管（表 6-8），并做有预埋注浆孔孔位标记。预埋规格为 Φ48mm×3.7mm 的注浆孔孔口管，孔口管长度小于对应预埋处井筒内层井壁厚度 50mm，孔口管内端口（与内层井壁模板接触端）与内层井壁保持齐平，且预埋时已对孔口管两端头采取防灰浆进入措施。

《煤矿安全规程》第 45 条 11 项规定："注浆时壁间夹层混凝土温度应当不低于 4℃，且冻结壁仍处于封闭状态，并能承受外部静水压力"。在内层井壁砌壁施工时已预埋有测温元件，本次壁间注浆施工前，测得井筒内外层井壁壁间温度（表 6-9），随即进行壁间注浆施工。

表 6-8 注浆管具体预埋位置

预埋排数	位置(井深)/m	预埋排数	位置(井深)/m
1	737	10	427
2	707	11	377
3	677	12	327
4	647	13	277
5	617	14	227
6	587	15	177
7	557	16	127
8	527	17	77
9	477	18	27

表 6-9 井筒内外层井壁壁间温度

预埋排数	位置(井深)/m	壁间温度/℃	内层井壁壁厚/mm	内层井壁强度等级	预埋排数	位置(井深)/m	壁间温度/℃	内层井壁壁厚/mm	内层井壁强度等级
1	227	9.1/9.02	600	C60	8	557	7.87	950	C80
2	277	8.93/9.31	600	C60	9	587	7.81	950	C80
3	327	8.62/8.72	800	C75	10	617	6.52/6.81	950	C90
4	377	8.31/8.0	800	C75	11	647	5.62	950	C90
5	427	8.43/8.37	800	C80	12	677	3.62/3.68	950	C90
6	477	6.81	800	C80	13	707	3.06/3.25	950	C100
7	527	5.31/5.5	800	C80	14	737	5.12/4.87	950	C100

注：井筒内空气温度 6.9~10℃；水温 13~13.5℃；测温日期为 2019 年 5 月 29 日。

2. 施工方案

1)注浆段的确定

本次井筒壁间注浆段为井深 15~752m 的井壁，注浆总段高为 737m，施工段井壁结构参数见表 6-10。

表 6-10 施工段井壁结构参数表

序号	起止位置井深/m	段高/m	内层井壁壁厚/mm	内层井壁混凝土强度等级	外层井壁壁厚/mm	外层井壁混凝土强度等级
1	15~190	175	450	C50	450	C50
2	190~298	108	600	C60	600	C60
3	298~420	122	800	C75	700	C75
4	420~532	112	800	C80	900	C80
5	532~590	58	950	C80	1000	C80

续表

序号	起止位置 井深/m	段高/m	内层井壁 壁厚/mm	内层井壁混凝土 强度等级	外层井壁 壁厚/mm	外层井壁混凝土 强度等级
6	590~680	90	950	C90	1000	C90
7	680~720	40	950	C100	1000	C100
8	720~752	32	950	C100	800	C80
合计		737				

2）设备选型

透孔使用 YTP-28 型风钻，注浆采用 2ZBYSB9.0～2.4/1-18-18.5 型电动双液调速高压注浆泵，注浆孔透孔使用 Φ28mm 一字型钻头。

3）注浆方式

本次壁间注浆作业平台利用井筒现有圆形吊盘，注浆时保有 5 层吊盘，其中上部 3 层吊盘作为透孔施工盘，施工时上层吊盘为保护盘，中层吊盘为工作盘，并利用该盘作为观察盘，下部 2 层吊盘作为注浆施工盘，施工时上层吊盘为保护盘，下层吊盘为工作盘。注浆站和搅拌站均设在地面，采用上行式注浆方式进行施工。地面建立临时注浆站，浆液搅拌在井口地面进行，按照设计配比通过搅拌桶搅拌制作单液水泥浆，搅拌完成后由注浆泵通过井筒内敷设的注浆管路和井壁预埋孔口管直接压入井壁，利用吊盘工作面注浆泵进行注浆封孔和堵漏。

4）注浆孔的布置、深度及施工方式

注浆孔按井壁已预埋注浆孔口管对应布置，即井深 15～532m 注浆段，壁间注浆段段高 517m，设计排距 50m，每排均匀布置 5 个孔，孔径 28mm，孔间距 3.768m，共施工 11 排、55 个注浆孔，注浆孔布置示意图见图 6-30。

井深 532～752m 注浆段，壁间注浆段段高 220m，设计排距 30m，每排均匀布置 6 个孔，孔径 28mm，孔间距 3.14m，共施工 7 排、42 个注浆孔，注浆孔布置示意图见图 6-31。

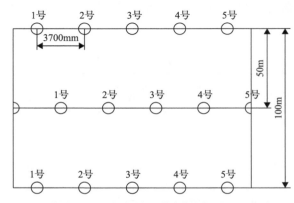

(a) 井深15~532m段井壁相邻排注浆孔布置展开示意图

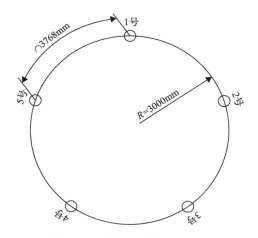

(b) 井深15~532m段注浆孔井筒平面布置示意图

图 6-30　井深 15~532m 注浆段注浆孔布置示意图

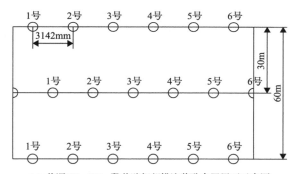

(a) 井深532~752m段井壁相邻排注浆孔布置展开示意图

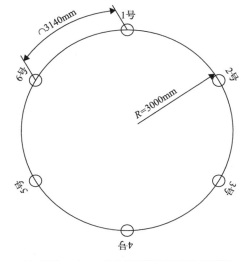

(b) 井深532~752m段井壁注浆孔布置平面示意图

图 6-31　井深 532~752m 注浆段注浆孔布置示意图

壁间注浆时，利用已预埋注浆孔口管，首先安装连接配套变节，变节内径 32mm，变节长 150mm，两头均加工 30mm 长外丝。然后用 Φ28mm 钻头通过变节透孔至终孔孔深，安装闸阀、连接管路进行注浆施工，见图 6-32。

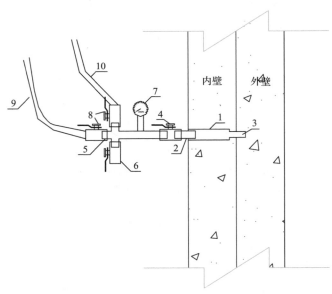

图 6-32　壁间注浆井壁预埋孔口管连接示意图

1-预埋孔口管；2-变节；3-注浆孔；4-进浆阀(闸阀)；5-四通；6-泄浆阀；7-压力表；8-控浆阀；
9-水泥浆注浆管；10-玻璃水注浆管

5）注浆预埋孔孔深

根据施工段井壁结构参数，确定注浆孔孔深：井深 15～190m，孔深 0.5m；井深 190～298m，孔深 0.65m；井深 298～532m，孔深 0.85m；井深 532～752m，孔深 1.0m。

6）注浆参数

本次注浆采用以单液水泥浆充填为主、双液浆（水泥 + 水玻璃）堵漏为辅，采用堵漏王封孔。水泥采用 42.5R 普通硅酸盐水泥，水玻璃采用 40Be，模数在 2.8～3.2，堵漏王采用的是高强微膨胀材料。

A. 浆液配比

单液浆水灰质量比为 1：0.5～1：1，双液浆水泥浆与水玻璃体积比为 1：0.3～1：0.5，堵漏王与水质量比为 1：0.3～1：0.5，具体配比在实际施工中根据凝结情况进行了灵活调配。

B. 注浆压力

本次注浆压力严格按措施规定进行取值和操控，具体如下：井深 15～190m 段注浆终压为 2.5MPa；井深 190～298m 段注浆终压为 3.5MPa；井深 298～420m 段注浆终压为 5.5MPa；井深 420～532m 段注浆终压为 6.0MPa；井深 532～590m 段注浆终压为 7.0MPa；井深 590～680m 段注浆终压为 7.5MPa；井深 680～720m 段注浆终压为 8.5MPa；井深 720～752m 段注浆终压为 8.5MPa。

3. 施工过程

本次施工于 2019 年 5 月 24 日早班设备进场开始筹备，5 月 30 日夜班从井深 737m 处开始透孔注浆，施工第一排孔，6 月 15 日中班井筒壁间注浆施工结束。

本次壁间注浆段具体施工位置为：井深 737m(第一排)、井深 707m(第二排)、井深 677m(第三排)、井深 647m(第四排)、井深 617m(第五排)、井深 587m(第六排)、井深 557m(第七排)、井深 527m(第八排)、井深 477m(第九排)、井深 427m(第十排)、井深 377m(第十一排)、井深 327m(第十二排)、井深 277m(第十三排)、井深 227m(第十四排)、井深 177m(第十五排)、井深 127m(第十六排)、井深 77m(第十七排)、井深 27m(第十八排)，井深 577m 补充两个注浆孔、井深 520m 补充两个注浆孔、井深 132m 补充一个注浆孔、井深 101m 检验孔一个、井深 313m 检验孔一个。

具体施工如下：井深 737m(第一排)于 2019 年 5 月 30 日夜班透孔，孔深 1m，5 月 30 日中班封孔。1 号孔水泥量 0.5t、玻璃水 20kg，2 号孔水泥量 13.5t、玻璃水 20kg，3 号孔水泥量 0.6t、玻璃水 15kg，4 号孔水泥量 0.4t、玻璃水 10kg，5 号孔水泥量 0.8t、玻璃水 15kg，6 号孔水泥量 1.2t、玻璃水 25kg，补 1 号孔水泥量 1.5t、玻璃水 30kg，注浆终压均为 8.5MPa。

井深 707m(第二排)2019 年 5 月 31 日夜班透孔，孔深 1m，6 月 1 日早班封孔。5 号孔水泥量 52t、玻璃水 35kg，注浆终压 8.5MPa。1 号、2 号、3 号、4 号、6 号孔均串浆。补 1 号、补 2 号孔压水上压，压力 8.5MPa，封孔。

井深 677m(第三排)2019 年 6 月 2 日夜班透孔，孔深 1m，6 月 2 日夜班封孔。1 号、2 号、3 号、4 号、5 号、6 号孔压水上压，压力 7.5MPa，封孔。

井深 647m(第四排)2019 年 6 月 2 日夜班透孔，孔深 1m，6 月 3 日夜班封孔。4 号孔水泥量 18.5t，本排 1 号、2 号、6 号孔串浆，井深 617m 观察孔 4 号、5 号、6 号孔返浆。5 号孔水泥量 2.9t，本排 3 号孔串浆，井深 617m 观察孔 2 号孔串浆。1 号、2 号、3 号、6 号压水上压，压力 7.5MPa，封孔。

井深 617m(第五排)2019 年 6 月 2 日中班透孔，孔深 1m，6 月 4 日中班封孔。1 号孔水泥量 17t，本排 3 号、6 号孔串浆，井深 587m 观察孔 5 号、6 号孔返浆。2 号孔水泥量 11t，本排 4 号孔串浆。3 号孔水泥量 2t。5 号孔压水上压，压力 7.5MPa，封孔。

井深 587m(第六排)2019 年 6 月 3 日早班透孔，孔深 1m，6 月 4 日早班封孔。2 号孔水泥量 1t，5 号孔水泥量 0.5t，井深 557m 观察孔 1 号、6 号返浆。1 号、3 号、4 号、6 号孔压水上压，压力 7MPa，封孔。

井深 577m 2019 年 6 月 4 日中班造孔，孔深 1m，6 月 4 日中班封孔。补 1 号孔水泥量 0.8t，补 2 号孔水泥量 0.3t。注浆终压 7MPa，封孔。

井深 557m(第七排)2019 年 6 月 4 日早班透孔，孔深 1m，6 月 6 日夜班封孔。1 号孔水泥量 49t，本排 2 号、3 号、6 号孔串浆。井深 527m 观察孔 1 号、2 号、5 号孔返浆。4 号、5 号孔压水上压，压力 7MPa，封孔。

井深 527m(第八排)2019 年 6 月 4 日中班透孔，孔深 0.85m，6 月 6 日中班封孔。1

号孔水泥量 22t，本排 2 号、3 号、4 号、5 号孔串浆。井深 477m 观察孔 2 号孔返浆。封孔。

井深 520m 2019 年 6 月 7 日夜班造孔，孔深 0.85m，6 月 7 日夜班封孔。补 1 号、补 2 号孔压水上压，压力 6MPa，封孔。

井深 477m（第九排）2019 年 6 月 6 日夜班透孔，孔深 0.85m，6 月 8 日夜班封孔。2 号孔水泥量 29.5t，本排 1 号、3 号孔串浆。井深 427m 观察孔 1 号、3 号、4 号孔返浆。4 号、5 号孔压水上压，压力 6MPa，封孔。

井深 427m（第十排）2019 年 6 月 7 日早班透孔，孔深 0.85m，6 月 9 日封孔。5 号孔水泥量 35t，本排 1 号、4 号孔串浆。井深 377m 观察孔 1 号、3 号返浆。2 号、3 号孔压水上压，压力 6MPa，封孔。

井深 377m（第十一排）2019 年 6 月 8 日夜班透孔，孔深 0.85m，6 月 10 日夜班封孔。3 号孔水泥量 45t，本排 4 号、5 号孔串浆。井深 327m 观察孔 4 号、5 号孔返浆。1 号、2 号孔压水上压，压力 5.5MPa，封孔。

井深 327m（第十二排）2019 年 6 月 9 日夜班透孔，孔深 0.85m，6 月 10 日早班封孔。3 号孔水泥量 6t。1 号、2 号、4 号、5 号孔压水上压，压力 5.5MPa，封孔。

井深 277m（第十三排）2019 年 6 月 10 日夜班透孔，孔深 0.65m，6 月 11 日夜班封孔。3 号孔水泥量 26t。井深 227m 观察孔 4 号孔返浆。1 号、2 号、4 号、5 号孔压水上压，压力 3.5MPa，封孔。

井深 227m（第十四排）2019 年 6 月 10 日早班透孔，孔深 0.65m，6 月 11 日中班封孔。2 号孔水泥量 22t，本排 1 号、3 号孔串浆。4 号、5 号孔压水上压，压力 3.5MPa，封孔。

井深 177m（第十五排）2019 年 6 月 11 日夜班透孔，孔深 0.5m，6 月 12 日中班封孔。5 号孔水泥量 33t，本排 2 号、3 号、4 号孔串浆。井深 127m 观察孔 1 号、4 号、5 号孔返浆。1 号孔压水上压，压力 2.5MPa，封孔。

井深 132m 2019 年 6 月 13 日夜班造孔，孔深 0.5m，6 月 13 日夜班封孔。补 1 号孔水泥量 2t，注浆终压 2.5MPa，封孔。

井深 127m（第十六排）2019 年 6 月 11 日中班透孔，孔深 0.5m，6 月 13 日早班封孔。1 号、2 号、3 号、4 号、5 号孔压水上压，压力 2.5MPa，封孔。

井深 77m（第十七排）2019 年 6 月 13 日夜班透孔，孔深 0.5m，6 月 13 日早班封孔。2 号孔水泥量 2t。5 号孔水泥量 3t，本排 1 号、3 号、4 号孔串浆。

井深 27m（第十八排）2019 年 6 月 13 日早班透孔，孔深 0.5m，6 月 14 日夜班封孔。1 号孔水泥量 3t，本排 2 号、3 号、4 号、5 号孔串浆。井深 15m 套壁上沿返浆。封孔。

井深 101m 检验孔 2019 年 6 月 14 日中班造孔，孔深 0.5m，6 月 14 日中班封孔。补 1 号孔压水上压，压力 2.5MPa，封孔。

井深 313m 检验孔 2019 年 6 月 15 日中班造孔，孔深 0.85m，6 月 15 日中班封孔。补 1 号孔压水上压，压力 5.5MPa，封孔。

4. 完成主要工作量

完成井深 15～752m 段壁间注浆，段高 737m，共施工 107 个注浆孔，水泥用量 402t，水玻璃用量 0.17t。

5. 注浆效果评价

(1)本次均严格按专家意见和审批措施组织施工,现场每班都有矿方和监理人员对注浆孔透孔深度、压水情况、同排串浆情况、上排返浆情况、注浆终压及复注情况等进行专项验收,验收结果合格。

(2)每排注浆孔施工时,都按规定进行了压水,且每个注浆孔均能够做到上排观察孔返浆后关闭球阀达到注浆终压或不返浆达到注浆终压,保证每个孔、每一排都能充填密实且孔口封孔质量可靠。

(3)上行式注浆施工中,对心存疑虑的注浆段均进行了补充注浆孔施工,进一步确保了注浆充填效果可靠,且根据每排注浆孔注浆量,按照甲方、监理单位的要求,在退盘期间分别在井深 101m 和 313m 处各施工 1 个检验孔,实践证明 2 个检验孔压水均能上压,说明该处井壁充填密实。

(4)类比河南国龙矿业建设有限公司先前施工的赵固一矿西风井(井筒净直径 6m)和万福煤矿风井(井筒净直径 6m)井筒壁间注浆时的注浆量(赵一西风井 548m 段高注 178.7t,万福风井 805m 段高注 473.5t),本次赵固二矿西回风立井井筒壁间注浆的注浆量为 402t,基本可以确定能够保证 737m 段高充填密实。

6. 壁间注浆工程的一些具体做法亮点

1)井壁打眼固管转变为井壁套壁时预埋固管

以往壁间注浆施工,都是利用吊盘,在井筒内进行打眼固管作业,然后再进行注浆。而本次施工直接在内层井壁套壁施工时提前在预定井深位置预埋注浆管,相比较而言,预埋注浆管不仅节省井筒内打眼固管的作业环节,而且避免了打眼时打到钢筋报废的现象,节省了辅助作业时间,更重要的是预埋固管直接焊接固定在钢筋上,其固管质量更为安全可靠,避免了以往可能会出现注浆管受压顶出的风险。

2)吊盘工作面注浆改变为井口地面注浆

吊盘工作面注浆虽能较为直观地观察注浆压力和孔口附近跑漏浆情况,以便及时进行处理,但其弊端就是浆液搅拌能力受限,单班注浆量受限。而地面注浆在采取安装孔口压力表、多级控浆球阀和泄浆阀等措施后,也可以根据注浆压力或井壁跑漏浆情况及时采取处理措施,且地面注浆使用电动搅拌桶制浆,不仅降低了浆液搅拌的劳动强度,而且浆液配比更能够准确控制,同时制浆能力得到提升,注浆量增大,进而节约总工期。

3)注浆孔排距从以往的 6~12m 优化为 30~50m

在充分结合专家组意见的基础上,本次注浆孔排距从以往的 6~12m 优化提高到 30~50m,且根据本次注浆充填效果,也能达到注浆目的,并且保证注浆质量,大大优化了施工工艺,避免了提退吊盘、透孔注浆等工序的频繁转换,不仅加快了施工进度,而且将对井壁整体性可能会造成的影响降到了最低。

4)吊盘作业模式从 3 层吊盘结构作业优化为 5 层吊盘结构作业

以往井筒壁间注浆,吊盘均采用 3 层圆形吊盘结构,上层盘为保护盘,中层盘为工作盘,打眼注浆施工观察孔时需上下来回提退吊盘进行施工,既影响施工进度,又增加了施工环节,不利于施工安全,更不利于观察孔返浆观察。而本次吊盘采用 5 层圆形吊盘结构,且上部 3 层吊盘和下部 2 层吊盘可人为操控分离,上部 3 层吊盘作为透孔施工盘,通过 4 根吊盘绳控制提退,在中层盘进行透孔作业,并对观察孔返浆情况进行观察,下部 2 层吊盘作为注浆施工盘,通过 4 根模板绳控制提退,在下层盘进行注浆作业,并对注浆孔进行封孔。5 层盘结构既便于注浆孔施工,也便于观察孔施工和观察,同时避免了上下来回提退吊盘,以及提退吊盘时需安装、拆卸的风筒、风水管路、动力电缆、信号线、监控线等工序,降低了井筒坠物的风险,加快了施工进度,该工程通过转变和优化施工工艺,施工工期较以往有所缩短。

第 7 章

深厚冲积层冻结法凿井安全快速施工技术

实现安全快速施工是冻结法凿井必须要解决的难题。无论是冻结法凿井的冻结壁设计、工程应用或是井壁设计、工程应用，还是施工工艺和装备的选择与实施，都应以安全快速施工为目标。科学合理的掘砌速度是冻结法凿井各项技术指标的综合体现。

在冻结壁设计和冻结壁形成调控方面，冻结壁设计厚度要满足安全施工的要求，冻结方案实施和冻结壁形成过程中，要确保能实现设计的冻结壁厚度和冻结壁平均温度；形成的冻结壁既不宜过分冻结（过分冻结会导致难以挖掘，影响掘砌速度），又不能达不到设计的冻结壁厚度和平均温度，从而使冻结壁产生较大变形，造成冻结管断裂，引起安全事故；在掘砌过程中，应通过冻结壁形成调控理论与技术，在实现设计的冻结壁厚度和平均温度的同时，控制好掘砌段的井帮温度，预测和控制待掘砌段的冻结壁形成特性。在深厚冲积层冻结段深部，往往需要采用钻爆法掘进。如何选择钻孔设备、如何确定爆破参数，是实现深井冻结安全快速施工必须要解决的关键技术。深井井壁需要高承载能力的井壁结构。近年来，冻结井筒专用 C80～C100 高性能混凝土的成功制备，解决了冻结段掘砌要求外层井壁混凝土早强抗压、内层井壁混凝土早强抗裂的难题。

7.1 深厚冲积层冻结法凿井挖溏心技术

7.1.1 冻结设计思想与冻结孔布置

基于多年的冻结壁温度场实测分析和深厚冲积层冻结工程实践，提出冻结方案设计应当充分体现其安全性、科学性、先进性、经济性，要树立冻结设计为冻结段施工服务的思想，要为冻结段安全快速施工和降低工程造价创造有利条件。

多圈孔冻结是解决深厚冲积层冻结法凿井所需高强度冻结壁的重要手段。本书创新的 600～1000m 深厚冲积层以外圈为主冻结孔的冻结方案设计方法，抛弃了国外冻结井筒基本冻实井心的技术路线，实现了浅部不片帮、深部少挖冻土的冻掘配合目标，具有以下显著特点：

（1）坚持冻结工程的实质是为掘砌创造条件的措施工程，冻结方案设计既要考虑安全问题，还要考虑冻结与掘砌的配合。

（2）以外圈为主冻结孔，内侧适当增设辅助、防片孔的布孔方式更适合深厚冲积层冻结立井的施工。可通过强化冻结壁外侧和适当控制冻结壁内侧平均温度的冻结方式改善冻结壁的承载方式，使冻结壁承载环外移，减小冻结壁内缘切向应力和冻胀力，提高冻结壁整体的稳定性。主冻结孔形成冻结壁主体结构并发挥隔水功能，辅助孔、防片孔按需求均衡供应冷量，辅助孔扩展冻结壁厚度并提高冻结壁内侧强度及稳定性，防片孔结合井壁变径和掘砌施工速度情况采取不同深度、多圈、异径等方式布置，提高井帮的稳定性，防片孔部位冻结壁并非冻结壁的主结构，对冻结壁承载没有实质帮助，在井筒掘砌过程中便于通过调整防片孔（及辅助孔）的盐水温度、流量等措施控制冻土向荒径内扩展，为掘砌创造较好的施工条件，有利于实现安全快速施工。

（3）通过"冻结壁形成过程中的参数的动态分析方法"专利技术[29]，对冻结方案效果进行预测、对比分析，可优化确定冻结方案设计参数，提高冻结工程的安全性和经济合理性，增强冻结壁内侧的可调控性，促进冻结与掘砌的有机结合。

7.1.2 井帮温度分布调控目标

深厚冲积层冻结需采用多圈孔冻结，如何发挥各孔圈的冻结功能，形成拟定的井帮温度，是冻结孔设计的主要难题，也是实现深厚冲积层冻结法凿井挖溏心的难点。需要对不同深度冻结壁井帮温度进行科学设计，对多圈孔圈数、各孔圈功能进行设计，以及对各孔圈位置、深度及管径进行优化设计和多圈孔综合调控性能进行分析等。

井帮温度变化与冻结壁内侧及井帮稳定有密切关系，直接反映了冻土扩入荒径的量和冻土挖掘的难度，在爆破施工时直接影响炸药的起爆率和冻土爆破效果，也影响到外层井壁混凝土早期强度增长速度和壁后冻土融化回冻情况。井帮温度分布是对安全和施工效率非常重要的设计参数之一。本书提出冻结方案设计时要根据冲积层厚度等地质条件首先规划一个合理的井帮温度分布的争取目标。根据温度场实测分析研究成果提出深厚冲积层多圈孔冻结按冲积层厚度与设计控制层土性确定井帮温度的一般方法，并结合具体工程设计，设计控制层位的井帮温度作为冻掘有机配合而确定的争取目标。详细内容见 2.2 节。

7.1.3 冻结壁形成控制理论与技术

虽说国内外学者力图采用解析法、模拟试验法、数值分析法等方法对冻结壁温度场进行研究，但冻结壁温度场的求解问题是一个有相变、移动边界、内热源及边界条件复杂的不稳定导热问题，即使是单管不稳定冻结壁温度场至今仍难以得到满意的解析解。基于实测数据的分析，研究冻结壁形成规律具有重要的现实意义。

多圈孔冻结壁形成规律研究包括不同冻结时间冻结壁温度在空间的分布规律。从工程设计和应用方面来讲，需要掌握不同冻结时间冻结壁主面、界面、共主面、界主面、共界面扩展范围（冻结壁厚度），以及扩展范围的平均温度值（冻结壁平均温度）；需要掌握冻结时间、冻结管直径、土性、土层含水率、盐水运动状态、盐水温度、冻结孔间距、冻结管直径、多圈孔间距、地下水流速、地层原始温度、冻结工艺等多因素及其相互作用对冻结壁交圈、冻结壁厚度、冻结壁平均温度、井帮温度的影响规律。

要为安全快速施工创造有利的条件，必须在冻结段施工过程中根据工程需要对冻结器的盐水温度和流量进行必要的调控，控制冻土进入井筒荒径的范围，以及井帮温度。既要保证井壁、冻结壁稳定，又要使其能易于掘进。

本书开发了冻结壁形成特性综合分析方法及其动态分析方法，系统掌握了深厚冲积层冻结壁形成特性理论，能科学指导冻结壁厚度、平均温度、冻结孔圈、冻结器直径、冻结孔间距等参数设计，以及冷冻站的制冷能力设计；在施工中能科学指导冻结盐水温度、冻结器盐水流量、冻结段试挖和正式开挖时间、井帮温度、掘砌施工段高、掘砌速度、冻结时间等施工关键指标的确定，为科学合理实现冻结法凿井安全、快速、经济施工提供技术支撑。

7.2　深厚冲积层冻结段爆破技术

7.2.1　深厚冲积层冻结段掘砌面临的问题

近年来随着深井冻结施工理论和技术发展，深井冻结施工速度不断提高。一是得益于冻结壁厚度和冻结方案设计理论和技术、高承载能力井壁结构设计理论和技术、高性能混凝土的制备和应用技术、冻结壁形成特性调控理论与技术等方面的持续创新；二是得益于建立的冻结设计、制冷冻结、冻结段施工互为一体和互相制约的机制[1]，能适应冻结段快速施工凿井机械化装备水平的不断提高；三是得益于开挖前的准备工作和技术培训工作的不断加强，能实现科学地判定冻结壁交圈时间、正确地制定开挖时间；四是得益于建立的冻结壁形成特性实测、工程预报与盐水温度和流量调控的机制，以及深部黏性土层冻结壁径向位移实测与掘进段高调控的机制；但还需要因地制宜地研究开发深部冻土和基岩冻结段试验应用深孔安全爆破技术。

在冻结法凿井向纵深度发展过程中，基岩厚度所占比例呈增长趋势，加上冲积层深部黏性土层多为固结、半固结状态，二者厚度之和约占冻结深度 30% 以上，这些地层若不采取爆破措施，则掘进效率太低。因此，开展深部冻结段固结或半固结黏土层、砾石层、黏土夹砾石层，以及冻结风化基岩的中深孔爆破试验意义重大，是提高冻结段成井速度的重要措施。

赵固二矿西风井井筒净直径 6.0m，井筒深度达 914m，穿过冲积层厚度 704.6m，其中黏性土层的累计厚度为 630.39m，占冲积层总厚度的 89.47%。冲积层及风化基岩段采用冻结法施工，冻结深度 783m，井壁厚度 900～1950mm。井筒穿越黏土(含砂质黏土)多为灰白色，胶结程度高，含大量钙质结构，较硬且黏。井深 400m 以下黏性土层的干密度为 1.674～2.44g/cm^3，含水量 6.46%～16.9%，–10℃时冻胀率 1.87%～6.26%。在冲积层深部冻结时间较长，固结、半固结黏土层所占比例大，直接用机械开挖较难，施工进度很难突破 60m/月，需要采用爆破施工。但如何提高冻土爆破效果、设计和应用适宜的冻土爆破施工方法与爆破参数、实现冻土光面爆破，是赵固二矿西风井深厚冲积层冻结快速施工的重要技术难题。

7.2.2 施工方法与钻孔设备的改造

1. 钻孔设备

目前国内井筒施工中所用的凿孔工具多为 SJZ-6.7 伞钻配套 YCZ-70 型凿岩机及 Φ25mm 六棱中空合金钻杆或人工使用凿岩机配 Φ25mm 六棱中空合金钻杆。黏性冻土中使用上述钻具时，钻头旋转发热易造成土层中水或冰（融化为水）与土结合，形成泥浆堵塞钻头，或者现场大颗粒土屑返不出钻孔，致使无法钻进。使用水打眼可以成功造孔，但工作面带水作业易造成堵（冻）眼，也会提高壁后土层含水率或增加井帮结霜，易增大壁后土层回冻的冻胀力，给新筑外层井壁带来影响。因此，使用水打眼并不是一个好的解决办法。

赵固二矿西风井施工中通过对 SJZ-6.7 伞钻进行改造创新，把 YCZ-70 型凿岩机更换为 MQT-150 型气动锚杆钻机机头（图 7-1），增大了钻机扭矩，配风动煤矿钻机专用的 Φ43mm 麻花钻杆及 Y 字钻头，提升了钻杆刚度，并顺利将黏滞的土屑带出孔眼，提高了钻进黏土的效率，成功解决了固结、半固结黏土和冻结黏土的造孔难题，提高了造孔效率，造孔深度可达 4.0m。

图 7-1 SJZ-6.7 伞钻

2. 炸药选型

炸药选用为 T220-nd 岩石水胶炸药（$-25\,^{\circ}\mathrm{C}$），药卷规格 Φ35mm×300mm×0.35kg，密度为 1213kg/m^3，猛度为 16～18mm，爆力为 350mL，爆速为 4100～4400m/s。炸药在

冻结施工中，抗冻效果较好，爆破速度稳定。

3. 连线与起爆

地面距离井口大于 20m 设专用起爆箱，起爆箱加设联动闭锁防止误送电，放炮电压 380V，放炮电缆采用一趟 MY3×16 + 1×16 橡套专用放炮电缆，专用放炮电缆通至吊盘下层盘专用接线盒内。爆破母线采用 3.8mm² 铜母线电缆，放炮母线上端与放炮电缆相连，下端与雷管脚线相连。井下工作面各炮眼装药、联线完毕后，从吊盘下放放炮母线至工作面，放炮母线上端与放炮电缆相连，下端与雷管脚线相连，经检查装药、联线无误后，吊盘等设备提至距离工作面 40m 安全高度，并将模板油缸保护好，待所有人员升井至地面后，井口附近设置好 20m 警戒距离后再进行放炮。

4. 排矸

冲积层冻结段采用 CAT7.8 型电动挖掘机挖掘，HZ-6A 型中心回转装岩机抓土装罐；使用 2JK-4.0/JKZ3.0 型绞车各一台，配 5m³/4m³ 吊桶提升、出矸。

7.2.3 爆破参数设计及优化

1. 光面爆破原理

光面爆破是一种通过合理的炮眼布置、参数的选择，实现爆破后立井工作面符合设计轮廓面，形成规则平整的边壁，又不损坏冻结壁的爆破工艺。通过控制炮孔与药卷的距离，形成药包和孔壁间的不耦合装药，阻碍了爆炸应力波的传播。因为冻土及岩石的抗拉强度小于抗压强度，所以炮孔产生的切向拉力致使炮孔之间产生裂纹。而滞后的高压气体的准静态作用使沿裂缝产生气刃劈裂作用，从而使周边孔间连线的裂纹全部贯通成裂缝，沿既定轮廓线形成光滑平整断面。

2. 爆破参数

爆破参数的设计在光面爆破中起重要作用，主要参数有不耦合系数、装药结构、周边眼间距及光爆层厚度。其中周边眼间距的大小决定了爆破后炮孔之间裂缝的贯通。恰当的炮眼密集度系数和不耦合装药形式，对光面爆破后进尺开挖深度和断面平整度有显著影响。参数的选择宜依据现场试验统计分析的经验法确定，具体参数因爆破地质环境不同而异。

1）装药结构与起爆顺序

不耦合装药也称空气间隔装药，分为径向不耦合装药和轴向不耦合装药两种情况，分别用装药系数和不耦合装药系数表述各自的装药不耦合系程度。它们分别定义为

$$\eta = d_k / d_i \tag{7-1}$$

$$l_L = l_c / l_b \tag{7-2}$$

式中，η 为装药不耦合系数；l_L 为装药系数；d_k 为炮眼直径；d_i 为炸药直径；l_b、l_c 分别为药室长度和药包长度，m。

合理的不耦合系数必须满足两个条件：一是不能使孔壁岩石发生破坏；二是炮孔连线裂隙必须贯通。试验采用小直径袋装炸药，使炸药与孔壁之间保留有一定厚度的空气隔层。空气隔层一方面减少爆炸压力对炮孔孔壁冻土的压缩，另一方面又延长爆生气体准静态压力的作用时间。依现场试验获得不耦合系数为

$$\eta = d_k / d_i = 47/35 \approx 1.34 \tag{7-3}$$

掏槽眼孔深 3.2～3.5m，辅助掏槽、辅助眼孔深 3.0～3.2m，周边眼孔深 1.8m，采用直眼掏槽的挖孔方式，全断面布置约 180 个眼。孔眼最小封泥程度不小于 1000mm。

采用电雷管起爆，起爆顺序为：掏槽眼→辅助眼→周边眼，采用孔底反向起爆。起爆的间隔时间尤为重要，起爆后先爆破的冻土在应力波的作用下先抛离冻结表面，创造出自由面后再起爆下一段炸药效果最佳，充分释放了炸药的能量。试验发现，采用 1/3/4/5 段毫秒延期电雷管，最后一段延期不超过 130ms。

2）炮眼间距

应力波和爆生气体理论认为，爆破后应力波使得炮孔之间形成径向裂缝，由于应力存在集中现象，爆生气体沿着裂缝进一步发展直至贯穿。此炮眼间距 E_l 为

$$E_l = 2R_k + P_b d_k / \sigma_t \tag{7-4}$$

式中，R_k 为每个炮孔产生的裂纹长度，m；P_b 为爆炸气体充满爆孔体积时的静压力，Pa；σ_t 为冻土及岩石的抗拉强度。

现场多次试验对炮眼间距 E_l 值进行调整，最终确定黏性冻土 E_l 值取 738mm，爆破参数见表 7-1、图 7-2。

表 7-1　爆破参数表

炮眼名称	炮眼序号	眼数/个	圈径/mm	眼深/m	眼距/mm	倾角/(°)	装药量 卷/眼	装药量 kg/圈	起爆顺序	雷管段号	联线方式
掏槽眼	1～8	8	1600	3.5	613	90	4	11.2	I	1	
辅助掏槽	9～20	12	3200	3.2	867	90	4	16.8	I	1	
辅助眼三	21～46	26	4600	3.2	578	90	4	36.4	II	3	
辅助眼四	47～72	26	6000	3.2	723	95	5	45.5	II	3	并联
辅助眼五	73～103	31	7300	3.2	739	94	5	54.25	III	4	
辅助眼六	104～140	37	8600	3.2	729	93	5	64.75	III	4	
周圈眼	141～180	40	9400	1.8	738	90	2	28	IV	5	
合计		180						256.9			

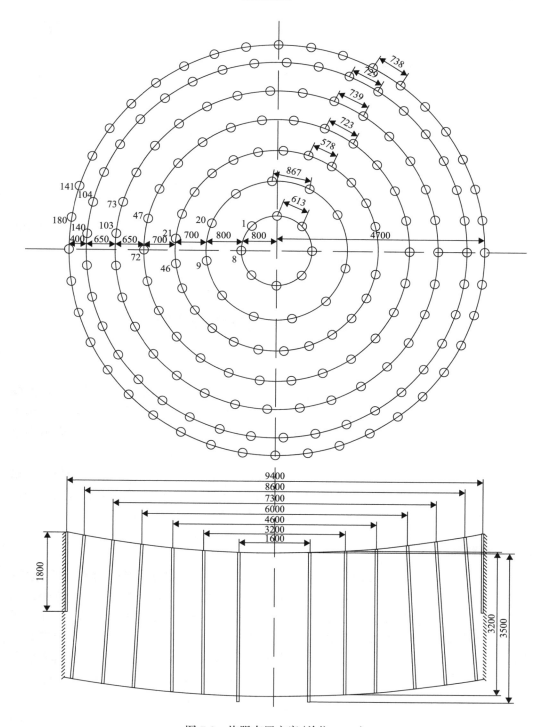

图 7-2 炮眼布置方案(单位：mm)

3) 炮眼密集度系数与线密度耗药量 Q 的计算

孔间距和抵抗线的比值定义为周边眼的密集度系数 m，m 取决于周围冻土冻结强度，

m 合理的取值，能精确实现沿周边炮眼所构成的曲面或平面爆裂开，对冻结壁的破坏小。经试验，测得炮眼密集度系数 m 为 1.845。

线密度耗药量 Q 的计算公式如式(7-5)所示：

$$Q = q \times W \times E_1 \tag{7-5}$$

式中，Q 为孔线密度耗药量，kg/m；q 为单位体积耗药量。

4）最小抵抗线

最小抵抗线（W）又称光面层厚度，是指光面眼（周边眼）在起爆时的最小抵抗线，即光面层厚度或周边眼与邻近辅助眼之间的距离，计算公式：

$$W = E_1 / m \tag{7-6}$$

现场试验测试得到 W =400mm。

7.3 施工技术措施及成果分析

7.3.1 技术措施

光面爆破对打眼及装药有着严格的要求，需要对工人进行前期培训。测量人员准确地给出井筒的中心位置并及时进行校核，并根据冻土强度，不断对药量进行调整；施工中应根据冻结管倾斜情况，及时调整周边眼位置，保证周边炮孔距冻结管距离不小于1.2m；严格控制装药量并采取周边眼间隔装药措施，降低爆破对冻结管的影响。

严格按照爆破设计方案，控制打孔位置，尤其是沿轮廓线布置的周边孔的位置，钻孔深度、炮眼位置与设计方案准确无误。需达到以下要求：①爆破后符合设计的断面轮廓，无欠挖，局部超挖不超过设计值150mm；②炮眼眼痕率应达到 85%。

7.3.2 爆破成果

赵固二矿西风井通过冻结调控和冻掘配合，实现了井帮温度设计的调控目标，基本维持深部黏性土层井帮温度在–11～–7℃，施工环境温度良好，爆破掘进的炸药起爆率和爆破效果均超过以往冻结井筒。由表 7-2 中实际工程应用可以看出深部黏性冻土的爆破每炮循环进尺由 2.6m 左右逐渐提高至 2.8m 以上，甚至突破 3.0m；验证了爆破参数在实际工程应用中的可行性，为工程掘进提供了经验；赵固二矿西风井冲积层深部外层井壁掘砌速度基本维持在 75～80m/月，冲积层段外层井壁平均掘砌速度为 87.1m/月。

表 7-2 爆破进尺统计表

井深/m	打眼数量/个	装药量/kg	爆破进尺/m	井深/m	打眼数量/个	装药量/kg	爆破进尺/m
479.85	160	268	2.9	485.05	172	265	2.8
482.75	161	260	2.3	487.85	165	255	2.75

续表

井深/m	打眼数量/个	装药量/kg	爆破进尺/m	井深/m	打眼数量/个	装药量/kg	爆破进尺/m
490.6	182	258	3	553.75	183	282	2.9
493.6	172	260	2.9	556.65	192	295	3.05
496.5	165	260	2.8	559.7	193	315	2.95
499.3	155	263	2.9	562.65	198	320	3.1
502.2	162	265	2.8	565.75	178	315	2.98
505	168	255	2.7	568.73	195	320	3.2
507.7	175	250	2.9	571.93	192	315	3.1
510.6	169	265	3.2	575.03	190	320	3.15
513.8	175	255	3.1	578.18	1094	335	3
516.9	173	265	3.2	581.18	196	325	3.2
520.1	182	275	2.9	584.38	188	330	3.1
523	183	280	2.8	587.48	195	320	3.15
525.8	185	275	2.9	590.63	192	320	2.9
528.7	180	265	2.8	593.53	190	325	3.1
531.5	183	278	2.75	596.63	193	330	3.2
534.25	182	269	2.9	599.83	192	320	3.1
537.05	190	260	2.9	602.93	193	325	3.05
539.95	185	270	2.75	605.98	195	325	2.85
542.7	189	268	2.7	608.83	195	315	2.8
545.4	183	272	2.6	611.63	194	325	3.2
548	182	280	2.95	614.83	192	330	2.95
550.95	186	275	2.8	617.78	193	320	3.2

爆破成型较好，爆破面光滑无片帮，为后续浇筑混凝土提供了良好的工作面。冻土爆破效果如图 7-3 所示，爆堆集中、块度均匀，提高了装渣效率，便于铲装与提升。有效改善了爆破效果，断面轮廓符合要求，减少了超欠挖，提高了生产效率，节约了成本。显著降低了炸药消耗量，炮眼利用率在 87.5%～93.3%，每循环开挖爆破进尺在 2.8m 左右，每循环爆破实体土方量约 194.2m³，每循环炸药消耗量 255.5kg，单位原岩(土)炸药消耗量约 1.31kg/m³，每循环雷管消耗量 180 发，单位原岩(土)雷管的消耗量约 0.92 个/m³。距离掌子面 12.68m 处布设一台 TC-4850 爆破测振仪，测得最大合速度为 8.39cm/s。根据《爆破安全规程》(GB 6722—2014)规定矿山巷道在浅孔爆破条件下所能承受的振速为 20～30cm/s，该速度满足规范要求。同时，在冻土爆破施工期间，未出现冻结管断裂现象，井内设备未发生损坏，爆破取得了理想效果。爆破方案经优化后，按 4m 段高计算，每段高循环时间由平均 42h 缩短至 36h，每米掘砌用时减少 1.5h；每炮掘进进尺由 1.9m 提高至 2.8m，大大加快了掘进速度，技术和经济效益显著提高。

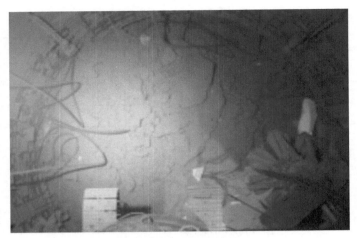

图 7-3　冻土爆破效果

第 8 章

600～1000m 深厚冲积层冻结法凿井设计理论与精细化施工主要技术体系

8.1　600～1000m 深厚冲积层冻结壁厚度设计计算体系

本书构建了 600～1000m 深厚冲积层冻结壁厚度设计计算体系。提出了不同土性土层冻结壁厚度的计算公式及其安全系数、冻土计算强度、掘进段高取值方法；提出了基于多圈孔冻结的冻结壁平均温度计算公式及其中特征参数 T_s 的确定方法，为精准计算和确定冻结壁厚度的关键参数提供了依据。该体系综合考虑了冻结工艺、深厚冲积层多圈孔冻结壁温度场特征、冻结与掘砌的有机协同，首次实现了砂性土层与黏性土层冻结壁厚度计算和确定的统一，并在工程实践中得到了精准的验证，说明设计计算体系安全、科学、合理。

（1）提出了 600～1000m 深厚冲积层冻结壁厚度计算方法。①提出了 600～1000m 深厚冲积层冻结壁设计用多姆克计算公式计算不同深度砂性土层控制层位（3～5 层）的冻结壁厚度，用维亚洛夫-扎列茨基有限段高塑性计算公式计算不同深度黏性土层控制层位（3～5 层）的冻结壁厚度，并提出应用多姆克公式、维亚洛夫-扎列茨基公式计算强度安全系数的合理取值范围。综合分析确定了深厚冲积层冻结壁设计厚度的方法。该计算方法具有力学模型简明，主要特性清晰，计算公式简单易用，影响因素重点突出、概念清晰，物理力学参数确定相对简单和稳定，可控性强等特点，具有重要的理论和实际指导意义。建立根据不同土性区别对待的设计思路，实现了利用主要的、可控的影响参数改进冻结法凿井施工工艺和进行冻结壁分析的科学思路。②提出了大于 600m 冲积层冻结法凿井深部采用爆破掘进时，应将爆破掘进段高，即模板高度与模板底部留设的座底炮高度之和作为计算段高代入维亚洛夫-扎列茨基有限段高塑性计算公式，从而计算得到正确的黏性土层冻结壁厚度。③进行砂性土层冻结壁厚度设计计算时，可根据本书提出的砂性土层冻土计算强度与冻结壁平均温度的拟合经验曲线，在拟合经验曲线上选取待设计井筒冻结壁控制层位的砂性冻土计算强度值，实践表明此方法分析计算的砂性土层冻结壁厚度安全可靠、符合工程实际，能够满足冻结工程需要。针对深部不同层位黏性土层冻土抗压强度试验值具有很大离散性的特点，提出冻结壁设计要从安全性、先进性、经济合理性的角度综合考量；系统分析冻土、非冻土抗压强度试验特点和深厚冲积层冻结段掘进工艺特点，冻土计算强度选取应区分均值与低值，控制层位附近相似土性土层冻土计算强度均值用来计算各层位一般情况下的冻结壁厚度，低值用来核算相应层位最不利情况下的冻结壁厚度，工程中开展冻结壁稳定性实测，结合实测结果调整座底炮的深度，缩小爆破掘进段高，达到冻结壁厚度符合要求、提高冻结壁稳定性的目的，保障施工安全。从而合理发挥掘进段高调控对冻结壁稳定性的影响作用，合理确定深厚冲积层黏性土层控制层位冻土计算强度取值和冻结壁设计厚度。设计方法在工程实践中已进行验证。

(2)基于数十个多圈孔工程实测研究，全面掌握多圈孔冻结壁形成特性、冻结壁交圈时间、冻结孔圈之间冻土交汇时间、井帮温度变化特点的一般规律；提出多圈孔冻结壁厚度平均温度计算公式及公式中特征参数 T_s 的确定方法，解决了多圈孔冻结壁厚度设计计算基于平均温度确定冻土计算强度参数的难题。T_s 取值综合考虑了冻结孔圈与圈间距、每圈孔间距、冻结时间、冻结管直径、盐水温度、流量、土层等参数的影响，并提出确定 T_s 的图表。克服了传统的按"经验"取值而造成的冻结壁设计与冻结工艺设计、冻结方案设计、工程实际脱节的弊端，解决了冻结壁厚度和平均温度精准设计难题；多圈孔冻结壁厚度的平均温度公式计算的结果已在深厚冲积层多圈孔冻结壁平均温度实测结果中进行了验证。

(3)构建的＞600m 深厚冲积层冻结壁设计计算技术体系。综合考虑了深厚冲积层多圈孔冻结壁温度场特征，在工程实践中能有效和精准验证设计成果，强调了冻结与掘砌有机协同。通过开发的相关冻结工艺和冻结方案设计技术，能够精准实现设计的冻结壁厚度和平均温度，做到设计的冻结壁厚度和平均温度同步实现，能科学评价和验证设计理论和结果；通过开发的冻结过程精准调控技术，在冻结和掘砌过程中，发现与设计存在偏差时，能实现冻结参数科学调控，达到设计预期或根据掘砌施工实际偏差(速度、段高等)修正设计结果；建立冻结壁设计和冻结实施效果评价机制；建立冻结是为冻结段施工服务的思想，要为冻结段安全快速掘砌施工和降低工程造价创造有利条件。设计结果能在实施过程中精确实现、发现偏差能实现有效调控达到预期及科学评价安全可靠性，形成科学、合理、先进的设计理论(体系)。

(4)经过冻结壁厚度、平均温度及井帮温度的精准设计与工程实践，特别是深厚黏性土层冻结壁厚度计算、薄弱层位分析预判、冻结壁稳定性实测及座底炮深度限制，首次实现砂性土层与黏性土层冻结壁厚度计算和确定的统一，精准验证了提出的冻结壁厚度计算方法设计的冻结壁厚度、平均温度及井帮温度等参数，能将冲积层深部黏性土层井帮温度控制在 –11℃以上，砂性土层井帮温度控制在 –13℃以上，为深厚冲积层实现安全快速施工提供有利条件；工程应用取得安全优质、经济合理、快速施工的优异成绩，科学指导了施工。

8.2 深厚冲积层冻结方案设计技术

作者及其科研团队研发了具有自主知识产权的深厚冲积层多圈孔冻结方案设计技术。

提出了多圈孔冻结按主冻结孔、辅助冻结孔、防片冻结孔三类功能分类设计方法和冻结方案设计原则，提出了多圈孔各孔圈圈径、冻结孔深度、孔间距确定方法和冻结井帮温度设计目标值，抛弃了冻结井筒基本冻实井心的技术路线，形成了以外孔圈为主冻结孔圈的设计技术体系，为冻结壁安全稳定及冻结过程的精准调控提供了基础条件。

（1）提出了深厚冲积层多圈孔分类方法。提出了深厚冲积层冻结孔按主冻结孔、辅助冻结孔、防片冻结孔三类功能和作用分类及设计和布置技术，很好地保证了主冻结孔及冻结壁主体结构的安全和稳定；根据冻结壁厚度需要及冻结时间均匀布置辅助孔，明显减少了辅助孔数量，提高了冻结壁的均匀性和稳定性；根据挖掘荒径变化布置多圈防片孔，可改善冻结调控的灵活性和效果。工程实践表明，以外圈为主冻结孔的布孔方法，有利于主冻结孔和整体冻结壁的安全稳定，可减少冻结孔数量、钻孔工程量、冻结需冷量，提高了冻结的可调性和调控效果，推荐为深厚冲积层冻结孔布置方式的首选。

（2）开发了具有自主知识产权的深厚冲积层多圈孔冻结方案设计技术，为冻结壁安全稳定及冻结过程的精准调控打下良好的基础。提出了多圈孔冻结方案设计原则，多圈孔各孔圈圈径、冻结孔深度、孔间距确定方法，以及多圈孔深井冻结井帮温度设计目标，抛弃了冻结井筒基本冻实井心的技术路线，形成了以外孔圈为主冻结孔圈设计技术体系。①坚持强化深厚冲积层冻结壁外侧冻结强度的冻结设计指导原则，抛弃冻结井筒基本冻实井心的技术路线，实际上是坚持了冻结服务于掘砌、掘砌服从于冻结，两者应相互协调配合的思想，这对于解决冻结方案设计与冻结工程实施脱节的难题意义重大。②以外圈为主冻结孔相对于以中内圈为主冻结孔具有明显的优点：减少冻结孔总数、钻孔工程量和冻结需冷量；主冻结孔圈外移，可改善冻结壁的承载方式，使冻结壁承载环外移，减小冻结壁内缘切向应力和冻胀力，提高冻结壁整体的稳定性，减少主冻结孔径向位移，防止主冻结管断裂；能确保冻结壁向外扩展的范围，满足冻结壁厚度设计要求。③冻结孔按主冻结孔、辅助冻结孔、防片帮孔功能分类，不作严格的圈数限制，根据冻结壁设计厚度、井壁变径次数、浅部砂性土层分布、计划掘砌速度、地下水流速等因素分析确定。主冻结孔形成冻结壁主体结构并发挥隔水功能，辅助孔、防片孔按需求均衡供应冷量，辅助孔扩展冻结壁厚度并提高冻结壁内侧强度及稳定性，防片孔结合井壁变径和掘砌施工速度情况采取不同深度、多圈、异径等方式布置，可提高井帮的稳定性。防片孔部位冻结壁并非冻结壁的主结构，对冻结壁承载没有实质帮助，在井筒掘砌过程中便于通过调整防片孔（及辅助孔）的盐水温度、流量等措施控制冻土向荒径内扩展，为掘砌创造较好的施工条件，从而有利于实现安全快速施工，以及冻结孔间冷量协调供给，提高制冷效率和冻结可调控性。④应用提出的冻结壁形成冻结壁综合分析法，对冻结孔布置的初步方案进行冻结壁形成特性预测分析，优化冻结孔布置等设计参数，努力实现井帮温度变化预测曲线的峰值接近既定的争取目标值。冻结孔布置要使井帮温度变化曲线的低谷部位便于冻结调控，并通过已经掌握的布孔和调控技术，使井帮温度变化预测曲线的低谷值上升并接近既定的争取目标值，使调控后的井帮温度分布，即井帮温度设计的调控目标接近已经确定的争取目标。

（3）施工过程中应建立冻结壁形成特性实测分析、工程预报与冻结调控的机制。定期对冻结壁厚度、平均温度和井帮温度发展趋势进行分析和预测，提前对防片孔和辅助孔的盐水流量、温度进行调控，甚至采取间隙式循环、停冻、停冻循环，有效控制井帮温度及冻土扩入荒径的量，为掘砌施工创造良好条件。①利用冻结壁形成特性综合分析方法，对冻结方案进行预测分析，优化冻结孔布置及设计参数，确定合理的井帮温度分布，可以提高冻结方案的安全性、先进性和经济合理性，增强冻结壁内侧的可调控性，促进冻结与掘砌的有机结合。②实施阶段根据掘砌计划预测井帮温度变化，采用冻结壁形成特性综合分析方法，复核冻结方案实施过程中控制层位的井帮温度、平均温度及冻土计算强度是否能够达到设计的参数，砂性土层冻结壁厚度能否达到所需冻结壁厚度的要求，深厚黏性土层模板高度对应的爆破掘进段高能否满足预测分析的安全掘进段高要求，并初步制定冻结调控计划和井帮温度分布调控目标(曲线)，为冻掘配合打好基础，有利于实现冻结井筒安全快速施工。

例如，赵固二矿西风井冲积层厚度 704.6m，设计优化后冻结深度 783m，布置一圈主冻结孔(外圈，52 个)、两圈辅助孔(32 个)、三圈防片孔(25 个)。主冻结孔确保了冻结壁尽早交圈、冻结壁主体结构整体安全稳定；辅助孔稀疏布置，扩展冻结壁内侧厚度，满足了冲积层深部冻结壁厚度和强度设计要求；防片孔配合挖掘荒径变化，提高了井帮稳定性和冻结可调性，实现了冻结设计的井帮温度调控目标。根据冻结壁形成特性预测分析，赵固二矿西风井冻结方案设计最终提出爆破掘进的模板段高建议值：井深 510m以上选取 3.8m，井深 510m 以下选取 3.0～2.5m。

(4)以外圈为主冻结孔的布孔方式在国内外井筒穿过冲积层厚度最深之一的赵固二矿西风井井筒实践应用表明，总的冻结孔数、冻结钻孔工程量、冻结需冷量均显著降低，且冻结壁内部温度和强度的均匀性更好。实施中结合黏性土层井帮稳定性观测，通过主动调控，实现井深 400m 以下井帮温度还可略高于设计调控目标，井深 635m 以下井帮温度接近设计调控目标，冻结壁厚度和平均温度始终满足设计要求，冲积层深部黏性土层井帮温度控制在–11℃以上，砂性土层井帮温度控制在–13℃以上；冲积层的冻结壁安全、稳定，冻掘配合非常好，冻结调控同样也为深厚或超深厚冲积层深部爆破掘进提供良好的炸药起爆温度及钻孔、筑壁施工条件，提高爆破掘进效率，冲积层深部外层井壁掘砌速度基本维持在 75～80m/月，冲积层外层井壁掘砌平均速度为 87.1m/月，冻结段外层井壁掘砌平均速度为 82.1m/月。

8.3 冻结壁形成控制理论与技术

作者及其科研团队研发了冻结壁形成特性综合分析方法，开发了多圈孔冻结壁形成动态控制理论与技术。掌握了多圈孔冻结壁形成特性的基本规律和影响因子；提出了单孔冻土扩展速度、单圈孔冻结壁扩展速度、各孔圈之间冻土交汇成整体冻结壁内侧与外侧扩展速度等基本关系式，实现了冻结壁交圈时间、相邻孔圈冻土交汇时间、冻土扩至井帮时间、内外侧冻土扩展速度和范围、冻结壁平均温度等冻结壁形成特性参数的定量化计算，达到了精准预测预报；提出了等效冻结时间概念，细化了盐水运动状态因子，提出了动态的综合分析方法，可精准指导冻结和掘砌施工。

（1）发明了"冻结壁形成过程中的参数的动态分析方法"[29]，研究了冻结壁形成特性综合分析方法。基于大量工程实测和工程实践，研究掌握了多圈孔冻结壁形成特性的基本规律和影响因子；率先建立了多圈孔冻结壁形成特性分析模型，提出了单孔冻土扩展速度、单圈孔冻结壁扩展规律、多圈孔各孔圈之间冻土交汇成整体冻结壁的内侧及外侧扩展规律的基本关系式，研发了深厚冲积层冻结工程专用的"冻结壁形成特性分析软件"、冻结壁形成特性综合分析方法，可分析和定量计算冻结壁交圈时间、相邻孔圈冻土交汇时间、冻土扩至井帮时间、内外侧冻土扩展速度和范围、冻结壁厚度、冻结壁平均温度、冻结壁强度和掘进段高等冻结壁形成特性参数，据此验算冻结壁厚度和强度。

（2）掌握了冻结壁形成调控方法，创新形成了冻结壁形成控制理论与技术。可以模拟、追踪、预报冻结壁形成和发展过程，能客观、有效地描述冻结壁形成和发展过程；预测冻结壁形成特性参数，为完善冻结方案设计提供技术支撑；动态掌握了实际工程的冻结壁形成特性，提出了工程预报和调控措施，可以科学指导冻结、掘砌工程，从而能实现工程精准预报，较好地分析、预测冻结壁形成特性主要参数，为调控冻结盐水温度和冻结器流量提供依据，科学指导冻结和掘砌工程，为冻结和掘砌工程的相互配合提供技术支撑。形成了深厚冲积层冻结法凿井精准设计和施工关键理论和技术之一，为深厚冲积层冻结精准设计和施工提供了技术保障。

（3）建立了＞600m 冻结壁形成特性实测、工程预报与冻结调控的机制。对深厚冲积层冻结与掘砌配合发挥了重要作用，为冻结工程安全、提高冻结效率、创造良好掘砌条件奠定了基础。工程实施过程中，不仅要确保冻结壁厚度、强度满足冻结设计和工程需要，还应积极采取措施以实现冻结方案设计的井帮温度调控目标。合理控制深厚冲积层中深部井帮温度，对于深厚冲积层掘砌工程安全、施工条件和速度影响很大，能够实现深厚或特厚冲积层少挖冻土、高效爆破掘进。以外圈为主冻结孔的冻结设计方案及密切的冻掘配合施工能够实现将超过 700m 冲积层段黏性土层冻结壁井帮温度控制在−12℃之上，冻结壁安全、稳定，有利于提高深厚冲积层冻结和掘砌工程效率，降低冻结法凿井矿井建设成本。

（4）提出了等效冻结时间的概念，细化盐水流量变化、不同孔圈、不同布置方式、不同制冷运转及调控方式下的盐水运动状态因子，加入动态可调的因子，使其在遵循冻结壁形成和扩展规律的前提下，能正确反映冻结调控的影响，并发展成为动态的综合分析方法，将静态的冻结壁形成特性综合分析方法转化为动态分析方法，并将冻结壁形成特性综合分析方法成功应用于施工过程复杂调控条件下的动态分析中，开发了时间与工况双动态冻结壁形成特性分析和调控技术，实现了对深井冻结精准设计、精准调控、精准施工。①通过合理细化分解每日盐水运动状态因子，引入等效冻结时间的概念并分段计算冻结壁的扩展范围，可将静态的冻结壁形成特性综合分析方法转化为动态分析方法，并将冻结壁形成特性综合分析方法成功应用于复杂调控条件下的动态分析中。②通过在赵固二矿西风井实际施工中反复修正等效冻结时间的调整方式，最终得出适用于赵固二矿西风井的双动态冻结壁形成特性综合分析方法。工程实践应用表明，冻结壁厚度与平均温度满足设计要求，冻结壁厚度与设计的冻结壁厚度偏差小于 2%，冻结壁平均温度与设计的冻结壁平均温度偏差小于1℃，井帮温度实测值与设计调控目标偏差小于2℃，实现了对深井冻结过程的精准调控，可以满足快速施工的要求。③基于等效冻结时间概念的动态冻结壁形成特性分析方法，在施工过程中能实时分析并预测冻结壁的发展状况，可有效指导冻结调控，减缓冻掘矛盾，实现对深井冻结精准设计、精准调控、精准施工，保障井筒安全和快速施工，为深厚冲积层冻结法凿井工程冻结壁形成特性的精准预测预报与调控提供了成功的经验。本书提出的等效冻结时间调整方式可供类似工程借鉴。

(5)建立了＞600m深厚冲积层冻结法凿井实施冻结壁径向位移实测分析与掘进段高调控机制，实现了冻结壁及掘砌施工的稳定和安全。工程实践证明，采用的冻结壁径向位移实测分析的回归法实用性强、准确性较高。实施冻结壁径向位移实测分析与掘进段高调控机制，不仅保证了冻结壁安全稳定，还可进一步提高冻结和掘砌间的精准配合，为掘砌施工提供安全、便于施工的井帮温度条件，提高深冻结井掘砌速度。赵固二矿西风井施工中结合井帮位移稳定性实测分析，控制爆破掘进的座底炮深度一般为2.5～2.8m，在深部松散土层中限制座底炮深度在2m以内，井深540m以下模板改为3m高度，井深660m以下模板改为2.5m高度。

经过冻结壁厚度、平均温度及井帮温度的精准设计与实施，提高了冻结效率，为安全快速施工创造了良好的掘砌条件。合理控制深厚冲积层中深部井帮温度，能够实现深厚或特厚冲积层少挖冻土、高效爆破掘进。冲积层深部外层井壁掘砌速度维持在75～80m/月；冲积层段外层井壁掘砌平均速度为87.1m/月；冻结段外层井壁掘砌平均速度为82.1m/月。冻结壁设计和冻结壁形成控制理论与技术成功应用于赵固二矿＞700m深厚冲积层冻结法凿井，可实现精准设计、精准调控，取得显著的技术和经济效益。

8.4 高承载力井壁制备与设计技术

基于当地主材，制备出深厚冲积层冻结井筒内外层井壁专用的机制砂C80～C100混凝土，首次提出冻结井筒井壁应用C80～C100混凝土轴心抗压和抗压强度设计值、弹性模量、混凝土影响系数、等效矩形应力图形系数等参数取值方法，提出大于500m冲积层冻结井筒井壁冻结压力等荷载取值方法，并被国家标准采纳，解决了大于C80混凝土井壁设计应用难题。

(1)结合工程具体情况，基于当地主材，攻克了机制砂配制冻结法凿井井壁高性能混凝土质量稳定性控制难题，制备出了适宜深厚冲积层冻结井筒内外层井壁专用的机制砂C80～C100混凝土，机制砂混凝土坍落度180～220mm，1h坍落度损失小于20mm，满足深井高承载能力井壁设计和施工要求，解决了深井冻结外层井壁压坏、内层井壁收缩开裂和井壁漏水问题，有效控制了井壁厚度(仅1.95m)，掘砌工程和冻结工程成本大幅度降低。

(2)提出了冻结井筒应用强度等级C80～C100的混凝土井壁最小配筋百分率、混凝土轴心抗压强度标准值(f_{ck})和抗拉强度标准值(f_{tk})、混凝土轴心抗压强度设计值(f_c)

和抗拉强度设计值（f_t）、混凝土弹性模量（E）取值方法，＞500m 冲积层冻结井筒井壁冻结压力等荷载取值方法，以及井壁斜截面抗剪承载力计算的混凝土强度影响系数 β_c、井壁正截面偏心受压承载力和钢筋配置计算的等效矩形应力图形系数 α_1 和 β_1、有屈服点钢筋的相对界限受压区高度 ξ_b 等取值方法，解决了大于 C80 混凝土应用于冻结井壁设计理论与技术难题。

（3）采用了本书研究成果，制定了国家标准《立井冻结法凿井井壁应用 C80～C100 混凝土技术规程》（GB/T 39963—2021），对煤矿立井冻结法凿井井壁应用 C80～C100 混凝土的井壁结构及设计、冻结方案设计与实施、原材料和配合比、井壁施工、质量检验等进行了规范，形成了技术体系。填补了煤矿冻结法凿井井壁应用 C80～C100 混凝土技术规程的空白，规范了煤矿深井冻结应用大于 C80 混凝土的设计、施工行为，提供了标准依据，形成了技术体系，推动了技术进步。该标准是国内外首部关于立井冻结法凿井井壁应用 C80～C100 高强高性能混凝土的技术规程。标准评审组认为该技术规程的实施在技术、工艺等方面具有可操作性，在现有条件下能实现技术可行、安全可靠、经济合理，该标准具有国际先进水平。

8.5　高强井壁温度场与冻结壁温度场检测及耦合调控技术

作者及其科研团队开发了深井井下冻结壁、内外层井壁温度监测系统，掌握了 C80～C100 高强混凝土井壁温度场和壁后冻土融化、回冻规律及冻结壁与内外层井壁温度场相互耦合特性，得出了壁间注浆等工序的合理时机。高强混凝土制备技术与冻结调控技术的实施，实现了 C80～C100 混凝土井壁较低的温升（30～50℃）、较少的冻土融化（0～200mm），避免了外层井壁开裂现象。

（1）开发了适宜深井冻结内层井壁、外层井壁和壁后冻土温度场监测的井下便携式一线总线温度检测系统及井壁无线测温系统，并将其成功应用于深井冻结实测，实现了深井井壁温度场和壁后冻土温度场实测技术的重大突破。

（2）通过实测，系统掌握了 C60～C100 高强混凝土井壁温度场和壁后冻土融化、回冻规律，得出了井壁筑壁过程井壁温度急剧上升和壁后冻土升温融化、井壁快速降温和壁后冻土融化趋于稳定阶段、井壁降温速度趋缓和壁后融土逐渐回冻阶段三大阶段及各阶段持续时间规律。

（3）通过综合分析实测结果，获得了冻结壁、外层井壁、内层井壁温度场相互作用的一般规律。掌握了冻结壁温度场偏高对混凝土井壁的有利和不利影响规律、混凝土水化热对冻结壁温度场及井壁温度场的影响规律、冻结壁温度场偏低对混凝土井壁的有利和不利影响规律。

（4）掌握了冻结壁与内、外层井壁温度场的相互耦合特性，提出了适宜壁间注浆等工序的合理时机。通过实施高强混凝土制备和施工技术与冻结调控技术，实现了 C80～C100 混凝土井壁较低的温升（32～50℃）、较少的冻土融化（0～200mm），保障了井壁温度养护环境，减小了冻结壁损伤范围，避免了外层井壁悬吊受拉开裂，保证了冻结壁和掘砌施工安全。

(5)基于实测结果，应用开发冻结调控技术，利用井筒套壁结束后内外层井壁间温度不低于 5℃进行井壁夹层注浆，弥补了传统壁间注浆方式的不足，保证了壁间注浆封水效果。

8.6　深厚冲积层冻结法凿井安全快速施工技术

作者及其科研团队构建了深厚冲积层冻结法凿井挖溏心技术体系，开发了深厚冲积层冻结工程爆破快速掘进技术，为科学合理实现冻结法凿井安全、快速、经济施工提供了技术支撑。

(1)构建了深厚冲积层冻结法凿井挖溏心技术。本书提出的冻结方案设计思想、600～1000m 深厚冲积层以外圈为主冻结孔的冻结方案设计方法、进行井帮温度设计及井帮温度目标的控制技术、以冻结壁形成特性综合分析方法及其动态分析方法为核心的冻结壁形成特性精细化控制理论与技术，为掘砌创造了较好的施工条件，实现了安全快速施工。该技术不仅提高了深厚冲积层冻结法凿井的安全性和经济合理性，增强了冻结壁形成特性的可调控性，促进了冻结与掘砌的有机结合；还科学指导了冻结壁厚度、平均温度设计参数，冻结孔圈、冻结器直径、冻结孔间距、冷冻站的制冷能力等参数的设计，以及冻结盐水温度、冻结器盐水流量、冻结段试挖和正式开挖时间、井帮温度、掘砌施工段高、掘砌速度、冻结时间等施工关键指标的确定；成功将 800m 深厚冲积层冻结段深部土层冻结井帮温度控制在–13～–11℃，形成了深厚冲积层冻结法凿井挖溏心技术，为科学合理实现冻结法凿井安全、快速、经济施工提供了技术支撑。

(2)突破理论研究和室内试验在深部冻土爆破参数设计中存在的限制，研发了深厚冲积层冻结工程爆破快速掘进技术。对炸药选择、钻眼机具、炮眼布置和深度、装药参数和起爆顺序等参数进行优化研究，结合赵固二矿西风井冻土掘进的施工特点，开展了光面爆破参数优化现场实验。合理设置中空孔、一二级掏槽孔、辅助孔和周边孔的孔距与排距，调整装药参数和雷管段位等手段，使得爆后土体均匀无大块，便于运输，爆破进尺由 1.9m 提高至 2.8m，甚至突破 3m，炮孔利用率由 67.9%提高至 93.3%；同时将爆破震动控制在安全范围以内，实测井壁最大振动速度为 8.39cm/s，保证了施工的安全性；综合实现超 700m 深厚冲积层深部外层井壁掘砌速度基本维持在 75～80m/月，技术经济效益显著。

第 9 章
赵固二矿西风井冻结工程实践

9.1 工程概况

赵固二矿位于焦作煤田东部，太行山南麓，行政区划隶属新乡市辉县市管辖。矿区中心东南距新乡市 36km，与新乡市、焦作市、辉县市、获嘉县均有柏油公路相通，经薄壁至山西省也有公路相连，矿区南部约 10km 有晋新高速公路，再往南距新(乡)焦(作)铁路获嘉火车站 23km。

西翼通风系统改造工程由中煤科工集团武汉设计研究院有限公司设计，井筒位置在占城镇北小营村，井筒净直径 6.0m，井口绝对标高 + 81.0m，井底绝对标高–833.0m，井筒设计深度 914m，其中井筒穿过冲积层厚度为 704.6m，井壁厚度 900～1950mm，共设计 7 次变径，分别位于井深 190m、井深 298m、井深 420m、井深 532m、井深 720m、井深 767m、井深 797m。冲积层和风化岩层采用冻结法施工，冻结段采用钢筋混凝土塑料夹层复合井壁结构，冲积层段外层井壁与冻结壁之间铺设泡沫板；一般基岩段为普通法施工，采用单层井壁结构。井壁结构设计混凝土最高强度等级为 C100。

赵固二矿西风井自上而下穿过 704.60m 第四系、新近系冲积层，以及 196.09m 下二叠统下石盒子组和 13.31m 下二叠统山西组岩层(表 9-1)。

表 9-1 赵固二矿西风井井筒检查孔地质柱状图

序号	地层名称	层厚/m	累计厚度/m	序号	地层名称	层厚/m	累计厚度/m
1	黄土	10.05	10.05	11	砂质黏土	4.00	159.41
2	砂质黏土	12.33	22.38	12	黏土	12.50	171.91
3	黏土	31.82	54.20	13	砂质黏土	23.07	194.98
4	砂质黏土	29.59	83.79	14	砾石	6.91	201.89
5	黏土	11.35	95.14	15	粗砂	5.73	207.62
6	砂质黏土	28.96	124.10	16	砾石	5.42	213.04
7	黏土	18.42	142.52	17	黏土	5.91	218.95
8	细砂	1.03	143.55	18	中砂	8.25	227.20
9	砂质黏土	8.78	152.33	19	黏土	18.05	245.25
10	黏土	3.08	155.41	20	中砂	1.60	246.85

序号	地层名称	层厚/m	累计厚度/m	序号	地层名称	层厚/m	累计厚度/m
21	黏土	71.70	318.55	53	砂质黏土	3.06	621.75
22	砂质黏土	25.04	343.59	54	粗砂	3.80	625.55
23	黏土	2.76	346.35	55	黏土	7.16	632.71
24	砂质黏土	48.71	395.06	56	砂质黏土	1.60	634.31
25	黏土	33.09	428.15	57	黏土	41.91	676.22
26	砾石	3.25	431.40	58	砂质黏土	15.36	691.58
27	黏土	7.50	438.90	59	粗砂	1.05	692.63
28	中砂	3.65	442.55	60	砂质黏土	9.91	702.54
29	砂质黏土	1.13	443.68	61	黏土	2.06	704.60
30	黏土	5.12	448.80	62	砂质泥岩	0.64	705.24
31	砂质黏土	5.04	453.84	63	泥岩	1.40	706.64
32	黏土	5.31	459.15	64	砂质泥岩	12.69	719.33
33	砾石	2.30	461.45	65	泥岩	13.69	733.02
34	黏土	9.96	471.41	66	粉砂岩	2.00	735.02
35	砂质黏土	11.40	482.81	67	砂质泥岩	3.09	738.11
36	砾石	8.89	491.70	68	粉砂岩	5.50	743.61
37	砂质黏土	14.81	506.51	69	砂质泥岩	5.29	748.90
38	黏土	7.95	514.46	70	中粒砂岩	3.76	752.66
39	粗砂	6.84	521.30	71	砂质泥岩	7.41	760.07
40	黏土	5.27	526.57	72	中粒砂岩	0.80	760.87
41	砂质黏土	0.80	527.37	73	粉砂岩	13.47	774.34
42	黏土	4.43	531.80	74	砂质泥岩	2.00	776.34
43	砂质黏土	0.80	532.60	75	泥岩	1.27	777.61
44	黏土	16.42	549.02	76	砂质泥岩	4.20	781.81
45	砂质黏土	5.03	554.05	77	粉砂岩	1.25	783.06
46	黏土	17.91	571.96	78	中粒砂岩	5.59	788.65
47	细砂	8.87	580.83	79	细粒砂岩	1.68	790.33
48	黏土	15.05	595.88	80	砂质泥岩	4.95	795.28
49	粗砂	6.62	602.50	81	细粒砂岩	1.65	796.93
50	黏土	11.54	614.04	82	中粒砂岩	4.83	801.76
51	砂质黏土	1.85	615.89	83	泥岩	5.77	807.53
52	黏土	2.80	618.69	84	细粒砂岩	1.85	809.38

续表

序号	地层名称	层厚/m	累计厚度/m	序号	地层名称	层厚/m	累计厚度/m
85	泥岩	7.83	817.21	105	砂质泥岩	8.42	870.38
86	粉砂岩	1.20	818.41	106	粗粒砂岩	4.73	875.11
87	砂质泥岩	1.30	819.71	107	细粒砂岩	4.16	879.27
88	细粒砂岩	0.75	820.46	108	砂质泥岩	3.00	882.27
89	泥岩	0.90	821.36	109	中粒砂岩	2.42	884.69
90	细粒砂岩	0.77	822.13	110	砂质泥岩	3.15	887.84
91	砂质泥岩	0.90	823.03	111	细粒砂岩	12.85	900.69
92	泥岩	5.38	828.41	112	砂质泥岩	9.27	909.96
93	粉砂岩	3.27	831.68	113	泥岩	1.32	911.28
94	泥岩	2.80	834.48	114	粉砂岩	1.20	912.48
95	粉砂岩	0.95	835.43	115	泥岩	1.71	914.19
96	泥岩	1.60	837.03	116	砂质泥岩	0.85	915.04
97	砂质泥岩	3.00	840.03	117	细粒砂岩	5.24	920.28
98	泥岩	2.90	842.93	118	砂质泥岩	11.92	932.20
99	砂质泥岩	7.87	850.80	119	煤层	6.15	938.35
100	粉砂岩	3.96	854.76	120	砂质泥岩	2.48	940.83
101	细粒砂岩	1.35	856.11	121	粉砂岩	3.55	944.38
102	粉砂岩	2.16	858.27	122	砂质泥岩	4.98	949.36
103	砂质泥岩	2.40	860.67	123	菱铁质泥岩	0.11	949.47
104	细粒砂岩	1.29	861.96				

赵固二矿西风井冻结工程从 2017 年 8 月人员进场、设备筹备开始，到冻结站开机运转，冻结工程经历的主要施工阶段有冻结造孔、冻结管下放、冻结站的安装及充氨开机运转。

9.2　冻结孔设计与施工

9.2.1　冻结孔布置设计

冻结孔布置在能满足精准实现设计的冻结壁厚度及强度要求下，上部还要防止片帮、抽帮，增加周围土层对井壁的围抱力，下部要合理降低井帮温度，防止冻结管因距荒径太近而发生断裂。在保证冻结壁厚度的情况下，通过冻结孔均匀布置使冻结壁内温度分布尽可能均匀。

以外圈为主冻结孔的布孔方式井帮见冻土的深度浅于以中内圈为主冻结孔的布孔方式。防片孔布置与井壁变截面结合，井帮温度经过两次适度回升，结合中内圈孔冻结调控，中深部黏性土层井帮温度可基本控制在−14～−7℃。因此，确定赵固二矿西风井的冻结设计采用以外圈为主冻结孔圈，主冻结孔内侧增设辅助冻结孔、防片冻结孔的布置方式，既能保证冻结壁安全，又便于冻结调控，可为掘砌创造较好的施工条件，有利于实现安全快速施工。

9.2.2 冻结孔的施工

根据赵固二矿西风井井筒冻结工程施工组织设计，风井冻结造孔应当完成 117 个冻结孔，其中冻结孔 109 个，测温孔 5 个，水文孔 3 个，设计工程量 33344m。

(1)主冻结孔设计 52 个，长短腿布置，布孔圈径为 24.8m，开孔间距为 1.498m，深度分别为 783m、767m。

(2)辅助冻结孔设计 32 个，双圈径布置，布孔圈径分别为 19.7m、16.7m，开孔间距分别为 3.868m、3.279m，深度 736m。

(3)防片冻结孔设计 25 个，多圈径布置，布孔圈径分别为 14.5m、12.5m、11.0m，开孔间距分别为 4.555m、3.927m、6.912m，深度分别为 535m、423m、193m。

(4)测温孔：783m/2 个、535m/2 个、190m/1 个。

(5)水文孔：605m/1 个、446m/1 个、210m/1 个。

9.2.3 钻孔质量要求

(1)钻孔偏斜：0～200m 冲积层段，靶域半径 0.6m；200～400m 冲积层段，靶域半径 0.7m；400～700m 冲积层段，靶域半径 0.8m；基岩段靶域半径 1.0m；冲积层段向内小于等于 0.6m；基岩段向内小于等于 1.0m。

要求冻结孔偏斜在任何位置不能出现大的拐点，偏斜要平缓。冻结孔冲积层偏斜要求详见表 9-2。

表 9-2 赵固二矿西风井冲积层段的偏斜控制要求 （单位：m）

地层分类	深度	主冻结孔		辅助冻结孔、防片冻结孔
		最大成孔间距	向井心径向最大偏值	靶域半径
冲积层	<200	2.2	0.6	0.6
	200～300	2.5	0.6	0.7
	300～400	2.7	0.6	0.7
	400～500	2.8	0.6	0.8
	500～600	2.9	0.6	0.8
	600～704.6	3.0	0.6	0.8
基岩	704.6～767	3.4	1.0	1.0
	767～783(长腿之间)	4.8	1.0	1.0

(2)孔间距控制：根据《煤矿井巷工程施工规范》(GB 50511—2010)要求，赵固二矿西风井在深部冲积层的靶域半径可控制在 800mm 以内，冲积层底部终孔间距可控制在

3.0m 以内；在基岩风化带、基岩中的靶域半径可控制在 1.0mm 以内，基本可将成孔间距控制在 3.4m 以内，基岩段底部冻结管长腿的终孔间距控制在 4.8m 以内。

（3）孔位标定：孔间距允许误差±10mm，井心间距允许误差±10mm。

（4）开孔孔位：孔位偏差径向向外 0～20mm，切向±25mm。

（5）冻结孔主要技术参数见表 9-3。

表 9-3 赵固二矿西风井冻结孔布置主要参数

序号	项目名称		取值
1	净直径/m		6.0
2	冲积层厚度/m		704.6
3	冻结深度/m		783
4	井壁最大厚度/m		1.95
5	掘进最大直径/m		10.05
6	冻结壁厚度/m		砂性土层 10.3，黏性土层 9.9
7	冻结孔布置方式		主冻结孔圈内侧增设辅助、防片冻结孔
8	冲积层段主冻结孔允许最大径向内侧偏值/m		0.6
9	主孔圈	圈径/m	24.8
10		深度/m	767/783
11		孔数/个	26/26
12		开孔间距/m	1.498
13		至井帮的距离/m	7.325～8.475
14		冻结管规格	0～400m 为 Φ159mm×6mm，400～600m 为 Φ159mm×7mm，>600m 为 Φ159mm×8mm
15	辅助孔圈	圈径/m	16.7/19.7
16		深度/m	736
17		孔数/个	16/16
18		开孔间距/m	3.279/3.868
19		至井帮的距离/m	3.325～4.425/4.825～5.925
20		冻结管规格	0～400m 为 Φ159mm×6mm，400～600m 为 Φ159mm×7mm，>600m 为 Φ140mm(小圈)/Φ159mm(大圈)×8mm
21	防片孔圈	圈径/m	11/12.5/14.5
22		深度/m	193/423/535
23		孔数/个	5/10/10
24		开孔间距/m	6.912/3.927/4.555
25		至井帮的距离/m	1.575/1.70～2.325/2.475～3.325

序号	项目名称		取值
26	防片孔圈	冻结管规格	小圈：$\Phi133mm\times5mm$；中圈：$0\sim298m$ 为 $\Phi159mm\times6mm$，$>298m$ 为 $\Phi133mm\times7mm$；大圈：$0\sim400m$ 为 $\Phi159mm\times6mm$，$>400m$ 为 $\Phi159mm\times7mm$
27		冻结孔工程量/m	74397
28	检测孔	水位观测孔的数量/深度/(个/m)	1/210、1/446、1/605
29		温度检测孔的数量/深度/(个/m)	2/783、2/535、1/190
30		检测管规格	$\Phi108mm\times5mm$
31		正式开挖前主冻结器盐水循环量/(m^3/h)	≥15
32	冻结冷量计算	冻结器传热面积/m^2	37265
33		总需冷量/(10^4kcal/h)	974.35
34		盐水温度/℃	−34
35	冷却水	总需用量/(m^3/h)	3621.11
36		采用高效蒸发冷凝器新鲜水补给量/(m^3/h)	90.53
37	冻结时间	试挖前/正式开挖前/d	70/80
38		开冻至停冻/d	373

9.2.4 钻孔结构的选择

根据冻结管、测温管及水文管规格，同时考虑到黏土层具有一定的膨胀性，钻孔易缩径，为保证冻结管、测温管、水文管顺利下放，按冻结管规格要求，依据管径大小和多年的冻结孔施工经验，选择钻孔孔径为 $\Phi190mm$ 一径到底的方式。

9.2.5 施工过程及方法

赵固二矿西风井井筒建设，在工期要求紧、质量要求高的情况下，为实现安全、优质、高效的施工目标，在人力、物力方面做了精心准备，组织了一支技术精湛、敢打敢拼的施工队伍，配备了性能良好的设备，从造孔偏斜质量、冻结孔缓凝泥浆置换到冻结管下放安装质量，做到了冻结打钻偏斜质量、冻结管下放深度和质量 100%合格，为后期的井筒冻结提供了良好的先天条件。

1）冻结钻孔孔位的标定

该次测量放样工作以"赵固二矿西风井冻结孔布置图"及"赵固二矿西风井井筒十字线标定中间点计算成果表"为作业依据，采用日产拓普康 GTS-332W 全站仪结合钢尺量距布设冻结孔孔位。

施工后期依据冻结设计标定了测温孔 5 个，水文孔 3 个。

2）灰土盘的施工

首先，去除自然地坪浮土并夯实，上铺三七灰土，搅拌均匀，分两次夯实，三七灰土夯实后厚度应高出自然地坪 500mm，要求不平整度不超过 50mm；其次，在三七灰土盘上采用二四砖铺设立模，预留出孔位及循环沟槽（宽 500mm），在井筒中心半径 1500m 范围采用二四砖铺高 360mm，表面铺砂浆与混凝土基础面齐平，并绑扎间排距为 250mm×250mm 的 $\Phi 14mm$ 螺纹钢；再次，浇筑 C30 混凝土，要求混凝土盘振动密实后厚 400mm，且表面不平整度不大于 20mm；最后，待混凝土有一定强度后拆除孔位及循环沟槽的砖模，并在底部抹一层 10mm 厚砂浆。

3）冻结孔孔位复验

冻结钻孔孔位复验由河南国龙矿业建设有限公司赵固二矿西风井项目部组织，由建设单位、监理单位、施工单位等共同对每个钻孔的井心距、相邻孔间距进行复验，复验结果显示：误差在±20mm 内，满足规范要求。

4）冻结孔施工深度的确定

冻结孔设计深度分别为 783m、767m，考虑岩粉沉淀段，每个钻孔延深 1.5 m，故冻结钻孔施工深度分别为 784.5m、768.5m。

5）施工方法

（1）孔位确定：采用日产托普康 301D 全站测量仪精确定位，复测误差±2mm，安放钻机时采用钻机转盘中心铅垂对点法对准孔位，开孔孔位误差为±20mm。

（2）钻孔结构：均采用 $\Phi 190mm$ 牙轮钻头一径到底的方式。

（3）测斜与纠斜：钻孔全孔均用陀螺测斜仪测斜，正常情况下每 20～40 m 测斜一次，测斜资料随时投图。施工过程中严格按批准的《施工组织设计》要求进行施工，对于偏斜有超限趋势、偏向不好影响孔间距的钻孔都要及时进行定向纠偏，特别是在最后施工关门孔时，有些偏斜不大的钻孔，为了满足孔间距要求也都采取了定向措施，从而保证孔间距要求。

（4）为确保冻结管的下放深度满足设计要求，施工时每个钻孔均在原设计深度的基础上多打 0～1.5m，以备岩粉沉淀。

（5）钻孔达到设计深度后，通知监理单位、冻结单位、建设单位有关人员到现场监控终孔测斜全过程，经联合验收合格后，填报下管申请单，方可下冻结管。

（6）每个钻孔测斜成果出来后，及时绘制每 20m 水平的钻孔偏斜投影图，了解相邻两孔孔间距是否合格，及时指导邻近钻孔的施工。

9.2.6　冻结管下放

赵固二矿西风井井筒冻结造孔工程合同工期 165d，钻孔于 2017 年 9 月 20 日正式开工，2018 年 2 月 1 日冻结造孔工程全部结束，施工工期 130d，较合同工期提前 35d 完成造孔施工任务。在施工期间，钻孔项目部坚持做到安全生产、文明施工，无一安全事故发生。

在施工过程中，钻孔项目部严格按照规范及设计要求进行了自检自查，并做好原始记录，上报监理单位及建设单位审查，质量优良。

（1）施工中对用于冻结孔的各种管材进行了抽检，对用于冻结工程中所用的电焊条、供液管进行了报检，质量符合设计及规范要求，质量优良，材质质保单等各项检验报告均上报监理单位。

（2）下入钻孔内的冻结管全部进行压力试验，783m主排孔打压压力为5.5MPa，736m辅助孔打压压力为4.9MPa，535m防片孔打压压力为3.9MPa，打压稳压45min，全部合格。

（3）冻结孔的二次试压工作于2018年1月18日开始进行，同时进行了供液管下放和钻孔偏斜复测工作，复检合格率100%，质量优良，下放供液管深度全部合格。

（4）水位观测孔共三个，孔深分别为605m、446m、210m，水文管规格为Φ108mm×5mm无缝管，外管箍焊接连接。三号水位观测孔（W3）深度605m，综合报导深度571.96～580.83m细砂层和595.88～602.50m粗砂层的水位变化；二号水位观测孔（W2）深度为446m，报导深度438.90～442.55m中砂层的水位变化；水位观测孔（W1）深度为210m，报导深度194.98～213.04m砾石与粗砂互层的水位变化；水文观测孔达到设计要求，质量优良。

9.3 冻结站安装

2017年11月1日，赵固二矿西风井冻结站的人员和设备开始进场，冻结站开始正式安装，到2018年2月底基本结束，3月5日冻结站充氨开机运转。

9.3.1 氨系统设计

赵固二矿西风井冻结站装机能力蒸发温度设置为-39℃（盐水设计温度-34℃），冷凝温度按+35℃工况计算，采用烟台冰轮股份有限公司生产的双级配搭撬块机组（LG25L20SY）和双级配组散系统机组（LG25BLY/LG20BMY），见表9-4。

表9-4 氨系统主要设备配备表

序号	设备名称	型号规格	单位	数量	产地	备注
1	双级配搭撬块机组	LG25L20SY/250kW/200kW	台	11+1	烟台冰轮	备用一台
2	双级配组散系统机组（高压级）	KA20BMY/200kW	台	9+1	烟台冰轮	备用一台
3	双级配组散系统机组（低压级）	KA25BLY/250kW	台	9+1	烟台冰轮	备用一台
4	虹吸式蒸发器	HZA-200	台	12	烟台冰轮	
5	立式螺旋盘管蒸发器	LZA-160	台	20	烟台冰轮	
6	蒸发式冷凝器	ZNX-1500	台	22	烟台冰轮	
7	虹吸罐	UZ-3.5	台	4	烟台冰轮	
8	贮液器	ZA5.0	台	5	烟台冰轮	
9	中间冷却器	ZZQ-1000	台	10	烟台冰轮	
10	集油器	JY500	台	1	烟台冰轮	
11	空气分离器	KFA-50	台	1	烟台冰轮	

在(+35℃/−39℃)时，单台双级配搭撬块机组的制冷量 619kW(53.28×10⁴kcal/h)，低压机轴功率 186kW，高压机轴功率 152kW；双级配组散系统机组每套的制冷量 592kW(50.91×10⁴kcal/h)，低压机轴功率 139.5kW，高压机轴功率 188.3kW。低压机配套的电机功率 250kW，高压机配套的电机功率 200kW。制冷机组的配备按主排孔、辅助孔和防片孔分别计算。

主排孔选用双级配搭撬块机组(LG25L20SY)12 台(备用 1 台)，辅助孔和防片孔冻结器选用双级配组散系统机组(LG25BLY/LG20BMY)10 台(备用 1 台)，冻结站合计装机 22 台(备用 2 台)。

9.3.2　盐水系统设计

(1)盐水总循环量：防片孔为 350.6m³/h；辅助孔为 448.3m³/h；主冻结孔为 782.2m³/h。盐水总循环量为 1581.1m³/h。主冻结孔盐水循环总量能满足在积极冻结期保持 15m³/h 以上，防片孔、辅助孔盐水循环总量能满足其直径 133mm、159mm 冻结管的盐水流量分别保持 12m³/h 和 14m³/h。

(2)供液管管径选择：经计算防片孔为 57.4mm；辅助孔为 57.4mm；主排孔为 59.6mm。根据计算结果主冻结孔、辅助孔、防片孔供液管均选用 Φ75mm×6mm 聚乙烯塑料软管。

(3)盐水干管及配集液圈选择：经计算防片孔所需盐水干管及集配液圈直径为 263mm；辅助孔所需盐水干管及集配液圈直径为 281mm；主排孔所需盐水干管及集配液圈直径为 375mm。根据计算结果防片孔盐水干管选用 Φ273mm×9mm 螺旋焊管，辅助孔盐水干管选用 Φ377mm×10mm 螺旋焊管，主冻结孔盐水干管选用 Φ426mm×10mm 螺旋焊管。

(4)盐水泵选择：盐水泵选用 12SH-6 型四台，两用两备；12SH-9 型两台，一用一备。交圈后适当减小盐水流量，在冻结壁强度不降低的情况下控制冻土发展。

9.3.3　冻结站安装、调试及开机运转

1)冻结站安装

赵固二矿西风井冻结站实际安装双级配搭撬块机组(LG25L20SY)12 台(备用 1 台)，辅助孔和防片孔冻结器选用双级配组散系统机组(LG25BLY/LG20BMY)10 台，8AS-12.5 型压缩式冷冻机(活塞机)2 台。盐水泵实际安装 12SH-6 型 4 台，12SH-9 型 2 台。

安装前对所有的设备、阀门进行了检修，对各种管路进行了清理，所用的机具准备齐全，做好了设备的就位、找平、找正工作。

2)试压与保温

制冷三大循环系统安装完毕后，严格按《煤矿井巷工程质量验收规范》(GB 50213—2010)的要求进行压力试验和真空试漏。于 2018 年 2 月 24 日进行了氨系统打压试漏，于 2 月 26 日进行了氨系统抽真空，于 2 月 28 日进行了盐水系统打压试漏，试压合格后对冷冻机低压管路和盐水系统管路、盐水箱、中冷器等低温管道、设备、阀门等进行隔热保温工作，确保隔热性能良好。各项指标均已满足设计和规范要求，2018 年 3 月 3 日经

建设单位、监理单位验收，赵固二矿西风井冻结站具备开机条件。

　　3) 冻结运转

　　赵固二矿西风井主冻结孔圈、辅助冻结孔圈与防片冻结孔圈采用三组去回路干管。主冻结孔圈、辅助冻结孔圈、防片冻结孔圈分别于 2018 年 3 月 5 日、8 日、11 日开机运转，刚开机时盐水温度迅速下降，冻结 33d 左右三组去回路温差分别达到 8.8℃、11.0℃、5.0℃，之后盐水温度下降速度放缓，各孔圈去路盐水温度最低达到–34~–33℃，在 5 月 11 日 (冻结第 68d) 冻结状况分析会议之后，略微提高了去路盐水温度。

　　(1) 2018 年 4 月 11 日 W1 水位观测孔 (210m) 管内水位开始有规律地上涨，4 月 17 日管内冻胀水溢出管口，并且水文孔水流量稳定。

　　(2) 2018 年 4 月 18 日 W2 水位观测孔 (446m) 管内水位开始有规律地上涨，4 月 29 日管内冻胀水溢出管口，之后分两次接高水文孔管 (高度分别为 1.2m、9.2m)，冻胀水均在接高后 3h 左右冒出管口，并且水文孔水流量稳定。

　　(3) 2018 年 4 月 29 日 W3 水位观测孔 (605m) 压力表读数开始迅速上涨，之后进行泄压并继续监测，压力读数仍持续上涨。

　　(4) 2018 年 5 月 7 日赵固二矿西风井盐水温度已降至–34.13℃，达到设计要求。

　　(5) 根据测温孔所测温度推算，冻结壁已达到试挖要求。

　　经 2018 年 5 月 11 日召开的赵固二矿西风井冻结壁形成状况分析及安全快速施工专家研讨会分析，赵固二矿西风井井筒已具备试挖条件，可以进行井筒试挖工作。

9.4　冻结施工监测

9.4.1　原始地温

　　赵固二矿西风井原始地温于 2018 年 2 月 28 日进行实测，实测结果详见表 9-5、图 9-1。

表 9-5　赵固二矿西风井地层原始温度

土层名称	深度/m	原始温度/℃	土层名称	深度/m	原始温度/℃
砂质黏土	15	15.31	砂质黏土	150	15.5
黏土	25	15.56	砂质黏土	160	15.69
黏土	35	15.69	砂质黏土	180	15.63
砂质黏土	60	15.69	粗砂	205	15.63
砂质黏土	80	15.75	砾石	215	15.63
砂质黏土	110	15.5	中砂	225	15.5
黏土	130	15.5	黏土	235	15.5

续表

土层名称	深度/m	原始温度/℃	土层名称	深度/m	原始温度/℃
黏土	250	15.63	黏土	565	16.13
黏土	280	15.69	细砂	576	16.44
黏土	300	15.81	黏土	590	16.44
砂质黏土	320	15.81	粗砂	600	16.5
砂质黏土	350	15.69	砂质黏土	615	16.5
砂质黏土	370	15.69	黏土	630	16.5
砂质黏土	390	15.88	黏土	660	16.63
黏土	410	15.88	砂质黏土	685	16.81
砾石	430	16.0	砂质黏土	700	16.75
砂质黏土	450	16.0	砂质泥岩	715	16.81
黏土	470	16.13	泥岩	730	16.81
砾石	490	16.0	中粒砂岩	750	16.94
黏土	510	16.06	粉砂岩	770	16.94
黏土	530	16.13	砂质泥岩	780	16.81
砂质黏土	550	16.13			

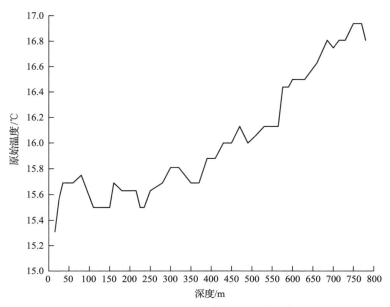

图 9-1 赵固二矿西风井地层原始温度

9.4.2 冻结调控

5 月 11 日(冻结第 68d)冻结分析会议之后,略微提高了去路盐水温度。

6 月 25 日(冻结第 113d)掘砌至 148m 时关闭小圈防片冻结管。

7 月 23 日(冻结第 141d)提升防片孔中、外圈的盐水温度至–26℃左右。

7 月 26 日(冻结第 144d)防片孔中、外圈供冷间歇运转,每班循环 2h,每天 3 班共 6h。

8 月 3 日(冻结第 152d)防片孔中、外圈停止供冷间歇运转,每班循环 2h,每天 3 班共 6h。

8 月 5 日(冻结第 154d)防片孔大圈流量阀门调至半开。

8 月 8 日(冻结第 157d)防片孔中、外圈停止供冷间歇运转,每班循环 4h,每天 3 班共 12h。

8 月 9 日(冻结第 158d)调整辅助孔去路盐水温度至–26℃左右,并于 8 月 13 日(冻结第 162d)调小辅助孔单孔流量至 12～13m³/h。

8 月 24 日(冻结第 173d)防片孔中、外圈停止供冷连续运转,并将约 100m 长的一段暴露在地表的去路干管保温层拆除。

9 月 3 日(冻结第 183d)拆除了约 100m 长的一段暴露在地表的回路干管保温层。

9 月 4 日(冻结第 184d)减小内侧辅助冻结孔的单孔流量至 8m³/h 左右,相应增加外侧辅助孔的单孔流量至 17m³/h 左右,并且于 9 月 6 日开始采用停止制冷 5d/制冷循环 5d 交替的方式运行,停止制冷时每班循环 2h,每天 3 班共 6h。交替运转时辅助孔去路盐水温度逐渐提高至–23℃左右。

9 月 23 日(冻结第 203d)暂停防片孔的循环,之后跟辅助孔同步采用停循环 5d/循环 5d 交替的方式运转,并于 10 月 14 日(冻结第 224d)停止运转。

10 月 25 日(冻结第 235d)将防片孔大圈接入辅助孔圈干管,同时制冷运转,并调整单孔流量至 13m³/h 左右,11 月 5 日(冻结第 246d)掘砌至 500m 深时关闭防片孔,关闭防片孔后辅助孔单孔流量约 18m³/h。

11 月 1 日(冻结第 242d)降低辅助圈去路盐水温度至–26.9℃并继续逐渐降低温度,11 月 20 日(冻结第 261d)后维持在–30℃以下。

1 月 22 日(冻结第 324d)辅助冻结孔圈停止供冷,仅维持防堵循环。

2 月 5 日～7 日(冻结第 338～340d),主冻结孔圈暂停冻结 3d,8 日恢复冻结后将去路盐水温度逐渐降低至–29℃以下。

2 月 24 日(冻结第 357d),主冻结孔圈去路盐水温度调整至–26℃左右。

冻结期间赵固二矿西风井不同冻结孔圈去、回路盐水干管温度曲线见图 9-2～图 9-4,主排孔盐水温度见表 9-6。

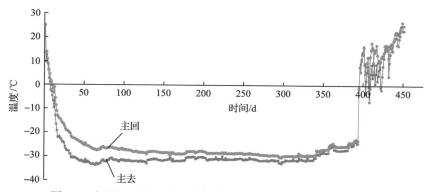

图 9-2 赵固二矿西风井主冻结孔圈去、回路盐水干管温度曲线

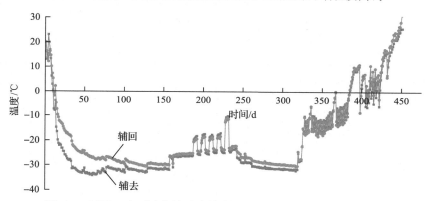

图 9-3 赵固二矿西风井辅助冻结孔圈去、回路盐水干管温度曲线

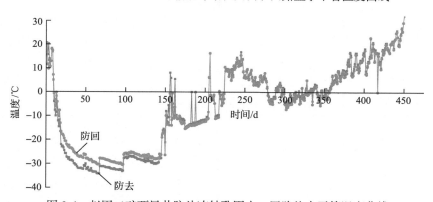

图 9-4 赵固二矿西风井防片冻结孔圈去、回路盐水干管温度曲线

表 9-6 赵固二矿西风井主排孔盐水温度表

日期	时间/d	主去/℃	主回/℃	日期	时间/d	主去/℃	主回/℃
2018/03/04	1	24.94	25	2018/03/09	6	2.69	6.06
2018/03/05	2	9.63	13.38	2018/03/10	7	1.06	4.38
2018/03/06	3	12.63	13.81	2018/03/11	8	−2.19	1.88
2018/03/07	4	9	10.88	2018/03/12	9	−2.81	1.06
2018/03/08	5	6.31	8.56	2018/03/13	10	−4.56	−0.44

日期	时间/d	主去/℃	主回/℃	日期	时间/d	主去/℃	主回/℃
2018/03/14	11	−6.69	−1.63	2018/04/24	52	−31.3	−24.6
2018/03/15	12	−9.63	−3.38	2018/04/25	53	−32.2	−25.3
2018/03/16	13	−5.44	−1.06	2018/04/26	54	−32.6	−25.6
2018/03/17	14	−13.1	−5.56	2018/04/27	55	−32	−25.7
2018/03/18	15	−16.6	−8.69	2018/04/28	56	−32.5	−25.8
2018/03/19	16	−19.3	−11.1	2018/04/29	57	−32.6	−25.9
2018/03/20	17	−22	−13.1	2018/04/30	58	−33	−26.3
2018/03/21	18	−22.2	−13.8	2018/05/01	59	−33.2	−26.4
2018/03/22	19	−21.8	−14.3	2018/05/02	60	−33.3	−26.8
2018/03/23	20	−22.5	−14.5	2018/05/03	61	−33.1	−26.8
2018/03/24	21	−22.8	−14.8	2018/05/04	62	−33.2	−27.1
2018/03/25	22	−23.4	−15.7	2018/05/05	63	−33.4	−27.1
2018/03/26	23	−24.1	−16.2	2018/05/06	64	−33.6	−27.1
2018/03/27	24	−24.1	−16.4	2018/05/07	65	−33.7	−27.3
2018/03/28	25	−24.5	−16.8	2018/05/08	66	−34.6	−27.6
2018/03/29	26	−25.9	−17.7	2018/05/09	67	−34.1	−27.5
2018/03/30	27	−26.8	−13.7	2018/05/10	68	−33.4	−27.3
2018/03/31	28	−27.5	−19.2	2018/05/11	69	−33.1	−27.1
2018/04/01	29	−27.6	−19.3	2018/05/12	70	−33.1	−27
2018/04/02	30	−27.7	−19.6	2018/05/13	71	−32.9	−27.2
2018/04/03	31	−27.8	−19.8	2018/05/14	72	−32.1	−26.4
2018/04/04	32	−29	−20.4	2018/05/15	73	−31.8	−26.3
2018/04/05	33	−29.1	−20.5	2018/05/16	74	−31.4	−26
2018/04/06	34	−30.6	−21.7	2018/05/17	75	−31.3	−26.2
2018/04/07	35	−30.3	−22.3	2018/05/18	76	−32.2	−26.5
2018/04/08	36	−30.7	−22.3	2018/05/19	77	−31.9	−26.6
2018/04/09	37	−30.6	−22.6	2018/05/20	78	−32.3	−26.7
2018/04/10	38	−30.4	−22.6	2018/05/21	79	−32.2	−26.7
2018/04/11	39	−30.7	−22.8	2018/05/22	80	−31.6	−26.4
2018/04/12	40	−30.8	−22.9	2018/05/23	81	−31.4	−26.4
2018/04/13	41	−30.9	−23.2	2018/05/24	82	−31.6	−26.5
2018/04/14	42	−31.4	−23.4	2018/05/25	83	−30.9	−26.2
2018/04/15	43	−31.9	−23.7	2018/05/26	84	−30.9	−26.3
2018/04/16	44	−31.9	−23.7	2018/05/27	85	−30.6	−26.4
2018/04/17	45	−31.8	−24.1	2018/05/28	86	−31.1	−26.3
2018/04/18	46	−31.9	−24.2	2018/05/29	87	−31.4	−26.6
2018/04/19	47	−31.6	−24.1	2018/05/30	88	−31.6	−26.7
2018/04/20	48	−32.3	−24.8	2018/05/31	89	−31.4	−26.7
2018/04/21	49	−32	−24.8	2018/06/01	90	−31.4	−26.6
2018/04/22	50	−32.3	−25.2	2018/06/02	91	−31.6	−26.8
2018/04/23	51	−32.7	−25.4	2018/06/03	92	−31.8	−26.9

续表

日期	时间/d	主去/℃	主回/℃	日期	时间/d	主去/℃	主回/℃
2018/06/04	93	−31.9	−27	2018/07/15	134	−31.4	−28.1
2018/06/05	94	−32.2	−27.3	2018/07/16	135	−31.2	−27.9
2018/06/06	95	−31.8	−27.1	2018/07/17	136	−31.3	−28
2018/06/07	96	−31.6	−26.9	2018/07/18	137	−31.2	−28
2018/06/08	97	−31.3	−26.9	2018/07/19	138	−30.9	−27.9
2018/06/09	98	−31.4	−26.7	2018/07/20	139	−31.3	−28
2018/06/10	99	−31.7	−27.3	2018/07/21	140	−31.1	−28
2018/06/11	100	−31.4	−27.1	2018/07/22	141	−31.1	−28.1
2018/06/12	101	−31.8	−27.3	2018/07/23	142	−31.3	−28.1
2018/06/13	102	−31.9	−27.4	2018/07/24	143	−31.4	−28.2
2018/06/14	103	−31.6	−27.2	2018/07/25	144	−31.5	−28.3
2018/06/15	104	−31.7	−27.3	2018/07/26	145	−31.6	−28.4
2018/06/16	105	−31.9	−27.4	2018/07/27	146	−31.5	−28.4
2018/06/17	106	−31.5	−27.4	2018/07/28	147	−31.8	−28.4
2018/06/18	107	−31.9	−27.4	2018/07/29	148	−31.4	−28.4
2018/06/19	108	−31.9	−27.6	2018/07/30	149	−31.8	−28.5
2018/06/20	109	−31.3	−27.6	2018/07/31	150	−31.8	−28.6
2018/06/21	110	−32.1	−27.7	2018/08/01	151	−31.6	−28.4
2018/06/22	111	−32.1	−28	2018/08/02	152	−31.6	−28.4
2018/06/23	112	−32.1	−28.1	2018/08/03	153	−31.5	−28.4
2018/06/24	113	−31.9	−28.1	2018/08/04	154	−31.4	−28.4
2018/06/25	114	−32.1	−28.1	2018/08/05	155	−31.4	−28.4
2018/06/26	115	−31.9	−27.9	2018/08/06	156	−31.2	−28.5
2018/06/27	116	−31.9	−27.9	2018/08/07	157	−31.3	−28.5
2018/06/28	117	−31.9	−28	2018/08/08	158	−26.2	−26.6
2018/06/29	118	−32.2	−28.3	2018/08/09	159	−28.1	−24.3
2018/06/30	119	−32.3	−28.4	2018/08/10	160	−31.4	−28.4
2018/07/01	120	−31.9	−28.3	2018/08/11	161	−31.9	−28.3
2018/07/02	121	−32.1	−28.4	2018/08/12	162	−31.2	−28.4
2018/07/03	122	−31.8	−28.3	2018/08/13	163	−31.8	−28.8
2018/07/04	123	−32.3	−28.4	2018/08/14	164	−31.9	−28.9
2018/07/05	124	−32.1	−28.4	2018/08/15	165	−32	−29
2018/07/06	125	−32	−28.4	2018/08/16	166	−31.9	−29.1
2018/07/07	126	−32.2	−28.4	2018/08/17	167	−31.8	−29
2018/07/08	127	−32.4	−28.6	2018/08/18	168	−31.9	−28.9
2018/07/09	128	−32.4	−28.7	2018/08/19	169	−31.9	−28.9
2018/07/10	129	−33	−29.1	2018/08/20	170	−31.8	−28.9
2018/07/11	130	−31.6	−28.2	2018/08/21	171	−31.9	−29
2018/07/12	131	−31.4	−28.1	2018/08/22	172	−31.9	−29.1
2018/07/13	132	−31.4	−28.1	2018/08/23	173	−31.8	−29
2018/07/14	133	−31.4	−28.1	2018/08/24	174	−31.7	−28.9

续表

日期	时间/d	主去/℃	主回/℃	日期	时间/d	主去/℃	主回/℃
2018/08/25	175	−31.6	−28.9	2018/10/05	216	−30.2	−28.6
2018/08/26	176	−31.8	−28.9	2018/10/06	217	−30.9	−28.6
2018/08/27	177	−31.6	−28.9	2018/10/07	218	−31	−28.6
2018/08/28	178	−31.6	−28.9	2018/10/08	219	−31.4	−28.7
2018/08/29	179	−31.8	−28.9	2018/10/09	220	−30.9	−28.6
2018/08/30	180	−31.6	−28.9	2018/10/10	221	−31.1	−28.7
2018/08/31	181	−30.6	−28.5	2018/10/11	222	−30.9	−28.7
2018/09/01	182	−30.4	−28.3	2018/10/12	223	−30.9	−28.5
2018/09/02	183	−30.3	−27.9	2018/10/13	224	−29.9	−28.3
2018/09/03	184	−30.2	−28	2018/10/14	225	−31.3	−28.6
2018/09/04	185	−30.4	−28	2018/10/15	226	−31.1	−28.7
2018/09/05	186	−30.1	−27.9	2018/10/16	227	−31.3	−28.7
2018/09/06	187	−30	−27.9	2018/10/17	228	−30.6	−28.3
2018/09/07	188	−30.3	−27.9	2018/10/18	229	−31.1	−28.7
2018/09/08	189	−30.2	−27.9	2018/10/19	230	−31.3	−28.8
2018/09/09	190	−31	−28.4	2018/10/20	231	−31.2	−28.8
2018/09/10	191	−30.8	−28.4	2018/10/21	232	−31.1	−28.7
2018/09/11	192	−30.6	−28.2	2018/10/22	233	−31.1	−28.7
2018/09/12	193	−30.5	−28.1	2018/10/23	234	−31.2	−28.8
2018/09/13	194	−30.2	−27.9	2018/10/24	235	−31.2	−28.8
2018/09/14	195	−30.2	−27.8	2018/10/25	236	−31.2	−28.6
2018/09/15	196	−30.2	−27.7	2018/10/26	237	−31.1	−28.8
2018/09/16	197	−30.3	−27.8	2018/10/27	238	−31.3	−28.8
2018/09/17	198	−30.1	−27.8	2018/10/28	239	−31.2	−28.8
2018/09/18	199	−30.1	−27.8	2018/10/29	240	−30.8	−28.6
2018/09/19	200	−30.4	−27.9	2018/10/30	241	−31.2	−28.8
2018/09/20	201	−30.3	−27.9	2018/10/31	242	−31	−28.6
2018/09/21	202	−30.4	−28.1	2018/11/01	243	−30.9	−28.6
2018/09/22	203	−30.7	−28.2	2018/11/02	244	−30.9	−28.6
2018/09/23	204	−31.2	−28.4	2018/11/03	245	−47.9	−28.6
2018/09/24	205	−31.5	−28.8	2018/11/04	246	−30.8	−28.4
2018/09/25	206	−31.6	−28.8	2018/11/05	247	−30.9	−28.6
2018/09/26	207	−31.2	−28.6	2018/11/06	248	−30.8	−28.6
2018/09/27	208	−31	−28.7	2018/11/07	249	−30.9	−28.6
2018/09/28	209	−31.3	−28.6	2018/11/08	250	−31.4	−28.9
2018/09/29	210	−31	−28.6	2018/11/09	251	−31.4	−29
2018/09/30	211	−31.2	−28.6	2018/11/10	252	−31.3	−28.9
2018/10/01	212	−31	−28.7	2018/11/11	253	−31	−28.8
2018/10/02	213	−31.1	−28.6	2018/11/12	254	−31.3	−28.9
2018/10/03	214	−31.1	−28.6	2018/11/13	255	−31.3	−28.9
2018/10/04	215	−30.9	−28.6	2018/11/14	256	−31.1	−28.7

续表

日期	时间/d	主去/℃	主回/℃	日期	时间/d	主去/℃	主回/℃
2018/11/15	257	−31.1	−28.8	2018/12/26	298	−32.8	−30.4
2018/11/16	258	−30.4	−28.6	2018/12/27	299	−32	−29.9
2018/11/17	259	−30.9	−28.8	2018/12/28	300	−32	−29.8
2018/11/18	260	−30.8	−28.7	2018/12/29	301	−32	−29.8
2018/11/19	261	−30.9	−28.9	2018/12/30	302	−32	−29.8
2018/11/20	262	−30.9	−28.9	2018/12/31	303	−31.4	−29.6
2018/11/21	263	−31.1	−28.9	2019/01/01	304	−31.6	−29.7
2018/11/22	264	−31.1	−28.9	2019/01/02	305	−31.5	−29.6
2018/11/23	265	−30.9	−28.9	2019/01/03	306	−31.5	−29.6
2018/11/24	266	−31.3	−28.9	2019/01/04	307	−31.6	−29.6
2018/11/25	267	−31.2	−29	2019/01/05	308	−31.6	−29.7
2018/11/26	268	−31.3	−29	2019/01/06	309	−31.6	−29.7
2018/11/27	269	−31.6	−28.9	2019/01/07	310	−31.4	−29.6
2018/11/28	270	−31.6	−29.3	2019/01/08	311	−31.6	−29.7
2018/11/29	271	−31.7	−29.3	2019/01/09	312	−31.4	−29.6
2018/11/30	272	−31.7	−29.3	2019/01/10	313	−30.8	−29.7
2018/12/01	273	−31.6	−29.3	2019/01/11	314	−31.5	−29.8
2018/12/02	274	−31.6	−29.3	2019/01/12	315	−31.5	−29.8
2018/12/03	275	−31.7	−29.3	2019/01/13	316	−31.6	−29.8
2018/12/04	276	−31.5	−29.4	2019/01/14	317	−31.4	−29.6
2018/12/05	277	−31.6	−29.4	2019/01/15	318	−31.8	−29.8
2018/12/06	278	−31.5	−29.4	2019/01/16	319	−31.5	−29.7
2018/12/07	279	−31.5	−29.3	2019/01/17	320	−29.9	−28.6
2018/12/08	280	−31.4	−29.3	2019/01/18	321	−31.3	−29.4
2018/12/09	281	−31.3	−29.6	2019/01/19	322	−30.9	−29.3
2018/12/10	282	−31.3	−29.6	2019/01/20	323	−30.9	−29.5
2018/12/11	283	−31.6	−29.5	2019/01/21	324	−31.2	−29.4
2018/12/12	284	−31.6	−29.5	2019/01/22	325	−31.4	−29.6
2018/12/13	285	−31.4	−29.4	2019/01/23	326	−31.4	−29.6
2018/12/14	286	−31.3	−29.4	2019/01/24	327	−31.4	−29.6
2018/12/15	287	−31.3	−29.3	2019/01/25	328	−31.4	−29.6
2018/12/16	288	−31.5	−29.4	2019/01/26	329	−31.7	−29.8
2018/12/17	289	−31.7	−29.5	2019/01/27	330	−31.1	−29.4
2018/12/18	290	−31.4	−29.4	2019/01/28	331	−30.5	−29.3
2018/12/19	291	−31.7	−29.5	2019/01/29	332	−31.3	−29.6
2018/12/20	292	−31.6	−29.6	2019/01/30	333	−31.4	−29.6
2018/12/21	293	−31.6	−29.5	2019/01/31	334	−31.3	−29.4
2018/12/22	294	−31.4	−29.6	2019/02/01	335	−31.4	−29.6
2018/12/23	295	−32.6	−30.1	2019/02/02	336	−31.3	−29.4
2018/12/24	296	−32.5	−30.2	2019/02/03	337	−31.4	−29.5
2018/12/25	297	−32.6	−30.2	2019/02/04	338	−31.3	−29.5

日期	时间/d	主去/℃	主回/℃	日期	时间/d	主去/℃	主回/℃
2019/02/05	339	−18.3	−20.6	2019/02/22	356	−28.3	−26.8
2019/02/06	340	−2.31	−5.75	2019/02/23	357	−28.3	−26.8
2019/02/07	341	−1.13	−2.31	2019/02/24	358	−26.3	−25.4
2019/02/08	342	−27.2	−27.3	2019/02/25	359	−26.1	−25.1
2019/02/09	343	−29.1	−27.6	2019/02/26	360	−25.9	−24.8
2019/02/10	344	−29.1	−27.7	2019/02/27	361	−25.8	−24.8
2019/02/11	345	−28.9	−27.5	2019/02/28	362	−25.6	−24.6
2019/02/12	346	−29.1	−27.6	2019/03/01	363	−25.4	−24.4
2019/02/13	347	−28.4	−27.1	2019/03/02	364	−27	−25.3
2019/02/14	348	−28.5	−27.1	2019/03/03	365	−26.9	−25.3
2019/02/15	349	−28.3	−27.1	2019/03/04	366	−27	−25.6
2019/02/16	350	−28.1	−27.1	2019/03/05	367	−27.3	−25.6
2019/02/17	351	−27.9	−26.9	2019/03/06	368	−27.4	−25.6
2019/02/18	352	−28.3	−26.9	2019/03/07	369	−27.4	−25.8
2019/02/19	353	−28.3	−27	2019/03/08	370	−27.4	−25.8
2019/02/20	354	−28.4	−27	2019/03/09	371	−27.4	−25.8
2019/02/21	355	−28.4	−26.8				

9.4.3 水文观测孔水位监测

冻结形成期密切注意观测水文观测孔水位变化情况，及时判断冻结壁交圈及冻土发展情况，为井筒开挖做好预测工作。

赵固二矿西风井水位观测孔水位变化情况见表 9-7 及图 9-5。

表 9-7 水位观测孔水位涨降表

日期	一号水位		二号水位		三号水位	
	观测孔(W1)水位/m	与前一日水位涨降/m	观测孔(W2)水位/m	与前一日水位涨降/m	观测孔(W3)水位/m	与前一日水位涨降/m
2018/04/05	−6.2		−1.33		2.9	
2018/04/06	−6.3	0.1	−1.33	0	2.9	0
2018/04/07	−6.3	0	−1.43	−0.1	3	0.1
2018/04/08	−6.3	0	−1.43	0	3.1	0.1
2018/04/09	−5.4	0.9	−1.43	0	3.1	0
2018/04/10	−5.2	0.2	−1.33	0.1	3	−0.1
2018/04/11	−4.18	1.02	−0.98	0.35	3.1	0.1
2018/04/12	−3.88	0.3	−1.35	−0.37	3.2	0.1
2018/04/13	−3.67	0.21	−1.32	0.03	3.1	−0.1
2018/04/14	−3.43	0.24	−1.32	0	3.1	0
2018/04/15	−2.88	0.55	−1.28	0.04	3.2	0.1
2018/04/16	−2.53	0.35	−1.26	0.02	3.1	−0.1

续表

日期	一号水位		二号水位		三号水位	
	观测孔（W1）水位/m	与前一日水位涨降/m	观测孔（W2）水位/m	与前一日水位涨降/m	观测孔（W3）水位/m	与前一日水位涨降/m
2018/04/17	0		−1.15	0.11	3.2	0.1
2018/04/18	0		−1.2	−0.05	3.3	0.1
2018/04/19	0		−1.08	0.12	3.4	0.1
2018/04/20	0		−0.95	0.13	3.5	0.1
2018/04/21	0		−0.8	0.15	3.6	0.1
2018/04/22	0		−0.66	0.14	3.8	0.2
2018/04/23	0		−0.56	0.1	4.0	0.2
2018/04/24	0		−0.47	0.09	4.3	0.3
2018/04/25	0		−0.38	0.09	4.4	0.1
2018/04/26	0		−0.28	0.1	4.4	0
2018/04/27			−0.34	−0.6	4.5	0.1
2018/04/28			−0.14	0.2	4.7	0.2
2018/04/29			0	0.14	5.2	0.5
2018/04/30			1.5	1.5	6.3	1.1
2018/05/01			1.5	0	7.7	1.4
2018/05/02			9.2	7.7	8	0.3
2018/05/03					8.2	0.2
2018/05/04					8.6	0.4
2018/05/05					8.6	0
2018/05/06					8.8	0.2
2018/05/07					9.8	1.0

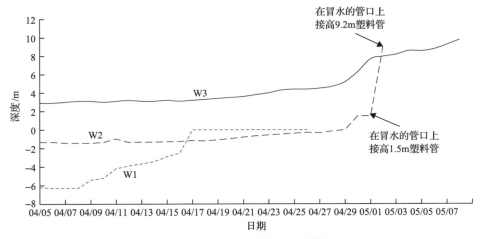

图 9-5　水文观测孔水位涨降曲线图

W1-71.96～580.83m 细砂层；W2-438.90～442.55 中砂层；W3-194.98～213.04m 砾石与粗砂互层

9.4.4 温度观测孔温度监测

冻结施工过程中，对测温孔及各冻结器的温度随时监测，准确及时地掌握冻土发展变化情况，实现冻结站制冷系统安全高效运行，加强对煤层、泥岩等冻结薄弱层位的测温数据监控。定期对井筒进行阶段性冻结分析，给掘砌单位井筒掘砌工作提供数据支持与技术保障。

赵固二矿西风井砂质黏土层、黏土层的温度观测孔测温数据见图 9-6～图 9-25。

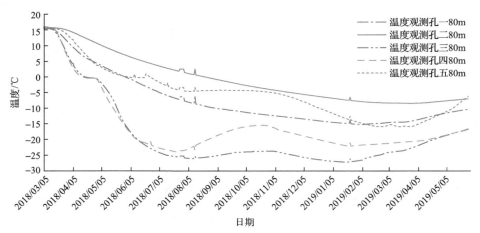

图 9-6 赵固二矿西风井温度观测孔−80m 水平砂质黏土层实测温度曲线

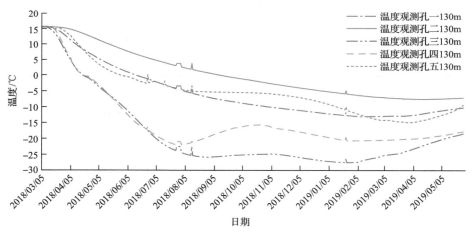

图 9-7 赵固二矿西风井温度观测孔−130m 水平黏土层实测温度曲线

9.4.5 井帮温度监测

在浅部冻结壁冻结第 38d 已交圈但深部冻结壁尚未交圈时，井筒掘砌单位于 2018 年 4 月下旬在井筒浅部进行了开挖的准备工作。

2018 年 4 月 29 日(冻结第 56d)，深部冻结壁已交圈(冻结第 54d)，井筒掘砌单位采用 1.4m 小段高进行井筒的试挖，经 5 月 11 日会议决定，按照设计要求 5 月 23 日(冻结

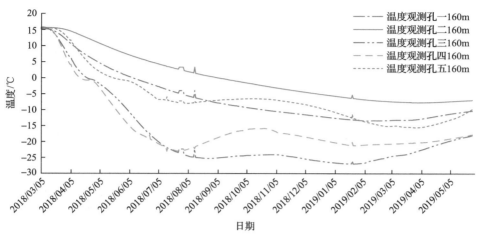

图 9-8　赵固二矿西风井温度观测孔–160m 水平黏土层实测温度曲线

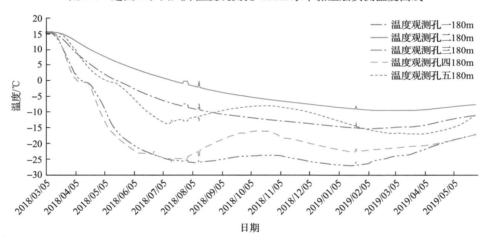

图 9-9　赵固二矿西风井温度观测孔–180m 水平砂质黏土层实测温度曲线

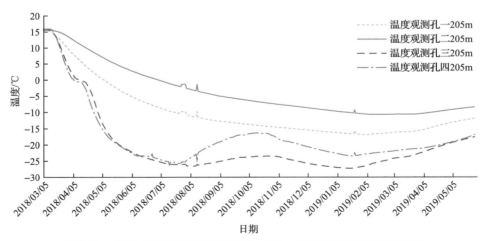

图 9-10　赵固二矿西风井温度观测孔–205m 水平粗砂层实测温度曲线

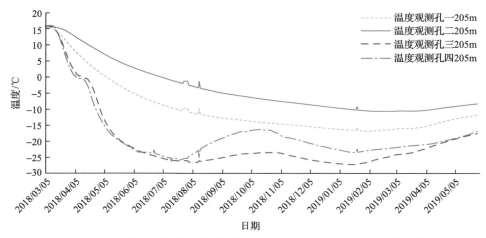

图 9-11　赵固二矿西风井温度观测孔–225m 水平中砂层实测温度曲线

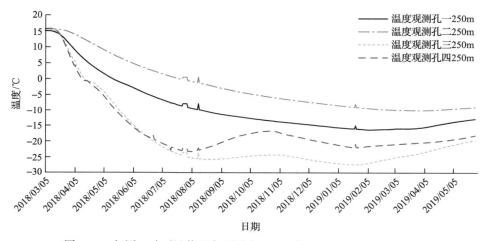

图 9-12　赵固二矿西风井温度观测孔–250m 水平黏土层实测温度曲线

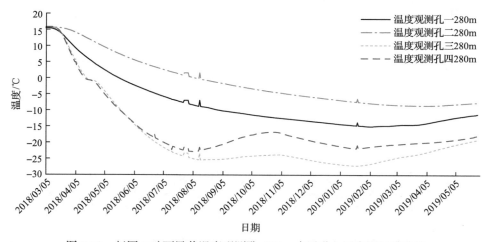

图 9-13　赵固二矿西风井温度观测孔–280m 水平黏土层实测温度曲线

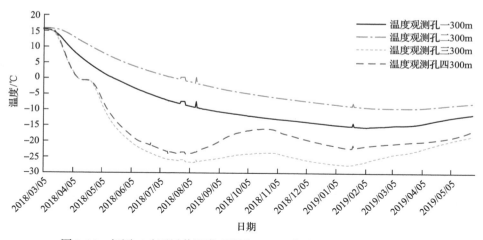

图 9-14　赵固二矿西风井温度观测孔−300m 水平黏土层实测温度曲线

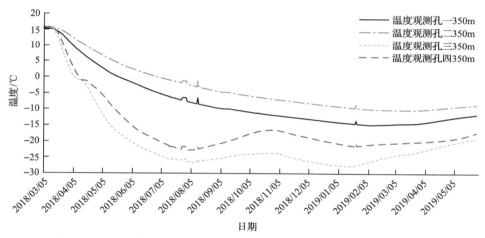

图 9-15　赵固二矿西风井温度观测孔−350m 水平砂质黏土层实测温度曲线

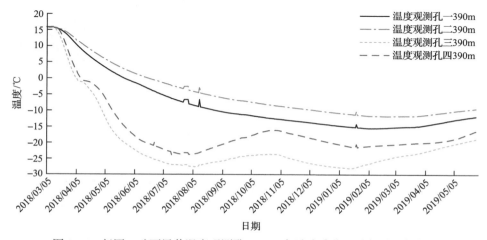

图 9-16　赵固二矿西风井温度观测孔−390m 水平砂质黏土层实测温度曲线

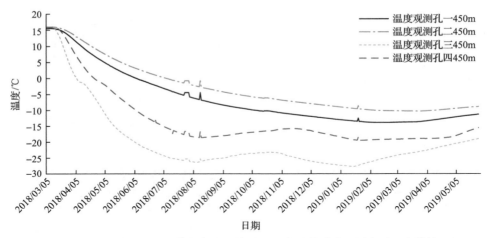

图 9-17　赵固二矿西风井温度观测孔–450m 水平砂质黏土层实测温度曲线

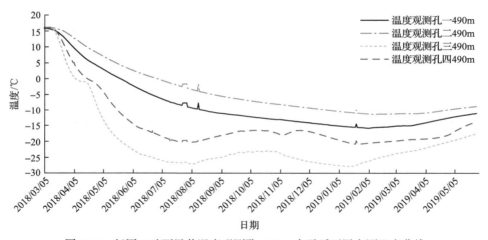

图 9-18　赵固二矿西风井温度观测孔–490m 水平砾石层实测温度曲线

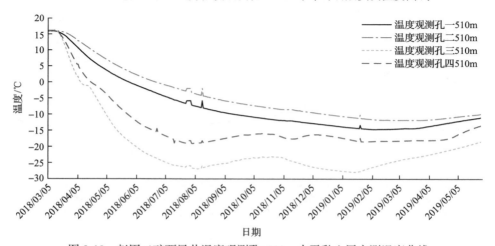

图 9-19　赵固二矿西风井温度观测孔–510m 水平黏土层实测温度曲线

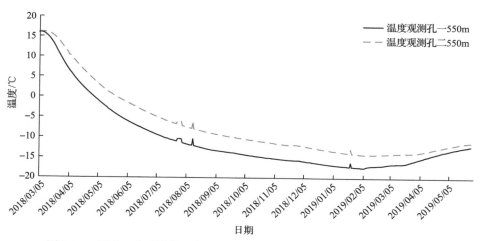

图 9-20　赵固二矿西风井温度观测孔-550m 水平砂质黏土层实测温度曲线

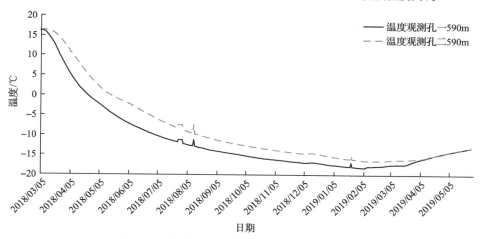

图 9-21　赵固二矿西风井温度观测孔-590m 水平黏土层实测温度曲线

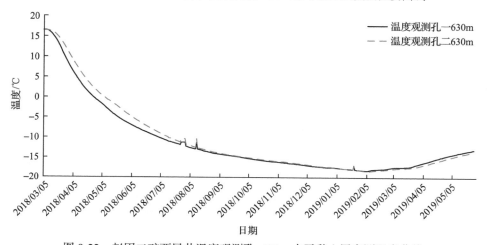

图 9-22　赵固二矿西风井温度观测孔-630m 水平黏土层实测温度曲线

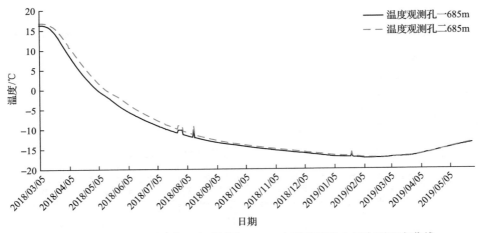

图 9-23　赵固二矿西风井温度观测孔-685m 水平砂质黏土层实测温度曲线

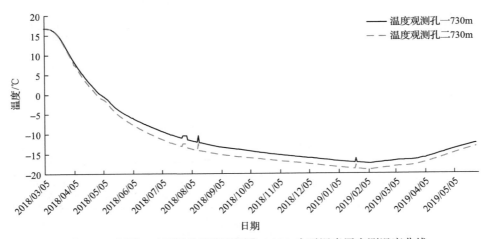

图 9-24　赵固二矿西风井温度观测孔-730m 水平泥岩层实测温度曲线

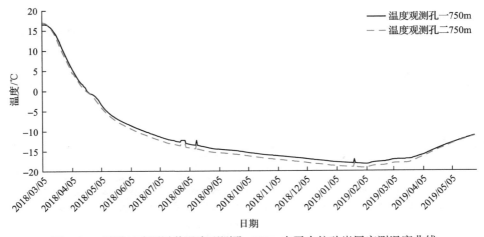

图 9-25　赵固二矿西风井温度观测孔-750m 水平中粒砂岩层实测温度曲线

第 80d）正式开挖，模板更换为 2.5m 段高。

2018 年 5 月 28 日（冻结第 85d），从累深 46m 以下，模板更换为 4m 段高。

2018 年 6 月 9 日（冻结第 97d），掘砌深度达到 88m，黏土层井帮平均温度为 2.0℃。

2018 年 6 月 27 日（冻结第 115d），掘砌深度达到 156m，黏土层井帮平均温度为–0.3℃。

2018 年 7 月 4 日（冻结第 122d），掘砌深度达到 180m，砾石层井帮平均温度实测值偏低，根据掘砌单位描述，冻土扩入荒径 1m 左右，实际井帮温度为–5℃左右。

2018 年 7 月 15 日（冻结第 133d），掘砌深度达到 200m，黏土层井帮平均温度为–3.5℃。

2018 年 7 月 31 日（冻结第 149d），掘砌深度达到 227m，砂质黏土层井帮平均温度为–6.4℃。

2018 年 8 月 10 日（冻结第 159d），掘砌深度达到 250m，黏土层井帮平均温度为–5.6℃。

2018 年 8 月 27 日（冻结第 176d），掘砌深度达到 316m，砂质黏土层井帮平均温度为–7.7℃。

2018 年 9 月 17 日（冻结第 197d），掘砌深度达到 368m，铝质黏土层井帮平均温度为–8.5℃。

2018 年 9 月 28 日（冻结第 208d），掘砌深度达到 396m，黏土层井帮平均温度为–8.4℃。

2018 年 10 月 17 日（冻结第 227d），掘砌深度达到 448m，黏土层井帮平均温度为–6.2℃。

2018 年 10 月 30 日（冻结第 240d），掘砌深度达到 484m，砂质黏土层井帮平均温度为–6.9℃。

2018 年 11 月 19 日（冻结第 260d），掘砌深度达到 539m，砂质黏土层井帮平均温度为–7.5℃，此段开始将掘进段高由 4m 减小至 3m。

2018 年 12 月 9 日（冻结第 280d），掘砌深度达到 584m，砂性土层井帮平均温度为–8.0℃。

2018 年 12 月 24 日（冻结第 295d），掘砌深度达到 623m，砂质黏土层井帮平均温度为–9.5℃。

2019 年 1 月 2 日（冻结第 304d），掘砌深度达到 641m，砂质黏土层井帮平均温度为–9.4℃。

2019 年 1 月 12 日（冻结第 314d），掘砌深度达到 665m，砂质黏土层井帮平均温度为–9.9℃。

2019 年 1 月 21 日（冻结第 323d），掘砌深度达到 685m，铝质黏土夹砾石层井帮平均温度为–10.6℃。

2019 年 1 月 30 日（冻结第 332d），掘砌深度达到 697.5m，砂质黏土夹粗砂层井帮平均温度为–11.7℃，由于接近基岩段，深部井帮温度开始迅速下降，至 2 月 9 日掘砌至 710m 深，砂岩层井帮平均温度为–16.2℃。

2019 年 2 月 24 日（冻结第 357d），掘砌深度达到 745m，砂质泥岩层井帮平均温度为–9.3℃。

不同深度井帮温度见图9-26。

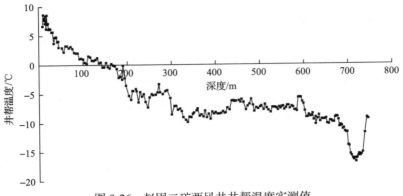

图9-26 赵固二矿西风井井帮温度实测值

9.4.6 冻结壁形成特性工程预报及调控

1. 冻结壁形成特性工程预报情况

冻结壁形成特性工程预报的主要内容：①一个月内待掘层位冻结壁温度场及冻结壁形成特性分析；②掘砌速度分析与预测；③预报待掘层位的井帮温度、冻结壁厚度、冻结壁平均温度等冻结壁形成特性参数；④冻结调控建议。赵固二矿西风井深厚冲积层冻结壁形成特性分析及工程预报情况见表9-8。

2. 辅助孔圈与主孔圈之间冻土交汇时间分析

应用冻结壁形成特性综合分析方法，分析赵固二矿西风井冻结方案中外孔圈之间的冻土扩展特性，即辅助孔圈与主孔圈之间的冻土交汇时间（表9-9），浅部砂性土层与中、深部黏性土层的交汇时间略微快些，总体状况比较合理，可以在掘砌至相应控制层位时，保证冻结壁安全稳定和连续施工，也能为安全快速施工创造良好的条件。

3. 冻结壁形成特性分析和调控建议

（1）掘至井深88m砂质黏土的No.3分析报告指出：井帮温度将出现明显下降，特别是井深180m附近的砂质黏土层测温孔数据显示该层位温度较低，分析认为经调控后掘砌至该层位时井帮温度将达到–7℃，建议将防片孔圈的去路盐水温度提升至–26～–28℃，并将防片孔小圈（193m深的5个孔）单孔盐水流量调整至6～8m³/h。待掘至140m深或井帮温度各方向实测值均进入负温后，可关闭小圈防片孔。

（2）掘至井深204m砾石层的No.5分析报告指出：受井深195～227m多段砂性土层的影响，193m深内圈防片孔冻结段结束后的井帮温度不升反降，若不进行调控，井深250～300m段黏性土层井帮温度工程预报值较低，应考虑减少中圈防片孔的盐水流量至6～8m³/h，并将防片孔去路盐水温度提升至–28～–26℃。根据井深450m砂质黏土、井深470m黏土层位测温孔监测数据及冻结壁形成特性综合分析计算，中圈防片孔在423m冻结段

表 9-8　赵固二矿西风井深厚冲积层冻结壁形成特性分析及工程预报汇总表

报告编号	工程预报时间（年/月/日）	掘砌深度/m	预测掘砌时间（月/日）	冻结时间/d	土层性质	主孔圈回路盐水温度/℃	辅助孔圈回路盐水温度/℃	防片孔圈回路盐水温度/℃	掘进荒径/m	井帮温度/℃	主冻结孔外侧 扩展范围/mm	主冻结孔外侧 有效厚度/mm	主冻结孔内侧 有效厚度/mm	冻结壁厚度/m	冻结壁平均温度/℃
No.2	2018/05/29	80	06/05	93	砂质黏土	−26	−27	−29	7.85	0.3	1900	1780	8410	10.19	−10.2
		130	06/12	105	黏土	−26	−27	−29	7.85	−2.0	2050	1920	8475	10.40	−11.0
		160	06/28	113	黏土	−26	−27	−29	7.85	−2.3	2110	1960	8475	10.44	−11.4
No.3	2018/06/10	130	06/20	108	黏土	−27	−29	−26	7.85	−2.0	2090	1960	8475	10.44	−11.0
		160	06/27	115	黏土	−27	−29	−26	7.85	−2.3	2140	1990	8475	10.47	−11.4
		180	07/02	120	砂质黏土	−27	−29	−26	7.85	−7.0	2290	2010	8475	10.49	−13.7
No.4	2018/06/30	180	07/03	121	砂质黏土	−28	−29	−26	8.45	−7.0	2310	2030	8475	10.51	−13.7
		205	07/10	128	粗砂	−28	−29	−26	8.45	−8.7	2730	2390	8175	10.57	−15.7
		225	07/15	133	中砂	−28	−29	−26	8.45	−7.4	2610	2260	8175	10.44	−15.5
		250	07/21	139	黏土	−28	−29	−26	8.45	−5.8	2450	1890	8175	10.07	−14.7
		280	07/29	147	黏土	−28	−29	−26	8.45	−4.6	2410	1830	8175	10.01	−14.5
		205	07/19	137	粗砂	−28	−29	−27	8.45	−8.1	2830	2490	8175	10.67	−15.7
		225	07/25	143	中砂	−28	−29	−27	8.45	−7.3	2720	2370	8175	10.55	−15.6
No.5	2018/07/19	250	08/01	150	黏土	−28	−29	−27	8.45	−6.4	2590	2030	8175	10.21	−14.9
		280	08/10	159	黏土	−28	−29	−27	8.45	−5.5	2540	1960	7850	10.14	−14.8
		300	08/16	165	黏土	−28	−29	−27	9.1	−7.6	2670	2100	8175	9.95	−15.1
		250	08/09	158	黏土	−29	−23	−25	8.45	−6.0	2720	2160	8175	10.34	−15.0
No.6	2018/08/02	280	08/20	169	黏土	−29	−23	−25	8.45	−6.0	2680	2100	8175	10.28	−15.0
		300	08/28	177	黏土	−29	−23	−25	9.1	−7.7	2870	2300	7850	10.15	−15.3
No.7	2018/08/27	350	09/10	190	砂质黏土	−29	−25	停冻循环	9.1	−7.3	2800	2210	7850	10.06	−17.6

续表

报告编号	工程预报时间(年/月/日)	掘砌深度/m	预测掘砌时间(月/日)	冻结时间/d	土层性质	主孔圈回路盐水温度/℃	辅助孔圈回路盐水温度/℃	防片孔圈回路盐水温度/℃	掘进荒径/m	井帮温度/℃	主冻结孔外侧 扩展范围/mm	主冻结孔外侧 有效厚度/mm	主冻结孔内侧有效厚度/mm	冻结壁厚度/m	冻结壁平均温度/℃
No.7	2018/08/27	390	09/25	205	砂质黏土	-29	-25	停冻循环	9.1	-8.0	2950	2400	7850	10.25	-17.7
		450	10/18	228	砂质黏土	-29	-25		9.55	-6.5	3060	2500	7625	10.13	-17.1
		390	09/25	205	砂质黏土	-28	-24	停冻循环	9.1	-7.6	2950	2400	7850	10.25	-17.7
		450	10/18	228	砂质黏土	-28	-24		9.55	-5.5	3060	2500	7625	10.13	-17.0
No.8	2018/09/19	490	11/02	243	砾石	-28	-24		9.55	-7.7	3120	2490	7625	10.12	-17.6
		510	11/09	250	黏土	-28	-24		9.55	-7.3	3010	2380	7625	10.01	-17.6
No.9	2018/10/19	450	10/18	228	砂质黏土	-28	-23		9.55	-5.5	3060	2500	7625	10.13	-17.0
		490	11/02	243	砾石	-28	-23		9.55	-7.7	3120	2490	7625	10.12	-17.6
		510	11/09	250	黏土	-28	-26		9.55	-7.3	3010	2380	7625	10.01	-17.6
		550	11/25	266	砂质黏土	-28	-23		10.05	-7.8	3120	2580	7375	9.96	-17.7
No.10	2018/11/25	590	12/10	281	黏土	-29	-28		10.05	-9.5	3145	2665	7375	10.04	-18.9
		630	12/25	296	黏土	-29	-28		10.05	-10.3	3165	2625	7375	10.00	-19.2
		685	01/14	316	砂质黏土	-29	-28		10.05	-13.0	3175	2635	7375	10.01	-19.5
No.11	2018/12/25	630	12/27	298	黏土	-30	-29		10.05	-8.8	3165	2625	7375	10.00	-19.0
		660	01/08	310	黏土	-30	-29		10.05	-9.5	3165	2625	7375	10.00	-19.1
		685	01/18	320	砂质黏土	-30	-29		10.05	-11.5	3175	2635	7375	10.01	-19.2
No.12	2019/1/14	685	01/21	323	砂质黏土	-30	-29		10.05	-11.1	3185	2645	7375	10.02	-19.2
		730	02/09	342	泥岩	-28			9.5	-14	3450	2920	7650	10.57	-20.3
		750	02/18	351	中粒砂岩	-28			9.5	5	3565	3565	6860	10.43	-10.0

表 9-9　赵固二矿西风井辅助孔圈与主孔圈之间冲积层冻土交汇时间

序号	深度/m	代表性地层	孔圈平均间距/m	交汇时间/d
1	0~190	黏土		112
2		细砂		101
3	190~298	黏土		111
4		中砂		93
5	298~423	黏土		111
6	423~532	黏土	3.3	112
7		砾石		83
8	532~600	黏土		122
9		细砂		110
10	600~704.60	黏土		127
11		粗砂		95

结束后并不会出现井帮温度大幅回升，鉴于只减小中圈防片孔流量较为困难，建议采用间歇式循环中外圈防片孔盐水，即按每孔 14m³/h 盐水流量，中外圈防片孔盐水每天循环 14h。

（3）掘至井深 227m 砂质黏土的 No.6 报告指出：目前掘砌速度比计划速度低，为了控制深部冻土扩入井帮的范围，建议将中圈防片孔关闭，只保留每日 2h 防堵循环，将外圈防片孔的进回路连接至辅助孔集配液圈，并将辅助孔圈的去路盐水温度调整至−26~−24℃，减小辅助孔和外圈防片孔的盐水流量至 10m³/h 左右。考虑到井壁结构在井深 298m 处变径，将会引起井帮温度进一步下降，建议当掘至 260m 附近黏土层实测井帮温度低于−6℃、井帮稳定性良好时，将中圈防片孔在不制冷的情况下进行间隙式循环，以便控制深部井帮温度进一步下降。

（4）掘至井深 316m 砂质黏土的 No.7 报告指出：由于当时采用防片孔大圈阀门半开、防片孔中圈阀门全开并且不制冷的持续循环方式，井深 423m 以下防片孔中圈冻结段结束后的井帮温度有所上升，建议在掘砌至井深 390m 时关闭防片孔。为了控制深部（井深 500m 以下）井帮温度，待掘砌深度超过 423m 后，减小内圈辅助孔盐水流量，加大外圈辅助孔盐水流量，并阶段性停机缓冻。

（5）掘至井深 448m 黏土层的 No.9 报告指出：当时采用的调控方法有效控制了井帮温度的迅速降低，423m 以深的井帮温度近期维持在−6.2℃附近，应继续施行目前停止防片孔运行及辅助孔开 5d、停 5d 的调控措施。可在掘砌至井深 490m 时，将辅助孔盐水温度降低至−28℃、增大内圈辅助孔盐水流量持续制冷运转，以强化 535m 以深的冻结壁强度，确保冻结壁平均温度和强度满足设计要求。

4. 冻结壁形成特性调控措施实施

每月及关键施工节点，由建设、科研、监理、冻结、掘砌单位联合召开分析研讨会，对冻结和掘砌工程状况、冻结壁形成特性工程预报、各种调控措施效果的预测等进行分析研讨，确定实施冻结调控的方法。

2018 年 6 月 10 掘砌层位黏性土层固结较为严重，井帮温度处于–0.3～3.5℃（平均2.0℃），但无片帮风险；随着掘砌深度的加深，井帮温度将出现明显下降，特别是180m附近的砂质黏土层测温孔数据显示该层位温度较低，经分析认为经调控后掘砌至该层位时井帮温度将达到–7℃。因此将防片孔圈的去路盐水温度提升至–28～–26℃，并将防片孔小圈(193m 深的 5 个孔)单孔盐水流量调整至 6～8m³/h。

分析待掘至 140m 深或井帮温度各方向实测值均进入负温后，可关闭小圈防片孔。分析井深 250m 的黏土层由于附近中砂层的影响，测点反映的温度较低，因此井帮温度预测值较低；井深 280m 的黏土层的井帮温度预测值与设计中调控目标差距不大。因此，在保证掘砌速度 120m/月的情况下，可以暂不对盐水温度及流量进行调整；受井深 190m以下井帮温度较低的影响掘砌速度变慢，应先减少防片中圈孔的盐水流量至 6～8m³/h，并坚持观测分析，为进一步调控做准备。

由于井深 195～227m 多段砂性土层的影响，193m 的内圈防片孔结束后的井帮温度不升反降，待挖段冻结壁较为稳定；若不进行调控，井深 250～300m 段黏性土层井帮温度工程预报值较低，因此应减少中圈防片孔的盐水流量至 6～8m³/h，并将防片孔去路盐水温度提升至–28～–26℃。

根据井深 450m 砂质黏土、470m 黏土层位测温孔监测数据及冻结壁形成特性综合分析计算，在 423m 中圈防片孔冻结段结束后并不会出现井帮温度的大幅回升；因此，将防片孔去路盐水温度提升至–28～–26℃，同时采用间歇式方式循环中外圈防片孔盐水，按每孔 14m³/h 盐水流量，中外圈防片孔盐水每天循环 14h。

开机至 2018 年 8 月 2 日，各孔圈盐水流量一直较大，盐水温度较低，防片孔圈由于孔数较少，关闭小圈各孔后不易调节更小的盐水流量及更高幅度的盐水温度变化。并且当时掘砌速度比计划速度低，为了控制深部冻土扩入井帮的范围，将中圈防片孔关闭，只保留每日 2h 防堵循环，将外圈防片孔的进回路连接至辅助孔集配液圈，并将辅助孔圈的去路盐水温度调整至–26～–24℃，将辅助孔和外圈防片孔的盐水流量减小至 10m³/h 左右。

考虑到井壁结构在井深 298m 处变径，将会引起井帮温度进一步下降，因此掘砌至井深 250m(进入 71.7m 厚黏土层)后，根据黏土层井帮温度、冻结壁径向位移实测和冻结壁稳定性分析，对中圈防片孔实施进一步的调控。当井深 260m 附近黏土层实测井帮温度低于–6℃、井帮稳定性良好时，将中圈防片孔在不制冷的情况下进行阶段性循环，以便控制深部井帮温度进一步下降。

调控致使防片孔盐水系统温度升温速度加快，且土性及含水率变化对冻土扩展及井帮温度影响较大，井深 395～428m 厚黏性土层段，防片孔系统盐水温度升温不高过–10℃。当升温较大时，可对裸露干管进行适当遮盖，并改为间歇式循环。

采用防片孔大圈阀门半开、防片孔中圈阀门全开并且不制冷的持续循环，会使423m 中圈防片孔冻结段结束后的井帮温度有所上升。因此，在掘砌至井深 390m 时关闭防片孔。

为了控制深部(＞500m)井帮温度，从设计及现场实测数据分析预测来看，都必须对辅助孔进行调控，因此当时先做好调控的准备工作，待掘砌深度超过 423m 后，根据井帮温度的变化情况及时对辅助孔进行调控，减小内圈辅助孔盐水流量，加大外圈辅助孔盐水流量，并阶段性停机缓冻。

2018 年 9 月 19 日采用的调控方法有效控制了井帮温度的迅速降低，井帮温度近期维持在 -7～-10℃，并继续施行调控措施。

423m 中圈防片孔冻结段结束后，井帮温度会有一定的回升，应加强井帮温度的实测，并加强对冻结壁径向位移的实测，必要时采用缩小掘进段高的方法，保障施工安全。

经过讨论，辅助孔小圈单孔流量已减小至 8m³/h 左右，同时辅助孔大圈单孔流量增至 17m³/h 左右，采取间歇式供冷达到总停冻 25d 的时间，即最后一个停冻周期为 2018 年 10 月 16 日至 10 月 20 日。

在掘砌至井深 490m 时，将辅助孔盐水温度降低至 -28℃，增大内圈辅助孔盐水流量持续制冷运转，以强化 535m 以深的冻结壁强度，确保冻结壁平均温度和强度满足设计要求。

掘砌至井深 625.55m 以下深厚黏性土层时，径向位移可能仍然较大甚至更大，应提前做好转换至 2.5m 段高的准备工作，待掘砌附近层位时根据径向位移实测结果及冻结壁形成特性预报及时进行调整。

井深 660m 附近层位虽然井帮温度没有明显升高，但深厚黏性土层径向位移实测值较大，建议将模板高度由 3m 更换为 2.5m，并限制坐地炮深度，以尽量控制爆破段高在 4m 以内。

掘砌即将达到冲积层底部，提前对主、辅孔圈的盐水流量及温度进行调控，但为了防止井检孔揭露柱状中井深 676m 以上的深厚黏土层导致冻结壁稳定性降低，建议维持当时的盐水温度及流量 3～5d，待掘砌至井深 680m 附近时，深部土层含砂增多且冻结壁径向位移实测值不大的情况下，调整主圈孔去路盐水温度至 -30℃，并暂时停止辅助圈盐水循环。

在强风化带以上（井深 704.6～733.02m）仍采用 2.5m 段高掘砌，以保障强风化厚泥岩层的冻结壁稳定性。超过强风化带（井深 733.02m）后，适当加大掘进段高。

主冻结孔圈维持去路盐水温度为 -29℃，并在超过强风化带（井深 733.02m）后将去路盐水温度提高至 -26℃，同时将流量调小至 10～12m³/h。

由于基岩风化带的含水率不明，井帮温度的预测值可能会出现较大偏差，需做好低温施工爆破的预案。

5. 冻结壁形成特性实测、工程预报与冻结调控机制实施效果

赵固二矿西风井主冻结孔圈、辅助冻结孔圈与防片冻结孔圈采用三组去回路干管，分别于 2018 年 3 月 5 日、8 日、11 日开机运转，平均单孔流量为 18～19m³/h。浅部冻结壁于冻结 38d 交圈，深部冻结壁于冻结 54d 交圈，掘砌施工单位于冻结 66d 后采用 1.4m 小段高开始进行试挖，后模板高度改为 2.5m，按照设计要求 5 月 23 日（冻结第 80d）正式开挖，模板高度为 4m。

赵固二矿西风井浅部冻土扩展慢，测温孔及井帮温度降低较缓慢，掘砌至井深 180m

后井帮温度快速下降，防片孔开始进行减流量调控；由于砂性土层与黏性土层的井帮温度差异较大，而且固结土层对挖掘影响较大，掘至井深 230m 后加大了对防片孔冻结温度和流量的调控力度；根据黏性土层井帮稳定性实测分析，井深 400m 以下井帮温度控制调整了计划，略高于原设计调控目标，井深 600m 以下井帮温度接近设计调控目标。冻结壁厚度和平均温度始终满足设计要求，中深部冲积层的冻结壁平均温度低于设计值，冻结壁强度超过设计要求，冲积层深部黏性土层井帮温度控制在–11℃以上，砂性土层井帮温度在–13℃以上，冲积层段实测井帮温度见图 9-26。爆破掘进的坐地炮深度一般为 2.5～2.8m，在深部松散土层中限制坐地炮深度在 2m 以内，井深 540m 以下模板高度改为 3m，井深 660m 以下模板高度改为 2.5m。冻结壁整体稳定性很好，除个别松散土层的井帮浅表位移初期稍大外，井帮稳定性良好，冻结壁整体稳定性很好，冻掘配合顺畅，爆破掘进的炸药起爆率和爆破效果均超过以往深冻结井筒，冲积层深部外层井壁掘砌速度基本维持在 75～80m/月，冲积层段外层井壁掘砌平均速度为 87.1m/月，冻结段外层井壁掘砌平均速度为 82.1m/月，赵固二矿西风井冲积层段掘砌进度见表 9-10。

表 9-10   冲积层段掘砌进度统计表

正式开挖施工安排	日期(年/月/日)	月进度/m	累计深度/m	冲积层段外层井壁掘砌平均速度/(m/月)
第一个月	2018/05/26～2018/06/25	126.3	150	
第二个月	2018/06/26～2018/07/25	75.9	225.9	
第三个月	2018/07/26～2018/08/25	90	315.9	
第四个月	2018/08/26～2018/09/25	80	395.9	
第五个月	2018/09/26～2018/10/25	85	480.9	87.1
第六个月	2018/10/26～2018/11/25	80	560.9	
第七个月	2018/11/26～2018/12/25	75	635.9	
第八个月	2018/12/26～2019/01/25	65	700.9	
第九个月	2019/01/26～2019/01/27	4.1 (2d)	705	

　　冻结壁形成特性实测、工程预报与冻结调控的机制对于深厚冲积层冻结与掘砌配合发挥了重要作用，为冻结工程安全、提高冻结效率、创造良好的掘砌条件奠定了基础。

　　除确保冻结壁厚度、强度满足冻结设计和工程需要外，积极采取措施以实现冻结方案设计的井帮温度调控目标，对于深厚冲积层掘砌工程安全施工和速度至关重要，合理控制深厚冲积层中深部井帮温度，能够实现深厚或特厚冲积层少挖冻土、高效爆破掘进。

　　以外圈为主冻结孔的冻结设计方案及密切的冻结与掘砌配合施工能够实现将超过 700m 冲积层段黏性土层冻结壁井帮温度控制在–12℃之上，冻结壁安全、稳定，有利于提高深厚冲积层冻结和掘砌工程效率，降低冻结工程建设成本。

　　在科研单位、建设单位、监理单位的大力协助和支持下，经承建单位全体同仁的共同努力，赵固二矿西风井冻结、掘砌施工工程以安全、优质、高效地完成了施工任务，工程质量经对照《煤矿井巷工程质量检验评定标准》(MT 5009—1994)关于冻结工程质量检验评定要求，质量达到全部优良。

9.4.7　施工体会

赵固二矿西风井冻结工程于 2018 年 3 月 5 日正式开机冻结，至 2019 年 5 月 23 日井筒套壁结束，冻结站停止冻结，标志着胜利完成该井的冻结施工任务。在整个冻结施工过程中，贯穿着精准设计、精准实现、精准调控和精细化施工的技术思路，实现了安全、高效、顺利的目标。

1. 科学合理的设计是保证冻结的基础

赵固二矿西风井冻结方案的设计是非常科学合理的，根据地质条件，选用全深冻结加辅助孔、防片帮孔的冻结方式，利用较小的孔间距来缩短交圈时间。该方案通过施工证明达到了开挖早、冻土进荒径少的效果。保证井筒连续快速施工是冻结法凿井安全快速施工的有效方案。

2. 严把钻孔质量是加快冻结速度的前提

冻结施工中冻土发展速度是有限的，严把钻孔施工质量关，控制好孔间距，可缩短交圈时间，加快冻结速度。

3. 科学组织，根据进度合理调整冻结参数是成功冻结的保证

赵固二矿西风井冻结工程的科学组织，为冻结站提前运转做好了充分准备。冷冻站开机期间，加强冻结站的管理力度，确保了冷冻站的安全运行。加大盐水流量，增加装机制冷量，实行强化制冷快速降温是加快冻结速度的有效途径和前提。为了保证少挖冻土，根据实测的井帮温度和测温孔温度的数据，及时预测、分析冻结壁发展情况，以及调控冷量、控制盐水温度和盐水流量，保证将冻土发展控制在合理范围之内，从而保证井筒掘进的安全快速施工。

4. 加强职工安全技能培训是冻结站安全运转的保证

在冷冻站运转期间，加大对职工安全技术和安全知识培训的力度，培训中始终坚持提高职工整体素质这一原则，充分调动职工的工作积极性，全面提高职工制冷技术水平，为冷冻站安全、高效施工，以及冻结站的安全生产提供了保障。

5. 科研单位、建设单位、监理单位的大力支持是成功冻结的必要条件

在冻结施工中，从前期打钻到后期制冷，科研单位、建设单位和监理单位的支持为工程顺利开展起到极大作用。对于施工中遇到的难题，及时研究并制定措施，拿出处理方案后，多方合作，从不推诿扯皮，保证了工程的顺利施工。

9.4.8　工程施工大事录

(1) 2017 年 7 月河南国龙矿业建设有限公司中标承揽赵固二矿西风井井筒冻结工程，

根据合同要求，打钻、冻结先后进点。

(2) 2017 年 8 月冻结单位部分人员进场筹备。

(3) 2017 年 9 月 20 日冻结造孔施工正式开工。

(4) 2017 年 10 月 20 日施工冻结站设备基础。

(5) 2018 年 2 月 1 日冻结造孔全部结束，实际施工 130d。

(6) 2018 年 2 月 20 日冻结站氨系统全部安装完毕，开始试压找漏。

(7) 2018 年 2 月 24 日冻结站环形沟槽、盐水系统安装完毕，打压试漏合格，符合开机条件。

(8) 2018 年 3 月 5 日下午冻结站充氨，正式开机运转。

(9) 2018 年 5 月 26 日赵固二矿西风井正式开挖。

(10) 2019 年 3 月 17 日井筒完成壁座施工，2019 年 3 月 22 日开始向上套壁。

(11) 2019 年 5 月 23 日井筒套壁结束，停止冻结。

参 考 文 献

[1] 李功洲. 深厚冲积层冻结法凿井理论与技术[M]. 北京: 科学出版社, 2016.

[2] 李功洲. 中国冻结法凿井理论与技术综述[J]. 建井技术, 2017, 38(4): 1-10.

[3] 李功洲. 深厚冲积层冻结法凿井理论与技术体系//刘峰. 中国煤炭科技四十年(1978—2018)[M]. 北京: 应急管理出版社, 2020: 149-158.

[4] 李功洲, 高伟, 李方政. 深井冻结法凿井理论与技术新进展[J]. 建井技术, 2020, 41(5): 10-14.

[5] 维亚洛夫 C C, 扎列茨基 IO K, 果罗捷茨基 C Э. 人工冻结土强度与蠕变计算[M]. 沈忠言译. 兰州: 中国科学院兰州冰川冻土研究所, 1983.

[6] 陈湘生. 深冻结壁时空设计理论[J]. 岩土工程学报, 1998, 20(5): 13-16.

[7] 杨维好, 杜子建, 柏东良, 等. 基于与围岩相互作用的冻结壁塑性设计理论[J]. 岩土工程学报, 2013, 35(10): 1857-1862.

[8] 杨维好, 杨志江, 柏东良. 基于与围岩相互作用的冻结壁弹塑性设计理论[J]. 2013, 35(1): 175-180.

[9] 胡向东. 卸载状态下与周围土体共同作用的冻结壁力学模型[J]. 煤炭学报, 2001, 26(5): 507-511.

[10] 王彬, 荣传新, 施鑫. 基于抛物线形温度场的冻结壁黏弹性分析[J]. 安徽理工大学学报(自然科学版), 2018, 38(3): 59-63.

[11] 陈文豹, 汤志斌, 李功洲. 陈四楼主、副井深厚冲积层冻结凿井技术[C]//周兴旺, 李功洲, 陈朝晖, 等. 矿井建设现代技术理论与实践. 北京: 煤炭工业出版社, 2005: 84-92.

[12] 张世芳, 李功洲, 陈文豹, 等. 永夏矿区深厚冲积层特殊凿井技术[M]. 北京: 煤炭工业出版社, 2003.

[13] 李功洲, 陈文豹. 深厚冲积层冻结凿井技术问题的探讨[C]//周兴旺, 李明远. 2004 全国矿山建设学术会议论文选集(上册). 徐州: 中国矿业大学出版社, 2004: 284-292.

[14] 李功洲, 陈章庆. 深厚冲积层冻结壁设计计算体系[J]. 煤炭工程, 2015, 47(1): 1-4.

[15] 李功洲, 陈道翀, 曾凡伟, 等. 深厚冲积层冻结方案设计方法: CN110439567A[P]. 2019-11-12.

[16] 李功洲, 陈道翀, 高伟. 厚 600m 以上冲积层冻结壁厚度设计方法研究[J]. 煤炭科学技术, 2020, 48(1): 150-156.

[17] 陈文豹, 李功洲, 王宗金, 等. 冻结法凿井施工手册[M]. 北京: 煤炭工业出版社, 2017: 10.

[18] 周晓敏, 贺震亚, 纪洪广. 高水压下基岩冻结壁设计方法[J]. 煤炭学报, 2011, 36(12): 2121-2126.

[19] 刘为民, 李功洲. 含水基岩冻结壁厚度计算方法探讨[J]. 煤炭工程, 2014, 46(S2): 6-8, 12.

[20] 陈章庆, 李功洲, 刘文民. 斜井竖孔冻结两帮冻结壁厚度计算方法研究[J]. 煤炭工程, 2014, 46(S2): 13-15.

[21] 刘文民, 程志彬. 软岩地层斜井冻结方法设计[J]. 建井技术, 2010, 31(6): 34-37.

[22] 曾凡伟, 刘民东, 李功洲. 深厚冲积层冻结法凿井井壁设计中冻结压力取值的探讨[J]. 煤炭工程, 2019, 51(12): 1-4.

[23] 中华人民共和国住房和城乡建设部. 煤矿立井井筒及硐室设计规范: GB 50384—2016[S]. 北京: 中国计划出版社, 2017.

[24] 中华人民共和国住房和城乡建设部. 混凝土结构设计规范(2015 年版): GB 50010—2010[S]. 北京: 中国建筑工业出版社, 2015.

[25] European Committee for Standardization. Eurocode 2: Design of concrete structures —Part 1-1: General rules and rules for buildings: EN 1992-1-1: 2004: E[S]. Brssels.

[26] 李功洲, 彭飞. 冻结法凿井井壁应用 C80～C100 混凝土强度设计值等参数取值研究[J]. 煤炭工程, 2020, 52(11): 36-41.

[27] 李功洲, 李小伟, 陈红蕾, 等. 深厚冲积层冻结孔布置分类技术及其对冻结调控影响[J]. 煤炭科学技术, 2020, 48(12): 31-38

[28] 李功洲, 陈道冲. 冻结壁形成特性综合分析方法[J]. 煤炭工程, 2014, 46(S2): 1-5.

[29] 李功洲, 陈章庆, 陈道翀. 冻结壁形成过程中的参数的动态分析方法: CN102996132A[P]. 2013-03-27.

[30] 陈道翀, 高伟, 李功洲. 冻结壁形成特性综合分析方法在深井冻结精准调控中的应用[J]. 煤炭工程, 2020, 52(12): 118-123.

[31] 陈道翀, 李功洲, 曾凡伟. 赵固二矿西风井深厚冲积层冻结方案设计研究与应用[J]. 煤炭工程, 2019, 51(12): 13-18.

[32] 李功洲. 深井冻结壁位移实测研究[J]. 煤炭学报, 1995, 20(1): 99-104.

[33] 张道海, 常建新, 王恒, 等. 深厚黏土层冻结壁径向位移实测分析与掘进段高调控机制在赵固二矿西风井施工中的应用[J]. 建井技术, 2019, 40(3): 22-26, 30.

[34] 曾凡伟, 陈道翀, 曾凡毅, 等. 冻结壁形成特性预报与冻结调控机制在赵固二矿西风井中的应用[J]. 煤炭工程, 2019, 51(11): 28-32.

[35] 国家市场监督管理总局. 立井冻结法凿井井壁应用C80~C100混凝土技术规程: GB/T 39963—2021[S]. 北京: 中国标准出版社, 2021.

[36] 张维廉, 马英明. 特殊凿井[M]. 北京: 煤炭工业出版社, 1980: 86-91.

[37] 钟桂荣, 周国庆, 王建州, 等. 深厚表土层非均质冻结壁黏弹性分析[J]. 煤炭学报, 2010, 35(3): 397-401.

[38] 荣传新. 深厚冲积层冻结壁与井壁的力学特性及其共同作用机理[D]. 合肥: 中国科学技术大学, 2006: 31-46.

[39] 郁楚侯, 杨平, 汪仁和. 冻结壁三轴流变形的模拟试验研究[J]. 煤炭学报, 1991, 16(2): 53-60.

[40] 崔广心, 卢清国. 冻结壁厚度和变形规律的模型试验研究[J]. 煤炭学报, 1992, 17(3): 37-47.

[41] 崔广心, 杨维好, 吕恒林. 深厚表土层中的冻结壁和井壁[M]. 徐州: 中国矿业大学出版社, 1998: 79-90.

[42] 张向东, 张树光, 李永靖, 等. 冻土三轴流变特性试验研究与冻结壁厚度的确定[J]. 岩石力学与工程学报, 2004, 23(3): 395-400.

[43] 王建州. 深厚表土层非均质厚冻结壁力学特性研究[D]. 徐州: 中国矿业大学, 2008: 59-110.

[44] 王文顺. 深厚表土层中冻结壁稳定性研究[M]. 徐州: 中国矿业大学出版社, 2011: 46-124.

[45] 王衍森, 文凯. 深厚表土中冻结壁与井壁相互作用的数值分析[J]. 岩土工程学报. 2014, 36(6): 1142-1146.

[46] 荣传新, 王秀喜, 程桦, 等. 冻结壁稳定性分析的黏弹塑性模型[J]. 力学与实践, 2005, 27(6): 68-72.

[47] 杨维好, 杨志江, 韩涛, 等. 基于与围岩相互作用的冻结壁弹性设计理论[J]. 岩土工程学报, 2012, 34(3): 516-519.

[48] 刘波, 宋常军, 李涛, 等. 卸载状态下深埋黏土层冻结壁与周围土体共同作用理论研究[J]. 煤炭学报, 2012, 37(11): 1834-1840.

[49] 李栋伟, 张世银, 王仁和, 等. 黏弹塑性冻结壁计算理论研究[J]. 煤炭工程, 2006, 1: 60-62.

[50] 王勇, 杨维好. 卸载条件下二向不均等地应力场中圆形冻结壁弹性应力分析[J]. 采矿与安全工程学报, 2016, 33(3): 486-493.

[51] 徐光济, 陈文豹, 汤志斌, 等. 井巷工程施工手册[M]. 北京: 煤炭工业出版社, 1980.

[52] 陈文豹, 汤志斌. 冻结法施工[M]. 北京: 煤炭工业出版社, 1993: 288-291.

[53] 陈文豹, 汤志斌. 潘集矿区冻结壁平均温度及冻结孔布置圈径的探讨[J]. 煤炭学报, 1982, (1): 46-52.

[54] 陈文豹, 汤志斌, 李功洲. 深井冻结壁温度场的探讨[C]//陈文豹, 马玉龙. 全国第二届冻结法施工经验交流会论文集. 北京: 煤炭工业部建井工程科技情报中心站, 1988: 126-145.

[55] 北京建井研究所, 两淮煤矿建设特殊凿井公司. 双圈孔冻结壁形成的研究报告[R]. 北京: 煤炭科学研究总院北京建井研究所, 1988.

[56] 汤志斌, 陈文豹, 李功洲. 冻结壁温度场的实测研究及在工程中的应用[C]//王长生, 苏立凡, 张文. 地层冻结工程技术和应用——中国地层冻结40年论文集. 北京: 煤炭工业出版社, 1995: 192-198.

[57] 中国建筑材料科学研究总院. 深厚冲积层冻结千米深井高性能混凝土研究和应用(2011BAE2703)[R]. 北京, 2015.

[58] 姚燕, 李功洲, 高春勇, 等. 深厚冲积层冻结法凿井高强高性能混凝土关键技术研究和应用[R]. 北京: 中国建筑材料科学研究总院, 国投煤炭有限公司, 北京煤科联应用技术研究所, 2015: 38-83.

[59] 王衍森, 薛利兵, 程建平, 等. 特厚冲积层竖井井壁冻结压力的实测与分析[J]. 岩土工程学报, 2009, 31(2): 207-212.

[60] 李金华, 和锋刚, 张弛. 郓城矿副井井筒外壁冻结压力监测结果分析[J]. 山东煤炭科技, 2008, 6: 115-116.

[61] 陈远坤. 深厚冲积层井筒冻结压力实测及分析[J]. 建井技术, 2006, 27(2): 19-21.

[62] 李运来, 汪仁和, 姚兆明. 深厚表土层冻结法凿井井壁冻结压力特征分析[J]. 煤炭工程, 2006, 10: 35-37.

[63] 姚直书, 程桦, 张国勇, 等. 特厚冲积层冻结法凿井外层井壁受力实测研究[J]. 煤炭科学技术, 2004, 32(6): 49-52.

[64] 姚直书, 程桦, 居先博, 等. 深厚黏土层冻结压力实测分析[J]. 建井技术, 2015, 36(4): 30-33.

[65] 程桦. 深厚冲积层冻结法凿井理论与技术[M]. 北京: 科学出版社, 2016.

[66] 庄文华, 李娜, 张燕平. 高强混凝土的物理力学性能[C]//中国土木工程学会混凝土与预应力混凝土学会高强混凝土委员会. 高强混凝土及其应用第二届学术讨论会论文集. 北京: 清华大学出版社, 1995.

[67] 李家康, 王巍. 高强混凝土的几个基本力学指标[J]. 工业建筑, 1997, (8): 51-55.

[68] 杨幼华. 高强混凝土局部承压问题的研究[D]. 成都: 西南交通大学, 1995.

[69] 白生翔. 混凝土结构构建基于 FORM 的极限状态设计表达式[M]. 北京: 中国建筑工业出版社, 2015.

[70] 陈肇元. 高强混凝土结构的设计计算方法[C]//中国土木工程学会混凝土与预应力混凝土学会高强混凝土委员会. 高强混凝土及其应用第一届学术讨论会论文集. 北京: 清华大学, 1992.

[71] 陈肇元, 朱金铨, 吴佩刚. 高强混凝土及其应用[M]. 北京: 清华大学出版社, 1992.

[72] 翟延忠, 李功洲, 陈镭, 等. 一种井壁检测终端的低功耗无线通讯系统及检测通讯方法: CN104378810A[P]. 2015-02-25.

[73] 翟延忠, 李功洲, 陈道翀, 等. 一种一线总线测温装置的负载连接结构及连接方法: CN104359589A[P]. 2015-02-18.

[74] 翟延忠, 黎冠, 梁秀荣, 等. 一种便携式一线总线温度监测仪表及其实现方法: CN104199339A[P]. 2014-12-10.

[75] 翟延忠, 刘永涛, 李桂莲, 等. 实现就地搜索与地址设置的一线总线监测装置及实现方法: CN104181840A[P]. 2014-12-03.

[76] 马志刚, 陈镭, 薛红梅. 深井冻结一线总线测温电缆的制作与维护[J]. 煤炭工程, 2014, (S2): 112-114, 118.

[77] 翟延忠, 陈道翀. 便携式智能测温仪记录功能的开发[J]. 煤炭工程, 2014, (S2): 115-118.